网络空间安全丛书

多因素身份验证攻防手册

[美]罗杰·A. 格莱姆斯(Roger A. Grimes) 著

王向宇 李跃武 栾 浩 齐力群 赵超杰 译

U0252293

清華大学出版社

北 京

北京市版权局著作权合同登记号 图字：01-2021-3643

Roger A. Grimes

Hacking Multifactor Authentication

EISBN：978-1-119-65079-9

图书在版编目(CIP)数据

多因素身份验证攻防手册 / (美)罗杰·A. 格莱姆斯(Roger A. Grimes)著；王向宇等译. —北京：清华大学出版社，2024.3

(网络空间安全丛书)

书名原文：Hacking Multifactor Authentication

ISBN 978-7-302-65487-2

Ⅰ. ①多… Ⅱ. ①罗… ②王… Ⅲ. ①计算机网络—网络安全—手册 Ⅳ. ①TP393.08-62

中国国家版本馆 CIP 数据核字(2024)第 036433 号

责任编辑：王　军
封面设计：孔祥峰
版式设计：思创景点
责任校对：成凤进
责任印制：沈　露

出版发行：清华大学出版社
网　　址：https://www.tup.com.cn，https://www.wqxuetang.com
地　　址：北京清华大学学研大厦 A 座　　　　　邮　编：100084
社 总 机：010-83470000　　　　　　　　　　邮　购：010-62786544
投稿与读者服务：010-62776969，c-service@tup.tsinghua.edu.cn
质 量 反 馈：010-62772015，zhiliang@tup.tsinghua.edu.cn
印 装 者：大厂回族自治县彩虹印刷有限公司
经　　销：全国新华书店
开　　本：170mm×240mm　　　　印　张：29.25　　　　字　数：590 千字
版　　次：2024 年 3 月第 1 版　　　印　次：2024 年 3 月第 1 次印刷
定　　价：128.00 元

产品编号：091213 01

译者序

随着数字中国、数字经济以及新质生产力的蓬勃发展，数字化应用程序规模保持高速扩张，国民数据总量呈爆发式增长，因此，保护组织数据和个人数据的安全已成为数字安全体系的核心任务。

Adroit Market Research 预测，到 2025 年，全球 MFA(多因素身份验证)市场规模将达 200 亿美元。这促使 MFA 技术供应商不断完善新的能力，帮助产品更易于集成到定制的应用程序和公有云 SaaS 应用程序中。

自 2020 年起，美国国税局(IRS)强制要求在线报税系统的供应商部署 MFA 技术。2021 年，美国总统拜登签署的《改善国家网络安全的行政命令》要求所有联邦机构部署 MFA 技术。

PCI-DSS(支付卡行业数据安全标准)要求处理信用卡和支付卡数据的系统部署 MFA 技术。其他许多法律法规，包括 SOX 和 HIPAA，强烈建议将 MFA 技术作为满足监管合规的要素。

中国是世界第二大经济体，预计到 2027 年市场规模将达 48 亿美元，复合年增长率为 17.9%。2027 年前，日本、加拿大和德国的 MFA 技术的市场复合年增长率预计为 9.9%、12.1% 和 10.9%，其中，增长部分大多数为数据安全范畴。保护数据安全刻不容缓。

有鉴于此，清华大学出版社引进《多因素身份验证攻防手册》一书，希望借此帮助广大安全从业人员理解身份验证面临的特有安全挑战，理解 MFA 技术的概念、原理和实施方法，理解不同类型 MFA 技术可能受到的攻击和防范措施；并希望提高组织保护数据和敏感个人信息的能力，提升信息系统的整体安全水平。

本书的翻译历时一年有余。译者团队力求忠于原著，尽可能传达作者的原意。感谢积极参与本书翻译和校对工作的专家们，正是有了各位专家的辛勤付出才有了本书的出版。感谢参与本书独立校对的诸位专家，他们的工作保证了本书稿件内容表达的一致性和文字的流畅。栾浩、王向宇、姚凯、李跃武、唐刚、李婧、赵超杰和牛承伟等专家在组稿、翻译、校对、通稿和定稿等环节投入大量时间和精力，保证了全书在技术上符合 MFA 攻防工作实务的要求，以及内容表达的准确、练达和连贯。

感谢本书的审校单位新疆数字证书认证中心(以下简称"新疆 CA")。新疆 CA 成立于 2004 年，是经新疆维吾尔自治区党委、人民政府批准，经国家密码管理局审批同意，经国家工信部行政许可，依法成立的第三方权威电子认证服务机构，是为自治区及新疆生产建设兵团提供网络电子身份认证、商用密码管理服务和保障网络信息安全的重要基础设施服务机构。新疆 CA 秉承"产品为王、渠道添翼、服务为基、传承创新"的发展理念，以夯实新疆信息安全基础设施建设为抓手，持续推进自治区、兵团信息化与密码应用创新发展建设工程，奋力开创密码应用与产业融合创新的新模式、新业态，构建密码事业与产业发展互促共进的新格局，为新疆商密产品走出新疆，服务全国、服务"一带一路"打好基础，成为全国一流的开放、跨境、创新型网络安全商密产业服务平台。

同时，感谢本书的审校单位上海珪梵科技有限公司(简称"上海珪梵")。上海珪梵是一家集数字化软件技术与数字安全于一体的专业服务机构，专注于数字化软件技术与数字安全领域的研究与实践，并提供数字科技建设、数字安全规划与建设、软件研发技术、网络安全技术、数据与数据安全治理、软件项目造价、数据安全审计、信息系统审计、数字安全与数据安全人才培养与评价等服务。上海珪梵是数据安全职业能力人才培养专项认证的全国运营中心。在本书的译校过程中，上海珪梵的多名专家助力本书的译校工作。

在此，感谢中科院南昌高新技术产业协同创新研究院、中国软件评测中心(工业和信息化部软件与集成电路促进中心)、中国卫生信息与健康医疗大数据学会信息及应用安全防护分会、数据安全关键技术与产业应用评价工业和信息化部重点实验室、中国计算机行业协会数据安全专业委员会给予本书的指导和支持。一并感谢数据安全之家(DSTH)、(ISC)² 上海分会、江西立赞科技有限公司、北京金联融科技有限公司等单位在本书译校工作中的大力支持。

最后，感谢清华大学出版社和王军等编辑的严格把关，悉心指导，正是有了他们的辛勤努力和付出，才有了本书中文译本的出版发行。

本书涉及内容广泛，立意精深。因译者能力局限，在译校中难免有不妥之处，恳请广大读者指正。

译者介绍

栾浩，获得美国天普大学 IT 审计与网络安全专业理学硕士学位、马来亚威尔士国际大学(IUMW)计算机科学专业博士研究生，持有 CISSP、CISA、CDSA、CDSE、CISP、数据安全评估师、TOGAF 9 等认证。现任首席技术官职务，负责金融科技研发、数据安全、云计算安全和信息科技审计和内部风险控制等工作。栾浩先生担任中国计算机行业协会数据安全产业专家委员会委员、中国卫生信息与健康医疗大数据学会信息及应用安全防护分会委员、DSTH 技术委员会委员、(ISC)^2 上海分会理事。栾浩先生担任本书翻译工作的总技术负责人，并承担全书的组稿、翻译、校对和定稿工作。

王向宇，获得安徽科技学院网络工程专业工学学士学位，持有 CDSA(注册数据安全审计师)、CDSE(数据安全工程师云方向)、CISP、数据安全评估师、软件工程造价师等认证。现任高级安全经理，负责安全事件处置与应急、数据安全治理、安全监测平台研发与运营、数据安全课程研发、云平台安全和软件研发安全等工作。王向宇先生担任 DSTH 技术委员会委员。王向宇先生承担本书第 1～25 章的翻译、校对、通稿工作，为本书撰写了译者序，并担任本书项目经理。

李跃武，获得美国管理技术大学工商管理专业管理学博士学位，持有 CISP 等认证。现为新疆数字证书认证中心董事、总经理，也担任智慧证联咨询(北京)有限公司董事长，中国电子认证服务产业联盟副理事长，新疆商用密码行业协会理事长，自治区经信委成员、国防办未来网络(IPV9)技术专家组成员，新疆财经大学硕士研究生校外导师。李跃武先生承担本书前言的翻译工作，全书部分章节的校对、通读工作。

赵超杰，获得燕京理工学院计算机科学与技术专业工学学士学位，持有 CDSA、DSTP-1(数据安全水平考试一级)等认证。现担任安全技术经理，负责渗透测试、攻防演平台研发、安全评估与审计、安全教育培训、数据安全课程研发等工作。赵超杰先生承担本书部分章节的校对和通读工作。

唐刚，获得北京航空航天大学网络安全专业理学硕士学位，高级工程师，现任中国软件评测中心(工业和信息化部软件与集成电路促进中心)副主任，承担网络和数据安全相关课题的研究和标准制定工作。唐刚先生承担本书部分章节的校对工作。

姚凯，获得中欧国际工商学院工商管理专业管理学硕士学位，高级工程师，持有 CISSP、CDSA、CCSP、CEH、CISA 等认证。担任首席信息官，负责 IT 战略规划、策略程序制定、IT 架构设计及应用部署、系统取证和应急响应、数据安全、灾难恢复演练及复盘等工作。姚凯先生担任 DSTH 技术委员会委员。姚凯先生承担全书的组稿、校对和通读工作。

张建林，获得北京师范大学计算机科学与应用专业工学学士学位，持有 CISSP、CISA、CISP 等认证。现任中国卫生信息与健康医疗大数据学会信息及应用安全防护分会副主任委员，负责医疗卫生信息化建设和卫生健康行业数字安全的研究，行业数字安全人才培养，成果转化等工作。张建林先生承担本书部分章节的校对工作。

徐坦，获得河北科技大学理工学院网络工程专业工学学士学位，持有 CDSA、DSTP-1、CISP、CISP-A 等认证。现任安全技术经理，负责数据安全技术、渗透测试、代码审计、安全教育培训、云计算安全、安全工具研发、IT 审计和企业安全攻防等工作。徐坦先生承担本书部分章节的校对工作。

李婧，获得北京理工大学软件工程专业工学硕士学位，高级工程师，持有 CISSP、CISP、CISA 等认证。现任中国软件评测中心(工业和信息化部软件与集成电路促进中心)网络安全和数据安全研究测评事业部副主任，负责数据安全和网络安全的研究、测评、安全人才培养、成果转化等工作。李婧女士现任中国计算机行业协会数据安全产业专家委员会委员。李婧女士承担本书部分章节的校对工作。

齐力群，获得北京联合大学机械工程学院机械设计与制造专业工学学士学位，持有 CISA、CIA 等认证。现任总经理，负责信息系统审计、信息安全咨询服务等业务的推广、实施等工作。齐力群先生承担本书部分章节的校对工作。

余莉莎，获得南昌大学工商管理专业管理学硕士学位，持有 CDSA、DSTP-1、CISP 等认证。负责数据安全评估、咨询与审计、数字安全人才培养体系等工作。余莉莎女士承担本书部分章节的校对工作。

张清波，获得湘潭大学土木工程与力学专业工学学士学位，高级工程师。担任中建三局华中区域数字业务与智能建造负责人，负责数字安全体系、城市生命线工程业务、数字与智能建造、数据安全评估、咨询与审计、数字安全人才培养体系等工作。张清波先生承担本书部分章节的校对工作。

牛承伟，获得中南大学工商管理专业管理学硕士学位，持有 CDSA、CISP 等认证。现任广州越秀集团股份有限公司数字化中心技术经理，负责云计算、云安全、数据安全、虚拟化运维安全、基础架构和资产安全等工作。牛承伟先生担任 DSTH 技术委员会委员。牛承伟先生承担本书部分章节的校对工作。

杨博辉，获得燕京理工学院计算机科学与技术专业工学学士学位，持有 DSTP-1 等认证。现担任安全工程师，负责软件研发、安全服务、渗透测试、数据安全课程研发等工作。杨博辉先生承担本书部分章节的校对工作。

高崇明，获得解放军信息工程大学信号与信息处理专业工学硕士学位，高级工程师。获得 CISP-PTE、CISP 和商用密码应用安全性评估等认证。担任总工程师职务，负责信息安全评估、商用密码应用、电子认证技术、数字证书应用、密码应用安全性评估等工作。高崇明先生承担本书部分章节的校对工作。

杨建峰，西安交大工商管理专业管理学学士学位，获得安全防范设计评估师和CISP 等认证。现任市场总监职务，负责市场开拓、新业务立项、重大项目落地、新产品引进等工作。杨建峰先生承担本书部分章节的校对工作。

孙立志，获得辽宁科技大学计算机科学与技术本科学历，持有 DSTP-1 等认证。现任技术支持工程师职务，负责参与企业的信息系统审计、安全咨询、安全服务、渗透测试、教育培训等工作。孙立志先生承担本书部分章节的校对工作。

肖文棣，获得华中科技大学软件工程专业工学硕士学位，持有 CISSP、CCSP 等认证。现任高级安全专家职务，负责参与企业的信息系统审计、安全咨询、安全服务、安全教育培训等工作。肖文棣先生承担本书部分章节的校对工作。

王佳馨，获得湖北师范大学化学专业理学学士学位。王佳馨女士承担本书部分章节的校对和通读工作。

肖军，获得江西农业大学软件工程专业工学学士学位。肖军先生承担本书部分章节的校对工作。

以下专家参加了本书各章节的校对和通读等工作，在此一并感谢：

王厚奎先生，获得南宁师范大学教育技术学(网络信息安全方向)专业工学硕士学位。

陈欣炜先生，获得同济大学工程管理专业本科学历。

张德馨先生，获得中国科学院大学电子科学与技术专业工学博士学位。

朱信铭女士，获得北京理工大学自动控制专业工学硕士学位。

王翔宇先生，获得北京邮电大学电子与通信工程专业工学硕士学位。

黄峥先生，获得成都信息工程学院电子信息工程专业工学学士学位。

曹顺超先生，获得北京邮电大学电子与通信工程专业工程硕士学位。

张浩男先生，获得长春理工大学光电信息学院软件专业工学学士学位。

袁豪杰先生，获得清华大学航空工程专业工学硕士学位。

牟春旭先生，获得北京邮电大学电子与通信工程专业工学硕士学位。

安健先生，获得太原理工大学控制科学与工程专业工学硕士学位。

张嘉欢先生，获得北京交通大学信息安全专业工学硕士学位。

杨晓琪先生，获得北京大学软件工程专业工学硕士学位。

王儒周先生，获得元智大学资讯工程专业工学硕士学位。

孟繁峻先生，获得北京航空航天大学软件工程专业工学硕士学位。

黄金鹏先生，获得中国科学院大学计算机技术专业工学硕士学位。

刘芮汐女士，获得上海理工大学统计学专业经济学硕士学位。

苏宇凌女士，获得大连海事大学经济学专业经济学硕士学位。

　　在本书译校过程中，原文涉猎广泛，内容涉及诸多难点。数据安全之家(DSTH)技术委员会、(ISC)² 上海分会的诸位安全专家给予了高效且专业的解答，这里衷心感谢(ISC)² 上海分会理事会及分会会员的参与、支持和帮助。

关于作者

Roger A. Grimes 从 1987 年就开始与恶意计算机攻击方和恶意软件展开斗争，迄今已逾 30 年。Roger 获得了多个计算机认证(包括 CISSP、CISA、MCSE、CEH 和 Security+)，甚至获得了难度极大的注册会计师(Certified Public Accountant，CPA)认证(这不属于计算机认证范畴，Roger 自嘲是世上最糟糕的会计师)。20 多年来，Roger 一直担任专业的渗透测试工程师，负责检测组织及其网站和设备。Roger 在职业生涯中加入过几十个项目团队，负责破解各类 MFA (Multiple Factor Authentication，多因素身份验证)技术解决方案。

Roger 开发并更新了几十门计算机安全课程，并向数千名学生传授攻击和防御之道。Roger 经常出席各类全国性计算机安全会议，包括 RSA 和 Black Hat。Roger 之前独立撰写或与人合著了 11 种计算机安全方面的书籍，在杂志上发表了一千多篇文章。Roger 担任 InfoWorld 和 CSO 周刊的计算机安全专栏作家将近 15 年，作为全职计算机安全顾问工作了 20 多年。Roger 经常接受 Wall Street Journal 等报纸、Newsweek 等杂志的采访，Roger 曾做客美国国家公共广播电台(NPR)的 All Things Considered 节目。Roger 目前为全球各地的大型组织和小型组织提供安全建议，以帮助这些组织最快、最有效地阻止恶意攻击方和破解恶意软件。

致　　谢

感谢 Wiley 和 Jim Minatel 为本书增光添彩。近两年来，Roger 一直向对 MFA(多因素身份验证)感兴趣的人群做关于"MFA 攻击与防御"的主题演讲，Roger 很高兴看到人们学习 MFA 防御的热情。Wiley 真的是一家很好的合作写书的出版社。感谢 Kim Wimpsett 的项目管理工作。本书是 Roger 和 Kim 的第四次合作。感谢 Barath Kumar Rajasekaran 主编的指导，感谢编辑 Pete Gaughan、Elizabeth Welch 和校对员 Nancy Carrasco 为本书出版提供的帮助。

感谢 Roger 的雇主 KnowBe4 公司，该公司的 CEO Stu Sjouwerman、Kathy Wattman、Kendra Irmie 和 Mary Owens 让 Roger 编写了最初的 MFA 技术攻防演示文稿，并在全美各地演示。在 Roger 职业生涯中，KnowBe4 提供了最令 Roger 满意的工作环境。感谢 KnowBe4 的首席攻击方官(Chief Hacking Officer)Kevin Mitnick，Kevin 向 Roger 和全世界展示了如何攻破曾被认为固若金汤的 MFA 解决方案。感谢 Roger 知识渊博的好友兼同事 Erich Kron，Erich 为本书提供了很多 MFA 技术讨论、MFA 设备演示以及图片；Roger 的妻子 Tricia 经常说更喜欢 Erich 的演讲风格而不是 Roger 的。感谢 WatchGuard Technologies 的 Corey Nachreiner 和 Alexandre Cagnoni 同意担任本书的技术编辑，并就最佳 MFA 解决方案以及如何破解这些 MFA 解决方案开展数小时的讨论。Roger 认为这两位同事对 MFA 解决方案所了解的内容比自己知道的还多。Roger 特别感谢 Nok Nok 的 Rolf Lindemann 提供的 MitM 分类分级和 FIDO 防御信息。

Roger 要感谢过去两年来合作过的所有 MFA 技术研发团队和供应商。通过研究和回顾超过 100 种解决方案后，Roger 才觉得自己有足够的底蕴来写这样一本书籍。感谢数以百计的文章作者和 YouTube 的海报展示了如何破解各种 MFA 解决方案。最后，虽然 Roger 致力于技术上精益求精，但若本书出现了个别技术错误，Roger 将深表歉意。毕竟，Roger 只是普通人，已经尽了自己的最大努力。

前　　言

本书起源于一个有趣的偶然事件。其实原因是，全球极负盛名的 KnowBe4 公司的合伙人兼首席攻击方官 Kevin Mitnick 曾做过一次公开演讲，Kevin 在演讲中展示了如何通过一个简单的网络钓鱼电子邮件轻松"破解"双因素身份验证技术。Kevin 比 Roger 出名得多，成千上万的人观看了 Kevin 的攻击演示。很多观众给 Kevin 写信，询问关于这次演示的内容的更多细节。

很多参与本次演讲的观众写信要求采访 Kevin，Kevin 抽不开身；于是，KnowBe4 公关团队询问同在 KnowBe4 工作的 Roger 能否伸出援手，替 Kevin 回答部分问题。Roger 在破解不同的 MFA 解决方案方面有几十年的经验，Roger 很荣幸遇到这样一个机会。习惯于报道计算机安全话题的记者经常问，KnowBe4 是否已向 MITRE CVE(通用漏洞披露列表，网址是[1])报告了 Kevin 利用的漏洞。CVE 用于列出和跟踪大多数新的或旧的网络安全漏洞。当安全专家发现了一个全新漏洞时，通常会向 CVE 报告，并附上相关细节。在网络安全领域，大多数安全专家都会跟踪 CVE 列表，查看发现了什么新漏洞，斟酌是否真的需要担心该漏洞。

Roger 会心一笑。Kevin 演示的攻击方式(称为会话 Cookie 劫持，本书第 6 章中有介绍)已存在了几十年，并非新鲜事物，事实上是最常见的网络攻击形式之一。有几十种免费的攻击工具可帮助攻击方完成该攻击，30 年来会话 Cookie 劫持很可能已用来接管了数百万个用户账户。从 20 世纪 90 年代末开始，会话 Cookie 劫持已用于接管数千个受双因素身份验证保护的账户，这并非新的攻击手段。

令 Roger 惊讶的是，当 Roger 与熟识的记者和计算机安全专家交谈时，大多数人都认为会话 Cookie 劫持是一种新的攻击手段。Roger 的父母和其他普通人都不知道会话 Cookie 劫持其实并非什么新鲜事物，但 Roger 很惊讶于即便是知识渊博、经验丰富的计算机安全专家竟然也不知道这一点。

Roger 还感到惊讶的是，许多与 Roger 交谈过的人士都认为这次攻击是由 LinkedIn(Kevin 在演示中使用的网站)的特有漏洞造成的。但事实并非如此，Kevin 所展示的手段可用来攻击成百上千的热门网站；对 LinkedIn 来说，这并非是一个必须修复的缺陷。这是针对一种十分常见的 MFA 形式及其工作原理的攻击。没有特定补丁来修复上述缺陷。可更新所使用的 MFA 解决方案，来防止 Kevin 演示的特定类型的攻击手段。任何 MFA 方法都可能遭到攻击方破解。

Roger 知道至少有 10 种方法可破解不同形式的 MFA 的技术，与 Roger 交流过的人感到非常震惊。因此，Roger 决定通过 CSOOnline 开辟一个关于破解不同形式的 MFA 的专栏(见[2])，那时 Roger 是个作家。2018 年 5 月 Roger 完成了该专栏(见[3])，Roger 想出了 11 种破解 MFA 的方法。

Roger 和 KnowBe4 的首席执行官 Stu Sjouwerman 分享 Roger 个人专栏的内容时，Stu 明智地建议 Roger 就破解 MFA 话题做一个报告，然后开始演讲。几天内，Roger 完成了一份新的演示文稿，名为"12 种战胜 MFA 的方法"(见[4])。随着研究和思考的深入，Roger 几乎每周都能想出破解 MFA 的新方法。

时至今日，Roger 已发现了超过 50 种破解 MFA 的方法，本书中分享了 Roger 知道的所有方法。最初的报告变成一份长长的白皮书。在 KnowBe4，白皮书的平均篇幅是 3~5 页；而 Roger 的白皮书是 20 页。这是 KnowBe4 历史上最长的白皮书，很快成了办公室里流传开来的笑谈，Roger 至今还拿这件事开玩笑。Roger 分享说，Roger 最初起草了一个 40 页的草稿，这 20 页是 Roger 在同事们的指责下删减后的版本。后来又出现了 40 页的电子书(见[5])。

Roger 开始在世界各地做演讲，包括在最大的计算机安全会议 RSA 和 Black Hat 上演讲。在这两个会场上，参会者排起长龙，挤满了过道，一些人只能站立参会，试图听到一些关于攻击方式的讨论。Roger 最初的 12 种击败 MFA 的方法如此之长，以至于 Roger 不得不只选择其中的五分之一与观众分享，不过，Kevin 最初的 MFA 攻击方演示仍然是大众最喜欢的(Roger 在本书中提供了该演示的网址)。

Jim Minatel 是 Roger 的老朋友，也是 Wiley 的策划编辑，Jim 来观摩 Roger 在 RSA 的演讲，会议上 Jim 看到了充满热情的人群。Roger 做报告时正好生病了，病得不轻。事实上，Roger 在报告的第二天就因为一种可能危及生命的严重疾病住院治疗了一周。Roger 觉得自己在介绍技术资料方面做得很糟糕，希望将来能加以完善和改进。Jim 看到求知若渴的人群，体会到技术资料表现出的能量，于是问 Roger 是否愿意写一本关于 MFA 主题的书籍。午饭时 Roger 答应了，这就是本书。最棒的是，Roger 用了数百页的篇幅来分享所知道的关于 MFA 的一切。即便如此，Roger 相信在这个问题上还可编写几本同样篇幅的书籍。MFA 及其弱点有很多。事实上，就连本书也只介绍了皮毛。Roger 希望所有安全专家都能更好地理解 MFA 的优缺点，并希望 MFA 研发团队能创建更好、更安全的解决方案。

本书的最终目标是阐明所有 MFA 解决方案的安全性和弱点。如果用户只知道 MFA 解决方案的好处而不知道其风险，那么很可能在没有适当的策略、控制措施和培训的情况下实施 MFA 解决方案。本书是对一些 MFA 供应商过度狂热的营销的一种回击。MFA 解决方案可显著降低许多形式的网络安全风险，但并非包治百病的灵丹妙药，也不意味着安全专家可丢掉以前学到的所有计算机安全经验。如果用户对 MFA 能做什么和不能做什么有了恰当的理解，并适当地改变其实践和控制措施，Roger 的工作就完成了。

本书读者对象

本书主要面向负责或管理组织的计算机安全(特别是登录身份验证)的安全专家。本书适用于任何第一次乃至第十次考虑审查、购买或使用 MFA 的人士。本书适用于提供 MFA 解决方案的研发团队和供应商。在本书之前，还没有一个地方可让任何人(无论是客户还是供应商)去了解攻击方对 MFA 的常见攻击方法。尽管本书未涵盖所有的攻击方法、防御和警告，但本书已经竭尽所能了。

本书主要面向那些听说过 MFA 的重大安全承诺，但在某种程度上这些供应商的承诺等同于一个更大谎言的人员。例如，有的供应商声称，使用 MFA 意味着"我不会遭到攻击方的攻击！"没有比这更离谱的了。当有人试图说服安全专家们使用 MFA 意味着不必再担心攻击方的攻击时，本书就是给予的反证。那种说法不是真的，永远也不会是真的。

本书也打消了安全专家们想要一套 100%安全解决方案的天真想法。没有 100%安全的解决方案！社会需要一个影响最小的安全解决方案，并提供"刚刚好"的保护。这是一个残酷的现实，管理者和研发团队都在计算机安全产品的市场中学到了这一点。一些自称最好的、真正安全的计算机产品实际上只有几家公司会购买，最终变成一堆闲置的产品。

这不禁让人想起 1992 年的电影 *A Few Good Men* 中 Jack Nicholson 扮演的上校 Nathan Jessup 的名言："你无法驾驭真相！"我们必须面对一个残酷事实：不求固若金汤，但求风险可控。

本书涵盖的内容

本书包含 25 章，分为三部分。

第 I 部分：MFA 简介　第 I 部分讨论身份验证的基础知识和 MFA 试图解决的问题，包括安全专家需要了解的背景事实，以了解为什么 MFA 是受欢迎的身份验证解决方案以及 MFA 是如何遭到攻击的。

第 1 章：登录问题　第 1 章介绍 MFA 试图解决的核心问题。MFA 并不是突然出现的。口令和单因素解决方案经常失败，因此出现了更好的和改进的身份验证解决方案。你将从中了解到 MFA 试图解决的问题。

第 2 章：身份验证基础　身份验证不是一个流程，而是一系列相互连接的进程，包括许多不同的组件。任何步骤和组件都可能遭到攻击。要了解 MFA 是如何遭到攻击的，首先必须了解身份验证是如何在 MFA 参与或不参与的情况下工作的。第 2 章提供了这个基础。

第 3 章：身份验证类型　第 3 章介绍几十种身份验证类型，描述各种身份验证之间的区别，并分析每种解决方案固有的优势和弱点。

第 4 章：易用性与安全性　始终需要在用户友好性和安全性之间进行权衡。MFA 也不例外。最终用户通常难以容忍最安全的选项。第 4 章讨论良好安全性的基本挑战。实际上，即使是良好的安全性，若过于繁重，也会变成糟糕的安全实践。最佳安全选项是在易用性和安全性之间取得良好的权衡。找出什么条件下会越过该平衡线。

第 II 部分：MFA 攻击　该部分涵盖非法入侵和攻击 MFA 解决方案的各种常用方法。每章都详细介绍各种攻击的缓解措施和防御措施。

第 5 章：攻击 MFA 的常见方法　该章首先解释入侵 MFA 的高级方法，并总结各种技术。每种 MFA 解决方案都易受到多种攻击，第 II 部分其余章节将对此开展介绍。

第 6 章：访问控制令牌的技巧　该章首先详细讨论最流行的、长达数十年的 MFA 攻击方法之一：破坏产生的访问控制令牌。该章展示了访问控制令牌遭到破坏的多种方式。

第 7 章：终端攻击　一个遭到破坏的设备或计算机可能受到数百种不同的攻击，包括绕过或劫持 MFA 解决方案。遭到破坏的终端是不可信的。该章讨论几种流行的终端攻击方式。

第 8 章：SMS 攻击　该章介绍多种 SMS(Short Message Service，短消息服务)攻击，包括 SIM(Subscriber Identity Module，用户识别模块)攻击。多年来，美国政府一直表示，SMS 不应该用于强身份验证，然而 Internet 上最常见的 MFA 解决方案都涉及 SMS。了解为什么不应该这样。

第 9 章：一次性口令攻击　一次性口令(One-time Password，OTP)是最流行的 MFA 解决方案之一，OTP 解决方案很好，但并非不可破解。该章介绍各类 OTP 解决方案以及如何破解 OTP 解决方案。

第 10 章：主体劫持攻击　与本书中描述的其他大多数 MFA 攻击不同，主体劫持攻击不是很流行。事实上，主体劫持攻击并非故意在一次公开攻击中完成的。尽管如此，主体劫持攻击是可以取得成功的，了解这些攻击的原理以及如何完成这些攻击是很重要的一课。该章详述一种针对全球最流行的企业身份验证平台的主体劫持攻击，安全专家们可能永远担心该种攻击。

第 11 章：虚假身份验证攻击　该章介绍一种针对 MFA 解决方案的攻击，可成功破解大多数 MFA 解决方案。该攻击涉及将最终用户带到一个伪造的网页，并伪造整个身份验证交易，接受最终用户输入或提供的任何内容，使得用户认为是成功的。你可通过阅读该章来了解如何防止虚假身份验证攻击。

第 12 章：社交工程攻击　社交工程攻击是所有攻击方法中最具恶意的入侵。社交工程可用来绕过任何 MFA 解决方案。该章介绍多种针对主流 MFA 解决方案的社交工程攻击方法。

第 13 章：降级/恢复攻击　大多数主流 MFA 解决方案都允许在主 MFA 方法出现故障的情况下使用安全性较低的方法来恢复关联账户。该章讲述如何使用降级/恢复攻击来绕过和禁用合法的 MFA 解决方案。

第 14 章：暴力破解攻击　许多 MFA 解决方案要求用户输入 PIN 码和其他代码，且未启用"账户锁定"功能来防止攻击方反复猜测，直至找到这些信息。正如该章所述，对于较新的 MFA 解决方案来说，忘记这一重要的安全功能是十分常见的。

第 15 章：软件漏洞　安全软件和其他软件一样存在缺陷。MFA 解决方案也不例外。该章讨论为什么会有 Buggy 软件，并列举多个 Buggy MFA 解决方案示例，包括一个导致数千万 MFA 设备立即受到攻击的漏洞。

第 16 章：对生物识别技术的攻击　所有采用生物识别技术的 MFA 解决方案都可能遭到攻击，且所有生物识别技术的特征都是可模仿的。该章描述诸多此类攻击，包括针对面部和指纹识别的攻击，并讨论针对复制和重用攻击的缓解措施。

第 17 章：物理攻击　一个常见安全信条是：如果攻击方拥有用户设备的物理访问权限，游戏就结束了。对 MFA 设备而言尤其如此。该章涵盖多种物理攻击，从使用价值数百万美元的电子显微镜到使用价值 5 美元一罐的压缩空气。

第 18 章：DNS 劫持　该章讨论如何劫持附加到 MFA 解决方案的名称解析服务，从而导致整个 MFA 解决方案失败。一些 MFA 解决方案提供商认为，此类攻击不应被视为对 MFA 解决方案的真正攻击，因为此类攻击不会直接攻击 MFA 解决方案，只会使 MFA 陷入危险之中。

第 19 章：API 滥用　许多 MFA 解决方案都有 API (Application Programming Interface，应用程序编程接口)。该章展示如何使用 API 同时攻击单个 MFA 场景或 100 万个受害者。

第 20 章：其他 MFA 攻击　该章详细介绍其他几类 MFA 攻击，这些攻击在其他章节中并不适用，或在最后一秒出现在本书中。

第 21 章：测试：如何发现漏洞　安全专家们要接受一下测试。该章介绍现实世界中一个看似非常安全的 MFA 解决方案，该方案由全球最大的组织之一使用。在描述该方案的工作原理后，大多数人都认为该方案完美无缺，但实际上，该方案是可破解的。Roger 希望安全专家能利用在前面章节中学到的知识来找出潜在漏洞。

第 III 部分：展望未来　本书最后一部分讨论如何更好地设计 MFA 解决方案以及身份验证的未来发展前景。

第 22 章：设计安全的解决方案　在今天，一项重要任务是确保选民可在远程安全地在线投票。第 22 章讨论远程投票可能出错的方式，以及安全的远程 MFA 投票解决方案可能是什么样子。

第 23 章：选择正确的 MFA 解决方案　该章介绍安全专家及其组织如何选择正确的 MFA 解决方案，这个方案应当适当地平衡易用性和安全性，且在大多数关键安全场景中都能工作。没有完美的 MFA 解决方案，但该章将帮助安全专家为自己和组织选择尽量好的解决方案。

第 24 章：展望身份验证的未来　未来的身份验证可能与今天的选择大不相同，与第 22 章中设计的较完美 MFA 解决方案和第 23 章中选择的解决方案大相径庭。找出未来与今天不同的原因。

第 25 章：经验总结 这个收官章节总结从前面各章中得出的重要经验。将这些经验整理在一起，以便参考。

附录：MFA 供应商名单 附录中列出 115 个不同的 MFA 供应商。还提到一个链接；单击该链接，可打开一个 Microsoft Excel 文件，其中列出 MFA 供应商的名称、网站以及提供的方案的基本功能，以帮助安全专家探索和选择 MFA 解决方案。

客观看待 MFA

Roger 至少已展示了本书中的一些技术材料两年多了，总的目标一直是与大家共享 MFA 技术。MFA 确实可减少某些形式的身份验证攻击，但并非无懈可击。任何人都可向用户发送一封普通的网络钓鱼邮件，以达到接管用户账户的目的，即使该账户受到 MFA 的保护也同样如此。认为 MFA 是不可破解的或不易遭到攻击的，会导致控制不力、培训不足以及不必要的网络安全风险。一些安全专家在阅读 MFA 可能遭到攻击的几十种方式之后，有时会滑向另一个极端，认为"MFA 是可怕的、无用的或糟糕的"。在阅读本书正文前，Roger 想澄清一下，这并非事实。

在安全专家提出更好的身份验证解决方案之前，每个人都应该使用 MFA，这是有意义的。或许，在某些地方要求每个人使用口令，使用口令甚至比使用 MFA 更好或更合适。但是，如果条件允许，安全专家们应该尽量使用 MFA。只是要知道，MFA 是可能遭到攻击的，而且在某些情况下，很容易遭到攻击。安全专家需要调整思维和安全控制措施来接受现实。

参考资源链接

本书正文中穿插了很多参考资源链接，形式是[*]，其中的*代表编号。这些资源链接都放在 Links 文件中，读者可扫封底二维码下载该文件。例如，在阅读第 1 章正文时，看到[3]时，可从 Links 文件中"第 1 章"下面的[3]处找到具体链接。

目　　录

第I部分　MFA简介

第 **1** 章 登录问题

身份验证(Authentication)是用户或设备通过提供一个或多个身份账户的所有权和控制权(身份验证因素)凭据，来证明账户所有权的流程。各种身份验证方法的弱点(Weaknesses)或漏洞(Compromise)是造成恶意攻击方实施大量攻击的原因。

第 1 章将讨论登录问题，特别是由于广泛使用口令验证而引起的身份验证问题。本章将首先讨论恶意攻击的现状，然后介绍口令身份验证基础知识，详细讲述基于口令的弱点和攻击。本章将解释为什么多因素身份验证(Multiple Factor Authentication，MFA)正在得到推广并变得越来越流行。

1.1 外部环境十分糟糕

人们努力了 30 多年试图显著提高计算机的安全性；但事实上，恶意攻击方的危害程度一直不减。很明显，这是一个非常严重的问题，而且在不断恶化；没有任何迹象表明该问题会在短期内得到缓解。毫无疑问，该问题将一年比一年严重。世界似乎正陷入一个永无休止的恶性循环中。

作为一名计算机安全专业人士和专栏作家，每年年底都会有人问 Roger，下一年的计算机攻击会变得更强还是更弱。32 年来，Roger 的回答始终不变：会变得更强、更糟；这样的预测从来没有错过。虽然有了心理预期，但每年的新年降临，不知为何，Roger 仍对恶意攻击方攻击的恶化程度感到震惊。其实，Roger 每年都暗自希望，今年已经达到糟糕的顶峰了。

毕竟，情况已非常糟糕了，攻击方几乎可随意侵入任何其想要侵入的地方。仍有相当多的终端用户很容易遭到诱骗而打开恶意电子邮件并单击含有恶意文件的附件。每年都有数以亿计新式的恶意软件变种被创建出来，并渗透到人们的在线生态系统中。勒索软件已使巴尔的摩和亚特兰大这样的大城市陷入瘫痪。有的组织之前已运营了几十年，却被一次恶意攻击击垮，被迫解雇所有员工，关门大吉。各国动不动就发起网络攻击，比任何实体炸弹都能更彻底地摧毁别国基础架构。许多国家不仅不阻止恶意攻击，反而投入数十亿美元的资金窃取别国机密。成千上万的实体以公司的形式运作，目的就是在网络上攻击他人。这些组织雇用员工，设立人力资源部门，每周给员工发放薪水和福利；还制定了组织结构图。如今，已有人因受到网络攻击而丧生，死者的数量只会继续上升。

20 年前的情况没有这么严重。当时，人们最担心的恶作剧是恶意软件在电脑扬声器上播放 Yankee Doodle(见[1])，或者引导扇区病毒倡导"大麻合法化"(见[2])。传播最快的恶意软件是 2003 年的 SQL Slammer 蠕虫(见[3])，该蠕虫利用 Internet 上每一个未修补的 Microsoft SQL 实例，但没做任何恶意的事情。是的，偶尔也会有恶意程序，如 1992 年的米开朗基罗病毒(见[4])，该病毒格式化了硬盘驱动器，但这种情况是罕见的，并非常态。

那时，人们主要担心向同龄人证明其编程能力的恶作剧制造者和脚本小子。但今天，网络世界更凶险了；充斥着职业的罪犯，这些罪犯偷盗金钱、身份和机密。攻击方世界中，几乎已经没有通过搞恶作剧吸引公司注意从而最终获得高薪职位的脚本小子。几乎没有攻击者会遭到逮捕。大多数犯罪都是在全球范围内发生的，即使受害者能够收集到任何看起来像真实证据的东西，一个国家也不会承认另一个国家的司法管辖权或传票。

攻击方使用的攻击手段并不新鲜。20 多年来，90%～99%成功攻击的背后只有两个根本原因：社交工程学(Social Engineering)和未打补丁的软件(Unpatched Software)。70%～90%的恶意数据泄露是由于社交工程学和网络钓鱼造成的(见[5])；通常，这种情况的发生是因为人们遭到网络钓鱼攻击，或遭到诱骗运行木马程序。未打补丁的软件(或许同时受到社交工程攻击)占所有恶意数据泄露的 20%～40%。所有其他可能的攻击起源(如窃听、错误配置、人为错误和内部攻击)加起来只占所有成功攻击的1%～10%。

数据泄露事件层出不穷。如今，当发生泄露 1 亿多条记录的事件时，人们几乎都没兴趣关注，几乎不会成为新闻。隐私权信息交换所数据泄露数据库(Privacy Rights Clearinghouse Data Breach Databases)显示，自 2005 年以来，近 1 万起公开数据泄露事件(见[6])中，有超过 116 亿项记录遭到泄露。这些还只是人们知道的。大多数数据泄露都没有引起注意和或未报告。而这些入侵大多数由口令问题引起。

1.2　口令问题

放弃单纯地使用口令，转向使用 MFA(Multi-Factor Authentication，多因素身份验证)是有重要原因的。攻击方窃取的口令在恶意攻击活动中发挥着巨大作用，是攻击方世界中的国际通行货币。如此多的口令遭到攻击方入侵，并非法使用，导致攻击方很难把这些口令卖出高价。就在大约 10 年前，一个遭到破解的口令能给攻击方带来数十美元的收益，而一大堆已破解的口令就像金子一样受到保护。但如今，大多数攻击方都可轻易获得大量的公开口令，以至于买家根本不愿意付出高价。这并不是说遭盗用的口令没有用来攻击个人和组织——攻击数量仍然巨大。公开的口令太多了，非法攻击方甚至无法将其全部使用。一天的分钟数只有这么多。这是财富的尴尬。

相反，遭到泄露的登录信息最终会放在 Internet 上，任何人都可看到和使用这些登录信息。单个口令转储(Dump)包含数十亿条以前泄露的登录名和口令。2019 年，一个名为"1 号收集"的口令归档转储文件包含超过 7.7 亿个登录名和口令。该事件占据了所有主要新闻频道的头条，影响力远超以 IT 为中心的世界。几天后，相关集合第 2~5 号的 22 亿个口令就超过这个数字。该泄露事件共包含近 30 亿个已破解的登录名和口令，任何人都可下载和使用。关于该事件的信息可访问[7]。另一个攻击方在 2019 年发布了一个包含近 10 亿个账户的新版本(见[8])。所以，仅在几个月内，就有超过 40 亿的登录账户可在网络上获取。你很可能至少有一个登录账户以及口令已被公开，可在网上供任何人查看和使用。

多个网站都可帮助人们发现口令泄露问题。最常用和最著名的是 Troy Hunt 的 HaveIBeenPwned (见[9])。该网站从业余爱好者组成的一个群开始，现在包含超过 85 亿个登录名和口令，这些口令来自 Internet 和暗网中找到的拷贝口令转储文件。人们只需要输入其电子邮件地址，网站就会提示账户是否已经泄露，相应的登录名和口令在数据库中出现了多少次。图 1.1 的示例显示了一个业务和个人电子邮件账户，以及是否已记录为"以前遭到破坏"。

图 1.1　在 Troy Hunt 的 HaveIBeenPwned 网站上查询泄露的登录名和口令的示例

第一个示例使用商业电子邮件地址 rogerg@knowbe4.com，显示其 0 次泄露。第二个示例使用我已拥有 20 多年的个人电子邮件地址 roger@banneretcs.com，已遭到至少 10 次入侵；这比上一次(几个月前)检查时增加了两次。在既往的教学过程中，我曾向人们介绍特洛伊网站(Troy's 网站，或 Troy 的网站)；当人们使用其电子邮件地址检查时，通常发现其登录信息至少有 5 次遭到泄露。通常有两三个登录账户(但不是全部)包含不再使用的口令。用户几乎对大部分的数据泄露不知情，目前至少还在使用一个以上已泄露的口令。

该网站不仅指出登录名和口令已泄露了多少次，还会告知是哪些网站泄露了这些信息。大多数情况下，就像我的口令遭到泄露的情况一样，这与用户执行的任何操作都无关。由于其他网站的问题，用户在网站中合法登录账户时(如在 Adobe.com 上，用户注册下载 Adobe Acrobat 的付费版本)，信息被泄露；当然，信息泄露也可能是由于用户使用了一台已遭攻破的计算机或用户遭受了社交工程攻击。

Troy 的网站提供了一个应用程序编程接口(Application Programming Interface，API)，任何人都可使用该网站一次提交多个名字开展检查工作。该网站通常都是可用的，所以组织的 IT 人员可查询 Troy 的网站提供的数据库，了解有多少用户的口令已在 Internet 上公开；如果一个员工的口令突然出现在 Troy 的网站上，该员工会立刻收到提醒。

> **注意** 另一个类似于 HaveIBeenPwned 的站点是 HPI 身份泄露检查器。人们输入电子邮件地址，该检查器会发送一份报告，列出电子邮件地址和该检查器所知的其他个人信息遭到泄露的情况。该检查器会提示除了登录信息外的信息(如社会保险号码、电话号码和银行详细信息)是否遭到泄露。

还有其他许多免费的商业工具和服务，可在个人口令遭到转储或数据遭到泄露时发送通知。例如，使用一个名为 1Password(见[10])的口令管理程序，当个人登录列表上的某个网站受到攻击时，该工具会发送通知。2018 年，当发现涉及 Facebook 的数据泄露时，该工具主动通知了 Roger(见图 1.2)。

图 1.2   这是一个真实示例，口令管理器向 Roger 发出通知，指出 Facebook 新口令泄露了

该工具首次提醒 Roger 时，Roger 备感震惊；由于此提醒涉及 Facebook，当时 Roger 认为是口令管理器程序出了问题。Roger 在各种 IT 安全新闻网站上浏览了一下，未发现 Facebook 数据泄露的消息。大约三小时后，确认攻击方入侵的消息开始涌入各大新闻媒体网站。由于 1Password 口令管理器程序在几小时前就发送了提醒，所以在消息公开之前 Roger 就已修改了 Facebook 的口令。

如果个人口令已存在漏洞，攻击方可通过多种途径找到口令。对于攻击方来说，一种途径是使用连接到 Troy Hunt 网站的 API。Troy 不知道谁在其网站上执行口令泄露检查，也不存储用户口令，这样任何人(不管是不是攻击方)都可直接获取个人明文口令。还可使用 Troy 的网站来查看特定用户或组织的口令是否存在于已知的口令转储中。如果是，那么攻击方可尝试一些更流行的、更大的转储站点，并获得完整的登录信息，包括口令。

现在有几十种免费的商业工具，任何人(包括攻击方)都可在各种口令转储中查找人们的登录名和口令，还可轻松地获取以明文形式返回的相关口令。当恶意攻击方想要攻击目标时，恶意攻击方只需要打开自己最喜欢的攻击方 OSINT (Open Source Intelligence，开源情报)工具并输入名称或域名 URL。该工具将开始搜索并返回找到的所有内容。研究口令转储数据库的一个流行 OSINT 工具是 recon-ng(见图 1.3)。

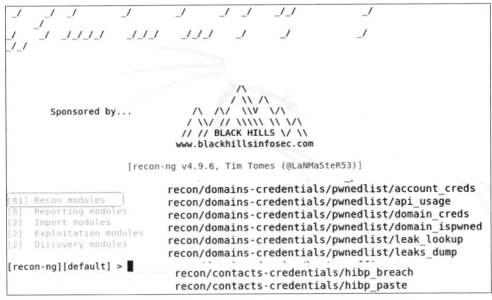

图 1.3 recon-ng 工具包含许多用于对口令转储数据库执行大量搜索的模块

recon-ng OSINT 是研究口令转储数据库最流行的工具之一。除此之外，还存在多种 OSINT 工具。Awesome OSINT(见[11])是卓越 OSINT 工具的集中收集网站，见图 1.4。该网站包含 100 多个 OSINT 工具，包括许多搜索口令转储的工具。

Awesome OSINT

A curated list of amazingly awesome open source intelligence tools and resources. Open-source intelligence (OSINT) is intelligence collected from publicly available sources. In the intelligence community (IC), the term "open" refers to overt, publicly available sources (as opposed to covert or clandestine sources)

Contents

- General Search
- Main National Search Engines
- Meta Search
- Specialty Search Engines
- Visual Search and Clustering Search Engines
- Similar Sites Search
- Document and Slides Search
- Pastebins
- Code Search
- Major Social Networks
- Real-Time Search, Social Media Search, and General Social Media Tools

图 1.4　Awesome OSINT 网站

总之，Internet 上有几十亿人(可能包括你自己)的口令遭到泄露；找到并使用这些口令并不难。这只是使用口令进行身份验证的一个大问题。在 1.4 节中，将讨论更多的口令攻击问题。

注意　Roger 建议使用这些口令转储检查站点和工具，查看你本人及所属组织的登录名和口令是否在 Internet 或暗网上公布。不要让攻击方成为唯一的使用者。如果你发现任何泄露的登录账户，请让相关用户更改已泄露的口令，除非相关用户确定其现在使用的口令与泄露时的口令不同。

口令本身并不邪恶，但确实有一些天然的弱点。这些弱点使口令成为破坏发生的主因之一，并促使人们使用 MFA 来替换口令，进入一个没有口令的世界。为更好地理解 MFA 和 MFA 攻击方，最好了解口令身份验证的优缺点。

1.3　口令基础知识

大多数计算机安全新手最初都将口令身份验证看得过于简单；实际上，口令身份验证通常要复杂得多。设置口令、存储口令以及将来使用口令来验证登录身份涉及许多方面。

注意　主体(subject)是与登录账户关联的任何安全主体，可以是用户、计算机、服务、应用程序、设备或任何必须登录并经过身份验证的对象。当执行身份验证时，主体可能需要手动提交所需的信息，或由流程/应用程序代为完成。

1.3.1　身份

首先，所有口令必须与登录名或其他类型的身份标识关联，标识在关联的身份验证数据库中是唯一的。"登录名"可以是与登录机制关联的任何文本标签。该文本标签可以是电子邮件地址、登录名、应用程序/服务名或标识符、全局唯一标识符、设备名、IP 地址、MAC 地址或成功登录所允许或需要的任何内容。标识符用于在登录期间和之后标识和跟踪主体。

有时，就像 Internet 电子邮件地址一样，标识符在全球是唯一的。只能有一个人使用 roger@banneretcs.com，电子邮件地址一度与 Internet 的域名系统(Domain Naming System，DNS)绑定，否则 Internet 电子邮件无法工作。如果两人共享一个 Internet 电子邮件地址，任何发送到该地址的电子邮件都无法准确路由到正确的所有方。有时，登录身份只需要在底层标识名称空间(如 DNS、Active Directory、LDAP)中是唯一的。例如，在 Microsoft Windows Active Directory 网络上，登录名在 Active Directory 域中必须是唯一的。但若一个人有一台独立的 Windows 计算机，登录名只需要在计算机上是唯一的。在一台独立计算机上，任何人都可登录 billgates@microsoft.com，且不会出现一点问题。关键在于，与每个唯一登录账户关联的身份标签必须在底层身份验证系统(以及该身份验证系统所依赖的任何东西,如 DNS 或 Active Directory)中具有唯一身份标签。同一命名空间中不能有两个相同的标识符。

1.3.2　口令

主体(或其委托人)在初始注册时设置口令,并在随后的身份验证流程中提供口令。口令可以是临时的，也可以是永久的。口令通常由任何允许的字符组成(有时还包括其他必需的组成部分)，具有一定的最短和最长字符数限制。字符可能允许使用字母(如英文字母表中的字母 a～z)，可能允许或不允许使用大写字母(如字母 A～Z)、数字(0～9)、非字母字符(如!@#$%^&*()-)或标准 93 字符键盘上未含的其他字符。例如，Microsoft Windows 允许从计算机键盘或应用程序创建任何 Unicode 字符，其中包括65000 多个不同的字符。此外，口令受到安装和允许的语言的限制。大多数计算机系统本机支持基于英语的口令，但并非所有系统都支持其他语言。例如，中文口令可能只在理解和支持简体中文的系统上受支持。

注意　口令字符只能是特定计算机系统支持的字符。不同类型的计算机系统使用不同的允许字符集。流行的字符集有 ASCII(7 位和 8 位)、ANSI、UTF 和 Unicode。很多时候，允许使用的字符远少于所有可能的允许字符，但口令中允许使用的最长字符数将等于或小于计算机系统可表示的字符总数。许多可用字符受到限制，因为这些字符在操作系统内部用于表示"控制字符"或不能打印。例如，尽管 Windows 允许并使用多达 65000个不同的字符，但有几十个不允许在口令中使用。

可限制口令最短或最长的字符数。一个常见的最短口令长度是 6 个字符，但过去一二十年里，最短口令长度一直在缓慢上升。如今，许多组织要求普通终端用户的口令至少为 8～12 个字符，对于高级管理员账户，可能需要 16 个字符或更长的口令。通常，空格不允许出现在口令的开头或结尾处；任何情况下，空格都可能由相关的应用程序或操作系统意外"忽略"。可允许在口令中间添加空格，但旧系统通常会错误地截断口令；在旧系统中，口令包含空格就像一个发出口令结束信号的控制字符。今天的大多数口令系统都可处理口令中间的空格，但许多口令系统在开始或结束时仍不允许使用空格；即使强行使用，也不能正确处理。

1.3.3 口令注册

用户初始口令的注册可能由实际的最终用户完成，也可能不是由实际的最终用户完成(管理员可设置初始账户)。在注册过程中，口令与唯一身份标识关联。登录账户可能需要(或允许使用)其他信息，如用户的全名、备用标识符和部门。

可能核实，也可能不核实其他信息。例如，如果需要全名，则可通过检查相关用户的联邦或州身份证(如驾照或护照)来验证该信息，也可通过其他先前执行验证的流程(如人力资源或工资单)自动提供该信息。从安全的角度看，验证并包含在登录账户中的信息越多越好。每条包含的信息在登录流程中可能都是需要的，或在身份验证或授权流程中传递。若以这种方式使用，这些信息称为身份验证属性(attribute)。如果极度强调安全性，则希望在身份验证事件中包含尽可能多的属性，以确保此人就是其所说的人，并确保在系统中的唯一性。如果极度强调隐私，则希望尽量减少完成身份验证或授权所需的属性。下一章将对此开展更多介绍。

1.3.4 口令的复杂度

通常会检查口令以确保口令符合所有要求，如最短字符数、最长字符数、组成和复杂度；甚至可进一步进行检查，以确保该口令不是一个简单口令或以前由同一身份账户用过的口令。

一些口令身份验证系统允许使用几乎所有字符组合。另一些则要求使用特定类型的字符，如小写字母、大写字母、数字和符号。口令审查流程也许需要类似"必须使用以下五个字符集中的三个"之类的内容。遗憾的是，针对不同的身份验证系统，口令复杂度(Password Complexity)所包含的内容和要求通常是不同的。口令复杂度是为了防止构造非常简单、易于猜测或容易破解的口令。

描述口令随机性的官方术语是"熵"。口令的熵是衡量真实随机性的指标。一个真正随机的口令，可能是由口令管理程序选择的，如#kF&NBn1A 具有高熵。大多数人选择的口令，如 Frogfrog1 则具有低熵。低熵口令比高熵口令更容易猜测和破解；高熵口令对于人类来说更难创建、记忆和使用。但如果人们都只使用高熵口令，口令猜测方和破解方将很难成功地破解这些口令。

注意　口令越长，即使没有任何特殊字符，熵值也越高。若要在使用更多特殊字符和使用更长口令之间选择的话，请选用更长的口令。长口令将提供更多的熵保护，更易于记忆和使用(对人类而言)。

1.3.5　口令存储

口令可完全按照输入的格式以明文(Plaintext)形式存储，但也可按用户不了解的方式稍加修改。例如，所有字母字符，无论是大写还是小写，都转换成单一大小写形式，存储在系统中；这种做法在旧口令系统中更常见。过长的口令会自动截断。用户可能认为自己使用了一个很长且很难破解的口令，而不知道系统只关心和存储前六个字符。

可将口令存储在本地文件、数据库、网络位置、非文件位置(如 Windows 注册表或内存)，也可存储在一个或多个其他缓存位置(包括磁盘或内存)。口令或其后续表示(稍后将详细介绍)可存储在多个独立数据库中，看起来迥然不同，并在每个位置以不同方式使用。

重要的是，任何身份和口令信息(以及身份验证和授权中使用的所有必需属性)都必须存储在安全位置。如果攻击方能够访问身份验证数据库；不管口令存储在哪里，游戏都结束了！大多数身份验证数据库和存储位置只能由高权限管理员访问。

口令哈希

在当今的大多数口令身份验证系统中，所有输入的口令都会立即转换为另一种非明文表示。这通常是明文口令加密哈希处理后的结果。对于任何唯一的输入，口令哈希算法返回一个一致但唯一的输出。例如，如果输入口令 Frog，SHA2 哈希输出 74FA5327CC0F4E947789DD5E989A61A8242986A596F170640AC90337B1DA1EE4；而且每次输入 Frog 时该输出总是相同的哈希(没有额外的盐)。

盐(Salt)是随机生成的一组字符，可添加到口令哈希生成过程中。这样，如果两个不同用户的口令相同，并以哈希形式显示出来，一个用户的口令和相关的哈希不会立即显示与另一个用户的口令相同的哈希。额外的盐最终使相同口令的两个哈希值不同。使用盐时，所用的盐值或算法必须与口令哈希一起存储，或以其他方式便捷地重新生成，以便在后续身份验证事件中使用。

哈希算法(使用或不使用盐)的目的是在口令验证数据库遭破坏时提供一些即时保护。数据库遭破坏时，所有获得访问权限的攻击方只能看到代表性哈希，看不到原始明文口令。哈希算法并不能阻止所有类型的口令攻击，但确实阻止了一部分攻击，并使其他攻击更难实现。一些身份验证系统在口令哈希中使用了盐，而其他的则没有。使用盐的哈希相对而言更安全。

至今，世界上有许多加密哈希标准普遍用作口令哈希算法，包括消息摘要 5(MD5)、Windows LAN Manager(LM)、Windows NT(NT)、基于口令的密钥派生函数(Password-Based Key Derivation Function，PBKDF)、安全哈希算法 1(SHA-1)、安全哈希

算法 2(SHA-2)、安全哈希算法-3(SHA-3)和 Bcrypt。如今，在 Windows 计算机上口令哈希默认使用 NT(非盐)和 PBKDF2(盐)，在 Linux/BSD/UNIX 风格的计算机上使用 SHA-2 或 Bcrypt。

对口令实施加密时，哈希算法(称为哈希、消息摘要等)的输出称为口令哈希；在存储和使用时，口令哈希通常成为口令的唯一表示形式。明文版本的口令不会存储在磁盘或内存中的任何位置。一旦用户输入明文口令，就会以哈希格式存储或使用该口令。同样，这是出于安全考虑。即使使用 MFA 时，出于类似的原因，身份验证事务中仍可能涉及某种类型的身份验证哈希。

1.3.6   口令身份验证

当口令身份验证事件发生时，通常是用户(或其他类型的使用者)尝试成功地向系统进行身份验证，反之亦然。这通常称为客户端-服务器(Client-Server)身份验证；但身份验证可能完全发生在单个计算机或设备上，可能只涉及客户端操作系统，可能是客户端到客户端验证，也可能是服务器到服务器验证。专业术语客户端-服务器(Client-Server)表示一个主体正向另一个主体证实自己的身份；一方有意使自己("客户端")得到另一方("服务器")的允许，后者处理、评价、批准或拒绝验证尝试。客户端可能试图访问服务器上受保护的资源，或者服务器可能纯粹充当身份验证提供方和验证方。

执行口令身份验证时，使用方根据服务器提示，键入身份标识和口令(或以其他方式提交)。同样，口令通常会立即转换为代表口令的口令哈希。服务器接收提交的口令或口令哈希，将其与提交的身份标签关联的口令或口令哈希进行比较。如果口令或口令哈希值一致，则认为使用方已成功通过验证。如果口令或口令哈希不一致，则身份验证尝试将失败。可允许主体实施一次或多次额外的身份验证尝试，或在预定次数的连续失败尝试后阻止再次尝试；也可以允许在设定的时间段内重试，或允许在管理员"解锁"身份账户后重试。

用户可能需要记住口令或以某种方式写下来或记录下来以备将来使用。一些操作系统和应用程序可能允许存储和重用(或自动存储和重用)输入的口令，前提是用户以前至少成功用过一次。口令可存储在操作系统或应用程序指定的其他位置。口令可存储在磁盘上，以便所有后续的身份验证事件都能自动处理；也可将口令存储在内存中，以便自动进行身份验证(在重新启动计算机或设备后将失效)。称为口令管理器(Password Manager)的程序可存储多个口令，并可在收到指示时代表用户自动提交口令，以及执行其他相关的有用功能。口令管理器可能是操作系统的一部分，也可能需要由用户作为附加的第三方程序(Third-party Program)安装。

挑战-响应身份验证

在某些操作系统或应用程序中，如果攻击方获得口令哈希，那么仅使用哈希值就可在某些形式的身份验证攻击行为中获得成功。为防止攻击方在口令身份验证事件期间窃取或窃听哈希，可使用一组挑战-响应(Challenge-Response)身份验证步骤。使用时，口令哈希也不会出现在口令存储数据库之外(尽管始终可派生或验证口令哈希)。相反，客户端和服务器使用哈希创建另一个中间表示形式，该表示形式可用来验证用于验证口令的哈希。以下是当客户端希望使用口令向服务器证实身份时，挑战-响应身份验证事件中涉及的步骤的简化表示：

(1) 客户端尝试身份验证，向服务器发出请求。

(2) 客户端提供身份标识，或服务器提示客户端输入身份标识。

(3) 服务器生成一组称为"挑战"的随机字符，并将其发送给客户端。

(4) 客户端使用口令哈希，将"挑战"随机字符加密成另一种称为"响应"的中间表示形式，并将其发送回服务器。

(5) 服务器接收客户端存储的口令哈希，并对"挑战"执行相同的计算，以便在身份验证成功时创建一个完全相同的响应。

(6) 服务器将客户端发回的响应与使用客户端存储的口令哈希生成的响应进行比较。如果两个哈希是相同的，则成功验证客户端。

挑战-响应身份验证通常是通过网络执行的客户端-服务器身份验证。这样，如果攻击方正在窃听，将得不到明文口令，甚至得不到口令哈希。但若攻击方可同时获得挑战和响应，就可尝试推导出涉及的口令哈希，因为挑战和响应之间的唯一区别是口令哈希加上生成响应的算法步骤(通常是众所周知的)。

1.3.7 口令策略

口令身份验证系统或控制该系统的人员可能有一个推荐的或强制使用的口令策略(Password Policy)。对于特定身份验证系统(或单一控制范围内的所有托管身份验证系统)中使用的任何口令，口令策略指出对口令字符的要求。口令策略可包含许多条款，包括但不限于：

- 最小口令长度
- 最大口令长度
- 口令组成和复杂度
- 口令过期前可使用的最长时间
- 口令更改前必须使用的最少天数
- 在导致账户锁定之前，身份验证失败事件可连续发生多少次
- 不允许以前用过的口令
- 确定是否允许共享口令
- 任何人(包括管理员)是否可请求获得或知道其他人的口令
- 可重置他人口令的人员
- 口令哈希系统中允许哪些口令哈希

- 是否允许加盐，是否需要加盐
- 如何加密或保护口令验证数据库
- 本地(或通过网络时)使用什么口令验证

书面形式或声明形式的口令策略通常可列出无法通过技术控制措施轻松实施的建议和要求。例如，可包括但不限于以下内容：

- 所有无关系统或应用程序之间的口令必须是唯一的。
- 口令不能写下来。
- 口令不能共享。

良好的口令策略应通盘考虑整个口令身份验证系统。需要认识到：保护口令身份验证系统的所有组件都可能被攻击者利用，反过来攻击系统；因此，口令策略将尽量使弱点最小化。

1. 通用口令策略

几十年来，常见的口令策略是这样的：

- 口令长度至少为 8 个字符。
- 口令必须足够复杂，至少包含一个非字母符号。
- 口令必须每 90 天更改一次。
- 15 分钟内连续 3 次登录失败后将锁定口令。管理员确定并未发生攻击后，才会解除锁定。
- 新口令不能与同一使用者过去使用的最近 10 个或更多口令相同。
- 口令不应该在不位于同一控制范围的不同系统之间共享、存储或重复使用。

过去，认为这个口令策略在安全性和易用性之间取得了良好权衡(第 4 章将讨论易用性)。许多组织和操作系统默认采用此口令策略或类似的策略；例如，NIST (National Institute of Standards and Technology，国家标准技术研究院)为政府机关的计算机使用了此策略，Microsoft 公司为 Microsoft Windows 操作系统默认使用此策略。在过去二十年里，如果用户的口令策略没有达到上述口令策略的强度，就将认为该口令策略是一个脆弱且不安全的口令策略。

2. NIST 新口令策略

2015 年，NIST 发布了身份验证更新信息，即 NIST 特别出版物 800-63，标题为 Digital Identity Guidelines(见[12])。在这篇出版物中，NIST 明确指出，NIST 几十年来一直推荐的旧口令策略建议是错误的。NIST 对一些组件的建议发生了将近 180 度的大转弯，建议人们从使用口令转向更好用的技术。如果人们不得不继续使用口令，NIST 建议口令不再有最小的大小，不再要求复杂度，永远不需要更改(除非认为口令已遭到恶意泄露)。NIST 提出，在实践中，遵循旧的口令策略指导原则，实际上使一个组织受到攻击的可能性更高(而非更低)。

主要论据是，传统口令策略要求有长的、复杂的且频繁更改的口令，这导致普通口令用户更可能重用相同的口令或具有可分辨模式的口令组(如 Frogfrog$1、Frogfrog$2、Frogfrog$3……)。与口令猜测或哈希破解相比，更大的口令威胁来自于将数据泄露的网站(即使攻击者无法独立查看和验证底层数据，也能了解到不少信息)。

NIST 新口令策略是震惊世界的。但迄今为止，已过去几年时间，世界上还没有一个主要的计算机安全合规机构(PCI-DSS、HIPAA、NERC 和 CIS 等)推荐使用 NIST 新口令策略。所有人仍在遵循 NIST 的旧建议。作为旧口令策略建议的主要推动方，Microsoft 已停止推荐任何特定的口令策略，算是对 NIST 新建议的被动认可。

在 NIST 提出新建议后的一两年里，Roger 曾强烈主张采用 NIST 新口令策略。但在与其他安全领域的朋友和安全专家开展辩论，并看到随后发生的口令入侵事件后，Roger 不能完全同意 NIST 现在推荐的所有内容。特别是，除非个人认为自己的口令遭到泄露，否则永远不要更改口令，这一点看起来很可疑。人们不能总是保证知道其口令何时遭到泄露。大多数人和组织都没有意识到其口令(或口令哈希)已遭泄露。事实上，Internet 上有数十亿的登录账户，其中许多包含活跃使用的登录账户信息，这是对 NIST 所建议的，特别是"不需要更改口令"部分的有力反驳。此外，如果用户使用口令管理程序在所有不同网站上创建和使用不同的口令，口令重用的风险将减少。

3. 本书的口令策略建议

本书的新"官方"口令建议是：

- 在可能和明显需要安全性时使用 MFA(多因素身份验证)；也就是说，并不是每个站点和登录都需要 MFA。
- 如果没有 MFA 选项，尽可能使用口令管理器，为每个网站或安全域创建唯一的、尽可能长的随机口令。
- 如果无法使用口令管理器，请使用长而简单的口令短语。
- 每年至少更改一次所有口令，每 90 至 180 天更改一次商业口令。
- 无论任何情况下，不要使用通用口令(如 password 或 qwerty)，绝不能在不同站点之间重复使用任何口令。

如果安全专家不想使用长口令，可使用简单的、不复杂的口令。只是不要在站点之间重复使用该口令。

4. 口令管理器

平均每个用户有 6~7 个口令，且在其所有网站和服务之间重复使用。这是自讨苦吃。在 Roger 给出的所有建议中，最重要的建议是不要在多个不相关的站点或服务之间重复使用相同的口令(或口令模式)；否则会大大增加遭受攻击的风险。如果针对每个不同网站和服务使用不同口令，就需要将这些口令写在某处。如果将这些口令写在某处，就需要保护相应的文件，这样文件就不会遭到泄露从而泄露所有口令。此时，最好使用口令管理器。口令管理器是一个便于生成和存储所有特定口令的地方,可使用口令管理器来完成口令的自动填写,登录到大多数网站。当使用口令管理器时,口令遭到网络钓鱼而流失的风险将大大降低,因为只有口令管理器知道口令,在网络上可找到很多好的口令管理器,本文不会推荐"最好的"特定口令管理器。你可尝试一个到三个,然后选择一个最喜欢的口令管理器使用。*Wired* 杂志有一篇很好的文章,该文章介绍了几个不同的口令管理器用例,详情可访问[13]。

1.3.8 口令会在现实世界持续一段时间

安全专家经常读到关于口令是多么可怕,且很快就会消失的故事。这个故事至今已听了 30 多年了,但人们现在拥有的口令比以往更多。口令有很多问题,下一节将讨论其中的许多问题,但对于大多数需要身份验证的站点和服务,口令通常是唯一的身份验证选项。不存在适用于所有站点和服务的非口令选项,甚至没有接近的选项。即使某人想删除其所有口令,也办不到。

对于许多身份验证方案而言,口令实际上是不错的选择。口令是大多数站点和服务上可接受的身份验证方式(即使允许其他选项),且易于实现和使用。对于不保护个人或机密信息的低安全性站点,口令甚至是最合理的身份验证解决方案。例如,某人(如 Roger)在许多聊天和信息网站上使用口令。当然,那些网站上的口令可能遭到泄露,但即使这些网站上的口令泄露了,最严重的危害是什么?有人可以账户所有者的身份登录,写一些有损 Roger 声誉的内容。攻击方可以散布一些可怕的谣言,有些人可能误认为是 Roger 说的。这是最坏的结果了,也并不少见。Apple、Google、Facebook和 Microsoft 这些组织的媒体网站都曾遭到攻击方组织占领,然后攻击方组织冒充合法品牌发表可怕的欺诈言论。几乎所有人都立刻意识到账户遭到泄露了。除了一些短期的尴尬和重新控制账户的努力外,没有造成任何伤害。这里并不是说个人希望控制的任何账户遭到接管,但如果这些网站没有个人或财务信息,那么可能的伤害是有限的。也就是说,如果用户能实现比口令更好的东西,且有意义,就去做吧。本章已经介绍了口令固有的一些弱点,现在将讲述更多。

1.4 口令问题和攻击

尽管口令无处不在且易于使用,但全世界都在试图尽快摆脱口令,这是有原因的。正如前面提到的,其中一个关键问题是每个人的口令都在 Internet 上。但攻击方是如何发动攻击的呢?是什么原因让口令如此容易遭窃?本节将回答这个问题。

1.4.1 口令猜测

攻击方泄露某人口令的最简单、最容易的方法之一就是猜测口令。尽管所有可能的口令组合有几十亿到万亿种,任何人都可从中选择,但大多数人都是从相同的 30

个字符中选择的，而且字符的顺序并不是那么神秘。

人们在编写口令时，喜欢使用自己的默认语言，喜欢使用个人常用的、最舒服的词语。当本人作为一个全职的渗透测试人员，在现场试图猜出某人的口令时，本人首先会环顾其办公室，记下哪些图片离这个人的电脑最近。如果有一个或多个孩子的照片，则会猜测口令组合包括孩子的姓名。如果这个人有一张男/女朋友或配偶的照片离电脑最近，则使用这个人男/女朋友或配偶的姓名。如果这个人有一张最喜欢的球队照片，就会试试最喜欢球队的名字。这种操作经常是对的。人们会惊讶于有多少首席执行官(CEO)在其口令里有一个与高尔夫有关的词。

虽然要求口令具有较高的"复杂度"，但大多数口令其实并不复杂。如果一个组织需要一个"复杂"口令，这就意味着大多数口令将以大写辅音字母开头，紧接着是一个小写元音字母(通常是 a、i 或 o)；如果需要一个数字，则该口令将是位于末尾的 1 或 2；如果需要符号，那么这个符号将是!、@、#、$或&中的一个，且符号位于与其外观相似的字母的位置。如果刚刚描述了你所用的口令，也不必过于担心，你身边 80%的同事都使用了类似格式的口令。

大多数口令都容易猜到，但也不像好莱坞的节目那么容易猜测。不能拿着枪指着攻击方的头，让攻击方在一分钟内猜出别人的口令。虽然 Roger 在 30 多年的职业生涯中成功做过一次这样的事，但其他情况下并不奏效。Roger 试着登录一个旧的会计系统，组织雇用 Roger 来用新的会计系统替换旧会计系统。升级计划在周末开展，以免影响业务。一名保安让 Roger 进了大楼，让 Roger 一个人去完成升级。为了升级，Roger 不得不完成年终过账处理，关闭一些账户。Roger 以前不知道，但在尝试执行这个操作时，会计系统要求 Roger 提供"主口令"。Roger 尝试了一些口令，如 Password、password、password123 和 qwerty(这些口令在任何一年中都是使用次数最多的口令)，但这些口令都不起作用。Roger 很沮丧，不过 Roger 最近刚看了一部世界上最珍贵的老电影 *Citizen Kane*，所以 Roger 在沮丧中输入了 rosebud。在电影中，Orson Welles 的角色在死前低声说这个词，整部电影都是关于这个词的起源的。Roger 不想搅乱情节，用户可看这部电影去了解详情。但很显然，旧会计软件的创造方是这部电影的粉丝，因为当 Roger 输入 rosebud 时，这个口令起作用了！Roger 为自己感到骄傲。30 年来，Roger 再也没有这么幸运了。

1. 自动口令猜测

大多数口令猜测都是使用专门为此构建的自动化工具完成的。Internet 上有几十个，甚至上百个工具(如 Brutus、THC Hydra、Web Brute、Bert、SqlPing、Wfuzz 和 Aircrack-NG 等)可用来猜测口令。只需要为目标登录屏幕选择正确的工具，启动工具，加载最喜欢的口令字典(要尝试的口令列表)，加载可能的登录名列表，并将工具指向受害目标。如果某软件有一个要求输入口令的登录屏幕，那么有一个工具可对该登录屏幕加以利用。图 1.5 显示了 THC Hydra GUI 版本在演示中的工作情况。

```
C:\hydra>hydra -L userlist.txt -P password.txt -t 1 ftp://192.168.33.146
Hydra v9.0 (c) 2019 by van Hauser/THC - Please do not use in military or secret service organizations, or for illegal pu
rposes.

Hydra (https://github.com/vanhauser-thc/thc-hydra) starting at 2020-03-02 22:07:11
[DATA] max 1 task per 1 server, overall 1 task, 119 login tries (1:17/p:0), ~7 tries per task
[DATA] attacking ftp://192.168.33.146:21/
[21][ftp] host: 192.168.33.146   login: triciag   password: Colton5
[21][ftp] host: 192.168.33.146   login: taedison  password: Bonvoy2
```

图 1.5　THC Hydra GUI 版本口令猜测工具正在运行

2. 暴力猜测

最难、最长的方法是暴力猜测(Brute-force Guess)。暴力猜测意味着从第一个条目猜测到最后一个条目(如 a、aa、aaa…到 z、zz、zz···)或者绝对随机(如 a7$Rt1Sv、bb、NM^rR3#和 frog)。暴力猜测贯穿所有可能的口令字典条目，而不需要任何情报(包括某个特定的口令猜测实际上是正确口令的可能性)。如果有充裕的时间来完成尽可能多的猜测，且不受到阻止，那么暴力猜测会在未来某个时间点找到正确口令。

3. 字典攻击

就成功所需的猜测次数和时间而言，暴力猜测几乎总是成本最高的。如果目标口令是由人类创建的，那么最好使用智能方式来分析人类创建的口令最可能的样子(如前所述)。一般口令创建方至少使用"根单词"作为口令的一部分。多产的读者或专业编辑的平均词汇量是 1 万个单词。大多数普通人的词汇量接近 3000~4000 个单词。因此，一个优秀的口令猜测方应该先尝试目标词汇表中最常见的 10000 个单词，然后尝试用户可能在牛津词典中找到的超过 170000 个单词。

Internet 上到处都是"流行口令(Popular Password)"词典，其中包含了大多数人发现和使用的口令。二十年来，Roger 一直在分析在 Internet 上遇到的每个口令转储。很多人都有同样奇怪的爱好。分析了几次口令转储后，则会觉得很无聊，因为三十年前最流行的口令还是今天最流行的口令。这些最流行的口令包含单词 password、键盘上的简单组合键和常用的人名。大多数组织的员工使用的口令来自上千个最常见口令。

4. 恶意软件口令猜测

许多恶意软件都包含常规的口令猜测例程；当恶意软件尝试进行身份验证以便登录网站、远程登录服务(如 RDP、SSH)或网络驱动器共享时，都会尝试许多常见口令。一些流行的恶意软件会尝试 100 个或更多的常见口令，并且往往能成功猜出口令。

注意　由于受攻击的组织的网络启用了账户锁定功能，因此自动口令猜测恶意软件也因锁定大量用户账户而臭名昭著。口令猜测恶意软件被编码为猜测 100 个或更多不同的口令，但猜测三到五个口令时会导致最终锁定用户账户。很多时候，口令猜测恶意软件在网络上失控的第一个主要迹象是几乎所有人的账户同时意外地遭到锁定。幸运的是，至少在 Windows 计算机和网络上，一个真正的管理员账户不会遭到锁定，所以管理员账户可用来登录网络，根除恶意软件，并解锁其他人的账户。不幸的是，由于管理员账户永远无法遭到锁定，管理员账户也是口令猜测恶意软件和攻击方最喜欢的目标。

5. 口令喷射攻击

"口令喷射(Password Spray)"或"凭证填充(Credential Stuffing)"攻击现在十分流行。典型的自动口令猜测攻击将尝试针对一个已知的身份账户猜测 1000 个或 10000 个口令。如果一个组织启用账户锁定或监测失败的登录，可能收到传统口令猜测攻击的警告。但是，口令喷射攻击会针对攻击方可找到的所有身份账户尝试 1000 次或 10000 次猜测，一次一个，缓慢进行，永远不会快到使账户锁定保护功能启动。因此，口令喷射攻击不再试图对一个账户实施 1000 次或 10000 次的猜测，而是对 1000 个或 10000 个身份账户分别执行少量的猜测。

口令喷射攻击非常成功。Google 和 Microsoft 都认为这是对身份验证系统的最大威胁之一。2019 年 9 月，Akami 报告称，在短短 18 个月内，Akami 在监测的服务器和服务上发现了 610 亿次口令喷射攻击(见[14])。在这些尝试中有很多成功的攻击。

执行口令喷射攻击涉及以下步骤：

(1) 攻击方选定一个目标。

(2) 攻击方使用 OSINT 工具收集尽可能多的登录名，将其放入一个文件中。

(3) 攻击方找到一个可访问的在线受害者登录门户(如 Outlook for Web Access、Gmail、Remote Desktop Protocol、Cisco VPN 和 Microsoft Active Directory Federated Services)，据此进行猜测。

(4) 攻击方确定受害者的账户锁定策略是什么。

(5) 攻击方下载口令猜测字典。

(6) 攻击方下载口令喷射攻击工具。

(7) 攻击方在工具中加载目标的登录门户位置，加载口令字典，加载登录身份列表，然后执行该工具。

(8) 口令喷射猜测工具启动凭证填充攻击，并在成功登录时通知攻击方。

Internet 上有许多口令喷射工具免费提供。图 1.6 显示了其中一个工具 Spray，在实际情况下，其命令行输入如下所示：

```
spray.sh-<typeoflogon><targetIP><usernameList><passwordList>
<AttemptsPerLockoutPeriod><LockoutPeriodInMinutes><DOMAIN>
```

图 1.6　口令喷射猜测工具

除了口令猜测攻击方和攻击工具，还有无数的自动化恶意软件花费时间猜测和窃取口令。几十年来已经出现了包含猜测用户口令能力的蠕虫病毒。这些蠕虫病毒闯入网络上的一个节点，并试图通过猜测其他登录提示来传播自己，这些蠕虫病毒的口令库中通常有多达 100 个常用口令。

如今，针对 Microsoft 远程桌面协议(Remote Desktop Protocol，RDP)实现的口令猜测很流行。RDP 通常在 Microsoft Windows 计算机和服务器上启用，攻击方和远程口令猜测攻击工具很常见。在一项研究中(见[15])，研究人员设置了 10 台 RDP "蜜罐"计算机，以此来研究攻击方发现和猜对这些 RDP "蜜罐"计算机需要多长时间，以及需要多少口令猜测。第一个蜜罐是在不到 2 分钟内由攻击方发现的；"蜜罐"计算机平均每天有超过 11 万次的猜测，一个月内有超过 400 万次的猜测。哇！同样的猜测也发生在基于 Linux 的 SSH 远程登录门户上。

1.4.2　破解口令哈希

口令哈希(Password Hash)几乎和其所代表的明文口令(Plaintext Password)一样有价值。攻击方通常可在将来的身份验证攻击中使用口令哈希，受攻击的进程和应用程序将接受哈希值并认为其与键入的明文口令一样有效，或者攻击方可将口令哈希"破解"为等效的明文值。前一类攻击通常称为哈希传递(Pass-the-Hash，PtH)攻击，其中获得的哈希本身用于进一步的攻击。哈希传递攻击已存在了几十年，在 Microsoft 的 Windows 系统中最受欢迎。然而，拥有真正的明文口令更好，因为明文口令可用来直接登录到只接受明文口令的身份验证门户。许多攻击方如果只获得口令哈希的访问权，就会将尽可能多的口令哈希转换为等价的明文。明文口令仍然有效！

首先获得口令哈希需要另一个一级根漏洞。攻击方必须突破计算机的正常防御，而且如果要成功获取哈希值，通常还必须获得提升的权限。有时最初的根攻击从一开始就获得了提升的访问权限，而其他时候则必须启动第二次权限提升(Privilege Escalation)攻击。更难的是获得初始访问权。一旦进入遭到攻击的计算机，即使不能立即获得特权访问，也很容易通过其他方式逐渐获得。

如果攻击方可在 Microsoft Windows 计算机上获得本地管理员访问权限，则可使用十几个免费的攻击方实用程序中的一个来获取可用的哈希值。这些工具包括 Pwdump、Mimikatz、Metasploit 和 Empire PowerShell Toolkit(按目前的流行程度递增排列)。所有这些工具都要求至少在 Windows 计算机上获得本地管理员访问权限；然后，攻击方必须安装第二个在系统级别(高于管理员级别)运行的驱动程序或软件进程来获取哈希值。从 Microsoft Active Directory 域控制器 (所有联网用户和计算机账户的哈希值都存储在该域控制器中)获取哈希值需要一个域管理员账户来完成。显然，获得这种访问级别并不难，因为获得 Windows 口令哈希是计算机世界中企业攻击方最常见的成功攻击结果之一。

1. 网络窃听

如果攻击方可潜入网络身份验证会话中并进行窃听，则通常可捕获任何键入的明文口令、哈希或挑战-响应会话。如果可查看挑战-响应会话的所有方面和事务，则通常可将挑战-响应会话转换回所涉及的口令哈希，然后最终转换为底层明文口令。挑战-响应会话会增加攻击方的攻击难度，因为攻击方不能"嗅探(Sniff)"网络并立即获得明文口令。但是对于完整的挑战-响应会话，挑战和响应之间唯一未知的变量是口令哈希。因此，如果攻击方可同时获得两个口令，则通常可计算所涉及的口令哈希。

2. 电子邮件哈希窃取技巧

在一些不常见的边缘情况下，也可以一次一个地远程窃取口令哈希值。例如，一个非常有趣的方法是向目标受害者发送网络钓鱼电子邮件。电子邮件包含一个嵌入的 UNC (Universal Name Convention，通用名称约定)文件名对象格式的链接 file:///<URL link>。电子邮件链接通常包含 URL 链接和文件名，如 HTTP:或 HTTPS:。电子邮件包含一个 UNC 文件名对象(通常与本地 NetBIOS 连接关联)这一事实使许多电子邮件客户端感到困惑，电子邮件客户端可能遭到诱骗连接到任何引用的远程(通常是恶意的)服务器和资源。远程服务器可向正在连接的电子邮件客户端(通常是浏览器)声明，只有客户端完成身份验证才能访问 UNC/URL 链接中引用的资源(如 file:///www.badlink.com/anyfilename.html)。

如果电子邮件或浏览器客户端支持集成的 Windows 身份验证(如果连接到 Windows 网络，Windows、macOS 和 Linux 客户端通常会这样做)，将在大多数用户和管理员不知道的情况下，自动尝试与存储远程资源的服务器开展身份验证。客户端将参与挑战-响应 NTLM 身份验证连接会话，远程非法服务器可从中获取用户的口令哈希。这里有一个关于整体技术的很棒的讨论：[16]。

总之，攻击方可发送电子邮件，受害者只要打开或单击嵌入的链接，远程攻击方就会得到受害者的 Windows 网络口令哈希，然后远程攻击方可将其转换为明文口令。Roger 的老板以及朋友 Kevin Mitnick(也是一位臭名昭著的攻击者)，有一个很棒的 YouTube 视频演示了这种攻击方法：[17]。

> **注意** 在 Kevin 的视频中可看到，即使只是"预览(Previewing)"电子邮件就足以启动与嵌入的 UNC/URL 链接资源的连接；但大多数情况下，用户必须受到诱骗单击嵌入的链接(即，连接不会自动启动)。不过，诱使人们单击恶意链接并不是那么难。事实上，这就是大多数网络钓鱼邮件的工作原理。

即使不将哈希转换为明文等效值，攻击方也可做很多事情。攻击方可创建其他登录会话、远程登录到可用的 RDP 会话、操作组成员身份、连接到网络驱动器和资源；甚至可创建全新的、临时的和非法的域控制器，即恶意的查找"标准途径(golden ticket)"攻击。在包括 Microsoft Windows 和 Linux 在内的大多数操作系统中，最终的身份验证"秘密"是口令哈希。一旦拥有口令哈希，就拥有了通往王国的钥匙。

3. 彩虹表

如前所述，大多数口令攻击方都希望将窃取到的口令哈希转换为明文。然而，加密哈希(如果有用的话)明确地设计为防止有人捕获哈希，从而轻易地找出相关的明文根口令。但攻击方可猜测口令可能是什么，对猜测的口令执行哈希，并将猜测的哈希结果与捕获的口令哈希执行比较，如果两者匹配，则得出这两者具有等效口令的结论。

攻击方世界充满了口令哈希数据库(Password Hash Database)。这些数据库包含所有(或大多数)可能的口令及相应的口令哈希，因此一旦有了口令哈希，就可立即搜索等效的哈希。但是，如果一个口令相当长或足够复杂，那么可能的口令数量会非常多。对于一个较短的 8 个字符的口令，所有可能的口令选择可以很多，达到数十亿到万亿(尤其是如果像 Microsoft Windows 中那样，字符数量超过 65000 个，则口令数量将相当庞大)。智能口令哈希猜测方将从使用字典攻击的智能猜测开始，而不是盲目通过口令哈希数据库强制执行所有可能的猜测。如果捕获的口令哈希表示大多数人使用的口令(即较低的熵值)，那么在执行匹配前必须尝试的口令哈希要比对所有可能的口令猜测实施全序列搜索要少得多。

但若口令足够长或足够复杂，即使基于字典的攻击，在成功猜测前，仍有数百万甚至数十亿可能的选择需要尝试，有很多可能的口令码和哈希值需要搜索。一个典型的口令哈希可以是 128～256 位长。为在快速搜索时找到正确的哈希值，口令哈希数据库搜索将使用一个比特一次搜索正确的哈希值。例如，如果哈希是 74FA5327CC0F4E947789DD5E989A61A8242986A596F170640AC90337B1DA1EE4(来自之前的 SHA2 哈希 frog 口令)，首先将搜索以 7(哈希中的第一个字符)开头的每个可能的哈希，并排除所有其他不以 7 开头的哈希。然后，在所有以 7 开头的哈希中，将查找以 74 开头的所有哈希(哈希的前两位数)，并排除所有不以 74 开头的哈希。然后在可能的正确哈希池的哈希中，将查找以 74F(前三位数字)开头的所有哈希，每次添加一个字符，直到通过连续包含其他哈希数字和后续的排除来缩小确切的等效哈希值。最终将找到一个包含所有相同字符的哈希。人们可能想知道，为什么不从一开始就查找正确的整个哈希。一次使用哈希的所有位数来搜索正确的哈希比顺序排除方法难度要大得多，而且耗费的时间更长。一个庞大的数据库(如普通的口令哈希数据库)有数百万到数十亿个哈希值，对其进行搜索需要花费很长时间。

还有一种更高效的口令哈希数据库称为彩虹表(Rainbow Table)。彩虹表将所有更长的口令哈希提前转换为更短形式的中间代表，并对捕获的目标哈希执行相同的操作。例如，使用非常长的原始哈希(如前所示)，中间代表可能看起来像 D9DE7E9AA。与真正的口令哈希不同，中间代表形式可匹配许多不同的唯一口令哈希，但正确的哈希包含在由较短的代表形式表示的口令哈希列表中。例如，可能有几千个存储的口令哈希匹配相同的中间形式。当彩虹表进程将目标口令哈希转换为其中间形式时，仍然需要搜索更小的可能的口令哈希池。可使用与目标哈希相同的中间形式的所有口令哈希，计算完整口令哈希形式，然后找出这几千个口令哈希中的哪一个与目标口令的完整口令哈希匹配，且不必搜索数十亿个更长的口令哈希。

所以，一个智能口令哈希破解程序将使用一个包含字典攻击的彩虹表程序。对于大多数口令哈希类型，有几个到几十个彩虹表程序。图 1.7 显示了一个叫做 ophcrack 的流行彩虹表程序。

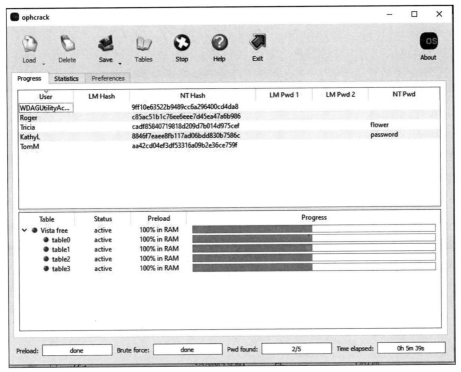

图 1.7　ophcrack，一个流行的彩虹表程序

1.4.3　口令窃取

口令攻击方获取口令的最常见方法之一就是窃取口令。口令攻击方从用户的计算机或设备，或从存储口令/哈希的许多站点或服务中窃取口令。如前所述，如果攻击方能获得对用户计算机或设备的管理员访问权限，则有数百种攻击工具(如 Mimikatz)将以明文或哈希形式显示用户(和系统)的口令。任何有价值的攻击方一旦获得系统的管理员访问权限，就会使用这些工具中的一个或多个。

如果能成功地利用计算机或设备，许多自动恶意软件将寻找口令，作为其主要目标或其中一个主要目标。自动恶意软件将查找存储在磁盘和内存中的用户和系统口令，并从浏览器数据库中窃取口令(当用户允许其浏览器存储口令，以备将来自动登录到需要验证的网站和服务时)。

任何攻击方一旦获得需要对所有用户实施身份验证的网站或服务的管理权限，就会立即寻找并窃取包含用户登录信息的任何身份验证数据库。这就是大多数口令转储文件中的口令最终会出现在 Internet 上的原因。当攻击方可用几乎相同的努力窃取数万到数百万个口令时，为什么要一次只窃取一个呢？

口令重用风险巨大

任何口令遭窃的最大风险是，即使一个口令可能只从一个网站或服务中遭窃，但该口令经常由同一用户在多个网站(有时是用户拥有的每个网站)重复使用。如前所述，一般用户在其使用的每个网站和服务中有 6～7 个口令。所以，口令攻击方会找一个没人关注的网站，并从中发现一个登录名 roger@banneretcs.com 的口令为 frogfrog11，任何一个优秀的攻击方都会自动检查同样的登录信息是否适用于其他一些更重要的网站，如 Amazon、银行和股票网站。

口令重用隐藏着巨大风险。一个网站的失陷可能导致一系列其他网站失陷。这使得那些口令转储更危险。口令重用不仅可显示当前正在使用的登录，还可显示口令之间的模式。对于大多数人而言，如果不使用真正随机的口令，即使这些人确实为每个网站和服务使用不同的口令，也会使用一种模式的口令(例如，Frog32、Frog33、Frog34……)。看到该模式的攻击方可能会发现用户喜欢使用什么，并可闯入其他站点。

同样，故意与其他人共享口令或在其他人之间共享口令是一种不良的、有风险的做法，原因如下。很多人把自己的口令和爱人分享，结果发现真爱往往不是永恒的，以前的爱人有时会以未经授权的方式进入自己的账户，让自己的生活变得更加艰难。在工作场所，共享口令(和相关身份)使得 IT 人员在查看事件日志时很难跟踪谁在做什么。现有的每个安全合规准则都在反对共享口令，但许多组织都这么做，特别是当同一设备经常受到多人访问和使用时。口令重用和共享使得口令窃取和破解更容易完成。

1.4.4 显而易见的口令

有时不需要猜测或钓鱼攻击，因为口令写在任何人都能看到的地方。研发团队因为在研发的代码中留下"硬编码(Hard-coded)"口令并将这些口令上载到公共的、共享的存储库(如 Github)中而臭名昭著。由于这个问题，许多大型数据泄露事件已经发生。

许多设备都带有内置的硬编码口令，这些口令要么不能更改，要么不需要强制更改。不管怎样，任何人都可查找这些内置的默认口令并尝试使用。许多机器人程序在 Internet 上运行，寻找这些设备并尝试使用内置口令，可成功地控制数以千万计的遭到泄露的设备。

在公共视频中，视频用户输入易于查看的口令的情形并不少见。例如，2019 年一位美国国会议员输入的手机口令是一串 7，详情可访问[18]。

有几十个黄金时段的新闻报道了一些有趣的人士，其中一些将共享口令写在背景中，在视频中清晰可见。人们都笑了，但这种事情总是发生。Roger 最近在一个州议会的一个大会议室里，就口令攻击和笔记本电脑做了一个讲座，一般公众都可自由观看。笔记本电脑上贴有一个纸质标签(见图 1.8)，上面显示了登录名和口令。Roger 咯咯地笑了，因为 Roger 是在那里谈论电脑安全的，而 Roger 要展示的笔记本电脑的口令是打印出来的，可供任何人使用和记录。Roger 和蔼地对客户说："你知道，打印出登录名和口令，并把其放在任何人都能看到的地方，这是计算机安全方面不应该做的事情的缩影。我希望至少这是一个独立的登录，而不是在你的网络上运行的网络登录。"

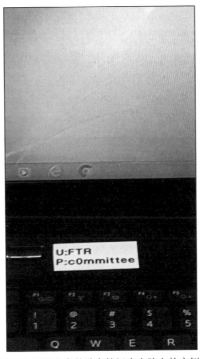

图 1.8 现实世界中将网络登录口令打印出来并贴在笔记本电脑上的实例，电脑周围的任何人都可看到

Roger 原本不想把这个具体示例写进书中，因为 Roger 不想让那位客户感到尴尬。显然，客户确实需要口令。客户已经对该 IT 资产开展了成本效益分析，并认为笔记本电脑所在的位置不太可能受到恶意攻击方的攻击。

但更重要的是，这种事屡见不鲜。那个客户绝非独一无二。这个事件指出口令的一个固有问题：易于使用，但对于共享的资产，口令会带来不便。Roger 以旅行为生，如果 Roger 能从每个可看到口令文件的酒店登记处获得一美元，Roger 将在 Florida Keys 拥有一座漂亮的水上别墅。

1.4.5　自讨苦吃

通常，攻击方获取某人口令的最简单方法就是直接请求。网络钓鱼(Phishing)是一种恶意伪装成可信任实体的流程，以获取未经授权的信息或实施一种有损受害者或其组织利益的行为。网络钓鱼可通过电子邮件、网站、SMS 消息、聊天频道、书面文档和语音电话来实现。基本上，任何用来交流的方法都可用来欺骗某人。目前，电子邮件钓鱼是大多数组织最容易遭受的攻击方式。要么用户遭到诱骗泄露其登录信息，要么用户遭到诱骗运行木马程序，结果是相同的。许多口令转储包含完全通过网络钓鱼获得的口令集合。

攻击方可简单地询问某人的口令，人们会惊讶地发现，可从一个完全陌生的人那里得到口令。几年前，当 Roger 做全职渗透测试时，Roger 经常对 CEO 的行政助理说："嗨，我叫 Roger Grimes。我受聘测试组织(包括组织 CEO)的口令的安全性。CEO 的口令是什么？"现在，记住，这些行政助理甚至不应该有 CEO 的口令，口令是不能共享的。但想知道有多少行政助理给了 Roger 其 CEO 的口令吗？所有人！在 Roger 问这个问题的 20 年里，没有一个助理拒绝将 CEO 的口令提供给 Roger。在助理将口令交给 Roger 前，Roger 犹豫了几秒钟，但没有一个人拒绝，并泄露了这位高管的口令。

Roger 在公共场所(如街道、地铁系统)参加过几项研究和测试，如果人们将口令透露给 Roger 团队，则会得到糖果或笔等活动的小奖励。Roger 团队的成功率是 30% 到 60%，具体取决于国家和测试对象。不相信 Roger 吗？Internet 上到处都有同样的视频。Roger 又没有什么特殊的社交魅力。只要问问就可以。

深夜访谈脱口秀节目"Jimmy Kimmel 现场秀"偶尔会采访一些走在加州好莱坞街头的真实行人，并询问其计算机口令。可访问[19]来了解一个示例。人们很容易就会泄露自己的真实口令，不禁令人又笑又叹。

总之，口令很容易使用，也很容易遭到攻击方的攻击。使用各种方法，包括猜测、破解、窃取、窃听和询问，数十亿个口令遭窃。20 年过去了，问题非但没有好转，反而变得更糟。以前在 Internet 上没有数十亿遭窃的口令。过去，当十万个口令在一个单独的口令转储中遭窃时，会成为新闻。现在 Roger 甚至不确定 10 亿个遭窃的口令会不会引起人们的注意，因此，各组织不断推动人们摆脱口令，转用更好的身份验证方法。多因素身份验证受到人们的吹捧，并将其奉为灵丹妙药。

1.4.6　口令破解防御之道

Roger 不想给读者留下这样的印象：口令身份验证不是一种安全的身份验证方法。口令身份验证是不安全的，存在一定风险。由于口令不会很快消失，以下是使口令验证更安全的方法：

- 不要受到网络钓鱼欺骗而将口令泄露给恶意机构。
- 不要因为运行木马程序而遭到钓鱼。

- 确保系统已完全修补，令攻击方无法利用未修补的软件侵入计算机并窃取口令。
- 每个网站或服务使用唯一口令。
- 口令应具有高熵。
- 请勿与任何人共享口令。
- 启用账户锁定，以防止无限制的口令猜测。
- 定期更改口令，组织口令不得超过 180 天(90 天更好)，个人口令不超过 1 年。
- 考虑使用口令管理器为每个网站和服务创建强大的、唯一的口令。
- 在网络上键入口令时，确保网络通道受到保护/加密以防窃听。
- 仅向需要的网站提供任何重要的个人或财务信息，并确保信任该网站保护登录账户和凭据的能力。

即使只遵循上面列表中的前四个建议，由于口令而受到恶意攻击的可能性也将大大降低。

1.5　MFA 驰马来援?

口令本身并不是有害的，但正如前面所述，口令确实有很多弱点，且经常遭到攻击方的攻击，以至于全世界几乎都同意不应该依赖口令来执行严格的身份验证。需要为全世界、为每个人提供一个更强大的、值得信赖的身份验证方法，且这种身份验证方法应非常易用，并大大降低失陷的风险。到目前为止，最受吹捧的答案是多因素身份验证。MFA 会成为那么多人期待的身份验证骑士吗?只有时间会证明一切。但可以说，MFA 也有其自身的安全风险和问题，这就是本书其余部分的全部内容。

可以肯定地告诉大家，如果所有口令都消失了，而只有 MFA，那么针对身份验证的攻击行为将继续发生。这就是整本书的主题。MFA 更难破解，但并非天衣无缝。几十年来，可看到一个又一个系统从使用口令变为使用 MFA，突然间这些组织就自认为不必再担心针对身份验证的攻击行为了。所有这些系统(以及系统的用户)都将发现攻击方们其实并未放弃攻击。MFA 可能会减慢攻击方的速度，但不能完全阻止攻击方。攻击方并不畏惧 MFA，而且知道有很多种方法可破解 MFA;但目前，MFA 更难攻击。MFA 可能会缓解大量随机攻击，但不太可能阻止有针对性的攻击。Roger 见过有人使用的 MFA 很容易遭到攻击方入侵，这些人已经放弃了 MFA，转而使用简单的登录名和口令(将在后续章节中介绍这一点)。

1.6　小结

第 1 章讲述登录问题，特别是与口令有关的问题，解释为什么需要 MFA 来替换口令。讨论数十亿人的口令是如何通过 Internet 获得的，以及攻击方是如何到达那里的。涵盖了账户注册、身份验证秘密存储和挑战-响应身份验证(这是大多数现代操作系统和应用程序都使用的口令身份验证流程)。然后介绍基本的口令攻击,包括猜测、哈希破解、窃取和社交工程;最后给出针对这些攻击的各种防御措施。安全专家应该透彻理解为什么口令的使用是有风险的,以及为什么人们期待 MFA 来提高安全性。

第 2 章将讲述一般的身份验证。安全专家需要对身份验证有足够的了解(无论身份验证是如何实现的),这样才更容易了解 MFA 解决方案是如何工作的,以及攻击方是如何成功地攻击和入侵 MFA 解决方案的。

第2章 身份验证基础

第1章讲述了登录问题，特别是口令验证问题。第2章将介绍身份验证的基础知识。本章将采用自上而下、从头至尾、从简单(登录)到复杂(巨型系统)的方式介绍身份验证。如果你想了解身份验证及其包含的内容，请阅读本章。

CIA(Confidentiality, Integrity, Availability，机密性、完整性和可用性)用三位一体的方式总结了主要的安全控制类别。身份验证包括所有这些组件以及更多组件。以下是任何身份验证系统的组件和注意事项，所有这些都将在本书中介绍：

- 机密性
- 完整性
- 可用性
- 身份管理生命周期
- 控制范围/安全域
- 易用性
- 用户控制
- 隐私
- 协议/标准/API
- 审计/会计/事件日志记录

身份验证主要用于确认主体是否有能力访问受保护资源(如安全域、文件、文件夹、站点和服务)。这个流程决定了主体是否如其所说的那样，以及主体能否证明这一点。

并非做每件事都需要身份验证。例如，用户做的大多数网上冲浪不需要身份验证。用户不想在Internet上搜索、下载公共文档或阅读新闻时必须执行身份验证。但在网络世界中，很多人都要求用户通过身份验证才能访问私有信息或存储的个人信息。

身份验证必须具有完整性(Integrity)，这意味着身份验证系统准确地验证对象或内容。身份验证系统和主体对用于验证主体的秘密或因素保密。身份验证系统应能抵抗恶意拒绝服务(Denial-of-Service，DoS)攻击，并具有足够的性能来支持业务功能。

2.1　身份验证生命周期

身份验证是一套系统和流程，首先建立身份的所有权或控制权，然后给主体提供某种生成的数字内容(通常称为令牌或票证)，经过身份验证的主体可在未来的访问控制检查中展示这些内容。在一个卓越系统中，身份验证和授权的流程是受到监测的，关键事件记录到一个文件中，以便将来进行收集、审计和评价。如图 2.1 所示，身份验证只是一系列渐进的相互关联的步骤中的一个流程。

2.1.1　身份

建立对数字身份的控制需要许多协作组件。在早期的计算机系统中，没有权限，也没有受保护的对象。计算机系统是大型的一体机，可称为"大型机"或"大型服务器"。不需要单独进行安全设置和控制，因为只有能实际访问计算机系统、按下开关、插入电缆或输入纸带的人才能与之交互。访问控制是物理的。这些系统一次只运行一个程序。如果要运行另一个程序，负责计算机的人必须输入相应的程序。这台计算机只负责一项任务。

图 2.1　基本身份验证生命周期

最终，这些计算机开始由许多不同的人员访问，且访问方式越来越多的是远程访问，这些计算机可运行许多不同程序，每个程序同时与不同的文件和资源交互。一些人可能无意中干扰其他人或组的程序或资源，有人意识到需要执行访问控制。只允许计算机让用户组与所属的程序和资源交互，而不允许有意地(或无意地)与其他用户组的程序和资源发生交互。需要某种逻辑上的分离。计算机内部的这种逻辑控制称为访问控制。

1. 访问控制

"访问控制"(Access Control)是一个确定允许哪些主体访问哪些受保护资源的流程。访问控制管理器(Access Control Manager)进程查看所提供的已验证身份的权限、许可、特权和组成员身份，将其与规则列表进行比较，这些规则指出哪些主体可访问和操作哪些资源，以及以何种方式访问和操作(如只读或修改)。操作系统也可能有一些默认规则，这些规则描述了在未明确定义的情况下应该如何执行特定的访问控制操作。例如，如果一个主体可访问更高级别的"父"对象，那么该主体也可访问较低级别的"子"对象，除非对子对象实施了某些特定的更改。

主体在拥有访问控制权的计算机系统或设备上参与的每个流程或操作，都要求每次访问与特定身份关联。一个身份是一个数字标签，与一个主体紧密关联。身份在身份验证系统使用的参与命名空间(如 DNS、Active Directory 和 LDAP)中必须是唯一的。通用身份标识符包括：

- 全名
- 登录名
- 电子邮件地址
- 用户主体名称(User Principal Name，UPN)
- LDAP
- 数字证书
- 全局唯一标识符(Global Unique Identifier，GUID)或通用唯一标识符(Universally Unique Identifier，UUID)
- 介质访问控制(Media Access Control，MAC)地址

基本上，任何预定义的标签都可作为唯一标识符使用。身份标签可由注册用户指定，也可由系统自动分配。一个主体可能在同一个系统上拥有多个身份(也称为角色，即 Persona)，多个主体可能在同一个系统上共享相同的身份(尽管这在计算机安全领域是不受欢迎的)。属于同一主体的不同身份可能具有不同的属性、权限和特权。例如，管理员可能有一个用于日常、常规用户类型计算任务(如阅读电子邮件和浏览 Internet)的常规用户账户，以及一个高级管理账户来执行需要特权的操作。

许多主体在不同系统中可能有不同的身份。事实上，对于用户来说，这是非常普遍的，因为普通人可很容易地拥有上百个独立的登录系统，每个系统都有不同的身份系统。独立的系统通常有独立的、隔离的身份验证系统，但这些独立系统可与一个公共身份验证系统共享并交互。

虽然主体开始上网体验时通常需要执行身份验证，但通常在初始登录后，使用主体的身份验证标识符或访问控制令牌(稍后将介绍)自动完成与未来各种进程的其余交互(稍后将进一步讨论)。使用另一个主体的身份验证标识符的其他软件和进程的流程称为模拟(Impersonation)或委派(Delegation)。实施模拟的软件或流程称为用户代理(User Agent)。

例如，当特定用户浏览 Internet 时，用户的 Internet 浏览器通常在已登录的已验证用户的上下文中运行。浏览器就是上下文中的用户代理。如果用户在电子邮件客户端中工作，则电子邮件客户端是用户代理。当用户打开一个字处理程序，并访问自己以前存储的由受访问控制的文档时，会将字处理程序视为用户代理，用于访问文档的流程由字处理程序通过模拟该用户的主体标识来完成。

如果一个计算机系统运行许多不同进程，通常使用不同的主体身份运行不同的进程，其中一些属于用户，另一些属于操作系统或其他以前安装的应用程序。图 2.2 显示了属于不同进程的不同身份的示例。

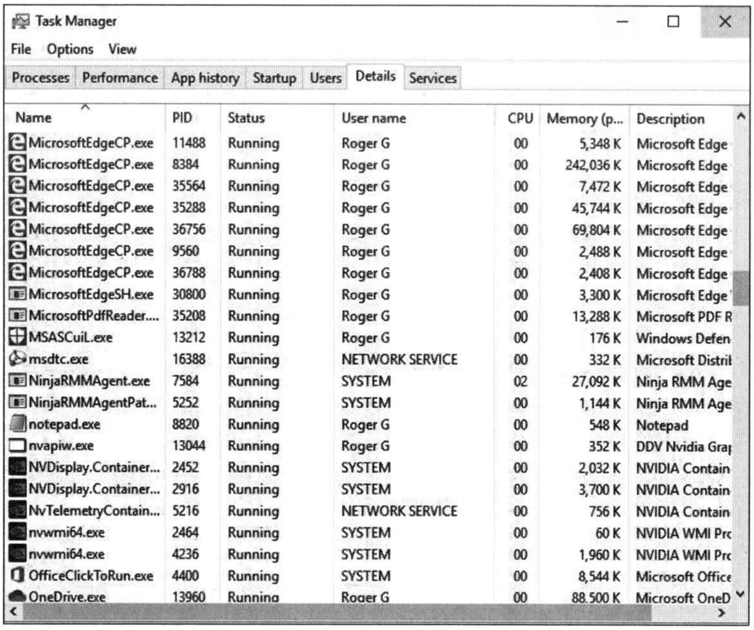

图 2.2 Microsoft Windows 任务管理器,不同的进程及其关联的主体身份(显示在 User name 列下)同时运行

单个进程可更改其用于特定操作的身份。例如,当浏览到需要身份验证的网站时,默认情况下,Internet 浏览器会尝试以"匿名"用户身份登录三次,在遭到拒绝后,才尝试以启动浏览器的主体身份登录。如果网站和浏览器提示手动提供登录凭证,则用户代理(即浏览器)可能使用另一个身份"生成"另一个进程。在操作系统中,父进程生成子进程的情形并不罕见;默认情况下,新的子进程将具有相同的主体身份(尽管可以是另一个单独的身份)。

2. 身份管理

大多数身份验证系统都依赖于基础 IDM (IDentity Management,身份管理)系统,该系统处理所有可能涉及的身份的"生命周期阶段(Life Cycle Stages)",从创建(即配置,Provisioning)一直到清除/删除(即取消配置,Deprovisioning)。用户或主体可创建新身份,可由另一个主体(即 Admin)分配,也可通过一个自动化流程实施分配。例如,在自动化流程中,添加到人力资源系统的新员工可能在其他计算机系统的其余环境中触发新的登录身份。而且,如果该员工离职,则可能导致该员工的计算机账户遭到自动暂停、禁用或删除。实际上,计算机安全专家更喜欢自动的、委托的用户账户创建和删除流程。

在安全的身份验证系统中,启动新的使用者身份账户的个人或进程(称为访问管理,Access Governance)必须验证主体是否需要在特定的 IDM 系统中,并在新账户创建或设置之前或期间验证其真实身份。未经这些步骤的确认,一个经过身份验证的身份也不能认为是有效的或完全可靠的。

创建新的使用者身份账户的流程称为登记(Enrollment)或注册(Registration)。在登记流程中，使用者、注册代理(Enrollment Agent)或代表其注册主体的进程通常需要关于主体的附加信息，而不仅是其登录身份。此信息可能是必需的，也可能是可选的。此信息可作为主体的身份属性的一部分来确定唯一性，也可用作将来身份验证流程的一部分。登记流程中创建或使用的所有信息都应经过身份验证，当然并非所有包含的信息都是如此。作为主体登记的一部分，身份通常与一个或多个身份验证秘密关联(稍后讨论)。

作为任何身份管理系统的关键部分，应定期确认所有已发布的身份和提交的属性仍在积极使用且准确无误。为登录账户提供较高的准确性是很容易的，但随着时间的推移、信息的变化(如员工调动到新部门)和最终取消配置流程，大多数环境中几乎没有进行精确监测。因此，随着时间的推移，IDM 系统中的账户数量通常会不断增长，而活跃物理用户的实际数量却未相应增长。增长只是因为 IDM 系统没有检测到无效的用户账户，且没有确保将这些用户账户删除或禁用。

3. 保证水平

IDM 流程对主体身份属性的验证程度决定了身份的保证(Assurance)程度。可认为通过强大的验证流程和保护创建的身份具有高保证性。使用弱(或没有)保护创建的身份可认为是低保证。大多数 IDM 都介于二者之间。例如，大多数允许用户直接注册新登录账户而不验证用户身份的网站可认为是低保证。如今，许多网站注册时，都会向用户提供的 Internet 电子邮件地址发送验证链接，并要求用户单击和验证链接，以便至少验证用户对注册电子邮件账户的控制。这是一种保证，但保证程度仍然很低。

另一方面，美国政府的数字多因素身份验证卡称为通用接入卡(Common Access Card，CAC)，只有在经过严格的身份验证(如出生证明、指纹识别、照片 ID 和个人面谈)后才发给联邦政府和军方雇员。军方发布的电子邮件账户(以.mil 结尾)与该 CAC 绑定，并需要使用该 CAC 实行成功的身份验证。CAC 是一个高保证的 IDM 系统和身份。一个.mil 电子邮件账户是可能遭到攻击方攻击的(比如说，一个合法用户使用其登录的计算机或设备上的本地漏洞)，但该电子邮件账户与高保证的 CAC 的关联意味着在许多攻击方攻击场景中，攻击方实施攻击更困难。因此，CAC 受到许多依赖机构的信任。如果用户展示或使用其 CAC，"就被视为可信赖的人"。

"中等"保证可能是一个不使用 MFA 的常规组织登录账户。组织账户的用户可能在招聘流程中由人力资源部确认，以便在第一时间使用组织账户，且可能必须提供某种政府身份证明(如驾照或出生证明)。然而，这些账户可能更容易陷入危险，因为其不使用 MFA；大多数经过身份验证的身份属于低至中等保证范围。

4. 信任

所有身份识别系统都建立在信任的基础上。一个安全域或 IDM 可信任另一个身份系统的操作和身份。因此，如果一个外部主体(foreign subject)出现在第一个受信任域，并出示其身份以访问第二个信任域中的资源，则依赖、信任的安全域可自动相信提交的身份是准确的。依赖域可完全和自动地信任身份标签及其关联的身份验证，或者可信任和使用与主体相关的一个或多个其他属性。

注意   foreign(外部)是指不来自本地域或不直接由本地域管理，不是指外国。

外部身份系统可受到广泛信任，以至于本地系统接受并使用经过验证的身份，而无需进一步的身份验证。这就是所谓的联合(Federation)。或者身份可能是可信的，但主体需要在外部系统单独重新验证。这两种情况下，本地系统信任受信任的域，但在没有重新验证的情况下，可能无法完全信任身份验证组件。

一个或多个域还可使用存储在一个位置并经过验证的相同身份信息，或在两个或多个位置共享完全相同的信息。这些信息可在两个或多个位置之间复制或同步，可按需复制，可自动复制，也可根据其他预设的时间间隔或特定的事件复制。

如果一个经过验证的身份导致自动和无缝地登录到其他域，则登录可称为单点登录(Single-Sign-On，SSO)。SSO 系统通常包含一个中间数据库，该数据库存储所有接口域的登录信息。用户可能认为一个登录对其所有依赖的资源都有效，但在幕后，SSO 解决方案实际上是为每个接口系统使用单独的登录。SSO 也可能是所有参与站点和服务都接受的单一解决方案；如后续章节中详述的 FIDO(Fast Identity Online，快速身份在线)身份验证就是如此。

5. 真实身份到匿名级别

许多身份服务和 Web 服务都宣称能确保某个特定的身份与该身份所代表的姓名关联。例如，许多名人都有@real Twitter 账户，@real 标签是整个(名人)名字的前缀。Twitter 用户应该确信：@real 部分后面的名人名字实际上代表了逻辑上的名人。如果将鼠标悬停在复选标记符号上，就会显示一个复选标记符号和单词"Verified"(见图 2.3 中的示例)。

图 2.3   Twitter 真实的、经过验证的身份示例

在身份范围的另一端，用户拥有真正的匿名身份(即匿名)，在那里不会核实身份账户的持有者。事实上，这是一个身份的真正持有者永远都不知道的预期属性。很多时候，匿名仅仅是因为 IDM 系统的需求根本没有得到保证。任何人都可创建几乎任何身份标签(在可接受的身份标签格式的范围内)，并且不需要提交其他任何符合条件的信息，因此不会验证提交的信息。绝大多数 Internet 网站和服务都属于这一类。但匿名并不是必需的，也不是有意的，更重要的是不需要真实身份，或者 IDM 故意偷懒。

其他时候，匿名性是有保证的或接近于有保证的，是系统宣称的一个特性。例如，Tor 浏览器(见[1])就是故意保持用户完全匿名性而设计的。根据场景的不同，有时仍然有一些方法来跟踪单个 Tor 用户，但这样做并不是有意的。

全面和完整的匿名项目和服务正试图给系统用户尽可能多的身份匿名。系统通常不知道主体的身份或关于主体的任何属性。如果系统必须存储有关主体的信息，系统通常会以加密方式存储信息；即使是 IDM 服务，也无法确定真正的对象的身份或位置。执法机构可提供合法的搜查令，以尽可能多地获取有关参与主体的信息，但几乎得不到任何有用的信息。

包括本文作者在内的许多人通常认为完全匿名是一项人权。如果人们想完全匿名来执行特定的行动或场景，应受到允许并拥有该权限。有许多正当理由允许完全匿名，包括举报者举报和敏感群体(如癌症、艾滋病和强奸幸存者群体)会议。

注意　不要将这些匿名性与某些操作系统中使用的通用内置匿名账户混淆。例如，Windows 有一个内置的、硬编码的"匿名"用户账户，该账户在整个操作系统中常用于各种正常操作。该账户本质上是一个"代理"账户，用于指示在特定操作或事务期间未使用登录用户的已验证身份。另一个示例是，默认情况下，大多数 Internet 浏览器在尝试使用(或收到提示必须使用)验证过的账户前，首先尝试"匿名"连接到每个网站和服务。这些类型的匿名账户不能保证匿名性，事实上，某些情况下，取证调查员可较容易地找到信息来推导出用户真实身份或位置。仅因为看到匿名标签与身份一起使用并不意味着是真正的匿名。

相反，如果任何服务或网站愿意的话，都可拒绝匿名连接。事实上，许多流氓用户为避免惩罚而使用完全匿名的方式开展非法和不道德的行为。只要不违反任何适用的法律，都应当为任何私人团体或服务机构提供一系列可能的选项，让他们选择匿名或真实身份。

伪匿名(Pseudo-anonymity)是一个有趣的中间选择。利用伪匿名性，主体向可信的集中式身份服务注册其真实身份。ID 服务验证主体的真实身份，然后指派或允许主体选取非自我识别的身份标签，使用者可在信任伪匿名服务的网站和服务上使用该标签。因此，最终的依赖网站和服务通常不知道主体的真实身份；但若出现法律法规和监管合规要求，网站和服务可向伪匿名服务机构送达一份合法的司法文件，伪匿名服务可查出相关主体的真实身份。

当然，针对每个真实主体在不同系统上使用的不同身份，可有不同级别，从真实身份一直到完全匿名。一个人可能已决定在匿名频谱上拥有大量不同的 ID，甚至在同一个系统上拥有多个身份，且具有不同级别的身份保证。例如，用户可有一个 Facebook 或 Twitter 账户，且其真实身份获得了验证，但仍然匿名使用另一个账户，或者用户可使用第二个账户(而不是一个任何人都可与之交互的面向公众的账户)来处理其个人和家庭关系。

6. 隐私

社会中的大多数人都想要某种基本的、有保障的隐私。令人惊讶的是美国的人权法案中还没有提到这一点。获取和使用匿名身份如此困难的部分原因是，几乎全世界都反对匿名。事实上，很多人想从各个方面确认用户的身份。广告商希望跟踪和锁定用户，想知道用户最大的秘密，以便能以特定方式向用户推销产品。全球各地的网站都想赚钱，所以网站跟踪用户(使用浏览器 Cookie 和其他上千种方式)。大多数西方政府，即使其声称想保护用户的隐私，但实际上并非如此。知道用户是谁和用户在做什么符合政府的最大利益。执法部门希望能看到用户所做的一切，尽管有些人很友善地指出，执法部门应该首先有一个有效的合法搜查令。

组织想要了解用户的一切，用户渴望保护隐私；因此，大多数全球身份系统所面临的正是组织和用户之间持续的紧张关系。全球 IDM 如何成为所有用户的身份验证选择，同时让用户知道其隐私随时可能遭到任何"合法"来源侵犯？这是一个"6400万美元的问题"。伪匿名可能有助于解决这一问题，但伪匿名可能不是长期答案。

以下是 Roger 个人经历中的一个关于全球隐私的故事。几年前，Roger 在一家大型组织工作，组织要求 Roger 团队设计和投标一个全新的身份验证系统，令所有来新加坡的人都能登录 Internet。这无疑是 Roger 承揽的最大身份验证设计项目。Roger 吓得浑身发抖，因为 Roger 没有足够的经验去做这个项目。但 Roger 很快发现，Roger 是当时需求方找到的开发这个项目的最佳人选。Roger 花了好几个月的时间来学习如何设计好的巨型身份识别系统。最后，Roger 提交了 Roger 认为非常好的、有竞争力的设计和投标。Roger 自己也很惊讶，在此过程中，Roger 学会了怎样才能建立一个良好的全球身份管理系统。

刚刚递交方案，Roger 就意识到该方案未包括隐私部分。当时，家庭对隐私的关注并不像今天这样。没有首席隐私官(Chief Privacy Officer，CPO)，没有隐私策略，也没有全球性组织致力于保护人们的隐私。但由于顾虑太多，Roger 意识到在方案的征求建议书(Request For Proposal，RFP)回复中没有包含一节来规定将如何保护用户的隐私。Roger 要求得到 RFP 回复，希望可很快将缺失的部分添加到设计中。

得到的回复吓了 Roger 一跳。RFP 回复中提到："我们不希望人们有隐私。我们要随时跟踪每个人和这些人的去向！"Roger 惊呆了。新加坡政府甚至想追踪来访的外国客人交给酒店前台的护照。这与隐私相悖。政府想知道一切。Roger 甚至没有考虑过这种要求。这不在官方要求中。现在 Roger 不得不设计一个无隐私的国家 Internet 系统。最后，Roger 撤回了公司的投标。如果 Roger 设计的东西故意剥夺了所有使用者的隐私，Roger 无法忍受。为每个参与这个项目的人支付了几个月的薪水后，Roger 的组织在听到消息后对这个决定表示满意。但这是一个教训。

这件事已过去了十多年。但现在 Roger 意识到，Roger 不能有道义上的义愤，因为包括美国在内的一些西方国家也不希望增加匿名性。是的，也许设计者并没有在设计中增加匿名性，但在任何一个国家，识别“谁是谁”都不是那么难。Roger 相信每个人都应该为隐私权而战，至少是为了 Roger 认为应当给予所有人的尊严，比如在人们想要的时候拥有真正的隐私保护。Roger 经常遇到一些人说其不需要隐私，这些人“没有看儿童色情片”或“违法”。Roger 对这些人说，“你对这些问题还不够了解”。要想写出关于这个主题的所有信息，需要单独一章或一本完整的书。但要知道，对于许多身份验证系统的用户来说，很多人都希望拥有合理的隐私。

7．声明

身份可与一个或多个声明(Claim，也称为属性)关联，这些声明是与身份相关的其他信息或事实。例如，声明可以是主体的真实身份、姓名、工作地点、电话号码、年龄、信用卡信息、组成员资格、角色、特权和权限。在身份验证或授权事件期间，可能涉及一个或多个声明。对于良好的 IDM 和身份验证流程而言，只需要为实现合法目的而收集和/或使用最少数量的声明。身份管理服务收集的身份属性应当由用户授权；身份验证流程应当只要求执行合法验证或授权所需的最少主体声明。

例如，在现实世界中，当人们去美国买酒时，必须至少年满 21 岁。商店职员、酒吧、餐馆和其他依赖方通常会要求试图买酒的人出示政府颁发的身份证明，如驾照。但实际上售卖者只需要验证用户的身份(买酒人的相貌与证件照片相符吗？)以及买酒者的年龄(是否超过 21 岁？)。驾照上还有很多交易过程中不需要的信息，如家庭住址以及买酒者是不是器官捐赠者。虽然信息丰富，但与手头的交易无关。

一个良好的 IDM、身份验证和授权交易本质上只会问：“买家是否年满 21 岁？”并对年龄查询回答“是”或“否”。不多不少。这些类型的 IDM、身份验证和授权系统称为基于声明的系统。尽管许多基于声明的系统仍在努力只提供所需的少量信息，但大多数系统仍在每笔交易中提供太多不需要的信息。通常，这是因为依赖方要求的信息太多，而没有意识到其中大部分信息是不需要的。

声明可由主体自己提出，也可由他人代表主体提出。声明甚至可能是主体或身份验证事务中涉及的其他操作的结果。例如，当用户在桌面提示下登录 Windows 系统时，Windows 将自动为该用户分配多个内置声明，用户无法阻止、拒绝或删除这些声明(例如，将用户放在 Interactive 和 Everyone 组中)。由另一个身份验证实体支持的声明称为验证(Attestation)。

8. 颁发机构

向认可登录前，确认用户身份的实体称为颁发机构，也称为凭证服务提供方(Credential Service Provider，CSP)或身份提供方(Identity Provider)。试图向颁发机构(Issuing Authority)证明其身份的人或主体称为申请人(Applicant)。

任何接受已验证的登录标识的有效
性的组织称为依赖方(Relying Party)。依赖
方必须信任颁发机构，颁发机构颁发登录
标识来确认主体的身份。在主体、颁发机
构和依赖方之间基本上总是建立三方信
任(见图 2.4)。

图 2.4　基本三向身份信任三元组

用户必须信任颁发机构是经过验证
的(或匿名的)可靠发行方，并且保证足够安全，以便用户可相信其他人不会轻易使用
其身份。依赖方必须信任颁发机构，认为其至少根据注册、声明和身份验证的范围，
完成验证用户身份的工作。主体和颁发机构都必须相信，参与的依赖方将以安全的、
符合主体期待的方式使用身份。如果认为有太多的经过验证的登录信息错误地发给欺
诈主体，或经过验证的身份太容易遭到攻击方的攻击，那么相关各方都不会相互信任
对方。

当主体试图向依赖方证明自己的身份时，主体称为声明方(Claimant)。声明方提
交其身份和身份所有权证明，由颁发机构确定和控制。核实声明方身份的依赖方称为
验证方(Verifier)，可能与主体的最终依赖方相同，但验证方也可以是单独的实体。当
证明声明方拥有某个身份后，声明方就不再"声明"是某个人了。该主体是依赖方或
验证方的经过验证的身份或订阅方(Subscriber)。

注意　与身份验证生命周期的各个阶段相关联的所有术语都可能令人困惑。Roger 不会过多讨
论不同的术语；你若有兴趣，可阅读身份验证文档，来了解不同文档使用的各种术语
集，以及其他文档使用的其他术语集。对于身份验证的各个阶段，并没有一套统一的
术语，这令人困惑；但每个阶段只有几个术语，因此，遵循一个文档的描述与另一个
文档的描述是一种痛苦，但并非不可能。请注意，不同的文档使用不同的术语来描述
同一事物。

许多颁发机构将为身份提供不同程度的保证。例如，许多数字证书颁发方将提供
从低级别保证(几乎没有保证)到极高级别保证(使用多种不同方法来确认数字证书持
有人的身份)的数字证书。

颁发机构可以是本地的、集中的或分散的。如果身份仅在本地设备上创建，则将
其视为本地机构。本地 Windows 登录和口令就是本地机构的一个好示例。本地账户
不能自动登录到任何基于网络的资产。

本地颁发机构可以是专有的，也可作为共同标准的一部分参与。例如，信息卡和FIDO 身份验证标准不包含集中或分散的颁发权限。每个参与身份都是在参与的计算机或设备上本地创建的，但可在全球范围内与任何参与网站或服务一起使用。

集中式机构是由单个实体发布身份和身份验证的机构。例如，Microsoft 多年来一直提供一款名为 Microsoft Passport 的身份和身份验证产品。Microsoft Passport 可与任何与其连接的网站或服务一起工作，但每个身份的创建和控制(以及整个生命周期)都由 Microsoft 全权控制。Microsoft 口令(Microsoft Password)变成有效 ID(Live ID)，变成一个叫做 Microsoft 账户(Microsoft Account)的东西。许多身份验证专家对集中式颁发机构持批评态度，因为集中式颁发机构"拥有"并控制身份和身份验证标准。集中式颁发机构未必一直做对用户最有利的事情，也未必以有利于竞争的方式改进标准。

分散的 IDM 系统最好用域名系统(DNS)来表示。DNS 是一个分层数据库，包含主体和资源的全局唯一标识，通常与唯一的 IP (Internet Protocol，Internet 协议)地址关联。没有一个 DNS 数据库包含每个 DNS 标识条目。相反，不同的数据库包含整个数据库的不同部分，并在需要解析特定标识时相互引用。没有与 DNS 关联的身份验证，但主体的 DNS 标识可以是任何参与身份系统的一部分。例如，许多网站和服务使用用户的电子邮件地址作为其身份验证系统的身份。

9. 安全域

每个 IDM 系统都局限于一个主体集合，而这个集合少于所有可能的主体。换句话说，没有一个 IDM 系统包含所有可能的主体，即使 Internet 的 DNS 是迄今为止世界上最大的唯一身份列表，也同样如此。大多数身份验证系统只涉及一个较小的身份验证用户集合；例如，一个组织的员工或证书颁发机构的数字证书持有方。例如，Microsoft 和 Alphabet 公司的身份验证范围包含数十万到几百万的用户。这里有很多主体，但相对于地球上的 70 亿用户来说却不是很多。

另一个示例是 Microsoft Active Directory 森林，不能在同一个森林中有重复的UPN，但可有登录名相同的用户(只要 UPN 和 DNS 电子邮件地址不同)。用户可有两个名为 Roger Grimes 的用户账户，只要 UPN 类似于 rogerg@knowbe4.com 和rogergrimes@knowbe4.com 即可。用户甚至可拥有两个具有相同 UPN 的不同森林(如roger@knowbe4.com 适用于两个不同的、不相关的人)，只要两个 UPN 属于不同森林，且不共享相同的 DNS 电子邮件地址即可。在控制范围内，每个 IDM 身份都必须是唯一的。

相反，大多数数字用户都是几十到上百个不同身份验证账户的成员，只要作用域不同，这些数字用户甚至可以是完全相同的身份名称。因此，用户可在数百个不同的网站上使用一个登录名 rogeragrimes@banneretcs.com，每个网站都有相同或不同的口令。除非登录账户是跨多个网站的共享登录账户，否则无论身份名称是否相同，登录身份都不相关。登录名 rogeragrimes@banneretcs.com(Amazon 登录名)

和 rogeragrimes@banneretcs.com(Twitter 登录名)并不意味着使用该用户名的用户是或不是同一个人。只要登录身份对于特定的 IDM 作用域是唯一的，这就足够了。

2.1.2　身份验证

身份验证(Authentication)是主体证明对特定身份/身份标签的所有权和/或控制权的流程。这是由主体完成的，主体提供只有试图执行身份验证的主体和底层身份验证系统才知道的"秘密"。身份验证秘密可包括许多东西，如口令、PIN 码、解决特定难题的知识、数字机密、设备或物理属性。

有些秘密可以多种形式存储。例如，在 Windows 系统中，用户可提供口令作为秘密，但 Windows 将该秘密转换为加密哈希进行存储和使用。身份验证秘密未必是全局唯一的，尽管有时(如数字证书和生物识别属性的情况)这可能是一个要求。身份验证秘密必须同时受到使用该秘密的主体和底层身份验证系统的保护。如果攻击方知道了这个秘密，攻击方就可冒充合法的主体。

身份验证秘密通常存储在身份验证系统中或由其引用，通常位于以下位置：

- 人脑
- 物理文档(如一张纸)
- 文件
- 数据库
- 注册位置
- 内存
- 存储设备
- 上述一种或多种组合

除了人脑，其他位置既可以是用于验证的设备的本地位置，也可以是远程的(这种情况下，需要物理访问或网络连接)。无论身份验证秘密存储在何处，都需要对其实施防护和保护。每个存储位置都会成为潜在的攻击点。

1. 身份验证因素

主体向身份验证服务提供身份和一个或多个关联的身份验证因素，来证明对身份的所有权。身份验证因素(Authentication Factor)也称为持有声明(Bearer Assertion)，是指只有主体知道或可以提供的内容，并通过这样做来证明对已验证身份的唯一所有权。提供的身份验证因素称为 Authenticator(身份验证器)；Authenticator 也可指包含身份验证因素本身的数字包。

一般来说，身份验证因素只有以下三种基本类型：

- 你知道的
  - 示例包括口令、PIN 码和连接点
- 你拥有的

- 示例包括 USB 令牌、智能卡、手机号码、RFID 发送和加密狗
- 你是谁
  - 示例包括生物识别、指纹、视网膜扫描和嗅觉

传统意义上，只有以上三种主要的身份验证因素。身份验证服务越来越多地考虑上下文(Contextual)或自适应(Adaptive)等其他因素。这些因素包括用户用于身份验证的设备、当前身份验证事件的位置(与过去的身份验证事件的位置进行对比)、用户键入口令所用的时间、用户当前正在执行的操作、操作顺序以及其他许多因素。一些身份验证服务，如 Microsoft 和 Google 使用的身份验证服务，在考虑特定登录会话是否有效时，可使用上百种不同类型的评估因素。

此处列举一个许多人未意识到的做法的示例。在许多登录屏幕上，系统会让用户输入登录名，然后单击"下一步"按钮转到下一页键入口令(而非只在同一页上键入用户的登录名和口令)，这可能是因为供应商正在计算用户键入口令所需的时间，甚至可能是用户键入各个字符所用的时间。供应商可能觉得有点奇怪，一个人突然戏剧性地改变了口令的第一个字母到第二个字母的时间间隔长度，并可能断定此人是入侵方。相反，如果检测到用户的口令输入速度非常快，供应商可能会担心用户使用了自动方法，如恶意机器人。当然，供应商也知道，出于正常的原因，人们总以不同速度输入口令，但供应商可能认为从正常速度的突然变化是一个额外的风险因素。

当考虑许多不同的风险因素时，一个测量结果可能导致额外的检查，甚至拒绝登录。例如，假设主体不仅以不寻常的速度输入口令，而且从一个从未检测过的全新位置和设备输入口令。某些情况下，各种加权风险因素将创建一个风险概况和分数，供应商认为这一点太高，即使用户键入了所有正确信息，用户也无法登录并继续。如果要求用户根据检测到的行为或操作重新验证或提交其他身份验证因素，则称为逐步身份验证(Step-up Authentication)。总的来说，这是相当酷的东西，而且很可能是未来身份验证的一部分，类似于今天如何批准或拒绝信用卡交易。

关于这些类型的上下文因素是否真的视为身份验证因素，Roger 的感觉是，如果上下文因素用作身份验证信任决策的一部分，该因素就是一个身份验证因素，不管是传统的还是非传统的。身份验证通常在用户受到允许进入受保护的资源或站点之前完成，但也可在之后的任何时间开展。许多服务将监测用户正在做什么，并请求重新验证，或提高身份验证保证级别，以便允许用户继续执行当前或将来的操作。任何经过验证并绑定到特定身份的身份验证因素都称为绑定(Binding)或有界(Bounded)。

2. 单因素身份验证、双因素身份验证、多因素身份验证的对比

单因素身份验证(Single-Factor Authentication，1FA)解决方案只需要一个身份验证证明就可成功地完成身份验证。双因素身份验证(Two-Factor Authentication，2FA)需要两个身份验证证明，而多因素身份验证(Multifactor Authentication，MFA)解决方案需要两个或多个因素。在所有其他条件相同的情况下，MFA 通常(但并非总是)比单因素

身份验证的效果更好，可以获得更好的安全性；单个 MFA 解决方案很少在所有主体使用场景中普遍适用，因此通常需要 1FA 或多个 MFA 方法。

注意 MFA 包括 2FA，很多人在谈到 2FA 时会说 MFA，反之亦然。

为使身份验证因素在多重验证流程中提供最佳的安全保护，身份验证因素应该是不同类型的因素。在执行身份验证时，使用两个或两个以上的同类因素仍然比使用一个因素好，但当使用几种不同类型的因素时，保护效果将更好。例如，攻击方很难同时仿冒用户可能知道的东西(如口令、PIN)和用户同时登录的物理设备。因此，所有事情都是平等的，不同类型的多个因素比同一类型的多个因素实例更可取。

你有时会听到有三个以上的因素(如五个因素)的 MFA 解决方案，但这些解决方案通常指的是相同三个传统因素的多个实例。为使 MFA 解决方案中的因素最具保护性，因素类型应该是不同的。

注意 一些单因素硬件解决方案可能看起来像 MFA 解决方案，人们通常认为此类方案不需要额外因素。例如，现有版本的 Google Security Keys 和 YubiKeys 可用于一个因素或多个因素。在该方案的单因素实现中，只需要将物理身份验证设备插入 USB 插槽(或按一个按钮)即可成功完成身份验证。这也意味着，如果未经授权的用户发现这些硬件设备，同样可使用这些设备并接管与令牌关联的数字身份。对于攻击方来说，获得另一个人的单因素硬件令牌可能比从网上钓鱼获取其口令更难，但是一旦获得令牌，将意味着立即危害该身份。

3. 有界与漫游身份验证器

可将身份验证器只绑定到一个登录位置或设备，也可在多个位置和/或多个设备上使用身份验证器。举一个有界示例，用户在笔记本电脑和手机上找到的指纹扫描器大多数只在注册的笔记本电脑和手机上工作。所以，尽管 Roger 和其妻子都有可用各自的指纹解锁的手机，但 Roger 妻子的指纹不能解锁 Roger 的手机，反之亦然；如果两者再次在对方的设备上注册，那么双方的指纹可解锁。漫游身份验证器的一个示例可能是 Windows Active Directory(AD)登录。用户可在任何地方注册自己的 AD 登录凭证，并在同一 AD 域/森林中注册的任何设备上随时使用该凭证。大多数涉及口令的登录都是漫游的。只要能记住个人的口令，就能在任何可访问网站或服务的设备上使用该口令。

有些身份验证器可能认为是有界的和漫游的。例如，如果用户有一个 FIDO 设备，FIDO 要求/允许每个网站和服务使用不同的身份验证器。不同的身份验证器可存储在同一 FIDO 设备上使用。从这个意义上讲，FIDO ID 是为每个站点和服务绑定的。但用户可在任何 FIDO 参与主机设备上使用 FIDO 设备来登录这些站点和服务。各个

ID 绑定到同一个 FIDO 设备，但用户可用 FIDO 设备漫游。一般来说，FIDO 设备认为是有界的，因为身份验证器绝对绑定到单个 FIDO 设备。如果用户买了另一个 FIDO 设备，用户就不能简单地(或者根本不能)直接复制身份验证器。

另一个类似的术语是信道绑定(Channel Binding)。信道绑定是指绑定到特定网络信道的唯一身份验证会话。如果未将每个身份验证会话绑定到特定的网络信道，则进程内的身份验证会话可能被恶意重定向到另一个信道。大多数情况下，涉及信道绑定的身份验证(或者不需要信道绑定，因为身份验证在保护的其他地方处理)认为比不能实施信道绑定或不能阻止信道误入的身份验证更强大。

为什么不是每次都实施信道绑定呢？有时在创建或配置身份验证解决方案的情况下，这是不可能的。大多数情况下，FIDO 是可选的(如在 FIDO 身份验证中)，但大多数情况下不支持 FIDO，因此默认情况下不启用 FIDO。

4. 单向与相互身份验证

身份验证通常在两个或多个参与方之间开展；两方通常称为服务器和客户端，身份验证可以是单向的或双向的(也称为相互身份验证)。

> **注意**　许多身份验证对象可同时充当服务器或客户端，具体取决于身份验证的原因。也就是说，物理服务器并非总是充当服务器，客户端也非总是充当客户端。身份验证流程还可能涉及其他服务器，因此在单个身份验证事件期间可能发生多个身份验证。Kerberos 就是一个很好的示例，其中客户端必须向 Kerberos 身份验证服务器以及目标服务器实施身份验证。

大多数身份验证是单向的，这意味着客户端向服务器实施身份验证；也可能是服务器向客户端实施身份验证，这种情况下，可能客户端并不会向服务器证明身份，至少在同一个身份验证事件中是这样。一个常见的示例是使用 HTTPS 的 Web 服务器。当涉及 HTTPS 时，Web 服务器有一个 HTTPS/TLS 数字证书，该证书链接到服务器或网站并证明其身份(通常通过 DNS 地址或计算机主机名来证明)。当客户端通过 HTTPS 连接到 Web 服务器时，网站会将 HTTPS 数字证书发送给客户端，以证明其身份并确保加密信道的安全，从而生成对称密钥材料。客户端接收 Web 服务器的 HTTPS 数字证书并验证其可靠性。如果成功，客户将相信网站是其所说的网站(基于主体的身份)。在单向身份验证中，客户端不会向服务器证明其身份，至少在同一身份验证事务中不会。

使用双向的相互身份验证时，客户端和服务器作为同一身份验证流程的一部分相互验证。如果任何一方失败，无论另一方是否成功，身份验证都将失败。Kerberos 是双向身份验证的一个很好的示例。双向身份验证比单向身份验证更安全，但单向身份验证更常用(至少目前是这样)，因为双向身份验证的设置和完成更复杂，且容易出现更多故障。因此，大多数身份验证机制只使用单向身份验证或依赖两个单向身份验证。

　　例如，银行网站可能使用 TLS 数字证书向用户验证自己，而用户可能在建立 TLS 信任后使用登录名和口令向网站验证自己。这是两个单向身份验证事件。在其他所有情况下，这两个单向身份验证事件并不像同时执行的双向身份验证登录那样安全。

5. 带内与带外身份验证

　　身份验证因素可考虑带内或带外。带内意味着使用的身份验证因素方法在与主登录方法相同的通信信道上执行。带外是指通过与主登录信道不同的信道发送身份验证因素。

　　例如，如果用户试图登录到 Internet 服务应用程序，且需要在同一浏览器中键入口令和"找回口令"答案，则这将视为同一类型因素的两个实例，都是带内的。而若用户需要在计算机上输入口令，以及输入通过自己的手机接收的第二个 PIN 码，则将第二个因素视为带外。

　　如果要求用户在两个信道中响应两个单独的身份验证因素，且这两个因素没有"跨信道"(即，带外发送给用户的身份验证因素只能在带外信道中响应)，则可提供更大的安全保证。在同一设备上发送两个身份验证因素(即使在同一设备的不同信道中发送)，也将认为不如在不同设备上使用不同信道的身份验证方法那样安全。当然，这增加了身份验证流程的复杂性。一般来说，带外身份验证比带内身份验证更安全。

　　随着独立身份验证因素和通信频带的增加，安全保障也在增加。大多数情况下，使用 MFA 解决方案能提高安全性，应该在有意义的地方和时间使用 MFA。遗憾的是，并非所有身份验证方案都允许 MFA，也未必使用相同的 MFA 解决方案。至少在目前，大多数用户仍然需要在许多情况下使用单因素身份验证方法。

　　无论如何实施，成功的身份验证都是主体提供有效身份标签和一个或多个所需的有效身份验证因素证明的流程。如果成功完成，则主体及其身份将视为通过身份验证。

6. 访问控制令牌

　　大多数情况下，成功执行身份验证后，访问控制流程会将访问控制对象(如令牌、票证)与当前已验证的身份标签关联。此访问控制令牌包含的内容因系统和协议而异。在几乎所有系统中，访问控制令牌都包含一个唯一的身份标识符，如一系列数字或字符，可永久地用作身份标签或仅在特定登录会话中用作身份标签。在其他系统(如 Windows)中，访问控制令牌还可能包含组成员身份、权限、特权和其他所需信息的列表。图 2.5 显示了在 Windows 访问控制令牌中找到的许多信息。

　　令牌可能有(也可能没有)预定的最大生命周期，到期时强制主体重新验证以保留在"活动"会话中。在 Windows 中，访问控制令牌可以 Kerberos 票证的形式表达，也可以 New Technology LAN Manager(NTLM)或 LAN Manager(LM)令牌的形式表达。在网站和服务中，大多数访问控制令牌都由一个简单的文本文件 HTML Cookie 表示。大多数 Web Cookie 都包含经过身份验证的用户和/或其会话的全局唯一身份标识符，后面是失效日期(如图 2.6 所示)。

```
USER INFORMATION
----------------

User Name                SID
======================== ==================================================
desktop-oi9db93\roger g S-1-5-21-1269248641-3246485367-2288545083-1002


GROUP INFORMATION
-----------------

Group Name                                                    Type              SID            Attributes
============================================================= ================= ============== =============================
===========================
Everyone                                                      Well-known group S-1-1-0        Mandatory group, Enabled by
default, Enabled group
NT AUTHORITY\Local account and member of Administrators group Well-known group S-1-5-114      Mandatory group, Enabled by
default, Enabled group
BUILTIN\Administrators                                        Alias             S-1-5-32-544 Mandatory group, Enabled by
default, Enabled group, Group owner
BUILTIN\Users                                                 Alias             S-1-5-32-545 Mandatory group, Enabled by
default, Enabled group
NT AUTHORITY\INTERACTIVE                                      Well-known group S-1-5-4        Mandatory group, Enabled by
default, Enabled group
CONSOLE LOGON                                                 Well-known group S-1-2-1        Mandatory group, Enabled by
default, Enabled group
NT AUTHORITY\Authenticated Users                              Well-known group S-1-5-11       Mandatory group, Enabled by
default, Enabled group
NT AUTHORITY\This Organization                                Well-known group S-1-5-15       Mandatory group, Enabled by
default, Enabled group
NT AUTHORITY\Local account                                    Well-known group S-1-5-113      Mandatory group, Enabled by
default, Enabled group
LOCAL                                                         Well-known group S-1-2-0        Mandatory group, Enabled by
default, Enabled group
NT AUTHORITY\NTLM Authentication                              Well-known group S-1-5-64-10   Mandatory group, Enabled by
default, Enabled group
Mandatory Label\High Mandatory Level                          Label             S-1-16-12288


PRIVILEGES INFORMATION
----------------------

Privilege Name                Description                           State
============================= ===================================== ========
SeIncreaseQuotaPrivilege      Adjust memory quotas for a process    Disabled
SeSecurityPrivilege           Manage auditing and security log      Disabled
SeTakeOwnershipPrivilege      Take ownership of files or other objects Disabled
SeLoadDriverPrivilege         Load and unload device drivers        Disabled
SeSystemProfilePrivilege      Profile system performance            Disabled
SeSystemtimePrivilege         Change the system time                Disabled
SeProfileSingleProcessPrivilege Profile single process             Disabled
SeIncreaseBasePriorityPrivilege Increase scheduling priority       Disabled
```

图 2.5　Windows 访问控制令牌内的信息类型示例

```
TOKEN COOKIE: document.cookie =
"li_at=AQEDASYwnSMECG7oAAABbY50Kk6AAAAfjUlsXoE4agXEGoHz4Kv6onJ5hQBskTy6SSI8jjBPyPVgtk3Fu7T68BoTADYCa
en5N9EH4Xkx1P864BUY17coXGfVm66KezNMGoTaGU8DaGYXiphDdcxhh8MW; expires=2020-05-04 03:18:11"
```

图 2.6　HTML Cookie 访问控制令牌示例

　　过期日期标识 Cookie 的有效期，该日期可能表示(也可能不表示)用户在不需要重新验证的情况下可重新连接到同一网站的时间。为了重新验证为特定身份，只需要处理令牌即可。许多情况下，令牌等同于已验证的身份。

　　如果读者一直在读，但仍有不明之处，那么请停下来重新集中一下注意力。Roger 准备说的是大多数人都不知道的，甚至一些计算机安全专家也不知道。阅读相关的内容将使你成为一个更好的计算机安全专家。

　　不管使用什么方法实施身份验证，生成的访问控制令牌通常是相同的。访问控制令牌的格式是一样的。看起来是一样的，待遇是一样的。在一些边缘情况下，用户的身份验证方式可能影响令牌，且可能由于用户的身份验证方式的不同，所包含的声明有所不同，但大多数情况下差别很小或没有差别。

假设用户使用登录名和口令登录到 Windows 笔记本电脑，此时将得到一个 Windows 访问控制令牌。如果用户使用生物指纹登录，将获得 Windows 访问控制令牌。两者要么相同，要么接近相同。在大多数系统中，身份验证流程和获取身份验证令牌的流程本质上是不相关的事件。为用户提供访问控制令牌的系统组件并不真正关心用户如何实施身份验证，只关心用户是否成功地执行了身份验证。如果用户成功执行了身份验证，不管用户是如何执行的，用户都将得到访问控制令牌。在访问控制系统的视图中，两个令牌是相同的。这两种方法在后台使用完全相同的方式来访问受保护的信息。

在 Roger 正确理解这一点之前，Roger 认为不同的身份验证方法创建了截然不同的访问控制令牌。例如，Roger 认为，如果用户使用指纹登录，该指纹将用于幕后的身份验证和授权比较。假设 Roger 想访问一个可合法访问的数据库文件。Roger 想象着，当 Roger 访问数据库文件时，访问控制进程以某种方式获取 Roger 提交的指纹，并将其用于访问控制比较，以确定 Roger 是否可访问数据库。Roger 想象系统里有某种"聪明人"会看着 Roger 提交的指纹说："是啊，看起来像是对的人，让我们承认他吧！"但事实并非如此。

相反，当 Roger 使用其指纹(或口令、智能卡或 FIDO 密钥)成功地执行身份验证时，对于所有成功通过身份验证的用户，在成功实施身份验证后发生的情况都是相同的。这是很重要的一点，尤其是加上之前的事实：拥有令牌通常视为与主体成功通过身份验证一样。无论如何通过身份验证，如果访问控制令牌遭到泄露，游戏就结束了。第 6 章将详细阐述这一点。

7. 最小特权原理

计算机安全的基本原则之一是，主体应该拥有完成其合法任务所需的最少权限和特权。无论是使用口令还是使用 MFA 解决方案，这都是正确的。安全专家永远不希望某人一直拥有并使用最高权限和特权，尤其是当该用户正在执行不需要这些权限和特权的常规任务(如检查电子邮件、编写文档)时。

8. 按需

有些身份验证机制允许一个真实用户使用多个登录账户，包括特权账户和非特权账户，用户可在同一时间选择其需要的权限登录。有些系统允许用户在需要更高或不同的账户时执行身份验证升级，如从普通用户升级为管理员或 Root 用户(例如，在 Linux 中使用 sudo)。还有些系统在必要时需要特定的凭证签出。所有最高权限的账户都可存储在一个集中的数据库中，任何潜在的管理员都必须成功地对该最高权限账户实施身份验证并"签出"该账户，并在事件日志中跟踪签出。高权限账户可能受到持续时间、安全域范围或允许的操作的进一步限制。这些系统通常称为特权客户管理器(Privileged Account Manager，PAM)。其他类型的访问控制系统充当 SSO 系统，并在需要时和预先定义的时间内自动将普通用户提升到特权状态。

2.1.3　授权

用户成功验证身份并获得访问控制令牌后，希望将令牌用作访问受保护对象(即文件、文件夹、网站和服务)的许可证。访问控制管理器获取提交的访问控制令牌并将其与受保护资源关联的权限列表实施比较,该流程称为授权(Authorization)。确定"这个人或设备能访问那个东西吗？"是访问控制管理器的关键功能。系统的总体安全性取决于访问控制管理器对身份标识与访问控制令牌的比较情况,以及根据受保护对象上定义的权限允许执行哪些操作(通常称为访问控制列表, Access Control List)。

2.1.4　核算/审计

前面三个步骤(IDM、身份验证和授权)的所有关键步骤都应该记录下来并保存到事件日志中。一般来说,核算(Accounting)是指跟踪某件事情的多少(例如,用户登录了多少次,在系统中停留的时间),而审计(Auditing)是指对所涉及的行为实施详细分析。然而,在当今世界,通常只将前面三个步骤放在审计或事件日志管理中。任何好的身份验证系统都会记录从配置到取消配置的所有关键步骤。

严谨的审计对良好的安全性至关重要。例如,如果不执行审计,Roger 可能不知道有人试图猜测单个用户的口令,且在该尝试中使用了超过一百万个不同的口令猜测。配置得更好的事件日志系统会注意到并警告正在实施"凭证填充"攻击的攻击方。攻击方使用所有可用的用户账户来猜测数万个口令,但对任何一个用户来说,其速度绝对不会超过环境的账户锁定策略中的规定。

四个主要的身份验证组件是身份、身份验证、授权和核算,在传统上称为身份验证的 4A(身份也可称为账户管理,但这是一个相当传统的术语,未包含所有职责)。

本书将介绍的大多数 MFA 攻击行为都利用这些系统的单个组件(身份、身份验证、授权和核算)中的漏洞,或者利用步骤之间的弱点。第 5 章将介绍更多信息。

到目前为止讨论的所有这些组件使安全专家对身份验证生命周期及其所有阶段有了更全面的了解。图 2.7 显示了身份验证生命周期的一些更复杂描述和相关术语的示意图。一般来说,主体向凭证服务提供方注册,并通过成功提交一个或多个必需的验证因素来实施身份验证。如果主体成功地通过身份验证,就成为该身份提供方的订阅者。试图登录某个地方的主体称为声明方(claimant)。成功地将身份验证传递给验证器的声明方称为验证器和/或依赖方的订阅者。试图访问依赖方受保护资源的主体/订阅者将根据访问控制获得授权。在幕后,每个操作都可能记录到事件日志中供审计。

一次要考虑的东西有点多,但安全专家可用该图找出各个阶段和组成部分在全局中的位置。毫无疑问,首先注意许多组件之间的双向交互以及组件间如何相互依赖。Roger 认为没有创建身份验证解决方案的任何人都难以记住每个术语和阶段。只需要理解一般的身份验证生命周期流程和所涉及的一切,就可让安全专家们有所进步。

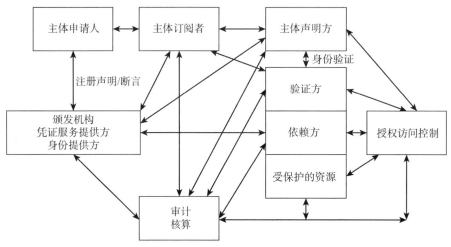

图 2.7   验证生命周期阶段示例

2.1.5   标准

Internet 使人们在系统之间共享的任何身份验证凭证都必须使用公认的协议标准。协议是在多个不相关的实体之间执行操作和交流信息的预定义方式。大多数情况下，这些标准需要开放，而非专利或版权。数字世界充斥着开放的身份验证标准，如安全声明标记语言(Security Assertion Markup Language，SAML)、开放授权(Open Authorization，OAuth)、FIDO 和应用程序编程接口(Application Programming Interface，API)。

开放身份验证标准不断涌现，但大多数都失败了。有些(像这里提到的那些)成功地留了下来。这是件好事。如果没有开放标准，人们都将被迫在一个由相互竞争的身份验证标准和协议组成的"通天塔"中工作。这将把本已复杂的任务搞得一团糟，可能让工作变得无法完成。所以，当安全专家听说另一个开放身份验证标准得到采用时，应当庆祝一下；安全专家的生活会因此变得更轻松。

2.2   身份法则

在计算机安全领域，所有人都站在以前的巨人的肩上。一本关于身份验证的书如果不提到 Kim Cameron 的身份法则，就太失职了(见[2])。Cameron 是超级身份系统领域的早期智囊。Cameron 出色地思考和定义身份，以及身份在庞大的全球系统中的使用。Cameron 也分享了自己的想法，其中很多已风靡世界。Cameron 最出名的著作是 2005 年的 *Seven Laws of Identity*。这里分享 Cameron 对每条法则的描述，以便让安全专家知道普遍法则是什么。以下是 Cameron 的身份法则：

- 技术身份系统只能在征得用户同意的情况下才能披露用户的信息。
- 披露身份信息量最少且限制其使用的解决方案是最稳定的长期解决方案。

- 数字身份系统的设计必须确保身份信息的披露仅限于给定身份关系中具有必要和正当地位的各方。
- 通用身份系统必须支持供公共实体使用的"全方位"标识符和供私人实体使用的"单向"标识符。
- 通用身份识别系统必须引导和支持由多个身份提供方运行的多种身份技术的交互。
- 通用身份元系统必须将人类用户定义为分布式系统的一个组成部分，该系统通过明确的人机通信机制实施集成，防止身份攻击。
- 统一身份元系统必须保证用户拥有简单、一致的体验，同时通过多个操作者和技术实现上下文分离。

每当 Roger 研究一个新的身份验证系统时，当确定是否从头开始设计时，Roger 会考虑这些基本要求。注意，这个列表未提到具体的协议或技术。任何系统都应该遵守 Cameron 的法则，才可能成为一个良好的身份管理系统。

任何身份验证系统的安全性都取决于这些组件的所有部分在每个步骤中如何得到良好保护、使用和审计。仅将一些部分做好是不够的，所有部分都必须尽可能完美地完成。因为攻击方正在寻找漏洞。

2.3 真实世界中的身份验证问题

在现实世界，有各种棘手的身份验证问题。身份验证攻击行为不仅是 Internet 的问题。真实世界长期充斥着身份欺诈方，欺诈方提供虚假承诺，假装自己是某人或某组织，并引导受害者上当，采取对其有害的行动。现实世界中的许多犯罪都与身份验证问题有关，安全专家也需要解决这些问题。

这些真实身份验证攻击的示例比比皆是，且十分常见。其中最常见的是诈骗电话："我是 Microsoft 的，打电话来帮你处理电脑上的病毒。"同样常见的还有冒充美国税务局的诈骗电话，告诉受害者必须为过去的纳税申报问题支付几百或数千美元，否则受害者将坐牢。但不知何故，"税务局"人员会很乐意受害者用沃尔玛礼品卡支付这笔钱。

当安全专家们开始解决网络世界中的身份验证问题时，也应该集中精力解决现实世界中同样的问题。需要更新电话网络，这样欺诈者就无法实施来电显示欺骗。在美国，新的 SHAKEN/STIR 可用于减少甚至阻止来电显示欺骗。

但攻击者在更多地方伪造自己的身份，而不仅是通过电话。人们需要快速、自动地识别在现实世界中与自己互动的人是否真的是其所说的人。Roger 很清楚，当人们解决网络世界中的身份验证问题时，在现实世界中解决身份验证问题的关键也将找到。解决一个问题，就能解决另一个问题。

也就是说，在数字和网络世界，人们总会遇到犯罪和身份验证问题。人们不可能摆脱所有的犯罪。要摆脱所有的犯罪行为，就必须采取很少有人会采用的严厉措施，即便这样，犯罪也会以某种方式持续下去。人性和自由选择的本质意味着生活中会有一定比例的犯罪。但目标不应该是消除所有的身份验证问题和犯罪，而是将其最小化到一个可持续的水平；在这个水平上，身份验证问题和犯罪更多是背景噪声，而不是一个大问题。

例如，在 20 世纪 20—30 年代的美国，携带汤姆逊冲锋枪的犯罪分子横行全国，抢劫银行、商户和个人。一个世纪之后，仍有奇怪的著名神话与其中的许多人(如 Bonnie、Clyde、John Dillinger，还有像 Al Capone 这样的暴徒)有关。那时，罪犯似乎真的会赢。但执法技术的稳步改进和更好的防御策略最终赢得了胜利，抢劫银行变得更困难；即使得逞，抢劫者得到的钱也更少了。银行开始减少手头的现金，把隐藏的染色包混在现金中，出纳员可方便地使用紧急报警按钮。不同执法机构之间的协调得到改善，无线电使报告目击事件和追踪流亡罪犯变得更容易，警察得到更好的武器和防弹背心。因此，抢劫银行变得更困难，被捕和受到惩罚的可能性大大增加。

如今，银行仍可能遭到抢劫(2018 年发生了 3000 多起银行抢劫案)，但大多数情况下，除了直接涉及的个人，抢劫案对其他任何人的影响都不大。抢劫犯得到的钱更少，一旦遭到抓捕，抢劫犯将在监狱里度过相当长的时间。同样的事情最终也会发生在现实生活和网络上针对身份验证的攻击方身上。攻击方的攻击行为将变少，获得的利益也更少，可能受到更严厉的惩罚。人们只需要在整个生命周期内获得更好的身份验证，MFA 以及 MFA 的替代品是解决方案的一部分。

2.4 小结

本章详细介绍了身份验证生命周期的基础知识，包括身份的注册、身份验证流程、授权、访问控制、核算和审计；详细讨论了身份，包括标签、保证级别、匿名级别、隐私、声明和颁发机构；详细讲述了身份验证，包括身份验证因素、单向身份验证、相互身份验证、带内身份验证、带外身份验证、访问控制令牌、有界身份验证与漫游身份验证；最后列出了任何身份验证系统都应该努力满足的通用身份法则，并简要陈述了身份验证即使在现实世界中也不那么安全的观点。

第 3 章将探讨通过不同解决方案实现身份验证的多种不同方式。

第3章 身份验证类型

身份验证不一定是数字化的。几千年来，人类一直在使用这样或那样的方式执行身份验证。身份验证可有十几种类别，有成百上千种不同的解决方案，包括人为的和数字的，单因素的和多因素的。本章将介绍主要身份验证解决方案类型，以及每种解决方案的优缺点，还将描述密码术(Cryptography)以及如何将其运用于身份验证。本章是本书篇幅最长的一章，因为身份验证种类繁多，每种类型都需要占用一定的篇幅。我希望安全专家们觉得本章是一个有趣的总结，值得花时间学习。

3.1 个人识别

最常见的身份验证形式是个人识别：人们互相识别。夫妻两人早上一起醒来时，只要认出对方，就不会发出尖叫。大多数人都被允许进入工作岗位，完成日常工作，拿到薪水，因为周围的每个人，从老板到同事，都能根据身体特征认出。在计算机诞生早期，计算机是一个单独的、巨大的机器，占据了整个房间，计算机技术人员能够互相识别。早期没有远程网络或连接。如果人们需要在计算机上工作，就必须出现在机房里。

当人们彼此不认识的时候，个人识别也会起作用。如果 Roger 从 Dominos 公司订了一个披萨，而一个送货员穿着 Dominos 公司的制服出现了，人们就会开门付款。如果警察有正式的徽章，人们就可以识别出穿制服的警察，甚至是穿便衣的警察。

个人识别的问题在于不能很好地扩展，而且随着直接关系的减弱，准确性也越来越低。大多数人在生活中会遇到成千上万的人，但一次只能记住大约 200 人，即便如此，人们更擅长记住的也只是那些人的面孔而非他们的姓名。制服和徽章"鉴定"了人们的角色，如警察，但任何人都很容易伪装成警察——伪装者所需要的只是一个看似正式的徽章和制服。每年有数千人因为冒充警察遭到抓捕。这些假冒的警察如果心存不良，可能对受害人造成巨大的人身伤害。个人识别之所以有用，是因为尽管假冒不熟悉的人很容易，但大多数人不会利用这一点来做坏事。

而在身份验证系统中，有成千上万的人参与其中，其中大多数人没有直接的个人关系，个人识别根本不起作用。对于面部识别形式的个人识别，在数字世界中有时起作用，有时不起作用。稍后介绍生物识别时将讲述更多相关内容。

3.2　基于知识的身份验证

如今，大多数身份验证都基于主体或用户提供的信息，只有主体、用户以及底层身份验证系统知道这些信息。大多数用户和设备身份验证使用基于口令的身份验证，这是最流行的基于知识的身份验证(Knowledge-based Authentication，KBA)形式。KBA 通常用于登录计算机、设备和网站，以及连接到无线网络和将计算机加入域。

用户能记住 KBA 口令，然后将其存储在数据库或文档中。客户端-服务器身份验证的双方先前都已同意使用一个通用的 KBA 信息，如口令或 PIN，或解决某种难题。

3.2.1　口令

通常，口令至少有几个字符长，但也可能有几十个字符长。口令可由用户输入，可由接口系统提供，或由中间代理程序传递。单个登录名和口令可能用于多个进程。例如，在 Windows 系统中，用户可使用口令登录到计算机。该口令可在本地使用和存储(存储在本地硬盘的 SAM 数据库中)，也可以是基于网络的登录(Active Directory 或 Azure Active Directory)。Windows 操作系统在不同的系统操作之间也有几十次甚至超过 100 次的本地登录。这些登录名和口令是内置的，或存储在名为 LSASS (Local Security Authority Subsystem Service，本地安全机构子系统服务)的进程中并供其使用。用户可使用其他登录名和进程通过 Internet 连接到局域网或远程资源(或让操作系统自动完成)。加入域的 Windows 计算机将使用自己的登录名和口令登录到 Active Directory 或 Azure Directory。虽然大多数时候人们谈到的是口令，但实际上指的是用户手动使用口令进行身份验证的过程。

系统的预期口令长度差异很大，从 6 个字符到几百个字符不等。管理账户的口令通常较长，为 8～16 个字符。更关心计算机安全的人则会使用长度超过 20 个字符的口令。也就是说，大多数用户账户的口令长度是 6～20 个字符，而现在使用的绝大多数口令长度为 6～8 个字符。现在通常要求口令具有一定的复杂度，但实际上它们并没有那么复杂，也不难猜测(即口令的熵值低)。

除非是真正随机的，否则大多数人选择的口令是由字母或数字组成的，包括所选语言中的单词、姓名和日期。当需要提高复杂度时，口令可能包括其他键盘符号。大多数人选择的口令并不非常随机，熵值不高。如果允许人们创建自己的口令而没有复杂度要求，那么口令将是 password、Michael 和 qwerty 之类的词。如果要求人们创建所谓的"复杂"口令，那么口令将是类似 Frog33、P@ssw0rd 和 qwerty123 的词。这样的口令易于记忆和使用，但攻击方更易猜测和破解。

真正随机生成的口令看起来更像^2Vy6I}3zL#^.d! 及 46vavxTiWmLCQBZA，这些真正随机的口令的熵值很高，攻击方更难猜测和破解。但正如人们所见，大多数人都不想反复记忆和输入这些口令。即使是像我这样非常关心计算机安全的人，也不想记住和键入这样的口令。

一些有口令安全意识的用户反而经常使用看起来更像句子的长口令，如 Thecowwalkedthroughthegate 或 ErichsThreeWolvesBayattheMoon。这样的口令称为口令短语。尽管这些口令可包含数字和符号，但仅从长度上看，它们的熵值比一般更短的"复杂"口令更大。遗憾的是，这么长的口令很容易出现拼写错误，许多系统都不接受。许多网站允许的口令长度为 8～12 个字符，还有许多网站根本不接受键盘符号。

不管口令的构成如何，用户只能记住一定数量的口令，然后就开始忘记旧口令，甚至输入错误的新口令，特别是当口令遭到强制过期的时候。正如第 1 章所述，一般用户只有 6～7 个口令，用户可在所有网站上使用。当用户被迫更新口令时，会改用其一直使用的其他口令之一，或将现有口令更改到网站可接受的程度(如从 frog1 到 frog2)。或者，如果用户真的为每个网站使用不同的口令，那么用户通常会选择一个值得注意的"基本词"模式，如 FrogFrogFB 用于 Facebook 登录，FrogFrogTW 用于 Twitter 登录，等等。此外，正如第 1 章所述，无论使用什么口令或口令有多复杂，用户的口令对于攻击方来说都是极容易掌握的，以至于全世界都在试图转向任何不涉及口令的其他身份验证方法。

口令的巨大优势在于，从计算机身份验证开始以来，口令或多或少对几乎所有人都起到了相当好的作用。口令很容易理解，且相当容易使用。口令几乎无处不在。使用多因素身份验证的人的失败率很高，口令则不是这样。通常情况下，可很容易地指导几乎任何人(包括一个小孩)在一两分钟内成功地使用口令。Roger 见过两岁以下的孩子输入的口令，连一个 60 岁的人都难以破解。

注意　如果用户使用了很多口令而没有使用口令管理器(本书稍后会讨论)，千万不要在任何文档中写下完整口令；不管是否有口令保护，攻击方都会设法查看或窃取口令。相反，可以使用只有个人知道的简单速记代码来编写口令。例如，如果 Facebook 的口令是 FrogFrogFB，Twitter 的口令是 FrogfrogTW33，那么只需要写下 FFFB 和 FfTW33。如果用户从不在任何地方写下完整口令，就没有人能轻易地将其窃取。当然，这意味着用户必须记住速记代码代表什么。记住，最好避免容易识别的模式。

3.2.2　PIN

PIN 本质上是短 KBA 口令，通常仅由数字组成(尽管 KBA 口令可包含其他类型的字符集)。PIN 最常用于建筑出入控制系统、智能卡、ATM、银行卡、信用卡、手机和其他便携式计算机。口令的平均长度只有 4～6 个字符。

由于 PIN 很短，且可能包含的字符比口令少，因此 PIN 身份验证解决方案通常具有严格的"锁定"策略，过多的错误 PIN 尝试将使 PIN 或设备失效。一些接受 PIN 的设备，如启用 TPM(Trusted Platform Module，可信平台模块)芯片的 Windows PC，在尝试一定数量的错误 PIN 后不会完全锁定，但用户在两次尝试之间等待的时间越来越长。在多次错误的 PIN 尝试后，每次附加的错误尝试都会让用户等待几分钟，然后才允许再次尝试。这是已知的登入/登录限制(Logon/login Throttling)。有些将使该设备变为"砖块"，这意味着该设备在管理员或技术人员重置之前一直处于非活动状态。

PIN 对于人类来说是相当容易记住和使用的，这就是好的方面。坏的方面是，PIN 很容易遭到猜测和破解。PIN 很容易让其他人利用"肩窥"或使用隐藏摄像头看到，或在查看"键盘磨损情况"时更容易发现规律。

例如，图 3.1 显示了 Roger 几乎每天都能看到的真实世界的 PIN 键盘。人们可看到 1、3、6、0 和#键比其他键磨损更严重。一个聪明的人可很容易地假设 PIN 码包含这些数字的某种个组合，提交该 PIN 可能需要在序列末尾按一个键。假设没有重复字符，如果 PIN 只有 4 个字符长，则只有 24(4!=24)种可能的解决方案；如果 PIN 是 5 个可能的字符，则只有 120(5!=120)种可能的解决方案。

图 3.1　PIN 磨损情况示例

注意　数学符号 "!" 代表阶乘。阶乘是指所有的数相乘。例如，5!=5×4×3×2×1=120。

如果允许重复，肯定会增加可能的解决方案的数量，但与具有更多可能字符的口令相比，这是微不足道的。仅由 26 个字母字符组成的四字符口令有 456976(26^4)种可能，五字符口令有 11881376(26^5)种可能。如果允许数字，就像大多数口令一样，那么数字就会变大(分别是 36^4 和 36^5)。与口令相比，个人标识符更容易猜测和破解。

Roger 注意到 2 号按键磨损了，但其他按键没有磨损。如果攻击方是一个赌徒，会猜测 2 号按键是一些具有特权的管理代码的一部分，也可能使用其他一些数字。如果攻击方猜测的主要代码不允许其到达想要的位置，攻击方将可能开始在猜测中包括次级磨损按键编号。

最近，Roger 坐在哥哥崭新的特斯拉汽车里，哥哥向 Roger 展示了如何激活可选的 PIN 码，这样窃贼就不会因为其不小心把操作令牌(即钥匙)放在车内或附近，或是不小心让发动机保持运转使得盗窃者轻易偷走车。特斯拉不光让无钥匙的汽车更容易行驶，而且把后视镜伸出来，作为汽车未上锁的标志之一。车主可要求驾驶员在每次使用汽车时输入一个 PIN，称为"驾驶 PIN 码(PIN-to-Drive)"。当哥哥向 Roger 展示这个安全特性时，Roger 可看到 PIN 输入板上的数字与其他数字相比，有额外的手指油脂残留。Roger 问哥哥，Roger 喊出来的号码是否包括其 PIN 码里的号码，Roger 哥哥证实了这一点。

即使攻击方无法利用磨损模式或手指油脂残留来获取 PIN 码，由于 PIN 码很短，也较易预测。大多数 PIN 码是四个字符；较长的是六个字符。PIN 码通常不会过期，用户会一直使用。大多数 PIN 码不是随机生成的。大多数 PIN 码与人们的生日或其关心的人的重要日期有关。像 0966 这样的字符(代表 1966 年 9 月，Roger 的生日)比 6699 更常见。很多 PIN 码都以 0 开头，原因是相同的。更糟的是，人们对 PIN 码的重用甚至超过口令。许多用户只有一两个 PIN 码，可是该 PIN 码却在所有需要 PIN 码的站点和设备上重复使用。

3.2.3　解决难题

越来越多的身份验证解决方案要求用户解决某种难题：图形的、空间的、数学的或逻辑的。

1. 连接多个点

身份验证中最常见的解决方案包括要求用户连接多个点(见图 3.2)。连接点均匀地放置在一个井字游戏的网格上，用户以预定义的、事先商定的模式选择或滑动连接点。

连接点拼图遇到许多与 PIN 码相同的问题，最糟的问题可能是连接点拼图容易遭受肩窥攻击。任何人只要看到连接点拼图就很容易重新创建图案。Roger 曾见过许多人，这些人没有接受过肩窥技能的训练，也能重现背对自己的设备上的图案。肩窥

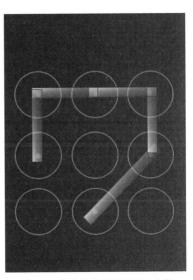

图 3.2　连接点身份验证解决方案

攻击方能通过观察手肘的运动来判断目标刚刚做了什么。Roger 自己已经看到并做了足够多的这方面的工作，因此 Roger 认为连接点身份验证除了提供最简单的安全性建议外，还不足以解决任何问题。

2. 图形手势

另一种类似的身份验证解决方案要求用户选择一张图片或图形，或提供自己的图片或图形，然后确定将用于未来身份验证的模式(参见图 3.3 中的示例)。像这样的身份验证解决方案通常允许用户使用不同的手势组合，例如"点"，从一个点滑动到另一个点，而不需要举起手指、转圈或做其他预定义的手势。这些类型的身份验证解决方案往往允许在移动区域大于几英寸的情况下使用。对于屏幕较小的设备，如手机，可能很难在较小的图形表示上获得足够的移动区域以达到预期结果。

图 3.3　图片或图形刷卡身份验证示例

这类身份验证解决方案的问题类似于连接点解决方案，但没有固定位置的点，可能有助于防止简单的肩窥攻击。尽管如此，研究表明，使用这类解决方案的人有可预测的选择位置，这些人所做的手势和动作取决于底层照片中的图案和形状。

3. 解数学题

是的，有些身份验证解决方案要求用户解一道"数学"题。"数学"题通常类似于一个普通的数学问题，在这个问题中，要求用户解未知数，即求解 x。但该方案不是一个简单的常规数学问题，通常给出一个提示，推导出预先定义的答案；除了合法用户之外，其他人不应该知道或有权访问。

解决这个问题可能需要用户已经有一个预先打印的"提示"表。例如，一些身份验证解决方案向用户显示一个要求解的简单数学题，比如 2+4=？，但不要求提供答案 6，而是要求用户提供与答案 6 关联的颜色，如先前发出的"提示"页所示。所以，答案是 6，提示纸上的 6 指向蓝色。用户将输入蓝色作为答案，而不是 6。或者提示表上的答案 6 指向的数值是 64，所以成功身份验证用户的答案应该是 64 而非 6。每当 Roger 看到一个身份验证解决方案要求解数学题或使用预先打印的提示表时，Roger 都会翻白眼。不会有很多人使用这样的身份验证解决方案。

4. 恢复问题

最流行的 KBA 选项之一是"恢复问题(Recovery Question)"，之所以称为"恢复问题"，是因为对于试图在其他有效身份验证方法失败后恢复账户的用户来说，这是一种流行的选择。针对恢复问题，用户可在问题列表中进行选择，例如：

- 你母亲的婚前姓是什么？
- 你的第一辆车是什么？
- 你最喜欢的宠物叫什么名字？
- 你四年级的老师叫什么名字？

对于每个选择，用户将提供一个答案。在许多恢复问题设置方案中，用户可创建自己的问题和答案。其思想是，当需要执行恢复事件时(如更换丢失的口令)，系统可向用户提示一个或多个恢复问题(通常是两三个问题)，并要求用户回答。答案通常应完全按照给定的格式输入，但通常不区分大小写。如果用户正确回答了问题，则允许用户成功执行恢复操作。

恢复问题易于使用，但会遇到一些大难题。最值得注意的是，恢复问题的答案可能是公开信息，也可能是攻击方很容易从受害者那里收集到的。Google 有一篇很好的论文叫做"秘密、谎言和账户恢复：Google 使用个人知识问题的经验教训"(见[1])。该论文包含许多研究结果，最终反对使用恢复问题作为替代身份验证方法的安全方法。一些原因如下：

- 一些恢复问题可在第一次尝试时，有 20%的概率可猜中。
- 40%的人无法成功回忆起自己的恢复答案。
- 16%的答案可在此人的社交媒体档案中找到。

恢复问题是如此容易遭到攻击，该方案应该取缔！Microsoft 和 Google 都禁止将恢复问题作为可行的身份验证解决方案。对恢复问题的猜测已经涉及许多众所周知的、现实世界的攻击。

2008 年，John McCain 和竞选伙伴 Sarah Palin 在与 Barack Obama 和 Joe Biden 竞选美国总统时失败了，一位年轻人在 45 分钟内研究了 Sarah Palin 雅虎邮箱的答案，并成功劫持了 Sarah Palin 的账户(见[2])。在联邦调查局确认了这名攻击方的身份后，将其抓捕归案并判罪，在监狱服刑。这种攻击方理应遭到逮捕，但本书不确定根据这一罪行将犯罪者称为"攻击方"是否公平。更公平的说法是，犯罪者会使用 Internet 搜索引擎。有关这些类型的攻击，请参阅第 13 章。

5. CAPTCHA

CAPTCHA(完全自动化的区分计算机和人类的公共图灵测试，一种验证码)是一种简单的 KBA 方法。CAPTCHA 测试有各种形式，且一直在变化。在注册新账户或在公告栏上发布新消息时，经常需要执行 CAPTCHA。CAPTCHA 进化得更精确，同时避免了攻击方通过各种方法成功地破解 CAPTCHA。

在最简单的常见形式中，要求用户单击选中"I'm not a robot"(见图 3.4)旁的复选框。然后，身份验证系统读取用户的 IP 地址，并允许 Cookie 确定所声称的用户的信息是否与先前受信任的用户(即相同的设备和浏览器)在其他地方使用的信息相同。通过更高级的 CAPTCHA，系统分析单击和启用该框所需的时间，以及其他行为特

图 3.4 简单 CAPTCHA 示例

征。这个想法是，自动化方法(即"机器人")将以一种可预测的模式来实现这一目标，而人类在其选择中拥有更多的熵。

更复杂的 CAPTCHA 形式包括显示图片并要求人类识别特定属性。例如，挑选特

定的对象、颜色和数字。图 3.5 显示了 CAPTCHA 类型的一个常见示例，要求用户选择图片中包含指路标记的部分。

图 3.5　一个更复杂的 CAPTCHA 示例，要求用户选择图片中包含指路标记的部分

　　因为一些用户无法充分理解说明信息和图片，这类 CAPTCHA 失败率越来越高。例如，在图 3.5 中，指路标记的最底部只侵入了下一排的一小部分。是将下面的方块作为用户选择内容的一部分，还是因为此标记部分太小不应将其作为正确答案包含进来？

　　任何情况下，CAPTCHA 都是弱身份验证器。CAPTCHA 只是为了区分自动恶意软件程序和真实的人类，一旦攻击方开始集中精力于 CAPTCHA，CAPTCHA 就没有很高的准确性。攻击方甚至雇用了一组人，这些人的唯一工作就是分析并正确地响应 CAPTCHA。CAPTCHA 的使用确实能显著减缓攻击方的速度，但不能阻止攻击方。如果有兴趣了解关于 CAPTCHA 的更多信息，请访问站点[3]。

3.3　口令管理器

　　正如第 1 章中介绍的，用户不应在不同的系统、站点或服务上使用相同的口令。如果这样做，一个站点的口令泄露容易导致其他站点的口令泄露。遗憾的是，大多数用户在其使用的所有网站和服务中使用相同的 6～7 个口令，那只是自找麻烦。同时，每个口令都应是随机的，且尽可能长，以防轻易由攻击方猜测和破解。普通用户由于增加的这一要求更难将所有口令都记在脑中。

　　如果用户尝试同时满足关键的口令要求(独特的和随机复杂的)，用户要么需要将口令写在某处(文档、数据库等)，要么需要使用称为口令管理器(Password Manager)的程序。口令管理器不仅安全地存储多个口令，还允许用户在使用计算机时按需调用口令(见图 3.6)，并为站点或服务提供正确的、约定的口令。如果程序得到充分使用，用户就不会选用自己想出的口令；口令管理器会自动生成长而复杂的唯一口令。用户甚至不需要知道该口令！当需要口令时，口令管理器会弹出，自动输入口令；或者用户调用口令管理程序，让程序输入口令。如果用户不知道口令，就很难遭到网络钓鱼或泄露口令。

图 3.6　调用口令管理器输入网站口令的示例

　　口令管理器已存在了几十年，逐年完善，变得越来越安全，功能越来越丰富。今天，口令管理器不仅可以存储口令，还可充当 MFA、虚拟信用卡并存储其他机密信息。有几十种不同的口令管理器，包括免费的和商业的。*Wired* 杂志推荐了 7 种口令管理器，可参见[4]。Roger 最喜欢的口令管理器的一个"额外"功能是，如果与口令管理器相关的网站被攻陷或使用了较弱的、易受攻击的口令，口令管理器将通知用户(如图 3.7 所示)。

图 3.7   口令管理器示例,将网站的漏洞或易受攻击的口令告知用户

口令管理器可与 MFA 一起使用,在支持的设备之间共享,并与其他设备共享。例如,Roger 妻子知道,如果 Roger 发生意外,Roger 妻子可访问 Roger 的口令管理器,然后访问存有 Roger 身份验证信息的每个网站,包括退休网站、金融网站和保险网站。口令管理器把 Roger 的在线数字生活整合到一起。当然,只有当完全信任另一个人时才有效。

口令管理器非常适合管理大量口令,这样用户不必将所有口令存储在数据库或口令保护文档中。不过,口令管理器也有自己的问题。

第一,适用范围有限。大多数口令管理器都不允许用户登录到笔记本电脑或设备上,而且不支持登录企业网络。大多数口令管理器并不能用于每个网站、服务或设备,覆盖率参差不齐。

第二,如果攻击方获得了已安装口令管理器的设备的访问权,可能获得用户的所有口令。侵入用户电脑的攻击方有多种方式可得到用户的所有口令。攻击方可从内存中嗅探口令,从用户的浏览器中获取口令(如果用户在浏览器中保存了口令),然后使用键盘记录特洛伊木马窃取用户输入的口令。因此,如果攻击方可访问用户的设备,将获得用户使用和存储的口令。而若用户有一个口令管理器,攻击方可在一个地方得到所有口令,包括用户很久没用过的口令。虽然多数口令管理器都有针对这类攻击的保护措施,但措施并不完美。

第三,所有口令管理器都存在软件漏洞。或许,你每天都能在任意时刻输入登录名和口令,不会出现任何问题;但 Roger 测试过的每个口令管理器都存在软件漏洞,口令管理器大部分时间都在工作,但有时不工作。

这些软件漏洞有时是“致命的”。Roger 遇到过口令管理器的多个用户,其口令管理器程序突然锁定或出错,无法使用口令。因为用户通常不知道登录信息,所以无法登录到使用口令管理器的网站,直到恢复口令管理器或一次一个地重置所有口令。口令管理器存在不少已知的安全漏洞,攻击方可能利用此类漏洞,直至漏洞得到修补。Roger 的口令管理器一直都在自动更新,所以 Roger 假设这些已知的大多数软件漏洞都是短暂的。

总之,Roger 信任口令管理器,口令管理器只是偶尔出错。更重要的是,如果用户必须拥有多个口令,且确实有多个口令,那么口令管理器可帮助用户在每个网站和服务中使用不同长度、复杂和唯一的口令。本书认为每个人都应该用一个口令管理器。

当然，如果口令管理器变得十分流行，每个人都使用口令管理器，口令管理器就会吸引攻击方，成为主要攻击目标。所有窃取口令的恶意软件都以口令管理器为目标。但即使发生这种情况，使用口令管理器也是一件好事，因为口令管理器可降低大多数人的风险。

> **注意** 有时，操作系统和浏览器将代表用户存储和重用口令的组件称为"口令管理器"。这些组件确实提供了口令程序的一些基本功能。其中一个很大的区别是，大多数"真正的"口令管理器除了记住和使用口令外，还有很多附加功能，可与多个操作系统、浏览器和程序一起工作，而操作系统或浏览器口令管理器只能为自身工作。

3.4 单点登录和代理

单点登录(Single-Sign-On，SSO)和代理(Proxy)程序类似于口令管理器，但通常更复杂。与口令管理器(大多数口令管理器代表单个用户运行在一个本地位置)不同，这些程序代表许多用户在共享的集中位置运行。其思想是，用户只需要登录 SSO 程序一次，SSO 程序将负责登录到用户需要验证的其余程序(或尽可能多的程序)。大多数 SSO 解决方案都用于帮助一个组织的用户连接到该组织需要每个人连接到的其他资源。

有些 SSO 程序使用 API(应用程序编程接口)以编程方式与应用程序交互。还有些 SSO 程序使用脚本来输入原本需要用户输入的内容，但速度比用户的输入速度快。SSO 程序代表用户登录时使用的登录信息或口令可由用户提供，也可在没有用户参与的情况下创建和使用。具体的工作方式因 SSO 产品而异。代理在技术上是不同的，在每次登录时可能提示用户输入不同的口令或登录密钥，但用于将用户登录到远程位置的实际登录信息与用户提供的登录信息不同。

> **注意** 特权账户管理器(Privileged Account Managers，PAM)和口令"保管库(Vaulting)"解决方案通常具有非常丰富的功能，类似于 SSO 和代理，尽管许多人不会将其归到同一类别中。但在这些情况下，用户都拥有其他人使用的登录凭据的集中共享存储库。PAM 和保管库系统的相关知识点较多，可能需要各占用一章的篇幅来介绍。

虽然 SSO 程序和代理不同于口令管理器，但 SSO 程序和代理也面临许多相同的问题。SSO 和代理的问题是单点故障。当 SSO 程序和代理关闭时，用户无法登录到任何网站和服务。攻击方还可访问存储在 SSO/代理数据库中的所有登录信息，同时危害所有用户及其口令。从本质上讲，SSO 与口令管理器的优缺点类似，但具有共享特点。

另外，集中化的 SSO 或代理通常由一个或多个管理员来管理。这样，管理员就可指定适当策略、配置策略并排除故障，以便与"外部"系统一起工作，并在需要时重置登录信息。但这是一把双刃剑，管理员也可访问其他人的登录信息充当额外的攻击向量或攻击方本身。

3.5　密码术

几乎所有数字身份验证都涉及密码术，这通常是身份验证能取得成功的主要原因。如果密码术实施不当，将导致身份验证失败。任何想要理解数字身份验证的安全专家最好能非常好地理解密码术，至少也要简单了解密码术。因此，这一节将比其他节更长、更详细。

密码术(Cryptography)是一门科学，需要加以研究和实践，以在授权方之间保护和验证人员、数据、事务和其他对象。密码术通过使用加密、完整性检查和算法实现来完成。可用密码术来实现数据、通信和参与者的机密性和完整性，在授权的指定方(或代表授权指定方的软件或设备)之间随时维护。本节不对所有密码术技术进行深入研究，但将总结登录身份验证中使用的主要组件。

3.5.1　加密

加密是主体保守秘密的常用方法。通过加密，重新排列明文内容以创建一个编码的消息，只有目标方可在后续解码之后理解相应的信息。用于将加密消息还原为原始明文消息的流程称为解密。用于加密或解密消息的文档化流程和步骤统称为密码(Cipher)或密码算法(Cipher Algorithm)，通常用数学方法表示。一个单独主体可能想要保密，或这个秘密可在选定的一群人或设备之间共享。秘密可以是任何类型的内容，包括参与方的身份以及任何涉及的事务和对象。

1. 密钥

每个口令都使用一系列先前约定的字符或符号(称为密钥)对明文内容实施加密。在经典的计算机世界中，数字加密密钥是一长串随机生成的 1 和 0，数字密钥看起来像 10101010110100010101010110011001010101，其组成和长度各不相同。密钥通过一系列由密码数学描述的步骤作用于明文消息，以创建加密消息。密钥必须保密，以保持加密的文本只对参与的主体可见。

如果操作正确，密钥和加密消息看起来就像一组不可预测的随机位集。今天，数字加密密钥的大小通常从 128 位到 4096 位不等。有许多因素决定着是否认为一个特定长度的位是安全的，包括密码算法、所有可能的密钥位组合位置(称为密钥空间)的猜测速度，以及可用于减少暴力猜测攻击的任何"技巧"。较难"破解"的强密码算法可使用较短的密钥；相反，较弱的算法通常需要更长的密钥才能实现同等的保护强度。使用相同算法的新密钥的位长度往往随着时间的推移而增长，以补偿更大的计算能力和其他破解因素。加密攻击只会随着时间的推移变得更强悍，从而削弱密钥长度所提供的保护能力。

通过查看任何计算机或设备上的数字证书，安全专家可很容易地找到并查看口令密钥示例。图 3.8 显示了从数字证书中提取的 2048 位密钥。

```
30 82 01 0a 02 82 01 01 00 ad 0c 9f 7d 67 bc
70 6d 79 ba 25 05 3a 64 60 a0 e2 23 f3 ec 17
3b 6e 75 9e 88 50 fb d9 de 9c 62 2b de 19 a8
52 57 f0 09 62 2c 5e 64 45 9c 60 39 b5 14 48
2e 27 a4 db 82 c8 02 da ba 1d 91 51 fb 90 fa
bf f7 55 65 f1 cc 98 1a 3f 6b 0f 74 18 8f d4
cc 3b 44 ca 4d 53 df 95 94 72 20 d1 45 1a a5
9b 3b a8 f2 71 79 0e 6e ad 5b 87 ca 9e d1 7f
72 b8 2b 93 e0 36 69 31 7b 60 9a 44 f8 f4 a5
45 de 15 62 01 93 cd b3 ea e6 d1 d5 3c 1a 6b
cd ea a2 fd 7d 56 35 d0 c5 aa 5f 0e 6f 6e b2
c7 fa 8c 57 10 58 d3 0a 14 b4 2a fd 09 c6 ac
17 8e 3a ba 2c e8 dc 51 9f 29 a8 cb 39 e2 5a
8a 60 96 62 d7 64 05 94 d1 d7 8c 5b e3 0f fd
01 ed b4 5f 32 de b9 b1 b3 ea 3e 4c 6e d0 90
c4 82 eb 58 dc 6c 14 f0 4e 9f 1f 74 a3 76 26
30 bc 9a 97 91 fd 7c c8 c6 5a fd f8 54 ae 09
48 5a 50 b3 0c 3b 8f 43 f6 5f 02 03 01 00 01
```

图 3.8　从数字证书中提取的 2048 位密钥示例

注意　在大多数计算机和设备上，几乎所有的数字加密密钥都转换成十六进制表示(如 Base16 编号系统)，而不是二进制位(即 1 和 0)。

仅为单个主体所知和使用，而不与任何人共享的密钥称为私钥(Private Key)或秘密密钥(Secret Key)。有意在多个主体之间共享的密钥是共享密钥(Shared Key)。任何人都可知道和使用的密钥是公钥(Public Key)。为临时使用而创建的密钥是会话密钥(Session Key)。

如果使用相同的密钥加密和解密消息，则该密码是对称的。如果一个密钥用于加密消息，而另一个密钥用于解密消息，则这一对密码是非对称的。身份验证通常使用多种密钥类型，尽管非对称加密通常直接负责身份验证。

注意　可通过访问[5]来查看流行口令推荐的最小密钥大小。

2. 对称加密

对称密钥(Symmetric Key)通常用于加密，而当今全球公认的对称密码非常擅长于此。对称密码比非对称密码更强大、更快、更容易验证，且需要的密钥更短。从密码术的观点看，优异的对称密码更容易证明是强大和可靠的。对称密码的数学计算并不复杂，只需要较少的假设和猜测，且难以遭到破解。因此，对称密码完成了世界上大部分的数据加密。

自 20 世纪 70 年代以来，世界上使用了许多不同的对称密码标准，包括 DES(Data Encryption Standard，数据加密标准)、3DES(Triple DES，三重 DES)、IDEA (International

Data Encryption Algorithm，国际数据加密算法)和 RC5(Rivest Cipher 5)。所有这些旧的对称密码，现在看来都是脆弱的和不安全的。自 2001 年以来，最流行的对称密码是 AES (Advanced Encryption Standard，高级加密标准)。目前，AES 使用的密钥大小为 128、192 和 256 位，在多年的加密审查和攻击下，AES 的强度一直保持得很好。

尽管对称密码十分优秀，但对称密码不能单独用于身份验证。因为参与单个对称密码事务的任何人都使用相同的密钥。如果未使用一些附加特性和功能，就不可能证明是谁加密或解密了某些东西。为将一个特定的加密实现与一个特定的主体绑定，需要非对称加密或数字签名。

3. 非对称加密

非对称密码(Asymmetric Ciphers)也称为私钥/公钥对密码，用一个密钥加密内容，用另一个与加密相关的密钥实施解密。每个参与的主体都有自己的私钥/公钥对。私钥只有主体知道，不与其他人共享。公钥可共享给任何人。

尽管密钥对的两个密钥都可用来加密传递给另一方的消息，但拥有私钥和公钥的性质非常不同。请记住，永远不要与其他人共享私钥。因此，如果有人想向另一个人发送机密消息，发送方必须使用接收方的公钥对消息实施加密。这将保持消息的机密性，直至接收方使用其关联的私钥对解密。因为没有其他人拥有接收方的私钥，所以没有人可解密消息。对于非对称加密，必须使用接收方的公钥来加密发送给接收方的消息。

4. 密钥交换

在密钥较短的情况下，对称加密比非对称加密更快、更强。正因为如此，非对称加密常用来在两个或多个主体之间的可能不安全的网络通道上安全地传输对称密钥，而对称密钥则用于完成大部分加密。这个过程称为密钥交换(Key Exchange)。密钥交换流程的基本概述如下：

(1) 客户端和服务器彼此连接。

(2) 服务器向客户端发送服务器的非对称密钥对中的公钥。

(3) 客户端使用服务器发来的公钥来加密客户端新生成的"会话"对称密钥，发送给服务器。

(4) 服务器用私钥解密。服务器和客户端现在都使用共享的会话对称密钥，相互发送加密内容。

上面是交换非对称密钥的基本步骤的一个很好的总结。在现实中，使用非对称密钥在客户端和服务器之间安全地传输共享的对称密钥更复杂，需要更多步骤。非对称密钥交换每天使用数十亿次，使数字世界运转起来。当用户连接到一个支持 HTTPS 的网站时，就会发生非对称密钥交换。当人们使用信用卡支付时也会使用非对称密钥交换。很多时候，当用户使用 MFA 时，非对称密钥交换是在后台某个地方发生的。

常见的非对称加密包括 RSA(Rivest-Shamir-Adleman)、DII(Diffie-IIellman)、ECC

(Elliptic Curve Cryptography，椭圆曲线密码)和 ElGamal。RSA 成为最普遍使用的非对称加密密码，占所有非对称密码的绝大多数。虽然所有的非对称密码都用于执行密钥交换，但 Diffie-Hellman(也称为 Diffie-Hellman-Merkle)和椭圆曲线 Diffie-Hellman(ECDH)通常与仅用于密钥交换的实现关联，而不是像 RSA 那样单独用于非对称加密或身份验证。RSA 和 DH 密钥大小通常为 2048～4096 位，ECDH 密钥更小，为 256 位。这些都提供较好的保护。

5. 数字签名

非对称加密用户还可使用密钥对，对内容实施身份验证和数字签名。数字签名是指提供证据，证明签名的内容仍与签名时一致。为对内容实施签名，用户使用私钥来"加密"内容(或稍后将讨论的哈希结果)。人们不将这个流程称为"加密"，因为任何拥有相关公钥的个人(理论上是地球上的所有人)都可解密和读取私钥加密结果。如果每个人都能看到私钥加密的结果，私钥加密结果就不能认为是机密或加密的。反之，人们称之为数字签名。

任何由私钥签名的内容只能使用关联的公钥来解密。如果内容可通过关联的公钥执行验证("解密")，那么该内容必定已由相关私钥签名，因为公钥唯一可"解密"的是由关联的私钥签名的内容。类似的流程可用于验证加密操作中涉及的用户身份，稍后将介绍其中一些流程。常用的数字签名密码包括 DSA(Digital Signature Algorithm，数字签名算法)和 ECDSA (Elliptic Curve DSA，椭圆曲线 DSA)。如果在相关流程中使用适当的密钥(即发送方的私钥要签名，接收方的公钥要加密)，则可对消息实施加密和签名。

因为每一方都有自己的、唯一的密钥对，而且只有该密钥对才能在彼此之间加密和解密消息，所以非对称加密还允许验证主体和消息。每个涉及的密钥对都可绑定到特定主体，从而允许确定归属和进行身份验证。通常，在身份验证中使用对称加密、非对称加密和签名，但非对称加密和签名密码更直接地参与和负责身份验证组件。

3.5.2　公钥基础架构

为使非对称密码系统能用于身份验证，使用非对称密码系统通信的人必须相信对方的公钥都是有效的，且公钥归属于信任的人员。在非对称密码通信的早期，一个人向另一个人发送信息，双方知道对方公钥就足够了，而接收方会相信信息的发送方是拥有正确、有效私钥的人员。

但随着非对称渠道中人数的增加，并非每个参与方都知道并信任其他参与方。一种让陌生人获得公钥信任的方法是让用户已信任的另一个人担保。例如，假设 Alice 想和 Bob 开展非对称的交流，但事先并不知道或信任 Bob。但 Alice 知道 Dan 认识并信任 Bob，可为 Bob 和 Bob 的有效公钥提供担保。Dan 甚至可用自己的私钥对 Bob 的公钥签名，然后 Alice 可使用 Dan 的公钥对其执行验证。这称为对等信任(peer-to-peer trust，也称为 Web 信任)。Internet 上的许多非对称密码程序的工作流程都是如此。

但随着参与方数量的增加，对等信任系统已无法满足需要，在大多数参与方互不认识的全球非对称系统中更是如此。公钥基础架构(Public Key Infrastructure，PKI)应运而生。PKI 是计算机世界中一种常用的加密框架和协议族，用于在无关方之间提供身份信任。安全专家可能读到或听到关于什么是 PKI 以及为什么需要 PKI 的许多描述，但实际上，PKI 的存在主要是为了验证加密事务中涉及的主体的身份及其非对称加密密钥。假如没有这个要求，安全专家就不需要 PKI。

PKI 颁发经过验证的主体的数字证书，这些证书是经过加密保护的文档，证明了主体的身份及相关的非对称密钥对的有效性。实际上，主体(或代表主体的东西)生成一个非对称密钥对供主体使用。主体将其公钥提交给 PKI(记住，不与任何人共享私钥)。然后，PKI 的证书颁发机构服务进程将验证提交公钥的主体的身份。

注意   很多时候，PKI 创建整个密钥对并向用户颁发，包括私钥和公钥。这样做时，即使 PKI 可读取私钥，但只要 PKI(以及 PKI 管理员)以外的人无法获得公私密钥对，仍然可认为密钥是私有的。

PKI 要求主体提供的身份证明级别决定了 PKI 可证明的保证(或信任)级别。任何情况下，PKI 的主要工作是验证提交公钥的主体的身份。如果验证了主体的身份，PKI 会添加一些附加信息(如有效日期、使用方名称、证书序列号和证书颁发机构的名称和标识符)，并用 PKI 的私钥对使用方的公钥(和其他信息)实施签名。这将创建一个数字证书。图 3.9 展示了突出显示公钥字段的数字证书的部分细节。

图 3.9   公钥字段的数字证书的部分细节示例

　　理论上，任何信任 PKI(颁发特定数字证书)的实体都将信任由 PKI 创建并由主体提交的任何数字证书。出示数字证书的主体基本上是说，"我就是我所说的我，你信任的一个实体证实了这一点"。可将 PKI 比作美国机动车管理局(Department of Motor Vehicles，DMV)。驾照持有人必须向 DMV 证明其身份，才能拿到一张写有驾驶人法定姓名、地址和出生日期的驾照。在驾驶人(即主体)的身份成功验证(确定)后，DMV将拍摄主体的照片，添加其他信息，颁发许可证，并与国徽一起密封(有点像真实世界的数字证书)。如果司机被执法部门拦下或购买某种商品时商家要求确认年龄，司机通常会出示 DMV 驾照。管理人员和销售人员相信 DMV 驾照是准确的，因此在验证流程中将依赖于驾照上打印的信息。

　　Internet 大部分工作都基于 PKI。例如，每次使用 HTTPS 连接到某个网站时，该网站都具有由可信 PKI 签署和颁发的 HTTPS/TLS(Hypertext Transport Protocol Secured/Transport Layer Security，超文本传输协议安全/传输层安全)数字证书。人们可能不信任 PKI，但其操作系统或软件会信任。当通过 HTTPS 协议使用浏览器连接到网站时，网站会向用户(或实际上是用户的浏览器)发送其数字证书的副本。由 PKI 签署的数字证书证明网站的名称(通常通过 URL)、网站的公钥和其他相关的重要信息。

　　如果碰巧用户的浏览器或操作系统不了解或不信任某个特定的 PKI，那么大多数情况下，相关应用程序会提供 PKI 自己的名称和/或数字证书，并询问用户是否要信任该证书(在信任签名的任何内容前)。然后，用户可选择"是"或"否"。如果选择"是"，则新的 PKI 将添加到用户或用户软件的受信任 PKI 列表中，下次将不再提示用户。

　　一旦验证，用户的浏览器将生成一个全新的共享会话对称密钥，然后将其安全地发送到网站(使用网站的公钥)。最后，服务器和客户端都可使用对称密钥安全地通信。图 3.10 总结了基本的 HTTPS 身份验证场景。

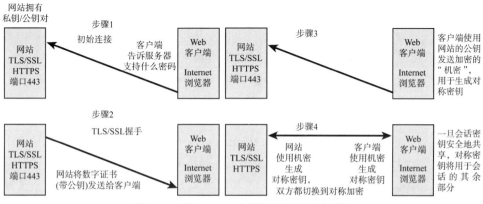

图 3.10　基本 HTTPS 身份验证和加密方案示例

　　在另一个流行的 PKI 使用示例中，当用户从主流供应商下载新软件时，该软件将附带一个数字证书，用于验证谁签署了该软件(或相关的完整性哈希，稍后将详细介绍)，从而允许下载程序(或者更准确地说，通常是代表用户的浏览器)确认自签名方签署软件或哈希之后软件没有更改。软件在签名方和接收方之间传输的位置、传输的通道是可信的还是不可信的、涉及多少中间人、签名发生的时间(在合理范围内)都不重要。如果经过验证，数字证书和附带的已验证哈希告诉用户，用户可信任该软件，软件保持了签名时的状态。

3.5.3   哈希

另一个重要的加密函数是完整性哈希(Integrity Hashing)。哈希算法(也称为哈希函数、简单哈希)用于为唯一输入的内容创建唯一的输出结果。哈希算法使用"单向"加密函数，为唯一的内容创建并输出一组具有唯一代表性的字符或位(哈希、哈希结果或消息摘要)。哈希函数为哈希的内容创建加密数字指纹。哈希函数可用于加密签名，以及验证内容、主体和其他加密对象的完整性。当完整性哈希结果(通常简单地称为哈希或消息摘要)以加密方式与特定加密主体身份(例如，用户、设备或服务)关联时，称为数字签名。经过验证的数字签名允许已签名内容的接收者确信，自己验证的签名者对内容执行签名以来，已签名的内容没有遭到更改。安全可靠的哈希函数具有四个重要特征：

- 对于每个唯一的输入，必须生成唯一的输出结果。这种保护称为抗碰撞(Collision Resistance)。
- 每次对同一输入执行哈希运算时，应生成相同的哈希输出。
- 两个不同的输入不应生成相同的哈希输出。这种预保护称为第二抗原像(Second Preimage Resistance)。
- 如果给定哈希输出，任何人都很难推导出原始内容输入。这类保护正式称为抗原像(Preimage Resistance)。

一个优秀的哈希具有所有这些属性，即使在持续攻击下，也能保持这些保护性哈希功能。抗碰撞与第二抗原像保护有关，二者类似但并不相同；即使这两种保护做得很好，由于属性不同，也不能确保抗原像。如果哈希未能通过这些测试中的任何一个，则认为该哈希是脆弱的，不应再使用该哈希。

哈希算法通常生成固定长度的哈希结果，而不管输入是什么。常见的哈希长度从128 位到 256 位不等。多年来，出现了许多不同的公认哈希标准，包括消息摘要5(MD5)、Windows LAN Manager(LM)、Windows NT(NT)和安全哈希算法 1(SHA-1)。除了 NT，人们认为所有这些以前的标准都是软弱和不安全的。如今，最流行的哈希算法是安全哈希算法-2(SHA-2 或 SHA2)。2015 年，NIST 建议使用 SHA-2 的后续算法，即安全哈希算法-3(SHA-3 或 SHA3)，因为随着时间的推移，加密攻击的改进会削弱 SHA-2 的功能。到目前为止，大多数人仍在使用 SHA-2。SHA-2 有许多不同的输出大小，包括 224、384、256 和 512 位。哈希通常用作身份验证解决方案的一部分。

表 3.1 使用几种常见的哈希算法，显示了单词 frog 的哈希值。

表 3.1　使用几种常见的哈希算法，显示了单词 frog 的哈希值

哈希算法	frog 的哈希值
MD5	938C2CC0DCC05F2B68C4287040CFCF71
SHA-1	B3E0F62FA1046AC6A8559C68D231B6BD11345F36
SHA-2	74FA5327CC0F4E947789DD5E989A61A8242986A596F170640AC90337 B1DA1EE4
SHA-3 (512)	6EB693784D6128476291A3BBBF799d287F77E1816b05C611CE114AF2 39BE2DEE734B5Df71B21AC74A36BE12CD629890CE63EE87E0F53BE987 D938D39E8D52B62

　　哈希在身份验证和许多 MFA 解决方案中扮演着重要角色。哈希通常用于对其他需要稍后验证的消息实施数字签名，并对口令和其他机密执行编码，以防窃听。

　　非对称加密、密钥交换、数字签名、对称加密和哈希在许多形式的数字身份验证中发挥着重要作用。如果实现得当，加密通常不是大多数 MFA 解决方案中的薄弱环节。如果实施不当，加密可能造成严重错误，从而破坏整个解决方案。有一些巨大的加密编程漏洞，导致数亿个以前可信的身份验证设备失去价值(更多信息，请参阅第 15 章)。

3.6　硬件令牌

　　MFA 解决方案的一种常见类型是硬件设备或某种物理令牌。硬件设备或某种物理令牌将"你拥有的东西"作为核心优势。通常，该设备或令牌都带有"你知道的东西"，但可与"你是谁"(生物识别特征)共用或单独使用(1FA)。该 MFA 解决方案如此受欢迎，以至于大多数公众将 MFA 等同于某种类型的硬件设备。硬件设备可能只显示一个用户查看并重新输入另一个设备控制台的身份验证因子，或者用户可能需要以某种方式与设备交互，且该交互是身份验证输入过程的一个组成部分。一些 MFA 硬件设备是独立的，有些需要使用网络。MFA 硬件设备可能需要物理连接，如将设备插入 USB 端口、插入智能卡插槽或使用无线连接。无线和网络连接距离可以是本地的，且非常有限(即最大值为几厘米)，或能连接到全球各地的其他身份验证资源并参与其中。

3.6.1　一次性口令设备

　　无需外部网络连接的、基于硬件的独立身份验证器已经流行了几十年。其中最流行的是一次性口令(One-time-password，OTP)设备。OTP 设备自动生成一个看似"随机"的代码(通常根本不是随机的)，可在 MFA 登录屏幕中键入该代码，该屏幕与身

份验证检查相关的类似流程同步。

通常用户输入登录名或身份标识码,然后提供 OTP 设备生成的代码作为某种口令。根据 OTP 解决方案的不同,可能还需要另一个更持久的代码以及不断变化的代码,以生成更大的代码。无论生成怎样变化的代码,该代码只在预先设定的时间内有效,假定永远不会重复,且通常不会在合理的时间段内重新生成。OTP 设备可能涉及哈希函数,如果是,则称为 HMAC-OTP 或基于哈希的 OTP(HOTP)设备。

OTP 设备背后的安全理论是,如果攻击方了解到自动生成的代码,则该代码只能在预设的时间段内使用,且不会被再次使用,也不会再次生成。因此,OTP 设备限制了单一失败造成的损害程度。大多数 OTP 设备都按预先设定的时间表(每 30 秒、每分钟、每 5 分钟、每 10 分钟或每小时一次等)生成新代码。当 OTP 设备基于当前时间生成新代码时,称为 TOTP(Time-based-one-time-password,基于时间的一次性口令)设备。关键区别在于 HOTP 设备将在预设的时间段或事件期间更改代码,不会在计算中真正使用当前时间,而 TOTP 实际上在计算中使用当前时间值来生成新代码。

一些 OTP 设备在发生特定事件或操作时触发,称为 EOTP(Event-one-time-password,事件一次性口令)设备。大多数 EOTP 设备都有一个可供用户按下的按钮。按下按钮生成一个新数字,用于生成 OTP 代码。通常,在 EOTP 设备中,连续按下按钮会持续推进一个计数器。这些情况下,计数器本身用于 OTP 计算。

OTP 设备通常具有全局唯一身份标识符(即序列号),这些身份标识符硬编码到设备中,也存储在后端身份验证数据库中。种子值由设备和/或数据库随机生成并与另一个共享。然后种子值和其他提供的信息(可能包括唯一标识符)与一个文档化算法一起使用,以生成所有未来的代码。IETF(Internet Engineering Task Force,Internet 工程任务组)的 RFC 6238(见[6])是 OTP 设备的开放标准。图 3.11 显示了一个流行的 OTP 设备的示例。

图 3.11 流行的 OTP 设备

TOTP 非常流行,已经使用了几十年。TOTP 最大的易用性缺陷可能是,在必须使用其他代码之前,用户在 TOTP 设备上访问和查看代码的时间有限。每个 TOTP 用户都有过这样的焦虑:希望能输入当前代码,并希望该代码能保持足够长的有效期,以便在下一个代码出现前执行验证。每个 TOTP 用户都能体会到,当下一个代码弹出时,身份验证会遭到拒绝,用户会有一种挫败感。

TOTP 还有其他缺点,它比其他 MFA 解决方案更贵,且可能与服务器端身份验证源不同步。大多数 TOTP 设备能容忍少量的时间偏差,而若设备超出阈值限制,设备将停止,无法成功地执行身份验证。

为解决时间偏差问题,一些 OTP 设备完全基于"异步"挑战-响应解决方案。在此类场景中，服务器通常会生成一个"挑战"，然后输入独立的 OTP 设备中，OTP 设备接着生成一个相关的"响应"。响应发送到服务器，并与服务器自行生成的预期响应值进行比较。如果两者匹配，则客户端的身份验证通过。RFC 6287 涵盖了异步 OTP 设备。

注意 OAuth 的含义可能是开放身份验证计划，也可能是开放授权(见第 19 章)。

OTP-MFA 设备极受欢迎，在一段时间内，OTP-MFA 设备似乎可能成为未来 MFA 解决方案的选择。不过，由于手机广泛用作 MFA 硬件设备和基于软件的 OTP 解决方案，OTP-MFA 专用设备的增长有限。有关 OTP 解决方案和如何破解 OTP-MFA 设备的内容，详见第 9 章。

3.6.2 物理连接设备

还有一种非常流行的基于硬件的身份验证设备，此类设备需要与准备验证身份的设备建立物理连接。

1. 加密狗

早期的物理连接设备包括用户必须连接到计算机的串行或并行端口才能运行软件的设备。早在 20 世纪 80 年代和 90 年代，为防止非法软件复制，防盗设备是一种流行的选择；软件在运行前必须检查是否存在防盗设备。设备通常包含一个序列号或其他一些可查询的代码；如果匹配，设备将成功地验证软件，允许软件运行。与之相关的是非法的电视机顶盒"解码器"，即信号不平衡器，这些设备允许有线电视用户访问其没有订阅的有线频道。

2. USB 设备

在更先进的时代，许多 MFA 解决方案都涉及将身份验证设备插入基本计算设备的 USB 端口。几乎每台计算机和笔记本电脑都有多个 USB 端口，基于 USB 的身份验证设备已流行了至少 20 年。基于 USB 的身份验证设备可能只有插入才能启动设备、解锁加密硬盘或对参与的站点和服务执行身份验证。

今天，一些最流行的 USB MFA 选项来自 Yubico 公司(见[7])，称为 Yubikey 设备(参见图 3.12 中的 USB-C、USB-A-Nano 和 USB-A 示例)。USB-C 设备通常用于 Apple Mac 设备和智能手机。有些 USB 设备只需要插入即可执行身份验证，有些设备需要按下硬件设备上的按钮，而有些设备则需要额外的因素和操作。

3. 智能卡

智能卡(Smartcard)是集成了密码电路芯片的塑料信用卡大小的身份验证设备(图 3.13 是一个示例)。集成芯片包含操作系统、内存和存储空间。如果仔细观察智能卡的物理集成电路芯片，会发现智能卡分为八个不同区域，称为"引脚"。其中一些引脚负责给芯片供电，而另一些则是输入/输出数据区。

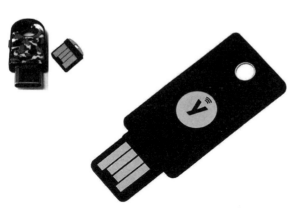

图 3.12　USB-C、USB-A-Nano 和 USB-A Yubikey 示例

图 3.13　智能卡示例

当集成电路芯片与智能卡读卡器(需要物理连接的智能卡也称为接触式智能卡)接触时，芯片和操作系统通电并开始工作。智能卡也有无线种类，称为非接触式卡(Contactless Card)；这种情况下，一个隐藏的嵌入式金属感应线圈沿着智能卡的外围运行(如果在非接触式卡上仔细查找，通常可以看到该线圈)，在适当的无线电信号范围内生效。

智能卡包含一个数字证书，其中包含 OID (Object Identifier，对象身份标识符)字段，该字段包含智能卡登录(1.3.6.1.4.1.311.20.2.2)信息。允许智能卡身份验证的应用程序查找数字证书中的特定 OID。如果数字证书中缺少此特定 OID，则智能卡可能无法工作。

智能卡通常包含每个数字证书的公钥和私钥。智能卡之所以"智能"，是因为集成电路芯片以加密方式保护私钥，以免遭到外部程序或入侵者访问。私钥存储在卡上，即便在使用时也会保留在那里。智能卡使得与数字证书关联的公钥和私钥很难受到访问。所有私钥操作都在智能卡芯片的安全范围内实施。大多数智能卡都要求在使用卡上的数字证书时输入用户 PIN 码作为第二个因子。

智能卡是防篡改的，如果有人试图入侵智能卡或以未经授权的方式对其实施物理访问，智能卡可能遭到永久禁用。当然，这并非说智能卡万无一失，尤其当攻击方拥有物理访问权限时；智能卡攻击方可能使用专门的电子工具、ACID 和其他专门技术来危害智能卡。

智能卡的缺点是初始化和运营成本高(例如，卡、读卡器和解决方案的初始购买成本，支持人员的薪水，以及日常运营成本)。柔性塑料使智能卡容易受损和丢失。所有这些问题导致一些组织转用虚拟智能卡。对于虚拟智能卡，智能卡证书存储在使用智能卡身份验证的主计算设备的专用加密芯片上。从某种意义上讲，基本的计算设备是智能卡。然而，有人认为，真正的智能卡总是独立于计算设备，这给了智能卡一个 "额外" 的身份验证保护因素。虚拟智能卡不是单独存在的，始终是基础计算设备的一部分。虚拟智能卡在过去几年比塑料智能卡更流行，因为总体支持成本大大降低。与其他类型的 MFA 解决方案相比，所有基于智能卡的 MFA 解决方案似乎正在失去人们的青睐，尤其是那些使用 USB 设备或手机的 MFA 解决方案。第 10 章将描述一个与智能卡相关的有趣攻击案例。

4. EMV

支持 EMV 的信用卡类似于智能卡，是一种常见的硬件身份验证标准。EMV 芯片看起来像智能卡芯片，具有特定应用场景。EMV 代表 Europay、Mastercard 和 Visa，这三家信用卡组织创建了该标准；该标准现在由一个更大的金融公司 EMVCo 管理。支持 EMV 的信用卡有接触式和非接触式两种，EMV 保护关键的信用卡信息(过去存储在不受保护的磁条上)，因此信用卡不易遭到复制。在 EMV 芯片问世之前，实体信用卡的复制和盗窃行为十分猖獗；恶意攻击方可购买一个廉价的信用卡读卡器，然后刷任何人的信用卡，从信用卡背面的磁条上获取有关信用卡的所有关键信息。

EMV(也称为芯片和 PIN 卡)将一些最关键的信息存储在 EMV 芯片的安全区域，在那里信息不易被读取或复制。EMV 信用卡还保存有助于完成每笔交易的信息。今天，一张信用卡的磁条本身并不包含足够的信息来完全复制信用卡，尽管有可能获得信用卡号码和其他一些有限的信用卡持卡人信息。EMV 和磁条都不包含信用卡的 CVV 号码(当用户远程或在 Internet 上使用信用卡时，通常要求你提供三位或四位数字的代码)。理论上讲，任何试图复制信用卡的人都无法获得足够的信息来实施未来的信用卡欺诈，除非卖家接受磁条上的有限信息。EMV 的这一目标已经实现；自 EMV 推出以来，物理读取或无线读取的信用卡盗窃和复制行为已显著减少。

争论的一个主要方面是，为在欧洲和大多数非美国家使用 EMV 卡，用户不仅必须将卡插入 EMV 芯片读卡器，还必须输入 PIN 码。这一要求可极大地减少信用卡交易欺诈，无论是在物理场景还是远程场景。美国是 EMV 领域的后来者，仅在过去 5 年左右才采用了该安全标准，大量商人决定不需要 PIN 码。因为美国的信用卡受理供应商和用户远多于其他大多数国家，因此，要求使用 PIN 码将导致那些没有设置 PIN 码或后来忘记 PIN 码的用户遇到一些问题。因此，美国厂商认为，为提升用户体验，降低安全性也是可以接受的。下一章将详细介绍这种决策。

3.6.3　无线

许多硬件令牌以无线形式出现。无线传输方法包括射频(Radio Frequency，RF)、红外光(Infrared light，IR)、可见光、声音、近场通信(Near-Field Communication，NFC)、射频识别(Radio Frequency Identification，RFID)、蓝牙、Wi-Fi、蜂窝和电视等。图 3.14 显示了一个使用蓝牙的 Google Titan 设备。对于这些类型的设备，用户只需要在定义的范围内(从几厘米范围内到整个地球)，就可让身份验证设备与用户的身份验证机制交互。无线身份验证设备几乎适用于所有领域，包括计算机和用户身份验证、信用卡、建筑物入口非接触式卡和员工徽章。

图 3.14   Google Titan 蓝牙身份验证设备

无线身份验证的安全性主要取决于无线传输介质，其次取决于所涉及的设备及实现方式。例如，NFC 几乎没有实体保护。NFC 的创始人认为 NFC 有限的几厘米有效距离将是其主要的物理防御保障，这在很大程度上已得到证实。蓝牙的有效距离可从几英尺到几十英尺，且蓝牙协议本身内置了加密模式。有些模式相当弱，但有些模式相当强。蓝牙设备使用哪种模式取决于身份验证设备供应商，用户通常不知道正在使用什么加密技术，甚至可能无法轻松了解。由最大的主流供应商(如 YubiKeys 和 Google)提供的大多数实现都经过相当严谨的考虑和保护，比内置的无线传输通道保护提供的安全性更高。

无线身份验证的最大优点是只需要将设备放在附近的区域。无线身份验证时不需要插入或连接，许多情况下也不需要手持。无线身份验证设备十分易用。

无线身份验证设备的弱点之一是信号窃听和劫持。一些无线技术(如 RFID)可能遭到一系列窃听攻击。一般来说，读取和拦截无线设备信号的距离只会随着时间的推移而增加。例如，RFID 技术最初认为只能在几厘米或几英寸内遭到拦截，但攻击方们建造了聚焦、高增益、定向天线，从而可从数十英尺外接收射频识别信号。关于这类攻击的更多信息，请参阅第 20 章。

跳频

所有无线通信的一个常见防御措施是跳频。所有无线通信都使用调制能量波。这些波以正弦波形式在特定频率上下调制，这就是所谓的电磁波频谱(Electromagnetic Wave Spectrum)。传输信号中每秒调制波的数量是赫兹(Hertz，Hz)。一赫兹是每秒一次完整的波调制。无线电和无线信号的工作频率为 30～300 千兆赫。

攻击方长期以来试图以与合法发送方相同的频率传输错误信号和噪声，从而阻塞信号，因为发送方和接收方通常无法区分合法信息信号和非法噪声。第二次世界大战之初，好莱坞著名女演员 Hedy Lamarr 及其编曲人 George Antheil 发明了跳频扩频(Frequency-hopping Spread Spectrum)无线技术防御系统以对抗干扰和窃听，并获得专利，不过该技术直到几十年后才得到广泛采用。

跳频可作为一种防御措施，因为合法信号通过不同频率发送(频率转换速度极快)，而这些频率由发送方和接收方事先约定或计算。任何想要干扰信号的人都需要知道什么时候跳转到什么频率，或者必须长时间干扰一系列频谱。即使这样，发送方和接收方也很容易弄清楚什么是合法信号，什么是噪声。

　　跳频可防止窃听和干扰，使当今大多数无线技术成为可能。并非所有无线技术都使用跳频；例如 NFC、蓝牙和 RFID 就没有使用，因为人们相信这些设备的传输距离有限，足以防御攻击。但大多数传输距离更远的无线技术，如手机和 Wi-Fi，都使用跳频。

注意　　如果你想了解 Hedy Lamarr 发明跳频扩频技术的更多信息，可参阅 Richard Rhodes 撰写的 *Hedy's Folly* 一书。

3.7　基于手机

　　一种日益流行的身份验证方法是将手机作为身份验证解决方案的一部分，或让手机接收身份验证信息。

3.7.1　语音身份验证

　　手机可在基本模式(如接听语音电话)下执行身份验证。参与身份验证事务的调用方或接收方可在执行关键操作前验证另一方的身份和/或账户信息。一个常见示例是银行或信用卡组织打电话来核实某个特定的可疑交易。语音电话身份验证可由人工或由系统自动执行。后一种方法的一个示例是一张信用卡，信用卡使用自动系统来调用用户预先定义的手机号码，并要求用户"说 1 或按 1 确认交易，说 2 或按 2 拒绝交易并报告为欺诈"。

　　用户的声音甚至可由语音识别系统识别，以验证其身份(你是谁)。金融组织通常会识别来电方的电话号码，并自动拨打正确的账户，然后要求用户通话以验证其身份。语音识别身份验证不是超精确的，对于最关键、风险最高的交易通常不可信。很多语音识别的准确性取决于熟悉程度和关系密切程度。家人、朋友和同事可能听到声音并立即相信是用户本人。银行可能要求使用者在转移资金前证明其他账户信息(身份验证步骤"你知道的东西")。

3.7.2　手机应用程序

　　如今的智能手机基本上就是计算机。许多 MFA 解决方案依赖于定制的或共享的身份验证应用程序。用户必须在使用前在手机上安装应用程序，且通常需要提供额外的身份和验证信息才能让应用程序第一次运行。此后，基于电话的身份验证应用程序通常使用较少的提示。有些应用程序每次启动时都要求提供强有力的身份验证证明(如图 3.15 所示的美国银行电话应用程序)，有些会执行初始成功的应用程序安装和验证，且永远不会要求用户再次直接对应用程序实施身份验证(如图 3.16 所示的 Google Authenticator 手机应用程序)。

图 3.15　美国银行(Bank of America)的电话应用程序要求录入初创公司每个申请者的生物指纹

图 3.16　Google Authenticator 应用程序显示 OTP，而不需要任何额外的身份验证

　　美国银行应用程序每次启动时都要求提供登录名、口令或生物指纹(如果已启用)。 Google Authenticator 是一种基于软件的 TOTP 解决方案，Google Authenticator 要求用 户从每个参与的组织账户、网站或服务中获得 QR 码(一种二维码)，示例见图 3.17。 一旦 Google Authenticator 应用程序在手机上启用，应用程序就可首次启动和重新启 动，以获得新的 TOTP 代码，而不必提示用户再次验证。

图 3.17　二维码示例

手机应用程序非常方便。几乎每个人都有手机，且随时随身携带。一般来说，手机应用程序是相当安全的 MFA 选项。手机应用程序与个人的手机绑定，必须安装并执行至少一次身份验证。如果用户的手机在预设的时间内未执行操作则自动锁定；用户只有先对手机执行身份验证，然后才能访问应用程序。即使攻击方成功窃取用户的手机号码，应用程序也不能自动转移到攻击方的手机使用的电话号码；如果攻击方试图安装和使用身份验证应用程序，则攻击方必须作为合法用户执行至少一次身份验证。

当然，任何应用程序都可能遭到攻击方攻击，其中包括手机应用程序。手机应用程序和其他东西一样可能存在软件漏洞。如果用户未使用锁屏来保护手机，或者用户的锁屏很容易绕过，身份验证应用程序就会成为攻击方的目标。但一般来说，手机身份验证应用程序相当安全，且越来越受欢迎。而像美国银行这样的手机应用程序，每次启动都需要强有力的身份验证，所以安全性更高。

3.7.3　SMS

SMS(Short Message Service，短消息服务)允许系统和用户互相发送消息。许多流行的 MFA 解决方案使用 SMS(每条消息限制为 140 个字符)向用户发送"带外"代码，以便在 MFA 登录时使用。图 3.18 显示了用于发送 MFA 代码的几个合法的 SMS 实例，包括来自美国银行、Microsoft、Google、Facebook、Marriott 和 MyIDCare(一种信用持续监测服务)的 SMS。

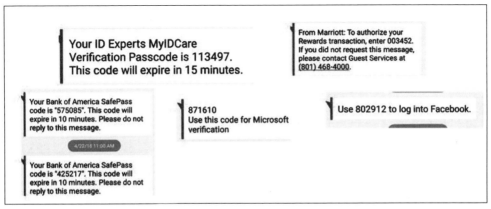

图 3.18　SMS MFA 代码示例

Internet 上最常用的 MFA 解决方案基于 SMS。然而，人们认为该 MFA 解决方案是弱身份验证，非常容易遭受攻击，因此 2017 年美国国家标准与技术研究所(National Institute of Standards and Technology，NIST)在 SP 800-63 第 3 版的 *Digital Identity Guidelines* 中指出，不应将 SMS 用作身份验证程序。尽管如此，SMS 仍是世界上最流行的 MFA 解决方案之一。第 8 章将介绍更多信息。

3.8   生物识别技术

许多人将生物识别技术(你是谁)视为 MFA 世界的圣杯。攻击方如何伪造一个基于人类 DNA 的全局唯一的身份验证属性？生物测量包括指纹、手指、手、视网膜、虹膜、声音和面部。在极端和不太受欢迎的情况下，还有身体、DNA、耳朵甚至气味都用作生物识别技术的特征。用户扫描或记录请求的生物识别特征属性，当登录时，用户重新提交相同的生物识别特征属性进行比较。如果最初记录的属性与新提交的属性匹配，则用户身份验证通过。理论上，只要生物识别特征属性是全局唯一的，生物识别技术就可以工作。到目前为止，还没有确凿的证据表明最流行的特征(手指、手形、虹膜，甚至是同卵双胞胎的脸)并不是全球唯一的。

生物识别技术非常容易使用。用户的手指、脸、眼睛始终是身体的一部分，甚至比手机更随身。不利的一面是，生物识别技术身份验证远不如身体基础属性准确。生物身份验证充斥着假阴性(False Negative)和假阳性(False Positive)。每个人的指标每天都在变化，对于用户所能做的每一项生物测量，无法完全依赖。例如，如果用户的组织使用指纹实施生物识别特征分析，在任何大型群体(几千到数万人)中，至少会有一个人由于某种原因，其生物识别特征测量与日常不匹配。

与大众的想法恰恰相反，Roger 并不喜欢生物识别技术。生物识别技术太容易遭到破解了。Roger 只支持有特定前提条件和有限依赖的生物识别。第 16 章将介绍生物识别技术攻击。

3.9   FIDO

FIDO(Fast Identity Online，快速身份在线)联盟是一组流行的 MFA 开放标准，依赖于公钥-私钥加密技术。FIDO 联盟成立于 2012 年底至 2013 年初，得到全球许多大型数字组织的支持，其使命是创建开放的"无口令"身份验证标准，可供广泛的网站、服务、软件和设备使用。FIDO 联盟似乎比其他开放标准机构之前的任何尝试都更好地实现了这一目标。一些全球最流行的操作系统、网站和服务都支持 FIDO。FIDO 支持广泛的 1FA 和 MFA 设备(计算机、USB 令牌、移动电话、有线和无线等)以及生物识别技术。

目前的 FIDO(FIDO2)有两个主要的身份验证部分和四个 v1.2 版本规范。任何参与 FIDO2 的软件(操作系统、浏览器、网站和服务等)必须使用 W3C(World Wide Web Consortium，万维网联盟)的 WebAuthn(Web Authentication Standard，Web 身份验证标准)和 API。大多数主流浏览器都支持 WebAuthn。CTAP(Client to Authenticator Protocol，客户端到身份验证器协议)规范涵盖无线设备(包括移动设备)如何与 FIDO2 交互。UAF(Universal Authentication Framework，通用身份验证框架)规范是一种无口令的方法，可以是 1FA 或 MFA，但未必涉及单独的物理设备。顾名思义，U2F(Universal Second Factor，通用第二因子)规范涵盖了 MFA，且需要某种类型的第二因子和设备。

使用 U2F，用户向参与的站点或服务注册其设备，并选择实现一个身份验证因子，如 PIN 或生物识别 ID。当连接到站点或服务，或执行需要强身份验证的事务时，该设备执行本地身份验证(验证 PIN 或生物识别身份)，并将成功或失败消息传递给远程站点或服务。对于 U2F，在提供口令或 PIN 后，附加的安全设备(如手机或 USB 加密狗)将用作第二个因子。

使用的底层公钥-私钥加密技术会令人联想到其他类型的 TLS 协议。服务器和客户端都有一个私钥-公钥对，服务器和客户端只能彼此共享公钥，通过受保护的传输方法执行身份验证。依赖方的公钥用于在服务器和客户端之间来回发送随机创建的"挑战(Challenge)"信息。客户端的私钥永远不会离开客户端设备，且只能在用户与设备执行物理交互时使用。

传统的 TLS 只用于保证服务器向客户端证明自己的身份。FIDO2 身份验证更进一步，将"注册"设备链接到用户，并将这些设备链接到最终的网站或服务。一个身份验证设备可链接到多个(或所有)网站和服务。预注册可防止许多类型的身份验证攻击。有关 FIDO2 标准和规范的更多信息，请参阅[8]。

3.10　联合身份和 API

许多身份验证开放标准不仅为每个参与的主体、客户端和服务器定义协议，且允许共享一个经过身份验证的登录和由此生成的访问控制令牌，这样其他参与站点和服务将不需要额外的登录。该方案属于单点登录，但并非专注于单一的组织环境，而是旨在连接完全不同的站点和服务。

许多人都熟悉的一个流行的联合选项是 Facebook 登录。正如大众所知，如果用户登录到一个新的网站或服务，该网站可能让用户创建一个全新登录，或使用 Facebook、Twitter 或用户可能已经拥有的其他账户类型。该网站或服务已编码为参与联合身份服务(Federated Identity Service)。多年来，已经有许多联合身份服务，包括 Microsoft Passport；对于组织客户，还有 Microsoft Active Directory 联合服务(Active Directory Federated Service，ADFS)。

3.10.1　OAuth

在消费领域，最新和最流行的联合身份验证服务是 OAuth(Open Authorization，开放授权)。这里将详细介绍 OAuth，因为 OAuth 是最受欢迎的开放标准，理解 OAuth 的工作原理将有助于解释其他标准的工作方式，以及解释 OAuth 是如何遭到攻击方攻击的。

OAuth 是一个开放的标准授权协议或框架，描述了如何在不实际共享初始的单次登录凭证的情况下，不相关的服务器和服务如何安全地允许已在其他位置经过身份验证的主体访问其资产。这称为安全的第三方用户代理授权。

OAuth 从一开始就受到 Twitter、Google 和其他组织的大力支持，OAuth 在 2010 以 RFC 5849 的形式发布，并很快得到广泛采用。在接下来的两年，OAuth 经历了大量的修订，2012 年发布 OAuth 2.0 版本，名为 RFC5849。今天，用户可添加 Amazon、Facebook、Instagram、LinkedIn、Microsoft、Netflix、PayPal 以及其他网站的名单(见[9])作为使用方。

早期的支持者(见[10])将 OAuth 描述为类似于汽车的"副钥匙"。一些豪华车带有特殊的、有限功能的副钥匙，允许持有者临时驾驶和停车，但不允许像普通钥匙那样拥有完全的、无限的使用权。一般情况下，副钥匙只能允许汽车行驶几英里，且不能用于开启后备箱或上锁的杂物箱。OAuth 本质上允许用户通过身份验证提供方(用户已向其验证身份)，给予另一个网站或服务一个具有有限访问权的身份验证令牌，以便获得访问其他资源的授权。

此外，OAuth 2.0 是一个框架，而非协议(如 1.0 版)。这就好比所有汽车制造商都商定了代客如何自动要求、接收和使用钥匙，以及这些副钥匙的一般外观。与全功能钥匙相比，专用钥匙能做些什么将取决于每个汽车制造商。就像在现实生活中一样，代客和车主不需要关心这一切是如何运作的。代客和车主只想让这一切尽可能无缝地工作。下面解释 OAuth 如何在幕后一步步地工作。假设一个用户已登录到一个网站或服务(OAuth 只能使用 HTTP/S)。然后用户启动一个功能或事务，该功能或事务必须访问另一个无关的站点或服务。将发生以下情况(为便于叙述，做了极大的简化)：

(1) 用户在第一个站点验证身份。第一个站点代表用户，使用 OAuth 连接到第二个站点，提供用户的身份标识。

(2) 第二个站点生成一个一次性令牌和一个一次性机密，这个机密在当前事务以及参与方中是唯一的。

(3) 第一个站点将令牌和机密提供给用户的客户端软件。

(4) 客户端软件向授权提供方(可能是第二个站点，也可能不是)提供请求令牌和机密。

(5) 如果客户端尚未执行身份验证，则授权提供程序可能要求客户端执行身份验证。一旦经过身份验证(或者已经验证)，将要求客户端批准第二个站点的授权事务。

(6) 用户在第一个站点批准(或用户的软件自动批准)特定的事务类型。

(7) 将一个批准的访问令牌给予用户(注意是访问令牌,而非请求令牌)。

(8) 用户将批准的访问令牌提供给第一个站点。

(9) 第一个站点向第二个站点提供访问令牌,作为代表用户执行身份验证的证据。

(10) 第二个站点允许第一个站点代表用户访问其站点。

(11) 用户看到一个事务正在成功完成。

有很多联合身份验证方案(如 Microsoft 的 Passport)试图占领网络世界。所有在 OAuth 之前几年发布的身份验证方案都失败了;OAuth 似乎是最终成功的那一个。有关 OAuth 的更多信息,请访问[11]。

> **注意**　Josh Frulinger 和 Roger 为 CSOOnline 写了一篇文章,本章关于 OAuth 的大部分信息都来自 2019 年 9 月的一篇文章(见[12])。

OAuth 最大的优势是为用户提供了跨多个明显不同的站点和服务的 SSO 般的体验。最大的风险是,与 SSO 的情况一样,单一漏洞可能导致其他参与站点和服务更容易受到损害,甚至立即受到损害。

3.10.2　API

API (Application Programming Interface,应用程序编程接口)由底层技术的研发团队创建,以允许其他研发团队和用户以编程方式与产品交互。API 允许其他人快速与产品交互,并轻松扩展其功能。API 是计算机世界的主要组成部分,特别是在组织希望其产品得到广泛采用的情况下。

API 可能被坏人滥用。API 允许恶意攻击方更快、更具破坏性地在广大人群中实施涉及底层技术的坏事。API 已可用来在几秒钟内转走几十万美元,并危及数百万个流行网站和服务的账户。基于 API 的攻击将在第 19 章中详细介绍。

3.11　上下文/自适应

正如第 2 章所述,身份验证服务正越来越多地考虑许多其他类型的身份验证因素,如上下文(Contextual)或自适应(Adaptive)。这些因素包括用户用于身份验证的设备、当前身份验证相对于过去的身份验证事件的位置、用户键入口令所用的时间、用户正在主动执行的操作、操作序列。还有许多其他因素。一些身份验证服务可使用超过 100 种不同类型的上下文评估因素来确定某人是否通过了身份验证。

这里再次提到这一点的原因是,这些类型的因素本身不仅用于确定身份验证,而且越来越可能成为未来身份验证解决方案的重要组成部分。这些因素已经用于许多身份验证场景。

一个很好的示例是用户的银行或信用卡供应商如何决定是批准还是拒绝其正在执行的任何特定交易。这两种服务都会查看用户当前的事务，以确定是否符合用户常用的模式。

例如，如果用户平日总是坐出租车，为什么今日突然使用 Uber 呢？如果用户从来没有在 Florida 旅行和居住，而其信用卡购买了从 Texas 到 Malaysia 的机票，这是否奇怪？如果用户平时都在 iPad 上看电视，突然买了一台 80 英寸的电视，会不会觉得奇怪？用户能不能上午 10 点在 Massachusetts 的 Boston 购买物品，然后上午 11 点在 Washington 的 Spokane 购物？

银行和信用卡组织一直在对比用户当前的交易和用户过去的行为。总之，利用几十年总结的经验，银行和信用卡组织在这方面相当在行。大多数时候，不会阻止用户购买其想买的东西，且银行或信用卡组织会主动发现并阻止欺诈行为。上下文和行为身份验证属性正成为越来越流行的身份验证决策方式，但用户通常并未意识到这一点。唯一的缺点是这些比较并不完美。有时银行或信用卡组织会阻止合法交易，有时允许欺诈。但整个体系都致力于提高准确性。第 24 章将详细讨论这一点。

3.12　不太流行的方法

本节中讨论的身份验证方法目前还不太流行，但适用于特定场景。

3.12.1　无线电

在双方互不认识的任何通信场景中，良好的身份验证都是关键。最早的通信形式之一是无线电(1885 年由意大利人 Guglielmo Marconi 发明)。人们用无线电来交流机密信息，而恶意人士用无线电来窃听和屏蔽。模拟无线电信号在大多数地方都被数字信号取代，但在许多特殊情况下，无线电通信仍然存在。例如，无线电通信用于军事行动、地面、海上和空中，以便参与方之间通信。

在军事行动中，大多数参与方使用无线电或无线电波相互通信。参与方通过交流来协调行动、更新主要战果、讨论新计划以及发动空袭等。今天，参与方使用的无线电设备内置了身份验证和加密功能，因此使用该设备通信的一切都自动得到保护。但在第二次世界大战中，无线电设备没有保护手段；有时敌人会故意寻找主要的无线电通信专家，杀死或绑架这些专家，然后用无线电收听当前信号，或发出欺诈性的、有害的战场动态信息。有很多故事说，敌对方假装有浓烈的美国 Texas 口音，模仿其俘虏的通信兵的口音，并在错误地点发动佯攻。

在密码无线电时代到来前，为防止欺骗，每个士兵都有识别自己身份的呼叫名称，以及确认参与战场行动的代码(即基于知识的身份验证)。这些语言线索和密码帮助军队保持通信线路不受敌对方的虚假指令的影响。

3.12.2　基于纸张

在计算机和数字密码普及之前，大多数密码术都是手工完成的。加密和解密代码记录下来，在参与方之间复制。这种方法持续了一千多年。历史上有很多失败的谋杀和宫斗，因为记录下来的秘密代码和相关信息遭到发现和破译。从第二次世界大战开始，基于纸张的代码和密码术逐渐减少，机器及更后来的计算机成为密码术的首选方式。

不过，基于纸张的加密技术并未完全消失，甚至某些数字身份验证和加密解决方案也依赖于打印的纸质代码。很多时候，打印的代码只是在线数字选项的备用选项，以防数字选项丢失或损坏。例如，许多口令管理器打印用户可能需要的代码，以便在口令管理器程序丢失或损坏时将其恢复。如果丢失了那些打印的代码，用户就可能一次性丢失所有存储的口令。这真的令人痛苦，因为用户必须安全地存储包含打印代码的那张纸。理论上说，用户应该将其放在防火保险箱、银行存款箱等处，并应存放在两个明显独立的物理位置，不会因为单一的灾难事件(火灾、洪水、飓风、龙卷风和地震等)而受损。许多人在家里的文件柜或书桌抽屉里存放一份。对于使用纸质文件的 MFA 解决方案，人们的想法是，攻击方攻击纸质文件要困难得多。不幸的是，这也使得解决方案更难使用。

3.13　小结

如前所述，有大量不同的身份验证选项，从一个人的生理特征和声音(以及其他生物识别特征因素)到涉及外部设备或手机的高级 MFA 解决方案。本章涵盖以下类别：个人识别、基于知识的身份验证、口令管理器、代理、密码术、硬件令牌、基于手机的身份验证、生物识别技术、联合身份解决方案、上下文/自适应解决方案，以及基于无线电和纸张的解决方案。如果遗漏了你最喜欢的身份验证解决方案类型，非常抱歉。Roger 涵盖了自己记得的每种类型，但 Roger 只是个普通人。为身份验证场景选择正确的方案是保持适当安全性和易用性的关键，这将在下一章中讨论。

第 4 章　易用性与安全性

在实施安全解决方案时，始终需要权衡易用性和安全性，最终决定使用哪个 MFA 解决方案。管理员和 IT 部门正转向 MFA 来提高安全性。当安全性影响易用性时，许多用户确实会放弃最好的安全性。本章探讨易用性与安全性的许多要点。包含了许多"残酷的事实"，让一些读者感到惊讶。对于一本专门介绍 MFA 的书来说，这似乎有点不合时宜。

本章将首先简要讨论易用性，关于易用性的更多细节请参阅第 23 章。本章的大部分内容都集中在易用性与安全性的权衡方面。

4.1　易用性意味着什么?

MFA 必须具有足够的用户友好性，这样人们才不会介意使用 MFA，从而使得管理层觉得 MFA 是可行的。MFA 必须与组织的关键应用程序一起工作，并融入组织的文化氛围。并非所有 MFA 解决方案都符合这两个标准。没有 MFA 解决方案能适用于所有场景。组织总是必须选择最终将使用 MFA 保护哪些关键应用程序。

不同的组织文化似乎更倾向于特定类型的 MFA。例如，员工已经使用大厦出入卡的组织更可能使用智能卡。"Google 商店"的组织更可能使用 Google 安全密钥和/或 Google 身份验证基于时间的一次性口令(Time-based-One-Time-Password，TOTP)应用程序。具有高端安全需求的组织可能更适合使用生物识别技术，因为员工(错误地)将生物特征与强大的安全性联系起来。拥有大量远程员工的组织可能更愿意使用硬件密钥，如 FIDO(Fast Identity Online，快速身份在线)设备或手机应用程序。

任何 MFA 解决方案都必定具有少量的假阴性(False Negative)和假阳性(False Positive)；假阴性指合法登录遭到错误拒绝，假阳性指非法登录遭到错误接受。MFA 解决方案必须相对容易地安装和集成到组织希望 MFA 支持的应用程序中。当然，无论是在采购还是日常运营中，组织需要采购负担得起的 MFA 解决方案。针对支持人员和最终用户开展培训，并考虑故障排除成本。如果某个用户的 MFA 解决方案出现故障，更换或重新安装 MFA 解决方案的成本是多少？技术支持费用是多少？各种 MFA 支持呼叫的人工和其他相关成本(替换令牌、帮助台软件、培训、组织空间和管理费用等)超过 200 美元的情况并不罕见。组织必须提前创建支持策略、培训文档和恢复步骤。

培训和最终用户理解并正确使用 MFA 解决方案的能力不应夸大，尤其是当最终用户环境变得更大、更全球化和更多样化时。看到或听到关于 MFA 培训挑战的一个很有代表性的演讲是针对 2FA 的"为什么 Johhny 不能使用 2FA 以及我们如何改变它"(见[1])。可访问[2]下载幻灯片。如果对安全性和易用性感兴趣，那么该演示文稿和幻灯片(包括注释)是非常有价值的。

这次演讲与一项大学研究有关，旨在了解普通终端用户如何理解和使用基本 MFA 解决方案。在该项研究中，研究人员给了参与者一个流行的、简单的 MFA 设备。用户必须将设备插入计算机的 USB 端口，然后按一个按钮激活设备。每个用户都得到如何注册和使用其设备的说明。把设备插入 USB 端口，然后按一个按钮，这有多难？

该操作的失败率超过了 70%——如此简单事情的失败率是 70%！许多参与方把设备的插头颠倒(用 USB 设备也不是想象不到的)，这样会损坏设备或端口。另一组用户认为这个按钮是一个生物指纹识别器，用手指在上面滑动，而不是简单地按下按钮。很多时候，设备根本不工作，但用户认为自己已经成功地执行了所有操作，且使用了 MFA 设备。许多人成功安装了 MFA，但心里不确定是否正在使用 MFA。

研究结束后，研究人员告诉所有参与者，可继续保留并使用 MFA 设备。研究人员等了一个月，联系了所有参与者，看参与者是否决定保留 MFA 设备。没有一个参与者还在使用 MFA！更糟的是，许多参与者将设备(与身份相关)交给其他人，或将设备放在失物招领箱中供他人使用。参与者似乎没有意识到，任何用户将设备插入计算机并按一个按钮，就能成功地执行身份验证。

在另一个类似的研究中(见[3])，研究人员想知道有多少人可注册并使用流行的 2FA 令牌。在计算机安全领域，大多数人都不认为这很难使用。研究人员看到与第一项研究类似的结果：很大比例的用户无法恰当地使用 MFA 设备，还有许多用户能使用但不想。如果你没有时间听较长的网络广播，可访问演示提纲[4]。

如果对此感兴趣，可访问一些其他的 MFA 易用性研究(见[5]～[8])。

这些研究传达了两个信息。首先，无论你认为其选择的 MFA 解决方案有多简单，总有一定比例的用户会为之挣扎，至少一开始是这样。其次，同样重要的是，用户真的不喜欢使用 MFA 解决方案，即使是免费的。这就引出了下一节的主题。

4.2   人们不是真的想要最高等级的安全性

每个计算机安全专家都明白，要实现良好的安全控制措施，而又不惹恼用户或使其降低工作效率，是一项挑战。如果把控制权设置得太安全，安全专家就要冒着惹恼用户的风险。计算机安全专家总是试图提高计算机安全性和降低网络安全风险，有时安全专家(尤其是刚接触该领域的人)可能会陷入这样的想法：加强安全是唯一重要的目标。事实远非如此。

任何有经验的计算机安全专家都知道，如果把安全事项交给大多数终端用户，即使安全控制只需要让用户做一件额外的事情，让用户稍微慢一点，用户就不想要计算机安全了。许多员工希望尽可能减少"阻力"，只要能完成自己想做的事情，宁愿承受极低的安全保障，即使彻底失去安全保障也在所不惜。好吧，每个员工都希望得到安全保障，但觉得自己并不需要太多"繁杂、繁重"的计算机安全控制。员工觉得知道自己在做什么，而计算机安全只会让一切慢下来。

管理层告知必须执行安全控制后，员工只能不情愿地忍受。员工或许想要较为安全、有效地完成工作所需的基本控制，甚至连这也不想要。因为上层要求这么做，员工只能照办。员工认为计算机安全是一种必要的罪恶，甚至是一种阻碍；在出现大问题后，则指责计算机安全做得不够。对于大多数计算机安全专业人士来说，这是一把双刃剑，承担着所有责任和义务，但没有任何权力来正确地完成工作。

这并不是说计算机安全专家不能设计出非常安全的解决方案来防止大多数网络安全事件。大多数人都能设计出抵御大多数攻击方和恶意软件的计算机安全控制系统。计算机安全控制系统的设计是否会给最终用户增加负担，并且能否始终得到管理层的支持，是一个棘手的问题。

每个计算机安全人员都可重复那句老生常谈的安全箴言："唯一安全的计算机是放在加锁的壁橱里，没有连接到网络，壁橱由混凝土包裹。"事实是，大多数人真的不希望有最好的安全保障来保证其尽可能地安全。这几乎适用于所有安全场景，而不仅仅是计算机安全场景。

例如，车祸是 2~34 岁人群的头号杀手。在美国，每年有 36000 多人死于车祸，每天大约有 99 人死亡；每年有超过 200 万人受伤。车祸是所有年龄段人群的主要死因之一。一个人在某一年死于车祸的概率高于 8000 分之一。只有两种风险比车祸更高，都是医学上的疾病：癌症和心脏病。一个人一生中死于车祸的概率是百分之一甚至更高！本书认为大多数人看到这些统计数字会震惊。每年因车祸导致数万人死亡，由保险索赔、车辆损坏和生产力损失而导致的损失达到数百亿美元。

人们可通过禁用汽车来避免所有车祸。那并不实际，但人们可以做到。如果人们必须拥有汽车，可通过不允许任何汽车以超过 5 英里/小时的速度行驶，并要求所有驾驶员和乘客使用五点式安全带和安全帽，从而大大减少伤亡。可将收音机、手机和其他任何可能分散司机注意力的东西列为禁品。听起来很可笑。这太严厉了。但这些措施会起作用的，可大大减少车祸导致的伤亡。人们知道应该怎么做。

但在现实社会中，允许汽车以超过 120 英里/小时的速度行驶(美国没有限速规定)，甚至将决定是否应该一直系安全带的问题留给司机(尽管大多数地方的法律要求必须系)。汽车司机可戴上想要的任何类型的头盔,其中许多头盔可防止大多数头部受伤情况。但司机们肯定不戴头盔,因为那样会弄乱头发,让自己看起来很傻。见鬼,美国只有 20 个州要求所有骑摩托车的人戴头盔,无头盔摩托车司机或乘客在车祸中死亡的概率会增加两倍。有各种各样的安全情况,作为一个社会,允许更多伤亡发生,因为人们重视其他东西,如易用性和自由,而不是更大的安全性。这不一定是件坏事。谁愿意生活在这样一个社会里,为防止一切可能发生的事故而受到完全束缚?人们照样会使用梯子、浴缸或淋浴(尽管这可能导致大量的严重事故),也会使用汽油动力割草机(尽管这可能导致伤残)。

相反,人们故意允许一定比例的伤害和死亡发生,同时尽量适度减轻最严重和最大的威胁。计算机和身份验证遵循相同的规则。人们让计算机变得更加不安全,因为人们也非常重视个人自由和以用户想要的任何方式运行与操作个人计算机或设备的能力。如果人们真的像声称的那样关心计算机安全,那么每台计算机将只能运行一组非常有限的程序,且只能访问由计算机预先批准的非常有限的网站和服务列表。

有些身份验证非常麻烦,但非常安全。即使不将计算机锁在柜子里,不将柜子放在混凝土里,人们也可使计算机比现在安全得多。但人们不想那么做。大多数人希望计算机"较为"安全,在生活中干扰最少。只要能在计算机上做任何想做的事情,只要恶意攻击方的攻击和恶意行为的程度保持在可接受水平,基本上就是背景噪声,人们将很乐意生活在安全性良好的环境中。只要计算机和网站大部分时间不遭到攻击方入侵,人们也会容忍计算机和网站在某些时候遭到攻击方入侵。

许多新的 MFA 供应商和创造者并不理解这一点。MFA 供应商错误地认为,几十年前的 MFA 供应商显然不知道如何设计真正安全的身份验证解决方案。这是荒谬的。许多 MFA 供应商了解如何设计非常安全的解决方案。设计一个大多数人都会使用的安全解决方案是一件棘手的事情。任何人都可做两件事中的一件(即开发一个真正安全的解决方案,或者开发一个用户愿意使用的解决方案)。需要创建一个同时满足这两方面要求的身份验证解决方案,这是几十年来的核心挑战。

许多新的 MFA 供应商都在研发非常安全的解决方案,但没人想用该方案。当 Roger 告诉这些 MFA 供应商,其设计了一个没人会用的过于安全的解决方案时,MFA 供应商总是攻击 Roger 的这种说法。Roger 从来没有错。七因素解决方案将不会被任何人使用。MFA 供应商想通过一个新的 MFA 解决方案赚大钱并致富?试着设计一个两因素或三因素的解决方案,供数亿人使用。但没有人会购买供应商的五因素、六因素、七因素的"极安全"MFA 解决方案。获得良好的安全性并不难,难的是获得公众每天想要的良好安全性。

4.3 安全性通常是折中的方案

计算机安全很少是非黑即白的。计算机安全是一个持续统一体,从无安全到绝对安全，以及介于两者之间的一切。虽然在一个理想世界中，会试图阻止所有恶意的攻击方和犯罪分子，但人们真正想做的是在大多数情况下，通过合理的努力和资源来阻止大多数攻击方。

有很多东西要么是对的，要么是错的，没有第三种结果。飞机起飞时引擎有没有工作？某人的心脏在跳动吗？防弹背心挡住子弹了吗？汽车的刹车失灵了吗？建筑物的钢梁是否足以支撑建筑物的重量？降落伞的拉绳能用吗？现实世界中很多生死攸关的决定都必须是非此即彼的。计算机安全很少是其中之一。是的。核机密和军事武器需要最好的计算机安全保护，不希望任何人以未经授权的方式操纵或使用核机密和军事武器。因此，核武器和军事武器库周围的物理和计算机安全相当强大，不能容忍任何一次攻击方攻击。

对于其他几乎所有的事情，良好的安全性就足够了。人们希望大部分的个人和商业交易都能得到相当好的安全保障，但不是完美的安全保护。人们希望计算机或网站在大多数时间都能正常工作，而不是过于安全的措施。

4.4　过度安全

在 Roger 积极传授 MFA 技术和如何破解 MFA 的这些年里，有几十个 MFA 供应商和研发团队在 Roger 演示后找到 Roger，夸耀其特定 MFA 解决方案是不可破解的，比市场上现有的方案更好。大多数情况下，只要稍加审查，Roger 就可轻松地破解这些 MFA 供应商创建或提出的解决方案。大多数时候，Roger 可在建模后 15 分钟内用 7～10 种方式完成修改。Roger 经常惊讶于有多少研发团队认为其创造了一些新的"不可破解"的东西，几十年来，这些东西已经由 Roger 公开和揭穿了。事实上，事物变化越多，MFA 解决方案就越保持不变。Roger 开始告诉任何想要找其"审查"方案的供应商和研发团队，需要收取 4 万美元。Roger 并不是想要 4 万美元，Roger 只是不想再做一次"重复性"安全审查，研发团队只需要看看 Roger 刚教过的东西，就可弄清楚自己的问题。但如果研发团队非要坚持让 Roger 认真检查其产品，至少应该让这件事值得 Roger 花时间。声明一下，Roger 可很容易地将这些 MFA 解决方案全部破解。

4.4.1　七因素身份验证

Roger 确实遇到过一个非常执着的著名 MFA 创造者。该 MFA 创造者参加了 Roger 的一个"攻击方 MFA"演示，通过电子邮件与 Roger 取得联系，要求查看和审查其新创建的 MFA 解决方案。当时 Roger 还在做免费检查，前提是检查不需要花费太长时间。Roger 很快就用 10 种不同方法破解了方案，Roger 给这名 MFA 创造者发了一封邮件，总结了这些攻击。几天后 MFA 创造者回信说，Roger 应该去看看其创造的 MFA 解决方案的新版本，更新后的版本看似不那么容易破解，但 Roger 可用 11 种方法破解(减去 MFA 创造者已修复的一个旧问题，加上 MFA 创造者修复时产生的两种新问题)。该 MFA 创造者多次给 Roger 回信，每次该 MFA 创造者都会更新软件从而堵住一两个漏洞，不过有时 Roger 也会发现滋生了新问题。

该 MFA 创造者最后询问 Roger，能否亲自检查其最新版本。Roger 犹豫了一下，结果发现该 MFA 创造者和 Roger 住在同一城市，所以 Roger 同意了。当 MFA 创造者第二周亲自现身并向 Roger 展示其稍加更新的 MFA 产品时，Roger 有点疯狂。Roger 期望这将是一个重大更新，并堵住了此前几次发现的漏洞。但 Roger 仍可用 10 种不同方法来破解该 MFA 解决方案。从此，Roger 由于为帮助该 MFA 创造者付出的所有努力而感到厌倦，MFA 创造者甚至没有修复 Roger 之前发现的漏洞。Roger 因为其浪费时间而生气。

令 Roger 吃惊的是，此后一段时间，那名 MFA 创造者好像什么都没发生过一样，一直缠着 Roger。Roger 的态度变得不友好，但该 MFA 创造者一直保持微笑寻求帮助。该 MFA 创造者开始修复 Roger 发现的旧问题。Roger 暗暗佩服其坚持和热情。Roger 的内心受到触动，重新喜欢上该 MFA 创造者，决定尽可能帮助其完善 MFA 解决方案。Roger 花了几小时告诉该 MFA 创造者，为使其 MFA 解决方案尽可能"不可破解"需要实施的所有防御措施(Roger 在本书中分享了所有这些)。值得称道的是，该 MFA 创造者听从了 Roger 的建议，并创造出 Roger 所见过的最不可能遭到攻击方入侵的 MFA 解决方案。

那就是七因素身份验证。该解决方案要求用户对 MFA 设备实施身份验证，MFA 设备对计算机实施身份验证，用户使用多个因素对应用程序实施身份验证。用户只能从 MFA 设备启动对网站或服务的访问，无法随意打开正常的浏览器上网。只有实现 API 的参与网站和服务才能使用 MFA 选项。用户不仅需要满足 7 个因素，而且必须解一道数学题；只有将安装过程中生成的答案表打印出来并保留才可能答对题，用户将面对一个三元二次方程，然后结合答案表解题。

Roger 很惊讶。该 MFA 创造者研发了一个 Roger 认为相当难破解的方案(Roger 没有立即想出一个简单方法来破解，但后来经过长时间思考想出了一些办法)，但 Roger 不敢相信该 MFA 创造者的方案对任何人都有效。Roger 回答说："恭喜你，你提出一个没人会用的非常安全的解决方案！"该 MFA 创造者不同意 Roger 的意见，很生气。他已经迷失在自己的 MFA 发明家的梦想中，梦想建立一个"完美的"MFA 安全解决方案，世界将为该 MFA 创造者开辟一条通向成功大门的道路，让其变得富有。Roger 告诉该 MFA 创造者："想在 Amazon 上购物或登录工作网络的人，不会为了登录而输入 7 个因子并求解三元二次方程！"该 MFA 创造者断然否认。

该 MFA 创造者相信，关心计算机安全的普通用户会使用其解决方案，因为该 MFA 解决方案非常安全，于是首先向 NSA(National Security Agency，美国国家安全局)这样的安全组织推广。虽然该 MFA 创造者当时并不知道，但 Roger 在为 Foundstone 讲授终极攻防课程时，已向数百名 NSA 人员传授了应对攻击的知识。Roger 在 NSA 米德堡大楼里，认识不少 NSA 高级官员。Roger 回答说："NSA 不会买你的解决方案。他们不

使用七因素方案，也不需要。一个好的 MFA 解决方案不需要三个或四个以上的因素
来实现真正的安全性。"这就像加密；好的加密不需要太长的密钥，比如 100 万位。
当人们需要或宣传过大的密钥时，实际上是在说其加密技术没那么好。该 MFA 创造
者不同意，说很失望 Roger 没有看到前景。此后两人分道扬镳。

　　一年过去了，Roger 给该 MFA 创造者发了一封邮件，问其事情进展如何。结果
NSA 和 Amazon 并不想要其产品。该 MFA 创造者说有两家组织都在一个有限的 Beta
测试项目中免费使用了该方案。Roger 追问这两家公司的名称和联系方式，该 MFA
创造者拒绝透露，这样 Roger 无法采访以了解这两家公司对使用七因素解决方案的感
受。20 多年来，Roger 经常采访小型和新型的计算机安全组织。该 MFA 创造者的两
个 "示范项目" 很可能意味着该 MFA 创造者所在的公司以非常有限的方式使用该方
案，且该 MFA 创造者的一个朋友也在做同样的事情，作为个人帮助。

　　最终，该 MFA 创造者永远无法将产品卖给任何人。Roger 不想成为一个消极的
人，去粉碎他人的梦想。Roger 也并非总是对的。Roger 从事计算机安全已经 32 年，有
20 年的计算机安全专栏作家的经验，审查了数百种安全产品。Roger 每天看到 15～20
个产品宣传，声称这些产品将占领世界。Roger 已经看到了什么能控制计算机安全世界。
Roger 对做什么和不做什么有很好的感觉。目前并不缺乏非常好的、真正安全的计算机
产品，而是缺乏非常好的、真正安全的、人们足够关心并愿意购买和使用的计算机技
术与解决方案。前者一毛钱一打，后者是金矿。FIDO 和 Google 的安全密钥设备的受
欢迎程度直线上升，安全密钥设备甚至没有使用三个因素。人们很容易迷失在这样一
种信念中：世界正在寻找一种更好的安全解决方案，而不必考虑用户友好性。

4.4.2　移动 ATM 键盘号码

　　许多给 Roger 写信的 MFA 研发人员惊讶地发现，用户不想承受计算机安全带来
的丝毫不便。如果 MFA 提供商的 MFA 解决方案要求用户改变其正常行为和动作，这
将是一场漫长的、艰难的战斗。如果该 MFA 解决方案足够好和容易使用，则可能会
赢。但安全专家们会惊讶于用户行为的微小变化会扼杀一个优秀的 MFA 创意。

　　例如，这些年来，至少有十几位身份验证研发人员写信给 Roger，告诉 Roger 其
新的 "完美" 方案，以保护 ATM 用户不受肩窥和隐藏的摄像头 "窥探器" 的影响，
这些摄像头记录了用户在使用 ATM 时键入的号码。

注意　如果你有兴趣了解关于 ATM 窃取的更多知识，最好访问 Brian Krebs 的博客：
　　　krebsonsecurity.com。Brian 是 ATM 窃取方面的世界权威，Brian 了解最新的窃取设备
　　　和窃取团伙的被捕情况。Brian 的博客涵盖了其他许多主题，是许多计算机安全领域人
　　　员的必读书目。

　　创造者的 "完美" 方案通常是为 ATM 机创建一个虚拟键盘层，而不是使用传统
的、固定的、永久打印的键盘。并非让数字以可预测的顺序出现在键盘上——1、2、

3、4……。虚拟键盘将为每个用户会话以不同顺序重新随机排列数字。这样做的目的是，任何秘密的摄像机或监视人员都不容易看到操作 ATM 的用户按了哪些 PIN 号码。很多设计师都有同样的设计"灵感"。

大多数 ATM 的"钥匙孔"摄像头和偷放的恶意键盘组件都可正确地记录下数字，无论数字是如何排列的，大多数用户根本无法忍受在执行正常的 ATM 操作时，必须考虑 ATM PIN 码所在的位置。用户希望尽快输入自己的 PIN 码并完成任务。用户实施身份验证时必须手动处理的任何事情都称为用户摩擦(User Friction)。在计算机安全领域，用户摩擦增加通常是一件坏事。

如果一家银行或自动取款机试图强迫用户使用一个随机改变号码位置的键盘，相当大比例的用户最终会一遍遍地输入错误的 PIN 码，最终只是开始与其他使用传统键盘的银行或自动取款机合作。这意味着银行和自动取款机供应商不会容忍这种情况。

MFA 供应商越早了解到用户希望尽可能少的用户摩擦来完成其工作或任务，并且希望尽可能减少中断，就能越早开始设计更好的 MFA 解决方案。

4.5　不像人们想的那样担心攻击方攻击

在计算机安全世界，不要认为每个人都像你一样关心提高计算机安全。大多数人不会如此关心计算机安全。计算机安全并非日常思维过程的一部分。当人们想到计算机安全时，就在想计算机安全有多烦人。人们认为计算机安全是敌人，而不是理想的解决办法。欢迎来到现实世界！正如第 1 章所述，世界上的一部分人会把其口令告诉大街上遇到的陌生人。如果允许的话，大多数用户会在所有网站和服务上使用相同的简短口令，且永远不会更改口令。许多用户即使知道某个网站或服务上的信息遭到泄露，也不会改变口令。人们生活在一个畸形的世界里。

你可能惊讶地发现，许多供应商和行业对攻击方的恐惧程度远不及对愤怒的客户的恐惧程度。信用卡行业就是一个很好的示例。信用卡行业充斥着金融欺诈。信用卡欺诈每年超过 200 亿美元，且这个数字还在增长。众所周知，信用卡组织正在尽力打击欺诈和信用卡犯罪。

如果你知道信用卡组织更担心引起合法交易的问题，而不是抓住或阻止攻击方，你会感到惊讶吗？有许多组织帮助银行和信用卡供应商否认欺诈交易。这些组织其实很擅长这个。信用卡消费的每 100 美元中只有 11 美分是欺诈性的。因此，尽管信用卡欺诈仍在增长(过去只有 5～6 美分)，但与整体消费者合法支出相比仍然很小。

那些向银行和信用卡组织宣传反欺诈服务的顶级公司，突显自己比竞争对手更能识别合法客户交易的能力。银行和信用卡组织都知道，如果合法用户每几年被阻止一次或两次以上的合法交易，该用户将使用另一种不会产生"误报"的信用卡产品。这是有道理的。信用卡的平均利率是 14%～16%。如果信用卡太多地阻止合法消费者，银行和信用卡组织未来将失去每 100 美元 14%～16%的未付余额，而不仅是 0.05%～

1.1%的网络犯罪损失。一旦看到这些比较数据,你就会发现信用卡供应商更关心的是不阻止合法客户,而不是减少欺诈。欺诈只是背景噪声(Background Noise)。通过拒绝合法交易让太多的客户疯狂,可能导致灾难性的收入问题。

注意　另一方面,银行和信用卡组织一直与业内的假身份(Synthetic Identity,即合成身份)进行斗争。当欺诈方使用或滥用信用卡和其他金融交易时,就会产生假身份。假身份包括纯粹的假身份、稍加修改的真实身份、婴儿和死者的身份等。假身份在一个或多个方面都不准确,且受到欺诈使用(比如婴儿的年龄设置到 40 岁,这样欺诈方可试图买房)。假身份有姓名、地址、金融交易甚至信用评分。许多法律条文要求金融机构根除这些假身份。一位信用卡销售商在一次私人会议上对 Roger 感叹道:"太可惜了,我们必须将这些假身份处理掉。假身份通常都有很好的信用评分,甚至比大多数真实身份都好。因为假身份有很好的信用评分,我们可将其作为营销线索出售,赚很多钱。可惜这些身份是假的,我们必须将其根除。"

4.6　"无法破解"的谬论

即使能使最安全的 MFA 解决方案成为可能,该解决方案仍然是可攻击的。没有什么是不可破解的。如果有人告诉用户某个方案是无法破解的,那么此人要么在撒谎,试图向用户推销某些东西,要么是搞错了。不管怎样,用户都不应该相信这些人。2019年,公开宣布的漏洞有 12174 个(见 CVE 详细信息[9]);见图 4.1。这些只是公开的。大多数都是被捕获并私下处理的。其他 bug 则隐藏在软件、硬件或固件的内部,等待着别人的发现。

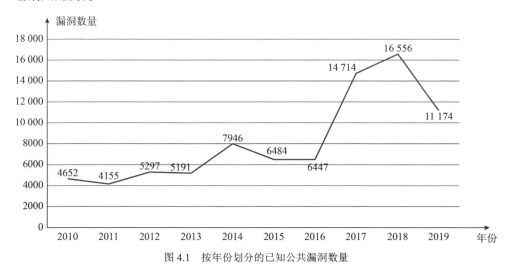

图 4.1　按年份划分的已知公共漏洞数量

在所有报告的漏洞中,大约有四分之一到三分之一的严重程度为"高"或"严重",

这意味着如果成功利用相应的漏洞，攻击方就可接管包含漏洞的系统。图 4.2 显示了公开报告的漏洞(数字表明严重程度)。得分为 7～8 的漏洞视为"高"，得分为 9 或更高的漏洞视为"严重"。可通过访问[10]查阅。

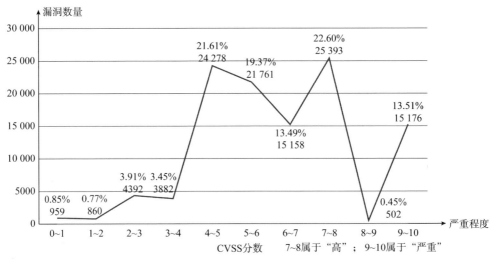

图 4.2　四分之一到三分之一的漏洞的得分为"高"或"严重"

更糟的是，大多数漏洞的复杂度很低，这意味着这些漏洞很容易执行，如图 4.3 所示。该图中的数据有点过时，但趋势线随着时间的推移一直相当稳定。因此，每年有成千上万的漏洞，大多数很容易遭到利用，其中四分之一到三分之一的危险性等级最高。如果用户是一个计算机安全防御者，这张图片可谓触目惊心。

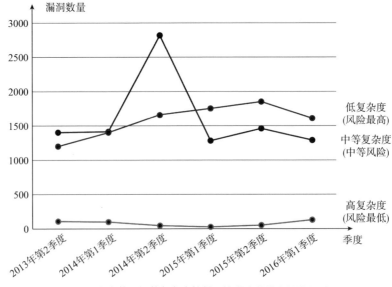

图 4.3　大多数漏洞的复杂度较低，这意味着很容易遭到利用

每个软件都有缺陷。大多数都有严重的安全漏洞。即使是硬件也有缺陷。大多数硬件芯片都包含硬连线指令,其中一些指令有错误。如果仔细观察 Intel 或 AMD 的任何一款计算机处理器芯片,会发现处理器芯片都有多个缺陷,这些缺陷会在后续版本、固件或软件更新中得到修复。不存在没有缺陷的硬件。

有些是严重的安全漏洞。Roger 从业以来发现的两个最大的计算机安全漏洞是 2019 年的 Meltdown 和 Spectre 芯片漏洞。这两个漏洞是硬件缺陷,影响了 20 世纪 90 年代末以来生产的最流行的 CPU。如果不运用相关补丁,利用这两个漏洞的攻击将无法由软件或操作系统中的任何东西阻止甚至检测到。幸运的是,恶意攻击方没有更频繁地利用硬件漏洞。

如果你读过有关硬件"设备(appliance)"的文章,就会了解到这些设备也必定存在很多安全漏洞。计算机设备是运行操作系统和应用程序的专用计算机或专用设备。设备供应商声称销售的设备能运行"加固"的操作系统,更难遭到攻击。如果供应商真正出色地完成了工作,即在发现 bug 时主动更新,尽量减少影响,这种说法就是正确的。但很多供应商的工作做得相当差,"加固"一说是无稽之谈。设备通常很难加补丁,且打补丁频率通常远低于软件。如果正确执行了加固,设备也就不需要太多补丁。如果真像许多厂商宣传的那样去做,设备将充满缺陷。

当 Roger 为 *InfoWorld* 杂志的测试评审中心(Testing Review Center)撰写硬件设备评论文章时,Roger 评论了 100 多个设备。测试人员发现了多个安全漏洞。其中大多数都有多年前就已为公众所知的 bug。大多数设备都不能由用户更新,即使用户知道其中包含一个已修补的 bug 也同样如此。即使是最好的设备,也最多每季度更新一次。仅当供应商更新了主软件的大量新功能时,才会执行一些更新。有些设备从未更新过。甚至有几家供应商,Roger 不得不威胁说,如果这些供应商不实施修补,就会向其客户公开其未修补的漏洞。当看到"设备"或"固件"这样的词时,可认为这是"很难打补丁的软件",这是由它们的本质决定的。

4.6.1　"牢不可破"的 Oracle

2001 年,Oracle 开始了一场新的"牢不可破(Unbreakable)"运动。Oracle 声称其产品基本上是不可破解的。但没过多久就发现了第一个安全漏洞。在接下来的几年里,在 Oracle 的核心产品中发现了 100 多个漏洞。真令人尴尬。在计算机安全领域,没有人认为 Oracle 的说法会在很长一段时间内是正确的。每个人都在想,为什么 Oracle 的首席执行官 Larry Ellison 决定实施"牢不可破"营销活动?这场营销活动注定要失败。即便如此,这对 Oracle 来说还是一场不错的营销活动。这让 Oracle 上了新闻,也表明 Oracle 至少在努力制造更好的产品,尽管这只是在向那些之前未专注于 Oracle 产品的攻击方讨麻烦。

4.6.2　djb

Daniel J. Bernstein(公众常叫他 djb)是一位全球顶尖的密码学家和安全编码教师(见[11])。djb 非常擅长安全编码,以至于研发团队成员都报名参加 djb 的课程,尽管在 djb 的一些课程中几乎每个人都失败了。在 djb 的一节课上,djb 要求每人至少找到 10 个以前未公开的安全漏洞,所有发现的漏洞都立即公布给公众,而不给供应商任何时间在公开宣布前实施修补。没有发现 10 个之前未公开漏洞的学生将不能通过课程。大多数学生只发现了几个 bug,结果在 djb 的课上不及格。尽管如此,大学里最好的程序员们仍然努力学习 djb 的课程(而且很可能失败)。djb 是一个很好的老师,备受推崇。

| 注意 | "因为没有发现并揭示 10 个新漏洞而挂科"可能只是谣言,但 Roger 认为这接近事实。Roger 曾给 djb 的一些学生写信进行确认,但 djb 本人从未回应过此事。 |

djb 编写了许多受人推崇、非常安全的开源程序,包括 qmail 和 dbjdns(可在这里找到:cr.yp.to)。djb 的程序因为安全漏洞较少而闻名。djb 对大多数软件中存在的大量安全漏洞提出了强烈批评。djb 指责研发团队和供应商有太多 bug,使用了太多代码行,且根本不关心如何积极地将安全漏洞数量降至最低。djb 曾提出为任何在 djb 所写的产品中发现安全漏洞的人提供 1000 美元的奖励。过去几年来,Roger 至少发现了两个漏洞,而且在 2009 年写过一篇文章(见[12]);Roger 相信 djb 不会再因此给 Roger 2000 美元的奖励了。

djb 比地球上的任何人都更关心避免编程安全错误。如果 djb 的代码有错误,任何人的代码都可能有错误。Roger 不想否认 djb 取得的成就。djb 确实写了这个星球上一些最安全的代码,而且 djb 把自己的钱都用在了刀刃上。djb 的代码经历了时间的考验。但 djb 的代码相当简单,功能有限。代码很好,功能也算可以,但确实无法与其他类似程序进行市场竞争。为什么?因为大多数人不像 djb 那样关心安全。大多数人都希望程序功能齐备;至于安全,说得过去即可。如果 djb 不能编写无 bug 的代码,其他人还有什么机会呢?

可利用的安全漏洞的平均数量不等,从每千行代码一个,到 30 万行代码一个 (见[13])。更重要的是,Roger 从未听说过哪个代码、软件或硬件不存在漏洞。没有 bug 的程序是不存在的,Roger 很有信心地宣称这一点。所有代码都是可破解的。

4.6.3　"不可破解"的量子密码术

Roger 的前一本书 *Cryptography Apocalypse* 是关于量子计算机以及量子计算机有朝一日将如何破解传统的公钥密码。该书还包括如何使用量子计算机和设备来制造难以破解的量子密码术。根据量子物理学家的观点,物理定律证明了量子密码术是不可能遭到破解的,要想破解量子密码术,就必然违背物理定律。人们会听到所有这些理论物理学家都在陈述量子密码术是如何牢不可破的。当然，这种说法是错误的。

虽然量子密码术在理论上是不可破解的，但在实际运用中却大相径庭。

第一，量子密码术确实不是不可破解的。人们所说的"不可破解"的意思是，量子信息不可能在发送方和预期接收方不知道的情况下遭到窃听。这和"不能窃听"是两码事；只是说，如果量子信息真的遭到窃听，合法的当事人就会知道窃听事件发生了。如果关键信息遭到窃听，信息仍然将遭到窃取。

第二，也是更重要的一点，参考上一节，人类从来没有制造出不可破解的东西。人们试过了。人们有意追求这一点，并以为自己做到了；任何情况下，这都是错的。人都会犯错。这些错误会导致攻击方实施攻击行为。

即使能制造出不可破解的量子密码术，也会在现实世界中将量子密码术搞砸。事情总是这样。人们找到了完美理论，又在实践中将其损毁。这是世界之道。量子属性和量子物理学在本质上和人类摆弄过的任何东西一样复杂，莫非突然间变天了吗？不，量子密码术很可能失败，就像人们创造的世界上的其他东西一样。

所有 MFA 解决方案都是可破解的。都包含安全漏洞。更多示例和信息见第 15 章。

4.7　我们是反应灵敏的"羊"

人们接受低安全性换取更高易用性，即使坏事可能发生，也不想购买那些会给生活带来更多不便的东西。

在飓风来袭之前出售电池是容易的，在痛苦发生后说服人们做正确的事也是很容易的。

最佳示例是 2001 年 9 月 11 日在美国发生的"9·11"事件。那天，恐怖分子劫持了四架飞机的机组人员，并驾驶飞机撞上地标性建筑物和宾夕法尼亚州的一个农场。恐怖分子所做的一切都谈不上是令人惊讶或新鲜的，无非就是大胆的计划、准确的攻击范围和策划者。人们早就知道恐怖分子可控制飞机，并将其用作大规模杀伤性武器。恐怖分子在飞机上使用美工刀是非法的，按机场安检工作程序应该予以制止。美国情报机构对即将发生的大规模恐怖袭击高度警惕。一所飞行学校就其中一名恐怖分子向 FBI 发出警告，称其最关心的是飞机坠毁，而不是降落。随后，恐怖分子试图用装有炸弹的水瓶、鞋子和内衣发动袭击。

机场安全和反恐官员早知道水瓶、牙膏管、鞋子和内衣可用来偷运炸弹。但如果机场保安在 2001 年 9 月 11 日之前告诉人们，必须扔掉超过 3 盎司的液体，脱下鞋子，接受全身扫描，美国人一定会反抗，航空公司会迫使安检人员让步。"9·11"事件后，人们都站在长长的队伍里，脱下鞋子，扔掉瓶装水(还有微型螺丝刀、打火机等)，通过 TSA(Transportation Security Administration，运输安全管理局)筛选器的安全扫描。痛苦之后才能吸取教训。

计算机安全也一样。口令在几十年来一直运行得相当好。直到现在，所有计算机安全问题(在第 1 章中涉及)已经积累并造成了足够的损害,组织和人们被迫提高安全水平。超级破坏性勒索软件攻击迫使人们认真完成备份和恢复操作,因为如果不这样做,将受到勒索软件的攻击,组织和个人最好准备好支付赎金。

在学校里,教育学生要积极主动,积极主动是件好事。但在现实中,试图在悲剧发生前提出更多更好的安全防御措施是非常困难的。如果你做的次数足够多,精力耗费太大,组织就会将其视为"搅局者",甚至可能被炒鱿鱼。

身份验证和 MFA 也是一样的。从口令转移到 MFA 需要耗费大量时间,会造成很大的麻烦。网络钓鱼者已经窃取了数十亿个口令。你或许认为,当一百万或一亿个手机遭窃时,全世界都会注意到并要求实施 MFA。但即使有几十亿的口令遭到盗窃,社会向 MFA 的转变也会非常缓慢,以至于当社会主流默认使用 MFA 时,你可能已找到下一个最好的身份验证解决方案。

4.8 安全剧院

也有比真正的安全更戏剧化、更奇特的示例(评论家称之为安全剧院)。世界上到处都是安全剧院。最好的示例之一是美国签名支票或信用卡/ATM 收据,这些在阻止欺诈方面几乎没有实际的安全价值。对于支票,用户可能让售货员把支票上的签名和身份证进行对比。即使店员发现有什么不同,也可能不会对用户说什么,不会阻止用户购买。如果很长一段时间后在后端发现欺诈行为,则欺诈性签名可作为用户的提告证据,但签名很少能真正阻止欺诈行为的发生。

几十年来,Roger 在所有支票和信用卡上都签了一个众所周知的错误签名。Roger 在信用卡收据上签名,并参照了 Yogi Bear 和 This Is Not My Real signature 字样,而且 Roger 在购买物品时从未受到阻止。有几个人笑着端详 Roger,却没人阻止 Roger 购买。最初,大多数人都认为确保签名合法有效是很重要的。人们一定认为可能有人坐在某个暗室里比较签名,而这个人会注意到差异并停止交易。实际上,这从来没有发生过。那个人、那个职位以及那样的安全措施根本不存在。法律要求人们依法提供该签名,据说是出于某种安全目的,却不进行审查。大多数情况下,人们只是在浪费时间。Roger 不知道,作为一个社会,为什么人们会容忍签署几乎没用的签名。也许是因为签名不必花费太长时间。如果签名平均需要 20 秒,Roger 敢打赌使用签名的要求会改变。

注意 在一些国家,用户的签名在购物时或之后不久会通过电子方式进行验证,这确实可减少欺诈事件的发生。但在美国,信用卡和支票上的签名几乎没有任何安全价值。

有时这就像演戏,但该签名似乎至少在某种程度上起作用。例如在机场,运输安全管理局的安全检查并不难绕过。每天都有几十件致命武器(包括枪支)通过运输安全

局的安全检查。Roger 很容易想到如何让炸弹通过运输安全管理局，只是不想把这个想法写在书上发表，但 Roger 的方法在任何机场都是有效的，Roger 可在一年中每天都这样做，且永远不会遭到发现。许多人认为运输安全管理局类似于安全剧院。

虽然并不完美，但运输安全管理局每天都阻止了很多上膛的枪支上飞机(大多数都是不小心放在随身携带的行李中，犯罪者并无恶意)。运输安全管理局并不能真正阻止所有的炸弹和恐怖分子，但无论出于什么原因，自从成立运输安全管理局以来，美国至今没有再遭受过针对客机的成功恐怖袭击。总有一天，这种记录可能改变，但已过去 15 年了，没有一个恐怖分子再次成功地使用飞机袭击美国。恐怖分子已经尝试过了。人们已经阻止了内衣炸弹(罕见)、鞋子炸弹(罕见)、放在激光打印机中的炸弹、装在货舱中的炸弹。

尽管有很多方法可绕过运输安全管理局，但运输安全管理局有相当成功的记录。在这一点上 Roger 不得不问，这是安全剧院吗？Roger 是说，15 年没有一次成功的攻击意味着什么？或许这足够安全，足以吓唬恐怖分子改用其他形式的攻击？记住安全性不是非黑即白的，安全性虽不完美但足够好吗？运输安全管理局无法阻止所有可想象的攻击，但至少到目前为止，已阻止了所有现实世界中的未遂攻击。Roger 不确定是否应将其称为安全剧院。与信用卡收据上的签名相比，运输安全管理局的表现要好得多。

4.9　隐蔽式安全性

大多数计算机安全从业者很早就被教导过"不为人知的安全就是不安全"。安全专家的想法是攻击方可能能够发现安全系统周围的任何事实，所以安全专家可假设攻击方拥有所有必要的事实。安全专家应该设计其安全系统，即使攻击方完全了解该安全系统(除了最终身份验证机密之外的所有内容)也能应对。"不为人知的安全就是不安全"这一信条受到相信和重复得如此之多，以至于近乎宗教信条。然而，这信条并不比旧的口令策略更真实。

事实上，不为人知是一种很好的防御措施，也是让安全专家的安全资金获得最大回报的最佳途径之一。不为人知不应该是保护系统的唯一或主要方式。安全专家仍然应该设计一个系统，就像"不为人知的安全就是不安全"是真的一样。不单纯依靠隐蔽式安全性和完全拒绝从隐蔽式安全性中获益是存在根本区别的。如果安全专家查看使用该系统的安全场景，那么绝对应将一些隐蔽性作为整体安全防御的一部分。攻击方必须猜测或寻找的任何变量都会减慢其速度，使攻击方的工作更困难。如果隐蔽不是安全，那么为什么世界各国军队不告诉其他国家其核潜艇在哪里航行，以及所有核导弹发射井都在哪里？隐蔽性具有良好的安全价值。

4.10　大多数 MFA 解决方案降低了实现和运营的速度

与非 MFA 解决方案相比，大多数 MFA 解决方案降低了实现和运营的速度——不是全部，而是大多数。与使用简单的登录名和口令相比，计划和实现 MFA 项目需要更长时间。说服管理层相信其需要使用 MFA 而不是登录口令需要更长时间，培训同事如何使用 MFA 需要更长时间，培训帮助台和支持人员了解如何支持和排除故障需要更长时间。与单因素解决方案相比，人们需要更长时间来输入和使用多因素。实现效率提升的 MFA 解决方案是非常罕见的。如果能做到这一点，对于所有人而言都是双赢。

甚至有说法称 MFA 的要求已导致医院死亡人数增加(见[14])，原因是工作进度缓慢。乍一看，仅凭一项研究就得出一个强有力的结论，也许这只是奇闻轶事，或者 MFA 不是死亡增加的一个原因——但 MFA 可能是一个原因。人们以前从未研究过具有这种潜在严重后果的计算机安全问题。在人们完成更多类似的研究和更多数据来排除其他可能的原因前，可能无法确定。

4.11　MFA 会导致停机

几年前，当 Roger 还是个孩子的时候，Roger 的妈妈买了家里有史以来第一辆带有电动车窗的汽车。此前，在 Roger 家拥有的任何一辆车上，都必须用某种类型的旋钮手动开启或关闭车窗。家人们喜欢新车和华丽的高科技车窗。直到在佛罗里达州的一条高速公路上，在一场夏季暴雨中汽车抛锚了，由于无法关闭车窗。雨下得太大，所有人不仅淋湿了，而且车的内部都毁了。Roger 家不得不买一辆新车。从那以后，Roger 再也不相信那些花哨小玩意儿了。Roger 了解到，每个附加功能或小工具都只是一个额外的可毁坏的东西。

MFA 就像电动车窗。口令验证之所以能在不断增长的攻击中存活如此之久，是因为从易用性的角度看，口令确实有效。MFA 的实施和运营成本更高。为用户注册 MFA 身份验证需要更长时间；MFA 更可能导致问题，更可能产生假阴性(误报)和假阳性(漏报)，更可能导致停机。可访问[15]来查看一个示例。停机时间只有两小时，但以前也发生过多次(包括另外 14 小时，可访问[16])。停机时间并不长，但如果 MFA 不存在，停机时间就不会发生。

4.12　不存在支持所有场景的 MFA 解决方案

至少现在，最大的易用性论点是没有 MFA 解决方案在任何地方都能工作，一个也没有。用户可选择最受欢迎和最广泛支持的 MFA 选项，即使相应的 MFA 选项由数百万个站点和服务支持，这些也不到人们需要登录的站点和服务的 1%。每种情况下，管理员必须选择不完整的解决方案，用户必须对某些问题使用 MFA 解决方案，而对其他问题使用非 MFA(或其他 MFA 解决方案)。缺乏全球对 MFA 选择的支持，绝对会减慢其扩散速度。

在寻找新的 MFA 解决方案时，管理员最好清点一下必须涵盖哪些应用程序，哪些应用程序是可选的。确定哪些 MFA 解决方案具有"必须拥有的"特点，哪些关键应用程序不应当使用 MFA。还没有一个组织，使用单一 MFA 解决方案就能覆盖所需的一切，除非该环境是一个非常专业化、高安全性的环境(其中 MFA 覆盖率是首要要求)，或者该组织有一个支持 MFA 的 SSO 解决方案，允许单个 MFA 登录打开其他实际上不受 MFA 保护的应用程序。

如果用户有兴趣了解自己最喜欢的网站是否支持 MFA，可访问 twofactorauth.org 网站，但 Roger 还没有找到明确列出支持哪些 MFA 解决方案的单个信息源。大多数情况下，MFA 解决方案需要管理员根据关键应用程序的需求来跟踪所需的 MFA 解决方案将在何处起作用和不起作用。需要做很多工作，这使得 MFA 的使用率比某些广泛使用(且看似神奇)的默认解决方案的使用率低。当然，除了考虑 MFA 解决方案是否适用于用户的应用程序外，还有更多考虑因素，本书将在第 23 章中介绍这些因素。

4.13 小结

安全一直是易用性和安全性之间的权衡，任何 MFA 解决方案都会对这一权衡提出挑战。本章指出了易用性和安全性的许多要点，包括用户实际上不像安全专家那样关心安全性，用户也不想要最好的安全性。从长远看，解决方案需要为人们提供安全性和易用性之间的适当平衡。

第 5 章将研究攻击方针对 MFA 解决方案的常见攻击方法。

第Ⅱ部分　MFA攻击

第 **5** 章　攻击 MFA 的常见方法

本章将介绍攻击 MFA 的常见方法，但不展示任何具体技术。任何东西都可能遭到攻击。无论如何都不要相信那些声称 MFA 解决方案固若金汤的人，这些人不是在撒谎，就是心思过于单纯。MFA(Multifactor Authentication，多因素身份验证)包含的许多组件和基础架构都是 MFA 解决方案供应商无法控制的，攻击方可通过各种方式攻破每个组件。本书致力于展示几十种攻击方式，MFA 的所有实施方法都可能遭到攻击。本章概括讨论这个主题。

本书无法展示 MFA 可能遭受攻击的所有方式。有些方式是 Roger 不知道的，有些方式是 Roger 没有想到或遇到的，有些方式 Roger 忘记了，但 Roger 将尽可能多地添加相关主题。许多 MFA 漏洞仅为潜在的攻击方所知，这些攻击方在利用这些漏洞前都会保密。或者，攻击方使用相应 MFA 漏洞次数很少，多以受害者很难甚至没有意识到的情况下实施。有些漏洞则由 MFA 供应商所知，并且保密，因为供应商找不到一个优秀的降低风险的方法。

存在许多大众尚未发现的 MFA 漏洞。世界各地有很多遭到攻击方攻击的案例，几十年来这些案例中的漏洞一直未被他人发现，直到最后遇到了一个好奇的人。漏洞通常会在很明显的情况下存在数年，直至有人审查代码或尝试特定操作，发现一个潜在弱点并发起探索。许多漏洞是偶然发现的。有人试图执行一些新操作，比如扩展功能或进行功能的自动化，却意外导致了一个错误，从而暴露了以前未发现的漏洞。

许多漏洞仍将不会被发现，并且没有人意识到可能被攻击方利用。人类并非总是无所不能的。正如不能阻止所有编程错误一样，人们并不能发现每个错误或漏洞。人们制造出的漏洞总比发现的多。这就是编程的本质。即使专门设计用来发现漏洞的软件，也找不到所有漏洞；该软件只能找到人们都已理解且知道如何处理的漏洞。

第 5 章不仅概括介绍如何发现 MFA 漏洞，还总结了所有不同的组件。本章适用于想要确保其 MFA 解决方案尽可能安全的非恶意攻击方，同样适用于想要确保提供给消费者的解决方案从一开始就尽可能安全的 MFA 研发团队。没有什么是没有漏洞的，但通过总结过去的漏洞，可将未来漏洞的数量降至最低。本章中的许多讨论适用于大多数数字解决方案，并非只适用于身份验证或 MFA。第 II 部分的其余章节将列举 MFA 一般性漏洞的具体示例。

5.1　MFA 依赖组件

MFA 解决方案并非是孤立的。每个 MFA 解决方案是多个组件、关系和依赖项的组合，如图 5.1 所示，这些组件中的每一个都可能存在可利用漏洞的额外区域。

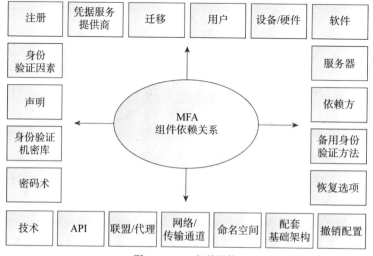

图 5.1　MFA 相关组件

从本质上讲，MFA 整个生命周期中的任何组件，从配置到撤销配置以及介于二者之间的所有组件都会受到可利用漏洞和攻击的影响。就像谚语所说的一样，链条的坚固程度取决于其最薄弱的一环。下面列出 MFA 中涉及的阶段和组件：

- 注册
- 用户
- 设备/硬件
- 软件
- 身份验证因素
- 身份验证机密库
- 密码术
- 技术
- 网络/传输通道
- 命名空间
- 配套基础架构

- 依赖方
- 联盟/代理
- API
- 备用身份验证方法
- 恢复
- 迁移
- 撤销配置

下面将更详细地探讨这些组件。为保持完整性，本章将重复提到前几章中所学的术语。

5.1.1　注册

注册也称为供应(provisioning)，是主体通过注册和验证来获得身份(标签)的流程。未经核实和注册的主体称为申请者。申请者需要申请身份验证。凭证服务提供方(Credential Service Provider，CSP)请求并接收一个或多个唯一的主体属性，这些属性可用于清楚地标识主体。上述流程称为身份验证(Identity Proofing)。主体可自己注册，也可让申请人和 CSP 都信任的另一个注册代理(Enrollment Agent)代表其完成注册。

该流程的一个关键部分是 CSP 验证申请人提交的属性。如果 CSP 没有对申请人提交的属性执行强有力的验证，确保申请人是其所说的那样，并确保提交的申请人属性真正属于申请人，身份验证几乎毫无价值。CSP 对申请人的身份和属性的验证程度决定了保证(Assurance)级别。

把注册过程想象成一个人申请驾照的流程。这个人必须通过驾驶实际场地考试，以证明其拥有基本的驾驶技能，回答一系列基于知识的问题，以证明其了解"交通规则"，并证明其是自己所说的人。申请驾照的人需要向驾照签发人提供足够的证据，以获得正式的驾照。在美国，CSP 相当于本例中的车管所(Department of Motor Vehicles，DMV)。申请人通过提供多种形式的可接受的身份属性来获得驾照，如出生证明、社会保障卡和寄往其居住地以核实地址的账单。多年前，车管所并没有像现在这样要求太多的保证，但之前的弱验证导致发生了严重的身份犯罪，所以现在车管所要求更强有力的身份保证。

但如果公民拿到 DMV 发放的驾照，那么几乎任何地方(如执法部门、酒类商店)要求验证身份时，都会接受 DMV 发放的驾照作为身份证明。CSP 也是一样的流程。任何信任 CSP 的依赖方都将相信，主体提交的 CSP 验证的身份是准确的。但是，如果 CSP 没有完成其工作，并且在发出验证的身份之前没有准确验证对象的身份和属性，整个流程就会崩溃。

一个很好的日常数字化示例是使用 PGP(Pretty Good Privacy，绝对隐私)非对称加密密钥。PGP 是 Phil Zimmerman 于 1981 年创建的一个非常流行的加密程序，有开源和商业两个版本。每个从其他地方获得 PGP 公钥的人都应该在使用公钥之前完成验证，但实际上几乎没人这么做。过去，欺诈用户主要通过使用伪造的 PGP 密钥来伪装成其他人，并且没有一个相关的接收方注意到所提供的 PGP 公钥是无效的(例如，具有无效的数字指纹)。因此，每个人都认为自己参与了更高级别的隐私和身份验证，而实际上上述情况并不比普通的、未加密的以及未经验证的电子邮件好(甚至更糟，因为人们误认为其可以信赖)。

经过验证的身份(及其已验证的属性)称为已验证的订阅者(Subscriber)。CSP(凭证服务提供方)通常拥有对已发布身份的所有权，并可自行决定续签、取消或更新身份。与身份关联并由 CSP 存储的身份验证因素也称为身份验证器(Authenticator)。当订阅者向依赖方(如设备、系统、站点和服务)执行身份验证时，称为声明方(Claimant)。声明方以及其验证器还可提供一个或多个声明/属性，这些属性都已通过 CSP 的验证。

这是对注册流程和其他相关组件的一个很好的概述，但单个注册流程差异很大。图 5.2 总结了通用的注册流程，这是一个比第 2 章图 2.7 所示的身份验证生命周期流程简单得多的视图，但总结了相同的流程(没有其他复杂性)。

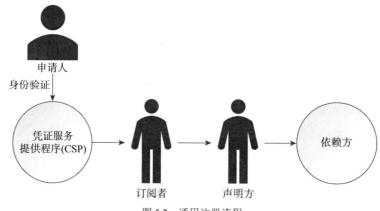

图 5.2　通用注册流程

注册流程中最大的风险是：有些主体带有欺诈目的，注册成为 CSP 支持并受依赖方信任的已验证的订阅者。恶意行为方这样做是为了获得对经过身份验证的群体的内部访问权，从而方便其执行攻击。经过身份验证的用户比匿名用户拥有更合法的身份。

当然，在 CSP 向用户颁发"已验证"账户之前，对任何身份的信任程度取决于 CSP 验证订阅者身份的步骤。对于一些主流的 CSP，验证方在获得一个账户之前很少执行验证或根本不执行验证。每天，使用身份验证账户的大型 Internet 公司(如 Facebook、Google、Microsoft 和 Twitter)都会发生数百万到数千万个欺诈账户的事件。这里面的每一个实体都花费数百万美元来应对欺诈的申请者，包括找到并主动删除欺诈的、现已核实的订阅者。

大多数人可能无法想象这类问题的广泛程度。2019 年，据 Facebook 报道(见[1])，Facebook 在六个月内删除了超过 32 亿个假账户。尽管 Facebook 付出了巨大努力，但剩余的 24.5 亿个账户中，Facebook 认为有超过 5%是伪造的。这相当于一年 365 天，每天创建 33 万个以上的假账户。而这正是 Facebook 不容易发现和删除的东西。Google、Microsoft 和 Twitter 也面临着类似的巨量假账户注册问题。有些组织的唯一目标是帮助 CSP 更好地识别假账户，但也存在一些组织致力于帮助半合法和恶意的参与方继续绕过更新的、动态的防御措施。这是一场真正的拉锯战，双方在早期都取得过优势，但最后都由另一方使用新技术成功地反击。

5.1.2 用户

恶意攻击的第一种方式是恶意操纵用户。这将在 5.2.2 一节中详细介绍。

5.1.3 设备/硬件

参与身份验证的任何设备都可能遭到恶意破坏。设备包括计算机、电话、身份验证设备、存储器、内存、网络接口、天线以及参与身份验证流程的其他任何物理设备。设备可能泄露信息身份验证机密，让攻击方成功窃取由此产生的访问控制令牌，窃听、窃取数据，并将用户或身份验证流程重定向到欺诈性站点或服务。如果一个硬件设备遭到攻击，身份验证流程就很难(虽然并非不可能)受信任。这并不是说某些硬件的抗攻击能力不如其他硬件。

FIPS (Federal Information Processing Standards，联邦信息处理标准)认证的硬件不容易遭到破坏。其他组织，如可信计算组(见[2])致力于提供经过验证的可信设备，以阻止未经授权的修改或检测，并警告依赖方。试图保证设备可信的程序包括可信硬件和可信计算等。其思想是，如果用户和所有正在运行的软件不相信硬件(以及固件和其他任何相关组件)是安全的，那么流程的其余部分(包括身份验证)就不可信了。

可信硬件方案通常涉及"信任根源"，"信任根源"可以确认设备未遭到恶意修改。通常，在一个信息检查链中，一个设备的不同硬件将与检查链中更高级别的组件执行相互验证。

例如，在现代 Windows 计算机上，最初使用的可信计算机硬件组件称为 UEFI (Universal Extensible Firmware Interface，通用可扩展固件接口)。UEFI 取代了旧系统上不太可靠的 BIOS (Basic Input/Output System，基本输入/输出系统)芯片。UEFI 固件启动芯片包含真实编码(供应商数字签名)。每个更高层的硬件组件都依赖于上一级组件来验证其数字签名。这种链式信任检查系统会一直持续下去，直到完成整个 Windows 操作系统软件启动序列，使用称为安全启动(Secure Boot)、可信启动(Trusted Boot)和测量启动(Measured Boot)的流程。可访问[3]来进一步了解工作流程。

每个身份验证设备都应该执行和验证类似的可信度量。虽然这在当今世界很少见，但身份验证流程中的每个设备(即每台计算机、路由器、服务器和服务)都应该具有类似的硬件和软件信任验证流程。即使其他所有组件都受到损害，最好的身份验证设备也承诺提供高度可信的流程。

但从本质上讲，如果任何硬件设备遭到破坏，那么"游戏将结束"。如果身份验证流程中涉及的设备遭到恶意操纵，人们就不能信任身份验证流程。供应商和设计人员可尽力防止这种情况的发生，并将组件链中泄露的影响降至最低，但已造成泄露的流程永远不可能是完全可信的。

5.1.4 软件

正如所有硬件都必须可信赖、免受攻击一样，所有软件也必须如此。软件包括固件代码、引导代码、操作系统和应用程序。最值得信赖的软件不仅自我检查是否有未经授权的更改，还有其他更高层次的进程和/或信任验证软件对其执行检查。与硬件的风险一样，对身份验证流程中涉及的软件的任何恶意更改都会威胁到可靠性。最优秀的身份验证功能需要考虑软件威胁，并尽可能保持软件是值得信赖的。

5.1.5 API

许多 MFA 解决方案都带有私有或开放(即共享)的 API。这些 API 可能包含漏洞或遭到攻击方恶意使用。第 19 章将更详细地介绍这一类别。

5.1.6 身份验证因素

身份验证因素本身可能受到攻击。例如，任何生物识别属性(指纹、视网膜等)都可遭到恶意捕获和重用。恶意软件程序可窃取口令和 PIN 码，也可诱骗用户泄露口令和 PIN 码。身份验证机密可从身份验证设备中窃取。

所涉及的声明/断言也可能遭到恶意操纵。例如，用户的身份验证解决方案可能已验证其不属于高级安全组，但该属性经过修改，使其看起来像是属于高级安全组。许多攻击专门针对身份验证因素或声明。

> **注意** 另一个日益令人担忧的问题是声明方的隐私权。每个身份验证系统都应该努力允许主体决定在特定的身份验证事件中提供哪些声明。许多攻击试图获得比依赖方应该知道的更多的声明。

5.1.7 身份验证机密库

很多时候，攻击方攻击的对象是存储身份验证机密的数据库/存储区。未经授权访问身份验证机密库是最具破坏性的攻击之一，因为攻击方能访问并重用存储库中的所有机密。

例如，如前所述，Windows 网络身份验证秘密以文件名 NTDS.DIT 存储在活动目录(Active Directory)域控制器数据库中。如果攻击方有足够的高级访问权限，可利用许多攻击方工具，如 Mimikatz，尝试"转储"存储在其中的所有身份验证秘密。用户和计算机口令的 NT 哈希存储在 NTDS.DIT 中。如第 1 章所述，可重放这些哈希值以创建新的网络、驱动器和设备连接。哈希值也可能被"破解"为哈希值的明文口令等价物，然后在单独接受明文口令的任何地方(电子邮件、登录门户等)使用。攻击方获得对身份验证秘密存储的访问权是一种"游戏结束"攻击。当攻击方获得对最终身份验证机密的访问权限时，攻击方就无所不能了。攻击方拥有了"进入王国的钥匙"。整个身份验证系统就是为了防止这种情况而设置的，一旦发生上述情况，身份验证系统就不能再作为验证谁与特定身份(标签)相关或不相关的方式而受到信任。

5.1.8 密码术

大多数身份验证解决方案都使用加密技术来保护机密。大多数身份验证系统使用"业界认可的"加密算法和密钥大小。许多攻击方试图破坏加密技术本身(通过发现固有的弱点)或在实现中发现缺陷。后者要容易得多，也常见得多。由于 MFA 研发团队没有正确和安全地实施加密，世界上出现了数百个漏洞。这样的攻击通常描述为"将进入王国的钥匙放在门垫下"。

随着时间的推移，所有业界认可的加密标准变得越来越弱。密码攻击只会随着时间的推移变得更严重，这可能是因为计算资源的增加，或者是因为攻击找到了更有效的方法来利用密码中固有的密码定律。供应商必须始终意识到，现有的加密技术随着时间的推移不断遭到削弱，依赖该加密技术的 MFA 解决方案必须准备好转向更新、更强的加密标准，这是密码使用的本质。如果其解决方案是"加密-敏捷"，那么 MFA 供应商能相对容易地将解决方案转移到其他较新的加密标准。不幸的是，关于 MFA 可使用的加密算法和密钥大小，许多 MFA 解决方案都是"硬编码(Hard-coded)"的，而且 MFA 通常只能在完全替换硬件和/或软件的情况下升级。

另一方面，2020 年量子计算机很快变得强大到可破解大多数传统的公钥密码(RSA、Diffie-Hellman 和 Elliptic Curve 等)，并将大多数传统对称算法(如 AES)、哈希(如 SHA-2)和随机数生成器(Random Number Generators，RNG)削弱一半。如果你想要更详细地了解或开始准备学习量子密码破解，请参阅 Wiley 之前出版的一本书 *Cryptography Apocalypse*。

无论怎样都应该始终注意到，任何涉及的加密都可能随时受到破坏，故要使 MFA 解决方案在预期中变得灵活。

5.1.9 技术

与密码术一样，MFA 解决方案使用的任何技术都可能受到危害。例如，许多物理 MFA 设备解决方案依赖于 USB (Universal Serial Bus，通用串行总线)标准。USB 是一种软件、API 和硬件规范，其所包含的组件随时可能受到攻击。

5.1.10 传输/网络通道

大多数身份验证解决方案会需要并使用传输或网络通道，在涉及网络身份验证或访问时尤其如此。该通道由软件和硬件组成，可像其他任何软件和硬件一样受到攻击。

5.1.11 命名空间

大多数底层 MFA 解决方案都依赖于数字命名空间。命名空间是一种命名、定位、存储和分类对象的方法。常见的数字命名空间包括 Active Directory、Lightweight Directory Protocol(LDAP)、Domain Name System(DNS)和 Internet Protocol(IP)地址等。命名空间经常参考标识和其他组件，并由其他相关组件在定位和验证时使用。rogerg@knowbe4.com、www.knowbe4.com 和 www.knowbe4.com/resources 是 DNS 地址示例。例如，专有名称(Distinguished Name，DN)Active Directory 的命名可以是这样的：CN=Rogerg、OU=Users、OU=PRDept、DC=knowbe4 和 DC=com。命名空间能保存对象以及对象的声明、主张和属性。第 10 章和第 18 章将介绍针对命名空间的MFA 攻击实例。

5.1.12 配套基础架构

许多 MFA 解决方案都依赖于一系列支持的基础架构，如 DHCP、TCP/IP 和 IP 地址。参与帮助 MFA 解决方案的路由器在运行路由器协议的网络上工作，例如，路由器网络协议(Router Internet Protocol，RIP)、内部网关路由协议(Interior Gateway Routing Protocol，IGRP)、增强型内部网关路由协议(Enhanced Interior Gateway Routing Protocol，EIGRP)、开放最短路径优先(Open Shortest Path First，OSPF)、中间系统到中间系统(Intermediate System to Intermediate System，IS-IS)、边界网关协议(Border Gateway Protocol，BGP)。网络地址通过地址解析协议(Address Resolution Protocol，ARP)转换为物理介质访问控制(Media Access Control，MAC)地址。大多数计算机从动态主机配置协议(Dynamic Host Configuration Protocol，DHCP)服务获取其 IP 地址。联网的 Windows 计算机使用 Active Directory 服务连接。Linux 计算机通常使用 LDAP。Apple 计算机经常使用 Bonjour 完成零配置网络服务。由于通用即插即用(Universal Plug-n-Play，UPNP)标准，新的 USB 设备通常会自动注册和识别。

几乎所有 MFA 解决方案最终都依赖于多种标准、协议和技术，而这些都不是 MFA 自己发明或控制的。每一种技术和支持技术的基础架构都可能受到攻击方攻击，从而破坏 MFA 解决方案。例如，恶意 USB 端口可能重写 USB 设备的固件指令或窃听并记录设备的数据。如果你不熟悉 USB 固件攻击方，在任何搜索引擎中输入"USB 充电器攻击方(USB Charger Hack)"将大吃一惊。大多数攻击方行为只是概念验证项目，但不难看出攻击方行为对支持 USB 的 MFA 设备的破坏力有多大。例如，可不加通告地重写 USB 安全令牌的固件，以在设备遭到恶意修改之后不能提供此前的安全性，或者受保护的密钥遭到窃取并由对手用来读取受保护的信息。

5.1.13　依赖方

请求或依赖于你的身份验证的一方可能受到危害。攻击方可绕过依赖方的身份验证要求，甚至可攻击身份验证方。包括最终的依赖方在内，参与身份验证的每个组件都是潜在的攻击载体。

5.1.14　联盟/代理

许多网站和服务在决定允许一个主体的身份验证通过时，都依赖于另一个站点或服务的身份验证流程。依赖的站点或服务方说，"我非常信任你的身份验证服务，相信你正确验证了主体，我将依赖于该身份验证。"这可通过共享 API、代理身份验证、共享单点登录(Single Sign-On，SSO)服务和联盟来实现。联盟正成为最常见的解决方案。使用联盟时，跨多个身份管理系统、站点和服务使用或连接经过验证的身份。联盟服务可只在同一实体的内部部门之间、多个实体之间或者在所有参与方之间的全局范围内实现。后者包括 Microsoft 账户、Facebook 身份验证、开放授权(OAuth)和 Google 账户。

风险在于所有这些技术都涉及身份验证，而且许多技术(如联盟)都是 SSO 解决方案。如果破坏了 SSO 身份验证或令牌，则可更轻松地破坏允许该解决方案或依赖该解决方案的各方。

5.1.15　备用身份验证方法/恢复

大多数主要的 MFA 解决方案、提供方和依赖方(Google、Microsoft 等)都有供参与方完成身份验证的备用方法。这是因为 MFA 解决方案总比 1FA 解决方案复杂，因此容易出现各类故障，如人们忘记了自己的 PIN 码，丢失了智能卡，或意外地损坏了设备。对于大型供应商而言，这种 MFA 故障每天都发生数百万次。如果供应商必须花费大量时间帮助用户恢复或使用另一种替代方法登录(大多数方法的安全性远低于 MFA)，供应商的支持成本就会飙升。取而代之，供应商创建了简单的自动化方法，这样当用户不能以最初的方式使用 MFA 解决方案时，就可登录使用这种方法。攻击方经常滥用这些替代方法。本书第 II 部分中的几章将着重讲述对备用/恢复的攻击方法。

5.1.16　迁移

迁移(Migration)是一种不太常见的攻击方法，本书出于完整性考虑纳入这种方法。很少有组织的网络一直使用或获得单一的身份验证方法。通常，身份验证系统或其身份数据库会升级或转移到更新、更好的方法。通过合并和收购，组织的结构和信息系统经常发生变化。组织层面的变化通常需要将旧的和现有的身份验证系统和用户迁移到新系统或另一个系统。在这些迁移中可能发生一些特定的攻击。

例如，有一种较早的已知特权升级(Escalation Of Privilege，EOP)攻击，称为 SID

History 攻击(见[4])，可能发生在 Active Directory 网络迁移期间。所有 AD 安全主体账户(用户、计算机和组等)都有一个名为 SID History 的属性字段。此字段允许管理员在将现有安全主体迁移到新的 AD 林或域时预填充安全主体的当前和/或将来的安全组成员身份。由于网络整合和合并，AD 迁移一直在发生。SID History 字段在 Windows Server 2003 出现之前并不为人熟知，也没有受到保护或监测。此前，恶意管理员可向安全主体账户添加高级别组成员身份(如 Scheme admin、Domain Admins 和 Administrators)，当网络迁移后，该账户将成为高级别安全组的成员，有时目标林或域管理员不希望这样做，甚至不知道发生了这种情况。多年以来，这是一种很少使用但至关重要的特权升级攻击。从 Windows Server 2003 开始，默认情况下，AD 过滤出 SID History 的值，以停止可能意外的安全提升。即使在今天，启用或禁用 SID History 筛选也只需要更改 AD 中的单个二进制值。恶意管理员所要做的就是在一个位置将 1 改为 0，以允许 SID History 攻击再次生效。可阅读[5]以获取详细信息。

下面是另一个利用迁移执行攻击的常见示例。当一个组织迁移到新系统时，管理员通常会为每人分配一个相同的通用口令，或基于易于识别和可预测的模式为每个用户分配不同的口令(例如，用户名字的首字母，后跟姓氏)。或当用户第一次在新的 MFA 设备上设置时，每个人都应该知道同一系统中的所有 MFA 设备可能有一个公共 PIN 码 1234。了解重复口令或口令模式的任何恶意用户可使用其他用户的账户发起攻击。

迁移通常是不频繁的、不规则的行为。许多迁移过程不检查潜在的漏洞，许多管理员也不检查或担心这类攻击。正因为如此，尽管迁移并不常见，但对于任何组织来说，迁移仍然是一种切实的风险。

5.1.17　撤销配置

撤销配置(Deprovision)是删除、移除或停用身份的流程。这通常由注册 CSP 完成，但也可由依赖方请求或完成。撤销配置时，管理和控制往往是薄弱的。在身份验证系统中，不活动和未使用的账户比活动和已使用的账户多得多，这很常见。每个未撤销配置的不活动、未使用的账户，都会对系统中的其他所有人构成潜在威胁。身份验证系统中具有管理员访问权限的未使用账户受到的威胁尤其大。所有身份验证系统都应努力严格衡量和控制哪些账户是活跃的，确认哪些账户正在使用，哪些为非活跃的和不使用的账户，并取消非活跃账户和不使用账户的配置。

5.1.18　MFA 组成部分的总结

很多时候，成功破解或绕过 MFA 解决方案的方法实际上与 MFA 解决方案无关。这通常是 MFA 解决方案必须依赖但无法控制的组件中的弱点或问题造成的。MFA 供应商通常没有能力加强其必须依赖的组件。MFA 不得不信任依赖组件的安全性，并被依赖组件自身的安全性所挟持。

在阅读本章和本书其他章节的过程中，你可得到的一个教训是，MFA 解决方案的安全性很少完全取决于自身。更多的时候，MFA 解决方案是多因素身份验证系统的一部分。MFA 供应商或用户的工作是实现和保护其负责和控制的组件，并加以安全保护。至于无法控制的依赖组件，你也应建立威胁模型，并确定能否实施缓解和控制，以抵消所需依赖的潜在风险。MFA 的供应商或消费者不应仅因为对某些东西没有最终控制权就举手投降。MFA 的供应商或消费者的工作是预测、获取和降低风险，无论风险如何。而且，只有当尽力减轻来自其他人的风险时，MFA 的供应商或消费者才会重新总结并接受风险。

5.2　主要攻击方法

有三种主要方法可破解任何数字化解决方案(包括 MFA)：技术攻击、人工攻击和物理攻击。许多针对 MFA 的攻击是多种攻击的组合。

5.2.1　技术攻击

技术攻击针对数字解决方案的技术要素发起攻击。技术攻击针对解决方案本身、解决方案的设计方式和运营方式。技术攻击是对解决方案的数字组件的直接攻击。例如，技术攻击可以是发现存储的身份验证机密的途径。

例如，如前所述，Windows Active Directory 网络身份验证登录密钥通常保存在名为 NTDS.DIT 的数据库中。NTDS.DIT 文件存储在每个参与的域控制器上，本地登录密码存储在本地名为 SAM (Security Accounts Manager，安全账户管理器)存储的注册表或文件中。这两种情况下，Microsoft 都在技术上竭力保护存储的身份验证机密。即使是高权限的本地管理员或域管理员安全组的成员也无法直接访问存储在 Windows 或 Active Directory 身份验证数据库中的机密。要查看存储的身份验证机密，主体或进程必须具有更高级别的系统(即本地系统)权限或等效权限。此外，即使攻击方拥有必要的权限和特权，保护这些秘密的操作系统进程也会尝试阻止已知的攻击和攻击工具访问这些秘密。但每年至少有几次成功的攻击宣布挫败了 Microsoft 阻止攻击的尝试。这是一场持续的猫捉老鼠游戏。

其他技术攻击的示例包括：破坏保护秘密的加密措施，在完全随机的信息中找到可预测的模式，找到准备加密的信息的意外明文副本，攻击所涉及的终端和其他参与方，劫持命名空间，窃听通信通道。技术攻击是在支撑解决方案安全的数字技术中发现漏洞。

5.2.2　人为因素

计算机安全领域有一句俗话："任何计算机防御系统中最薄弱的环节是人。"虽然这未必总是正确，但在所有成功的恶意攻击中，以某种形式对人类实施的社交工程攻击占了 70%～90%。远高于其他类型的攻击！恶意攻击的第二大原因是未打补丁的软件，在所有恶意数据泄露中，有 20%～40% 都是未打补丁的软件。用户所能想到的其他攻击的根源，包括错误配置、窃听和数据畸形的总和，在大多数环境中只占风险的 1%～10%。对于整个联网数字计算机而言，社交工程攻击一直是成功实施恶意攻击的首要或次要原因。

> **注意**　恶意攻击类型的百分比是 Roger 使用全球最大的公共数据泄露数据库 Privacy Rights Clearinghouse 完成的一项私人研究中得出的。目前，该研究追踪了超过 116 亿条违规记录。Roger 花了几个月的时间研究每个漏洞背后的根源。Roger 排除了一些非恶意的数据泄露事件，如人们留下了记录或不小心通过电子邮件将记录发给错误人员。Roger 将注意力集中在恶意破坏或那些可能将记录暴露给恶意人员的地方。其他项目的研究也支持本人的数据，例如，一项研究表明，网络钓鱼占所有网络攻击的 91%(见[6])。Roger 的同事 Javvad Malik 研究 100 项其他根本原因(见[7])后发现，尽管结果在实际百分比上有很大差异，但所有 100 项研究都得出结论，社交工程和网络钓鱼是网络安全事件的头号根源。

社交工程可定义为恶意伪装成一个可信实体，以获取未经授权的信息或创造一种违背受害者或其组织利益的预期行动的过程。简单来说，社交工程是一个"骗局"，带有犯罪或不道德的意图，重点是操纵其他合法的人类行为。社交工程可通过多种方式实现，包括面对面交流，使用电子邮件、即时消息、短消息服务(Short Message Service，SMS)、社交媒体和语音电话。根据社交工程的形式和意图，也可称为网络钓鱼、鱼叉式网络钓鱼(即有针对性)、垃圾邮件或视频钓鱼(即通过语音电话完成)。社交工程攻击计划可能涉及权威主体，声称自己是执法人员、政府官员、朋友、同事或 IT 管理员，或伪装成热门社交网站、银行、拍卖网站。促使某人按照建议行事的任何关系通常都是用来引诱毫无戒心的受害者的。

你可能认为，如果解决方案设计得更好，就不会要求人们做出可能导致损害自身的风险决策；由于人为过失或错误的风险决策而导致的任何身份验证失败都可归咎于技术故障。如果可能设计一个不涉及人类的系统，将能够实现一个不伤害自身的风险决策。但所有身份验证系统本质上都涉及用户。至少，人类通常会调用身份验证系统以获得对其试图访问的受保护资源的访问权(尽管并非总是如此)。

大多情况下，其他任何类型的系统都要求相关人员做出关键的信任决策，这通常是因为技术系统不能得到足够的信任，无法在所有情况下做出正确决策。下面以无人驾驶为例来说明这一点。

在最近，Roger 看到一位亲戚忽视了明显的警告，当另一辆车就在其旁边时变道，差点造成一场严重事故。人们迫切需要无人驾驶汽车来拯救数百万无辜的生命，希望在未来拥有从来不会出错(或很少出错)的无人驾驶汽车。但在目前，无人驾驶汽车的技术复杂性还不能完全受到信任。人们每天都在改进自动驾驶系统。在某些方面，这些系统甚至比人类更精确、更安全；汽车将具备大量的无人驾驶功能，这些功能可监测并警告人们其他车辆在自己车辆的盲区行驶，还将配备传感器，如果汽车即将发生前端碰撞，会自动停止。虽然有很多亮点，但整体而言，无人驾驶系统目前还不够安全，无法完全信任。目前仍有无人驾驶汽车从行人身上碾过，蹭上消防车的侧面，造成人类本可轻易避免的事故。总有一天无人驾驶系统会趋于完美，在所有方面都超越人类，但那一天尚未到来。

身份验证也是如此。未来有一天，身份验证会更加完善，以至于人们不会受要求做出可能导致损伤自身的决定，但那一天还没有到来。除非有人能研发出完美的系统，并让大量的民众信任该系统，将其作为唯一的身份验证方法，否则人类将需要参与做出关键的信任决策，并采取与身份验证相关的行动。就目前而言，毫无疑问，许多MFA 防御漏洞都是人为造成的。

5.2.3　物理因素

许多攻击行为都需要对受攻击对象实施物理访问。最简单的物理攻击类型是盗窃由 MFA 解决方案保护的设备(例如，盗取笔记本电脑或电话)或盗窃 MFA 解决方案本身(例如，盗取身份验证令牌本身)。盗窃是一种拒绝服务(Denial-of-Service，DoS)攻击。

在本书中，"物理攻击"更多指可通过物理途径访问 MFA 设备的攻击方绕过 MFA 解决方案或获得秘密的方式。物理占有(Physical Possession)是完成这种攻击的关键。对于这类攻击，不能远程(或使用虚拟化方式)实施攻击，或者至少不能轻易实施攻击。一些物理攻击需要高超的专业知识和/或昂贵的设备。另一些物理攻击则需要很少的专业知识，需要的硬件很少，甚至不需要硬件。例如，第 17 章将详细介绍针对某种MFA 解决方案的攻击方式，一种攻击方式需要一台价值百万美元的电子显微镜，另一种攻击方式只需要一罐 5 美元的压缩空气。

5.2.4　使用两种或两种以上的攻击方法

本书中显示的许多 MFA 攻击都使用了两种或所有主要的攻击方法。通常情况下，社交工程用来发起攻击，让受害者单击链接或激活一个进程，然后使用其他方法来实际完成必要的技术攻击。例如，用户收到一封钓鱼电子邮件，该邮件将用户引导到一个伪造的网站，从而实现中间人(Man-in-the-Middle，MITM)攻击，然后窃取凭证秘密。或者针对硬件令牌实施物理盗窃，然后对令牌执行取证检查，以获取存储的身份验证秘密。MFA 攻击通常需要使用两种或所有主要的攻击方法。

5.2.5　"你没有破解 MFA！"

许多针对 MFA 的攻击需要使用或涉及与 MFA 无关的方法(如攻击一个 DNS 条目)；因此，对于 Roger 所声称的"任何 MFA 解决方案都可能受到攻击"的说法，许多 MFA供应商不认可，而是表示"你没有破解我的 MFA 方案！你入侵了我无法控制的其他东西!"Roger 的反驳总是:"用户是否依赖你的 MFA 解决方案来保护自己免受非法入侵?你是否告诉用户,你的 MFA 解决方案可防御攻击,值得购买? 既然依靠你的解决方案,用户受到攻击与你无关吗? "糟糕的是,攻击者不会以供应商认定的"正确方式"(受人为限制,仅局限于实验室中,在受控的条件下,以特定的方式)发起攻击。

5.3　如何发现 MFA 漏洞

过去几十年里,各种 MFA 解决方案中发现了数百个特定漏洞。安全专家们可能想知道为什么会发现这么多漏洞。首先,如前所述,一切都是可破解的,没有完美的东西。任何事物都有缺陷和弱点,即使人们不能轻易看到缺陷和弱点。关键在于如何找到缺陷和弱点。发现缺陷和弱点需要使用许多不同的方法,包括正式的威胁建模、代码审计、模糊测试、渗透测试、漏洞扫描和人工测试,以及无意中由善意的或恶意的参与方发现。

5.3.1　威胁建模

预防和发现漏洞的最佳方法是实施威胁建模。威胁建模是指研发团队或后续评审人员查看一个组件,或者更准确地说,查看系统的整体,并试图预测系统可能遭到恶意破坏甚至意外破坏的所有不同方式。设计威胁时,适当地实施安全建模将为团队提供帮助。关于威胁建模的最好的书籍之一是 Adam Shostack 的 *Threat Modeling: Designing for Security*。

在实施威胁建模时,首先要总结提议的解决方案,分解成多个组件和步骤,然后集思广益,讨论每种可能的错误和危害方式。威胁建模包括思考不同的安全边界和信任关系,弄清楚可能遭到滥用的每种方式。威胁建模者可创建"攻击树"(又名"网络攻击链"),显示攻击方如何发起一个或多个攻击并最终实现目标(绕过安全保护、查看受保护的信息等)。可借助模型(如 Microsoft 的 STRIDE)、工具和结构化的风险度量来实施威胁建模。如果成功,威胁建模团队可查看所有已知的威胁和风险,并通过使用内置的控制和缓解措施将其最小化。任何使用经过深思熟虑的威胁建模的 MFA 解决方案,都可能比不使用威胁建模的解决方案具有更少的错误和漏洞。

5.3.2　代码审查

所有 MFA 解决方案都涉及代码。代码包括软件、固件指令,或两者兼而有之。所有代码都包含错误。由人工或自动软件扫描完成的代码审查(Code Review)可发现预定义的漏洞。最好的代码审查包括人工和自动软件扫描两个方面,每个方面都可以发现对方遗漏的问题。

5.3.3　模糊测试

模糊测试(Fuzz Testing)软件通过几十到几百种不同的输入方式来发现潜在的漏洞。例如，假设一个软件要求用户输入登录名，其中预期的登录名将由 20 个或更少的字符组成。模糊测试者将运行程序并可能输入由数百个不同组合组成的登录名。例如，可能输入过长的登录名、仅由数字组成的登录名、打印机控制字符或可执行代码。其理念是，模糊测试者会主动尝试各种组合，包括预期的和意外的，查看接受程序是否会抛出错误——如果抛出错误，则是否可能利用这个错误。如今，许多最积极的 bug 挖掘者都使用模糊测试来找出编程漏洞。

5.3.4　渗透测试

渗透测试(Penetration Testing)可能由软件驱动，也可能由技能高超的人类驱动，以寻找可利用的目标。攻击方可能使用模糊技术，但通常远远超出了对输入的不同反应。攻击方将关注所有涉及的组件，寻找新漏洞和旧漏洞。与代码审查一样，最佳的渗透测试组合使用自动化方式和基于人工的攻击方式。

5.3.5　漏洞扫描

漏洞扫描(Vulnerability Scanning)几乎总由寻找已知可利用漏洞的自动化软件执行。漏洞扫描是渗透测试的一个子集，但漏洞扫描只关注于发现由错误和弱点引起的应用程序漏洞。通常情况下，漏洞扫描寻找的是供应商修补过的已知漏洞，但在调查的目标上仍然没有安装这些漏洞补丁。但漏洞扫描也可查找常见的编码错误、错误配置、默认口令和性能降低问题。最好的漏洞扫描器有超过 50000 个测试。漏洞扫描器是很棒的工具，但若防御方只使用漏洞扫描器来发现和预防漏洞，那么可能出现问题。也应同时使用前面建议的其他方法。

5.3.6　手工测试

许多漏洞是在人们查看特定的解决方案并试图猜测不同可能的漏洞时发现的。任何专业的渗透测试人员都会结合使用其最喜欢的自动化工具以及自己的智慧来寻找 bug 和漏洞。要成为一名优秀的手工 bug 挖掘者，需要经验、独创性和毅力的结合。Roger 拥有超过 20 年的专业渗透测试经验。Roger 曾通过简单地手动寻找漏洞和 bug，发现了至少一半最关键的漏洞。有时 Roger 只是简单地猜测和随机尝试一些事情，通过直觉立即找到了 bug，或在精疲力竭之前发现了 bug。

Roger 认为，一个优秀的 bug 挖掘者就像一个优秀的牌手。每个人都在遵循同样的规则，但有些人似乎在这方面更有天赋，往往比其他人"赢"的概率更大。大多数 bug 测试人员专注于研究其发现的 bug 类型。bug 测试人员专注于一种操作系统类型(如 Windows、Linux 和 Apple iOS)、一种语言(如 Python)、一种服务器功能(Web、数据库和文件)等。最优秀的人才将拥有多个学科的专业知识。

5.3.7 事故

青霉素的发现是现代医学的奇迹之一。青霉素的创始人、苏格兰科学家 Alexander Fleming 在一扇打开的窗户附近发现了一个意外丢弃的装有葡萄球菌的培养皿，并发现了青霉素。一种由 Fleming 命名为盘尼西林的蓝绿色霉菌落在培养皿上，开始杀死并抑制细菌的生长。Fleming 注意到霉菌对细菌的影响，经过大量认真的研究，挽救了数十亿人的生命，改善了人们的生活，这是非常伟大的实质性事件。

许多数字漏洞的发现都是偶然发生的。发现数字漏洞的人员或工具并非有意寻找。有时，这是因为终端用户输入了错误内容(就像模糊测试人员可能尝试的那样)，或按错误顺序执行某些操作。其他时候，数字漏洞的发现来自第三方供应商，第三方供应商希望用户使用和扩展 MFA 供应商的解决方案的功能。

使用威胁建模、代码审查、模糊测试、渗透测试和漏洞扫描器的 MFA 解决方案在公开发布后，存在的漏洞往往更少。最聪明的 MFA 供应商使用专注于寻找漏洞的内部资源，并鼓励友好的外部“bug 猎手”。有些供应商甚至邀请 bug 猎手，并提供公开奖励，以鼓励友好的 bug 猎手，这一过程称为漏洞赏金(bug Bounties)。包括 MFA 供应商在内的一些供应商提供了 10 万美元的漏洞奖金，具体奖金额取决于发现的漏洞的严重程度。

即使 MFA 供应商没有利用所有的漏洞查找方法(甚至一个也没利用)，总是可假设恶意攻击方和敌对方正在利用这些方法。如果 MFA 供应商试图在其产品中找到尽可能多的漏洞，那就再好不过了。

5.4 小结

MFA 解决方案的安全性不仅取决于解决方案本身的固有属性和技术。大多数组织还可能依赖于其他数十个不受其控制的组件和基础架构。每个组件都可遭到攻击方的攻击，以破坏或绕过涉及的 MFA 组件。一般来说，可使用技术攻击、人为攻击、物理攻击中的两种或三种方法来完成 MFA 攻击。发现 MFA 漏洞的方式多种多样，包括人工审查、自动扫描甚至是事故。MFA 解决方案和设计方必须了解所有涉及的因素和潜在的攻击向量。第 II 部分的其余章节将列举 MFA 攻击的具体示例。第 6 章将从最常见和难以阻止的攻击方法之一开始：攻击访问控制令牌。

第 **6** 章　访问控制令牌的技巧

本书将列举攻击各种多因素身份验证解决方案的几十个示例，第 6 章将是一个开始；具体来说，本章将研究如何入侵访问控制令牌。入侵访问控制令牌可能是最古老和最流行的破解各种 MFA 解决方案的方法之一。攻击访问控制令牌通常意味着攻击方不关心使用了什么身份验证类型，无论是单因素口令、多因素口令、生物识别技术或超级 MFA 设备。访问控制令牌攻击方只关心重新创建或窃取所产生的访问控制令牌；大多数情况下，访问控制令牌是在成功登录后授予主体的。

6.1　访问令牌基础

一般来说，"访问控制(Access Control)"是一个系统或一组已定义的流程、人员和策略，用于防止未经授权的主体访问受保护的资源。在现实中，访问控制是房子或汽车的钥匙、是每一个守卫的大门、是一个带刺的铁丝网或每栋楼进出系统的钥匙卡。数字访问控制系统试图对需要独立安全域来实现可信和安全操作的数字系统执行同样的工作。

正如第 2 章所述，当主体成功完成身份验证时，大多数身份验证系统都会生成一个访问控制令牌(Access Control Token，也称为访问令牌)并将其发送给该主体，或者更准确地说，发送给代表该主体运行的进程。令牌可有多种形式。在用户登录到网站或服务后，访问控制令牌通常以明文 cookie 的形式出现；在 Microsoft Windows 系统中，访问控制令牌通常是 NT 令牌或 Kerberos 票证的形式。访问控制令牌甚至可以是一个临时内存变量值，以允许操作系统或应用程序知道用户已经成功地通过了身份验证。

访问控制令牌的目的是允许更快地做出后续决策，不需要经过身份验证的主体再次完全重新验证(特别是在同一会话或整个操作期间)。例如，想象一下以下情形：每次在同一个已通过身份验证的网站上单击不同的页面，用户都必须一次又一次地重新执行身份验证，或者用户每次在 Microsoft Word 中从自己的文件夹中打开一个文档时，必须再次键入登录名和口令。

相反，使用访问控制令牌，在单个会话中成功执行一次身份验证后，经过身份验证的主体可将其会话访问令牌传递给任何只有通过身份验证才能访问受保护资源的进程。实际上，真正的主体很少传递其访问令牌；传递访问令牌的经常是一个或多个代表主体的进程。例如，访问网站或服务时，Web 浏览器通常会代表用户使用访问控制令牌。如果用户在 Windows 上使用 Word，那么使用并评价访问令牌的进程是 Word 和 Windows 操作系统可执行文件。所涉及的进程取决于操作系统、应用程序和正在执行的任务。

用于保护资源(如文件、文件夹、站点和服务)的访问控制管理系统可在访问控制流程中，使用主体的访问令牌来确定特定的经过身份验证的主体是否可访问特定的对象。访问令牌是一种"驾照"，提供了主体经过验证的身份以及可能相关的权限、成员资格和特权的证明。

6.2　针对访问控制令牌的常见攻击

遗憾的是，无论合法与否，访问或复制对象的访问控制令牌通常都被任何收单机构视为合法的凭据。存取令牌可比作金融世界中的实物"无记名债券"，无记名债券的实际持有人被视为法定持有者。

如果未经授权的一方能复制或窃取经过身份验证主体的访问控制令牌，那么攻击方就会伪装为合法用户开始与访问控制系统交互，就像是合法用户一样，而访问控制系统几乎无法察觉到任何不同。这类攻击通常称为会话劫持(Session Hijacking)。攻击方可查看和操作合法的主体能做的一切，包括更改主体的身份验证因素，使其不再为合法用户工作。入侵访问控制令牌有两种常见方式：复制/猜测和盗窃。

6.2.1　令牌复制/猜测

每个访问控制令牌都包含经过身份验证的主体或会话特有的信息，这些信息本质上标识了访问控制管理系统的主体。身份信息应该总是长的、随机的、唯一的和不可预测的。必须使用可信的、经过审核的进程来创建唯一的、不可预测的会话 ID，然后在访问控制令牌中使用这些会话 ID。

下面列举一个看似简单的、可信赖的流程的示例，假设用户的唯一身份账号与随机生成的种子值(为每个会话重新生成)相结合，然后使用行业公认的哈希算法(SHA-256、Bcrypt 等)对结果执行哈希，以创建一个唯一的随机会话 ID(如图 6.1 所示)。会话 ID 信息不应该在一个会话过期后重复，即使对于同一用户也不应该重复，并应该在预设的时间后过期。

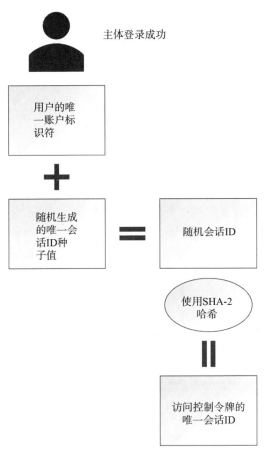

图 6.1   可信赖的会话 ID 创建示例

按照图 6.1 所示的简单示例，为具有连续账号的用户生成三个唯一的用户会话 ID。假设用户的账号是 1234、1235 和 1236。表 6.1 显示了随机生成的信息和哈希结果，这些结果将用作唯一的用户会话 ID。

注意   在现实生活中，账号和随机数的长度都要长得多，可能生成更安全的会话 ID。

表 6.1   随机生成的用户会话 ID 示例

	用户 1	用户 2	用户 3
账号	1234	1235	1236
随机数	1785156198873442051	793015581091368489	19744833112320865368
账号+随机数	12341785156198873442051	1235793015581091368489	123619744833112320865368
SHA-256 哈希结果	7be2b867b9c5b8f26dc457199a5a25371351d25781007b9fd90e0447b912042c	0432629d7bdc649ae5e12bc76ff4a4be6fbee59943b055e590479f1270020ff2	90043e041c3c0c51091e699e8e0ff04ccb52fb522e67fa978c36e14772702b65

如表 6.1 所示，结果是独特的、长期的、随机的和不可预测的。使用强壮的加密哈希，如 SHA-256，加上额外的随机部分，可确保任何一个查看会话 ID 的攻击方都不容易猜到另一个会话 ID。会话 ID 应该是有时间限制的(即在指定的时间限制后过期)，以确保在第一个会话过期后，一个遭窃的会话 ID 不能在另一个会话中针对同一个用户重用。同时，只要站点或服务存储了计算值，就很容易在允许的会话期间跨多个操作和事务跟踪用户。

如果会话 ID 具有易于查看的可预测模式，则所有提供的会话 ID 保护都将失效。如果有人可轻松地查看或猜测唯一的身份信息，就可轻松地构建一个相同的访问控制令牌。访问控制令牌攻击方通常会以随机和不可预测的方式寻找可预测的模式。攻击方将使用许多不同的身份多次对一个网站执行身份验证，并查看不同的访问控制令牌信息以获得可预测的模式。如果攻击方在 cookie 中本应唯一的身份信息内发现了一个可疑的可预测模式，将开始构建额外的 cookie，以不同方式微调 cookie，并连接到网站，以查看网站(a)是否接受 cookie，(b)验证该 cookie 是否代表另一个有效的用户账户。如果(a)和(b)为真，则攻击方就已经入侵了系统。有许多攻击方工具(Firesheep、Burp Suite 和 cookie Cadger 等)可帮助盗窃、重新创建和攻击 cookie。然后就是生成尽可能多的合法主体 ID 和 cookie。对于这个部分，可很容易地编写脚本。如果攻击方发现了该模式，就没有什么可阻止攻击方获取整个数据库。你在新闻中看到的许多数据泄露其实只是攻击方发现了一个会话 ID 模式，并用其来转储整个数据库。

6.2.2　令牌盗窃

大多数访问令牌包含正确生成的随机唯一会话 ID，如表 6.1 所示，因此在合理的时间内，使用已知的技术和技巧尝试来猜测随机唯一会话 ID 或找到可重复的模式并非易事。如果攻击方拥有适当的访问权限，那么窃取用户的合法访问令牌可能更容易。访问控制令牌遭窃可能发生在本地或网络上。在本地，如果攻击方对用户的计算机或设备拥有完全的管理控制权，通常这足以让攻击方访问、查看、窃取、操纵和使用访问控制令牌。

管理访问权并不总是保证对访问控制令牌的立即访问。许多操作系统为访问控制令牌及周围的进程提供了特殊保护，即使拥有最高管理权限也无权许直接访问令牌。最终，在大多数情况下，如果攻击方能无障碍地访问设备或令牌，且有足够的时间和资源，则可通过某种方式获得对访问控制令牌的访问权。

其他时候，特别是当令牌存储在加密保护的令牌设备上时，除了异常尝试访问、窃取或复制访问控制令牌外，其他方式可能十分难以得手。相反，当合法用户使用令牌时，攻击方可能更容易操纵或重用令牌。在后续章节中，你将进一步了解后一类场景。

另一种方法是在使用期间或在网络介质传输期间窃取访问控制令牌。大多数情况下，攻击方必须将自己注入客户端和服务器之间的通信流中，即所谓的中间人(MitM)攻击。MitM 攻击方可窃听、查看和/或操纵访问控制令牌。访问控制令牌的网络盗窃已持续了几十年，是攻击方攻击任何身份验证解决方案(包括多因素身份验证解决方案)的最常见方法之一。

6.3 复制令牌攻击示例

正如许多网站渗透测试人员可证明的那样，在 Internet 上随时可能有成千上万的网站使用容易猜测的会话 ID。可在任何地方找到此类会话 ID，但当 Roger 在 21 世纪初为 Foundstone 授课时，Foundstone "攻击" 课程的大多数授课教师使用同一个网站演示访问令牌攻击，该网站甚至写进一些教学指南中。这是一个真实网站，由之前的指导老师发现，包含多个令牌漏洞。该网站是一个完美的 "演示" 站点，因为该网站的控制令牌会话 ID 是连续的。这一事实使得学员很容易发现和利用漏洞。教师们从来没有恶意利用这个漏洞，且告诉学生不要攻击该网站。但该案例向学生展示了攻击方入侵真实世界的网站是多么容易，这给课程增加了一些信任度。

教师们经常使用上述网站为学员演示，大多数指导老师一定认为这是一个虚设的网站，专门用来演示漏洞(Roger 最初也是这样想的)。但有一天，一个学生告诉 Roger，他利用教师们传授的漏洞，成功地免费购得几件昂贵设备。该学生最初也认为这是一个虚设的网站，且在 "虚拟性地利用" 该漏洞，但随后这些设备真的到达学生家门口，并将该消费记在了别人的信用卡上。最终，教师们及时纠正了供应商的 "错误"，也不再使用该网站作为演示。

但要知道，每天都有成千上万的网络渗透测试人员，包括那些有经验的、不活跃的渗透测试人员，这些渗透测试人员在访问任何网站时，都在寻找可重复模式的迹象。这不是渗透测试人员必须思考的事情，但这种寻找模式已成为渗透测试人员 DNA 的一部分。渗透测试人员会发现自己在查看 URL(会话 ID 有时会显示在其中)和 cookie，看能否找到可猜测的、可重复的模式。一旦渗透测试人员了解了漏洞是什么以及漏洞有多么普遍，这种行为就变成一个终生的虚拟漏洞发现游戏。

作为一个正义攻击方，Roger 在真实网站上发现一个可猜测的会话 ID 时，总是向网站所有方报告发现的错误，永远不会非法或不道德地使用该漏洞。遗憾的是，通知网站所有方这个漏洞可能很难甚至无法办到。许多网站并未说明在发现漏洞时要联系的人员。有些网站虽然显示联系对象，但发送出的警告如石沉大海，不会由任何人阅读。网站中包含的电子邮件地址是很久前创建的，所有者早已离开公司或停止维护。更糟的是，一些人回复了邮件，但表明自己觉得相应的漏洞并不严重，有一些人甚至指责 Roger 违反法律。Roger 会将事情的起因与网站所有方说清楚，表明自己从未在计算机上做过违法或不道德的事。Roger 不会公开报告自己的发现或将其告诉任何人。但事实上，如果这些人在很长一段时间后不修复该漏洞，正义攻击方公布该漏洞是可原谅的，这样，网站的客户就会意识到这个问题，而不会冒着泄露个人信息的风险继续留在网站。在 Roger 30 多年的计算机安全职业生涯中，曾不得不警告一家网站，如果该网站不修复其漏洞,将面临在一年后公布该漏洞的风险。这种情况是会发生的。更常见的是,Roger 给易受攻击的网站发送的电子邮件最终帮助网站修复了漏洞,这让每个人都更安全。

可猜测的会话 ID 是一个很流行的可利用漏洞,因为程序员很少在学校或使用自学资源时学习如何避免常见的安全漏洞。很少有编程教学指南涵盖 SDL (Security Development Lifecycle,安全研发生命周期)教育主题。因此,对于新程序员来说,在设计一个涉及身份验证和访问控制令牌的系统时,处理生成会话 ID 号的过程经常出现问题。除非新程序员接受过重要的令身份验证和访问控制令牌变得随机和不可预测的培训,否则不会意识到这些令牌有多容易遭到利用。

创建随机、唯一和不可猜测的会话 ID 已成为 OWASP (Open Web Application Security Project,开放式 Web 应用程序安全项目)的一部分,位于 OWASP 排行榜前 10 名。OWASP 是一个非营利组织,致力于帮助 Web 程序员更安全地编程。OWASP 排行榜是同类榜单中的顶级指南之一,已成为全球标准。OWASP 在其 “A2:2017:失效的身份验证(A2:2017: Broken Authentication)” 部分解释了糟糕的会话 ID 以及防御方法。特别是,OWASP 建议使用以下方法来防止不安全的会话 ID:“使用服务器端的、安全的以及内置的会话管理器,在登录后生成一个新的随机会话 ID,该会话 ID 熵值高。会话 ID 不应位于 URL 中,应安全存储,并在注销、空闲和绝对超时后失效”。

这就是说,用户应该确保其会话 ID 是唯一的和不可猜测的。当攻击方能猜测或预测会话 ID 时,通常会利用这些 ID 进一步危害网站或用户。有时,这些模式很容易查找,像眼中钉一样突出。通常,攻击方可看到一次只增加一个数字或字母的顺序模式(如图 6.2 所示)。在第一个不安全的会话 ID 示例中,会话 ID 位于 URL 中,URL 中的会话 ID 更容易检查,并且除了最后一个数字之外都是相同的。上述案例中的漏洞显而易见。

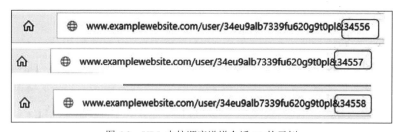

图 6.2 URL 中按顺序递增会话 ID 的示例

上面这个真实的不安全会话 ID 示例十分简单。大多数可预测的模式虽然没有这么浅显,但只要知道要寻找的是什么,也不会有多难。例如,许多站点仅根据用户的账号创建会话 ID(不添加随机生成的部分),然后对其执行弱模糊处理或哈希处理。例如,假设有三个用户的账号分别是 1234、1235 和 1236。许多网站会将用户的账号转换成 Base64(见[1])表示或只是哈希账号。表 6.2 显示了用户的明文账号转换成弱安全的 Base64 和 SHA-256 表示。

表 6.2　弱生成的用户会话 ID 示例

	用户 1	用户 2	用户 3
账号	1234	1235	1236
Base64 表示法	MTIzNA==	MTIzNQ==	MTIzNg==
HA-256 表示法	03ac674216f3e15c761 ee1a5e255f0679536 23c8b388b4459e13f97 8d7c846f4	310ced37200b1a0dae 25edb263fe52c491 f6e467268acab0ffec 06666e2ed959	7b0838c2af7e6b1f3fe 5a49c32dd459d997a 931cee349ca6869f3 c17cc838394

可在表 6.2 中看到，Base64 转换的结果是不同字符，但这些字符都有一个易于识别的、可重复的模式。除了 Base64 混淆，还可用任何已证实的弱加密哈希(MD-5、LM 和 SHA-1 等)在较小程度上替换这种类型的漏洞。任何包含加密弱算法的修饰符例程本身都是弱加密的、可破解的、可猜测的。Web 和 MFA 研发团队在生成会话 ID 时，应该只使用业界公认的、密钥长度合理的安全加密方法。

目前，SHA-256 哈希在密码领域算是一种强算法，仅通过检查哈希输出不容易找到一个模式。但如果研发团队只使用转换或哈希例程作为会话 ID，任何一名出色的 Web 渗透测试人员都可以使用已知的账号或登录 ID，通过一些模糊处理和哈希例程，来查看结果是否与预想匹配。

为提供良好的保护，会话 ID 必须包含某种不易预测的随机种子值，并将该组件添加进来，经过哈希处理以创建最终结果。最终结果还可能与时间戳，甚至用户以前注册的设备有关。研发团队可使用任何不为人所知的、不易遭到攻击方猜测的值。但哈希结果不应该仅代表一个纯文本、顺序更新的数字。攻击方很快就会发现这些方案。

需要注意，不安全的会话 ID 使攻击者更容易在站点和服务上实施会话劫持。在任何使用会话 ID 的地方，包括在 MFA 解决方案中，都需要安全地生成会话 ID。弱生成的会话 ID 可能破坏原本可靠的 MFA 解决方案。

6.4　网络会话劫持技术及实例

如前所述，窃取合法发布的访问控制令牌通常比复制或猜测令牌更容易。可在本地或通过网络来窃取和重用令牌。网络上的会话劫持是针对 MFA 解决方案的常见攻击，下面将详细探讨这一点。

网络会话劫持(Network Session Hijacking)要求攻击方截获客户端和服务器之间的访问控制令牌。在网络时代的早期，大多数网络使用共享的网络介质，即以太网。以太网可以是有线的，也可以是无线的。在纯以太网上，任何参与的网络节点都可监听同一本地网络上其他任何节点之间发送的流量。通常，以太网节点会简单忽略或丢弃同一共享网络上不直接涉及该节点(或非广播)的任何数据包。但是窃听以太网设备，不管是出于恶意还是其他原因，都不会丢弃这些信息，而会读取通过接口的每个包。在早期，没有任何额外的网络安全保护；在纯以太网网络上，任何参与的网络节点都很容易监听甚至恶意操纵其他节点的网络流量。

6.4.1　Firesheep

20 多年来，网络世界充斥着合法的和恶意的工具，这些工具会“监听”其他节点的流量。流量往往会包含来自另一个节点的不受保护的访问控制令牌；此时，恶意监听器可能会拦截并复制该令牌。直到现在，仍然存在几十种攻击方工具，专注于从共享介质网络上窃取他人的访问控制令牌。

最受欢迎的工具之一是 Firesheep(见[2])，Firesheep 主要关注网站 cookie。这是一个在 2010 年后期发布的浏览器扩展程序，可安装在名为 Mozilla Firefox 的流行 Internet 浏览器上。Firesheep 席卷全球，因为 Firesheep 显示了盗窃访问令牌是多么容易。

只需要在 Firefox 程序中启用 Firesheep，Firesheep 就会立即监听并收集尽可能多的未受保护的访问控制令牌。用户所要做的就是双击其中一个收集到的令牌，Firesheep 会立即将收集者作为用户登录。就这么简单。

如果此时你还没有意识到窃取访问令牌是多么容易完成的，这是令人震惊的。许多渗透测试人员会进入咖啡店、机场和许多人使用其他共享无线公共网络的区域，并尽可能多地窃取访问控制令牌。这是一个好方法，可使他人认为自己是一个伟大的攻击方。安全专家经常使用这项技术向高级管理层展示网络会话劫持是多么容易，展示结果令人瞠目结舌，也使得高级管理人员愿意为安全工作提供预算。

Firesheep 和其他类似工具要想获得成功，两个关键要求是：(a)该工具必须能嗅探与使用 cookie 连接网站的其他人共享的介质以太网，(b)访问控制令牌必须通过不受保护的、可嗅探的网络(即 HTTP，不是 HTTPS)传输。最终，主要由于 Firesheep 和其他类似的攻击方工具的成功，像以太网这样的共享介质网络很快演变成非共享的交换式以太网，大多数网站最终转向 HTTPS(而不是 HTTP)网络连接，这就防止了简单的访问控制窃听。在 Firesheep 发布后的几年内，数十年轻松的网络窃听几乎消失了，这是 Firesheep 成功的牺牲品。现在仍有很多网络会话劫持工具(Burp、cookiesnatcher、Paros 和 WebScarab 等)，但攻击方必须首先找到一种方法，将自己“注入”客户端和服务器之间的默认私有通信中。许多共享的网络介质不再控制有线和无线通信。

6.4.2　MitM 攻击

通常，MitM 是由攻击方将自己注入客户端和服务器之间已经存在的网络连接中，或诱使客户端或服务器先意外地连接到攻击方节点。为获得相同的结果，可通过多种方法实现。然后，在客户端或服务器不知情的情况下，攻击方的节点充当代理，位于客户端或服务器之间(如图 6.3 所示)。代理将把来自客户端和服务器的所有命令和内容传递给另一方。代理可记录或操纵其所代理的任何东西。客户端和服务器通常都不知道存在中间代理拦截或窃听通信流。对于客户端来说，客户端似乎是直接与服务器通信，反之亦然。MitM 攻击可通过多种不同方式实现，尽管 MitM 攻击往往根据攻击方与客户端或服务器在同一局域网还是在不同的网络(如 Internet)上操作而有所不同。

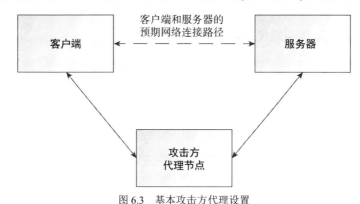

图 6.3 基本攻击方代理设置

1. ARP 欺骗

MitM 攻击可通过包括 ARP (Address Resolution Protocol，地址解析协议)的"中毒攻击(Poisoning Attack)"在内的多种方式在局域网(LAN)上实现。ARP 用于将上层的 IP 地址(如 192.168.1.10)转换为其较低层的 MAC 地址(如 9C-B6-D0-C7-F3-C8)，该地址最终用于在局域网的节点之间传输网络信息。当本地网络上的一台计算机需要知道另一台计算机在本地网络上的位置时，该计算机会发出一个 ARP 广播，类似于问"192.168.1.10 在哪里？"IP 地址为 192.168.1.10 的计算机将接收广播(发送到所有节点)并响应"我是 192.168.1.10，我在 9C-B6-D0-C7-F3-C8。"这是本地网络上两个联网设备相互发送和接收流量的方式。

在 ARP 中毒攻击中，攻击方的设备代表合法计算机使用自己的 MAC 地址恶意应答。如果在合法的 ARP 响应之前接收到 ARP 攻击方设备的 ARP 响应，则受害者将认为攻击方的恶意 ARP 响应是合法的，并开始与攻击方的节点通信。ARP 攻击方设备将试图制造假象：客户端和服务器连接到合法的节点，并非连接到攻击方设备。现在有许多攻击方工具可让 ARP 中毒变得非常简单，只需要单击工具中的一个按钮就可以完成该攻击操作。

注意　许多二层交换机具有抗 ARP 中毒功能，例如，将每个 IP 地址的更常见的合法 MAC 地址存储在一个特殊的表中，并注意某个特定 IP 地址的 MAC 地址是否突然发生变化。每个抗 ARP 中毒功能总体上都是有效的，但成功概率有差别，也有不同程度的额外问题。

2. 代理攻击

在来自不同网络或 Internet 的攻击中，MitM 攻击方通过使用一系列其他技巧来伪造受害者，包括欺诈路由、DNS、电子邮件或其他命名技巧。如果客户端或服务器依赖于服务或人为操作路由到另一方(通常是这种情况)，则攻击者可能滥用中间依赖来创建 MitM 代理攻击。

一种常见的 MitM 攻击方法是向受害者发送一封电子邮件，假装来自用户经常使用的合法、受欢迎的服务。电子邮件的格式看起来像是来自合法服务的请求，用户可能会单击一个嵌入的恶意链接，从而被带到攻击方的恶意代理服务。

MitM 代理攻击方不关心受害者如何执行身份验证。同样，可能采用任何方法。攻击方只想在受害者成功身份验证后捕获并重用产生的访问控制令牌。下面列出此类 MitM 代理网络会话劫持攻击的基本步骤：

(1) 攻击方诱骗受害者访问虚假(通常是同名)网站，虚假网站成为代理，将输入内容传输给真实网站。

(2) 真实网站(可能使用 MFA 解决方案)通过代理，提示受害者输入登录凭据。

(3) 受害者提交所需的凭据，攻击方将其转发至真实网站。

(4) 真实网站发送给受害者的访问控制令牌被攻击方截获。

(5) 攻击方以受害者身份登录真实网站。

(6) 攻击方控制用户的账户。

(7) 攻击方更改用户可用来收回控制权的任何内容。

有五种主要方法可完成 MitM 代理攻击，每种方法都会提高攻击的复杂程度：

- 1 级——外观相似的 URL 和网站(无 TLS)。
- 2 级——与 1 级相同，但具有与外观相似的 DNS 域绑定的可信数字 TLS 证书。
- 3 级——与 1 级相同，但使用合法域名的 DNS 欺骗(无 TLS)。
- 4 级——与 3 级相同，但具有与合法域绑定的可信(但具有欺诈性)TLS 数字证书。
- 5 级——与 4 级相同，但具有与合法域名绑定的遭窃的(复制的)、合法的、可信的 TLS 数字证书和私钥。

注意　可信数字证书中的"可信"指用户的设备、操作系统、浏览器或应用程序自动"信任"颁发证书的证书颁发机构(Certification Authority，CA)。来自不受信任 CA 的数字证书通常会创建一条警告消息，表明颁发证书的 CA 不受信任，并提示用户再次确认或放弃对 CA 和/或数字证书的信任。每个警告都有提示作用，会抵御一定比例的攻击；为此，攻击方喜欢获取和使用可信数字证书，以免显示信任警告消息。大多数操作系统和浏览器都预先定义了其信任或不信任的 CA 列表，用户通常可根据需要自定义 CA 列表。

第一个 MitM 代理方法是 1 级，只是诱使用户单击一个看起来相似的 URL，该 URL 将用户指向一个相似的域名和网站。虚假网站没有托管，也不在合法域名显示为托管。在 2 级 MitM 代理攻击中，攻击方还可为看似相同的虚假域获得有效的可信数字证书；目前，这些是最流行的 MitM 代理攻击类型，超过 70%的虚假网站都拥有

有效的、可信的数字证书。

即使是好的 CA 也很难监控和确定其发布的 TLS 证书哪些针对有良好意图的合法域，哪些不是。许多 CA 甚至不去宣传这个事实。如果用户的服务器和域名需要一个 TLS 证书，即使名称与大众熟知的域名类似，明显有假冒意图，用户也可拥有该证书。攻击方很欣赏这种视而不见的做法。

注意　最受广泛信任的 CA 在颁发数字证书前至少会执行少量检查，以防止恶意行为。值得信任的 CA 会设法阻止易发现的恶意域名(这些域名试图伪装成知名的合法域名)，但验证特定域名合法性和意图的做法因 CA 而异。

今天，大多数骗子在网络钓鱼诈骗中使用 2 级方法。无论是 1 级还是 2 级攻击，除非用户意识到连接的是一个假网站或身份验证解决方案不能缓解这些攻击，否则很容易受骗。如果用户知道合法的 URL 是什么，并确保不受欺骗，将可击败这些类型的 MitM 攻击。但正如人们所知，人类可由社交工程攻击引导单击错误的链接。更高级的方法是像 FIDO 那样自动强制使用特定于站点的身份验证凭据，以防止这些类型的 MitM 攻击。

使用 3 级 MitM 代理方法，攻击方会以某种方式将受害者重定向到一个外观相似的网站，在受害者的设备或软件看来，该网站托管在合法域中(或真的托管在合法域中，但不涉及有效、可信的 TLS 证书)。攻击方可对 DNS 实施攻击，从而使受害者的软件重定向到假网站，即使当用户输入或单击合法名称时也是如此。例如，用户输入或单击 www.bankofamerica.com 将重定向到一个伪造的美国银行网站，即使网站在其他地方托管，在受害者的软件看来该网站托管在 www.bankofamerica.com。十年前，DNS 中毒攻击曾比较流行，但随着各种反 DNS 中毒技术的广泛运用，DNS 中毒攻击的流行程度已经大大降低。尽管有各种方法来解决 DNS 中毒，这些攻击仍未完全杜绝。

攻击方有时会从合法的 DNS 域名所有方那里窃取合法网站的域名，并利用该域名将受害者重定向到攻击方现在以合法网站域名托管的假网站。这种情况确实会发生，在第 18 章有更详细的介绍。

4 级 MitM 代理攻击方法涉及一个虚假网站，该网站似乎托管在合法域名上，并具有看似合法的 TLS 数字证书。TLS 数字证书与合法网站的真实 TLS 证书不同，但该 TLS 证书是绑定在真实网站的合法域名上的。这通常是通过攻击受信任的 CA，然后使 CA 发布具有欺诈性但受信任的数字证书来实现的。在 2011 年这类攻击首次成为大新闻，起因是 DigiNotar 的泄露事件(见[3])。

为减少 4 级攻击，较旧的防御措施是通道绑定(Channel Binding)，较新的防御措施是证书透明性(Certificate Transparency)。这两种措施都试图通过将合法站点的已知的、可信 TLS 数字证书的先前存储和验证的数字指纹(哈希)，与用户(或代表用户的软件)在当前连接期间交互的数字证书进行比较。

证书透明性是 Google 在 2013 年创建的 RFC 6962(见[4]),且随着时间的推移越来越得到广泛采用。通过证书透明性,合法站点使用 Google 或其他可信 CA 维护的日志,将其合法 TLS 数字证书的数字指纹注册到可公开访问的可信证书透明日志中。该方案的思想是,如果有人为一个已注册的域提交了一个额外的 TLS 数字证书,其中包含一个已存在的、有效的、可信的和未过期的数字证书,那么重复的注册将很快受到注意和评估。

最初,Roger 不喜欢证书透明性的想法,甚至写了一些反对证书透明性的文章。对 Roger 和其他人来说,CRL (Certificate Revocation Lists,证书撤销列表)就能提供保护,已由大多数 CA 广泛使用和部署,证书透明性只是在重复创建同样的保护。但随着时间的推移,Roger 逐渐理解到,现有的 CRL 不能很好或及时地提供保护,而证书透明性很好地弥补了这一点。尽管证书透明性自身也存在问题(例如,要求合法网站在一个或多个公共日志中注册其有效的 TLS 数字指纹),但可保护终端用户免受用于 4 级攻击的流氓域和证书的攻击,这已在实践中得到证明。

有关证书透明度的详细信息,请参见[5]~[7]。

RFC 5056(见[8])和 5929(见[9]) "通道绑定"也比较数字证书的数字指纹,作用类似于证书透明性,但方式迥异。证书透明性涉及集中化的数据库,其他人都可连接和使用这些数据库。而通道绑定是在每个设备、操作系统、应用程序或身份验证解决方案的基础上本地完成的,使用不同的方法。证书透明日志可包含数百万个数字证书指纹,本地通道绑定数据库通常只存储用户或其身份验证解决方案有意信任、存储和使用通道绑定的站点。

注意　通道绑定有三种类型,但本书只讨论最相关的类型,即 TLS 服务器终端(tls-server-end-point)。

可将支持通道绑定的身份验证解决方案设置为:①默认启用,②默认关闭但建议使用,③只作为一个选项提供,但并不真正推荐。例如,FIDO 在其规范中默认启用了通道绑定,但由于一些假阳性案例场景以及目前大型浏览器供应商对最终解决方案存在分歧,大多数主流浏览器供应商都没有启用通道绑定。

注意　还有其他类似的技术,如 OCSP (Online Certificate Status Protocol,在线证书状态协议)装订、信任锚定和密钥锁定,这些技术试图做与证书透明性和通道绑定类似的事情。然而,这些技术从未流行起来,很可能是因为没有获得 Google 的支持,而 Google 现在控制着大部分 Internet 和协议。

---

5 级 MitM 代理攻击是最复杂和最难检测的。攻击方要么能访问合法站点的包括私钥在内的真实数字证书并将其完整复制,要么以某种方式复制了真实数字证书。这

类攻击极为罕见。目前尚未听说过有人用这种方式来伪造网站(尽管存在几个遭窃或伪造的数字证书用来给木马恶意软件签名)。

如果发生这些类型的攻击，将很难防止。用户可能不会注意到任何错误，原因是网站看起来在正确的域中，有合法的数字证书。因为原始和备份/复制的数字证书都具有相同的数字指纹，证书透明性和通道绑定将无法阻止攻击。

2018 年底推出的一种名为"令牌绑定"(RFC 8471，见[10])的防御措施可减轻所有 5 级 MitM 攻击。令牌绑定将客户端的长期身份验证令牌与客户端和合法网站或服务上的(或在其中注册的)身份验证实例绑定。工作原理如下：用户的身份验证解决方案为每个网站生成唯一的公钥/私钥对，在未来的每个到服务器的 TLS 连接上，向网站提供公钥并证明拥有相应的私钥。令牌到网站的预注册以及网站到令牌的预注册是攻击方难以逾越的障碍——共享秘密的预注册只允许合法的网站和令牌成功协商身份验证。有些身份验证标准(如 FIDO)支持令牌绑定(见[11])，但由于此前讲述的原因，大多数用例场景中默认不启用令牌绑定和通道绑定。

3. Kevin Mitnick 的 MFA 绕过攻击演示

Kevin Mitnick 是 Roger 的朋友和同事，是一位知名的攻击方，也是 KnowBe4 的首席攻击方官(Chief Hacking Officer，CHO)。Kevin 在一个非常流行的网站上演示了针对 MFA 的攻击。可在网站[12]看到 Kevin 的演示视频(如图 6.4 所示)，这种攻击方法可绕过 MFA。这个演示对于理解这类攻击非常重要——如果你还没有看过该演示视频，那么现在应该停止阅读，观看该视频。

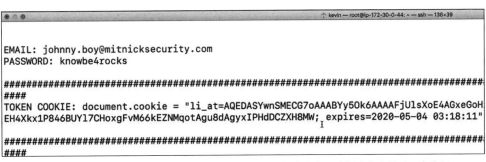

图 6.4　Kevin Mitnick 演示如何绕过一个常见的 MFA 解决方案，该解决方案涉及一个流行

网站并窃取访问控制令牌 cookie

下面总结了 Kevin 在演示中做的事情：

(1) Kevin 建立了一个仿冒的网站，这是一个有害的代理。

(2) Kevin 使用一封含有欺诈网址的电子邮件，诱使"受害者"访问了有害的代理网站。

(3) 受害者输入凭据，这些凭据受到代理，现在假装是合法客户，呈现给合法网站。

(4) 合法网站发回合法的会话令牌，Kevin 随后窃取并重放了该令牌以接管受害者的会话。

注意　Kevin 用的是 Evilginx(见[13])。这是一个很棒的网络会话劫持工具。也有很多其他的攻击方工具可用来完成同样的事情。

网络会话劫持方法有成百上千种，可能涉及 MFA，也可能不涉及 MFA；上面仅列举一例。当 Kevin 最初在 2018 年 5 月演示这一攻击时，许多评论者认为 Kevin 的攻击利用了网站(如 LinkedIn)的缺陷或 MFA 解决方案的缺陷。评论者想知道 Microsoft(LinkedIn 的母公司)什么时候会修复自己的网站，或 Kevin 什么时候会提交 CVE(常见漏洞和暴露)文件，将全新的攻击方法公诸于众。

Kevin 和 Roger 哑然一笑，因为两人都知道，尽管这是 Kevin 演示的另一个很好的示例，但示例中的问题已经持续存在了几十年，起因并非网站或 MFA 解决方案的缺陷。实际攻击仅是由于成功的身份验证和由此产生的访问控制令牌之间固有的脱节，并欺骗了终端用户。期间没有 bug。这是许多不幸的"设计缺陷"产生的问题之一。这些不仅是理论上的攻击，在现实生活中此类攻击总是发生。

4. 意外的令牌泄露

有时，人们没有意识到会话令牌信息的重要性，会无意中泄露给其他人。这种情况经常发生在朋友们互相发送 URL 链接时，如"你得看看这个！"等邀请。例如，原始用户复制一个链接并转发到其正在观看的视频，而没有意识到该链接包含用户唯一的会话 ID。当其他人将该链接粘贴到浏览器中时，可能没有意识到作为原始用户正在执行身份验证或由主机系统查看。但像 Roger 这样的人会去寻找，并意识到发生了什么。

但有时即使是知识渊博的攻击方也会犯错。2019 年，一个专业的渗透测试人员(见[14])向全球最受欢迎的脆弱性测试(Vulnerability Testing)和报告网站的其他测试人员发送了一个链接，没有意识到该链接意外包括其会话令牌；接收方可访问一个更大的机密数据库。如果不小心，忘记使显示 URL 的共享服务删除身份信息，可能发生意外的会话 ID 泄露，如[15]的讨论。在后一个示例中，讨论的 URL 链接到未验证的会话，但引用的那些 URL 也可能包含合法的、经过验证的令牌信息，因为这个特定的 Web 服务只是存储和列出所有涉及的 URL(且不会删除任何信息)。网站/服务可通过使用 OWASP 推荐的服务器端令牌来减轻这类问题。

6.5　防御访问控制令牌攻击

终端用户用来防止生成不安全访问控制令牌的保护措施并不多。大多数情况下，买家应该确保其选择的 MFA 解决方案都包括本节探讨的防御功能。MFA 研发团队可实现以下防御功能，以防止攻击方猜测、复制和窃取访问控制令牌。

6.5.1　生成随机的、不可猜测的会话 ID

最简单有效的防御方法是生成真正随机的、不可猜测的会话 ID。始终包含攻击方无法以其他方式获取或猜测的随机生成的信息。使用一个真正随机的随机生成器进程。不要构建自己的"随机"函数；大多数编程语言或脚本语言中包含的"随机"函数没有经过测试，也未认证为真正随机的，因此也不要依赖于这些语言。如果你不确定如何创建真正唯一或随机的会话 ID，请与具有适当知识和经验的人联系。很多研发团队在这方面犯了错误，如果不得不在公开场合承认这一错误，那就太尴尬了。

6.5.2　使用业内公认的密码术和密钥大小

在涉及密码术的场景中，要使用业内公认的密码术和密钥大小。研发团队不要考虑自行创建新的密码术。许多参加过一两门密码术课程的研发团队天真地认为，自己可创建一个新的不可破解的加密解决方案。实际上，几乎没有人能做到这一点。强大的密码术要比表面看起来难得多，世界上只有几十个人擅长密码术。不幸的是，成千上万的人认为自己可设计出非常强大的密码术。事实是，即使是最优秀的密码学家也会出错。

例如，NIST (National Institute of Standards and Technology，美国国家标准与技术研究院)在第一轮后量子密码竞赛中收到 82 个新提出的量子抗密码候选方案(见 [16])。这些提交的文件大多来自备受尊崇、经验丰富的密码学家，其中许多人拥有密码学博士学位。在最初的 82 份参赛作品中，只有 26 份选中参加下一轮的比赛。尽管存在其他不合格的问题，但大多数淘汰的原因是其他人很容易发现明显的密码安全缺陷。在剩下的 26 个密码算法中，观察员仍在发现错误。目前已证明一些有看似前景广阔的候选程序有严重的加密缺陷，如果该候选程序过早实施，将引起重大的安全问题。

这是经验丰富的密码学教授和从业者的成果。好的密码术需要多年的研究和大量的测试来证明。如果密码术不是你的日常工作，就别想自己创造密码算法了。即使是密码术工作的从业者，也不要四处尝试发明自己的密码系统，因为许多其他优秀的候选方案已经存在，并且全世界都认为是安全的。不要试图证明你有多聪明，只需要使用业界公认的加密技术和密钥大小。

另外，在编写应用程序时，使用的密码算法应很容易更改(加密-敏捷)，因为新的加密密码算法和方案可作为推荐的替代方案。过程非常简单，即使客户自己也可轻松地升级和更换，而不必做完整的安装或更换。不要用不易替换或不易升级的方式硬编码密码算法。

注意	量子计算机有望很快破解大多数传统形式的公钥密码体制，并削弱剩余的一半对称密码、哈希和随机数生成器。之后不久，很可能将非对称密码和数字签名升级为新的、抗量子的加密技术。研发团队应帮助世界上所有人都能更容易地使用量子密码和方案。如果你想要了解更多信息，请考虑阅读 Roger 即将推出的关于量子密码破解的书籍 *Cryptography Apocalypse*。

6.5.3　研发团队应该遵循安全编码实践

你会惊讶于所有的安全解决方案都包含 bug，而且数量出乎意料。所有研发团队，特别是 MFA 解决方案的创建者，都应该学习并致力于使用 SDL (安全研发生命周期)工具和技术。SDL 是一个从任何编程流程或项目的开始就构建安全性的流程。甚至在编写第一行代码前，参与项目的所有人员都在使用威胁建模来评价代码可能受到攻击和滥用的所有不同方式，然后努力减轻最可能发生和造成最严重后果的攻击。

Microsoft 的员工是最早和最大的一批 SDL 支持者，不久后，Microsoft 公司本身也加入支持队伍。没有哪家组织能像 Microsoft 一样，在安全编码实践和工具方面分享如此多的信息。如果研发工程师还没有掌握 SDL 实践，那么应该尽可能多地学习 SDL 的概念、流程和工具。最好从访问 Microsoft 的 SDL 网站(见[17])开始。特别是 Web 研发团队，也应该查看 OWASP 基金会提供的所有资料(见[18])。

6.5.4　使用安全传输通道

在传输访问控制令牌的任何时候，都应该只在安全通道上实施。在内部的本地操作系统或设备上，这意味着访问控制令牌应受到操作系统或设备的保护，以防轻易遭到窃听。要防止令牌通过其他不受保护的网络信道传输。网络通道至少应该受到业界公认的加密技术和密钥大小的保护。基于 TLS 的 HTTPS 不包含已知的漏洞，是可接受的。应该对参与的客户端和服务器节点执行身份验证，支持身份验证或授权操作的任何基础架构也必须是可信任的。

6.5.5　使用超时保护

所有访问控制令牌都应该附带"服务器端强制的"过期，过期后发出的会话令牌将不再有效。令牌的有效期可从几分钟到几天不等，目的是防止令牌盗窃和重放攻击成为永远的威胁。

6.5.6　将令牌绑定到特定设备或站点

为防止令牌遭窃，最有效的方法是将所有访问控制令牌绑定到以前注册的设备上。这样，即使攻击方窃取了令牌，也不能在另一个未注册的设备或新位置上重用该令牌。至少，如果在新设备或位置上使用了访问令牌，应该提示用户执行额外的身份验证，以确保是合法用户在使用访问控制令牌。

这里有必要介绍 FIDO 联盟(见[19])的将令牌与网站相互绑定的方法。正如[20]所解释的，在 FIDO 注册流程中，用户首先注册预期启用了 FIDO 的网站，就像任何需要身份验证的网站一样。该网站的注册网页与 FIDO API 绑定，该 API 连接到一个 FIDO 服务器。该网站查询用户连接的符合 FIDO 的浏览器或应用程序，以查看用户是否注册了符合网站要求的身份验证策略(例如，要求用户验证，以便在单一步骤中提供强 2FA)的 FIDO 身份验证器。如果找到一个验证器，网站会提示用户选择想在这个网站注册实例中使用的 FIDO 身份验证器，此后要求 FIDO 服务器提供一个挑战(一个很大的随机数)，然后将挑战、唯一的 FIDO AppID/RP ID 和其他信息一并发送给用户的 FIDO 身份验证器。FIDO 身份验证器提示用户向验证器提供一个手势(按下按钮，使用生物识别特征属性等)，验证器通过其 DNS 域名创建一个唯一的为网站或应用程序注册的私钥/公钥对。密钥对于网站的域名、应用程序研发团队、用户的账户名和 FIDO 身份验证器绑定而言是唯一的。

注意　私钥/公钥对不是传统的 x.509 数字证书，因为不需要可信的第三方(即 CA)。

将 FIDO 身份验证器对挑战的响应以及公钥一并发送到网站。如果网站成功验证了挑战，用户的 FIDO 身份验证器实例将与相关公钥一起注册。私钥和其他任何身份验证信息(如生物识别特征属性)永远不会与 FIDO 身份验证器分离。每个网站为每个注册用户账户和 FIDO 身份验证器获得一个唯一的公钥。每个用户账户和身份验证器将对每个网站使用不同的密钥对。身份验证器加上生物识别特征(或 PIN 码)的组合作为占有因素，只需要一步就可实现 MFA。

当用户开始登录到一个以前注册过的启用 FIDO 的网站时，网站会向用户的启用 FIDO 的浏览器或应用程序发出请求，并发送 FIDO 挑战，后者将其传递给 FIDO 身份验证器。用户必须提供一个手势来解锁相关的私钥，该私钥为挑战签名并将其发送回 FIDO 网站。网站使用 FIDO 身份验证器的公钥实例验证签名的响应；如果验证成功，则允许用户继续登录。

当用户连接到预期的网站时，仅当该网站的 DNS 域名是先前用 FIDO 身份验证器注册的域名时，FIDO 身份验证器才能参与。如果域名先前没有注册——比如，用户不小心连接到一个恶意的 MitM 代理网站——FIDO 身份验证器将读取代理网站的域名并将其忽略。此外，身份验证器总是自动使用与特定网站相关的身份验证密钥(FIDO 凭据)；机器在区分类似 URL 方面比人类更精准。这是针对多种 MitM 攻击的有效保护。MitM 代理网站仍可能让用户在其虚假网站上注册，如果成功，就会带来一些麻烦；但这种方法依旧不允许 MitM 网站与合法网站交互。

如果网站和 FIDO 浏览器或应用程序支持(不幸的是，大多数情况下并不支持)，可启用 FIDO 通道和/或令牌绑定以防止上述更高版本的 MitM 代理攻击。身份验证解决方案(如 FIDO)要求站点和/或身份验证器预注册，使得许多 MitM 攻击更难实现。其他身份验证解决方案使用类似的预注册要求，但 FIDO 作为一个公共的、开放的联盟和协议集，正在稳步普及。

6.6　小结

本章讨论了绕过 MFA 解决方案的访问控制令牌技巧；所有这些攻击的一个共同特点是，攻击方不关心用户使用什么类型的身份验证。用户可使用简单的登录名和口令，或者一些似乎无法遭到欺骗的七因素 MFA 方案。会话劫持攻击方并不在乎这些，只是设法在受害者成功登录后重新创建或窃取访问控制令牌。MFA 解决方案研发团队应该确保其会话 ID 难以预测和窃取。第 7 章将介绍终端攻击。

第7章 终端攻击

本章将探讨终端攻击。如果攻击方控制了用户的计算设备，通常就意味着"游戏结束了"，但 MFA 研发团队和终端用户可主动采取许多措施来最大限度地降低此类攻击的风险。

7.1 终端攻击风险

一直以来都有这样一个指导性安全原则：如果攻击方完全控制了用户终端，那么用户无法阻止攻击方执行恶意操作。毫无疑问，不必接受正式培训，每个计算机安全专家天生就知道这一点，因为这似乎是这个研究领域里任何人都能理解的最普遍、最可信、最基本的常识。尽管如此，交流和培训永远不会有坏处。

如果一个人或一个团队有未经授权的企图，拥有无限资源，可对设备及其包含的数据实施不受控制的物理或逻辑访问，那么很少有保护控制可防止设备受到危害。即使是最佳的控制措施迟早也会失败。一个格言是，如果攻击方完全控制了一个系统，无论是物理的还是逻辑的，从长远看都很难防御。并不是说，防范这类攻击是毫无价值的，不应该这样想。事实恰恰相反。计算机安全不是非黑即白的，即使最后攻击方完全控制了一个设备，如果攻击方不能在一段合理的时间内以简单的方法来破解，也仍是安全专家努力达到的目标。不要让完美成为做事的敌人。

2000 年初，Microsoft 发布了 10 条永恒的安全法则，作为一份非正式的安全规程（blogs.technet.microsoft.com/seanearp/2007/03/25/immutable-laws-of-security）。这 10 条法则如下。

法则 1：如果攻击方能欺诈用户在其电脑上运行程序，用户的电脑将遭到接管。

法则 2：如果攻击方能改变用户电脑上的操作系统，用户的电脑将遭到接管。

法则 3：如果攻击方可不受限制地访问用户的电脑，用户的电脑将遭到接管。

法则 4：如果用户允许攻击方将程序上传到用户的网站，用户的网站将遭到接管。

法则 5：弱口令胜过强安全。

法则 6：计算机只有在管理员值得信赖时才是安全的。

法则 7：加密数据的安全性取决于解密密钥。

法则 8：过时的病毒扫描器只比没有病毒扫描器稍好一点。

法则 9：绝对匿名在现实生活中或网络上都不现实。

法则 10：技术不是万能的。

前四条 "法则" 本质上表明，如果攻击方可控制用户的软件或设备，那么攻击方可做任何坏事。这是真的。任何攻击方手中或运行恶意代码的可信设备都不再受信任。如果攻击方能修改操作系统，该系统就不再是创建者的操作系统，而是攻击方的版本。攻击方可做任何软件和设备能做的任何事情。

注意　许多防御方错误地将 "如果攻击方可控制用户的软件或设备，那么攻击方可做任何坏事" 这句话简单化！这句话几乎是事实，但攻击方的恶意仅限于其所拥有的访问类型以及软件和设备在逻辑和物理上的能力。例如，几十年前，一些爱吹嘘的早期病毒发明者声称其编写的恶意软件可一次次地将硬盘驱动器的读/写磁头 "猛击" 到硬盘驱动器的中央主轴上，直到磁头破裂四散，对硬盘造成不可逆转的物理损害。这些信息把 Roger 逗笑了，因为 Roger 知道所有硬盘读/写磁头在物理上都不能靠在中央主轴上。硬盘的物理、机械和金属部件阻止了磁头。再多的 "天才" 恶意代码也无法绕过物理限制。有时，不熟练的、不成熟的攻击方会做出不可能的、过分的声明，从而在不知情的用户中引起更多的恐慌。

尽管攻击方对终端实施物理访问或代码控制并非好事，但对攻击方来说，也并非从此就畅行无阻。拥有这种控制权的攻击方未必能完全绕过所有的安全防御措施。事实上，许多计算机安全防御措施(如存储加密、固件级虚拟机管理程序和特殊内存保护)，都是专门为抵抗获得对设备的物理或代码级访问权限的攻击方而构建的。许多控件专门用来阻止完全控制设备但没有访问权限的攻击方。可以肯定，拥有终端控制权的攻击方对设备、数据和任何交易而言都是一个巨大风险，但这并不意味着设备和相关软件不能设计为阻止和减轻此类攻击。每个 MFA 解决方案的设计和构建都应该能抵御简单的终端攻击。

7.2　常见的终端攻击

终端攻击可分为两大类：编程攻击和物理访问。

7.2.1　编程攻击

编程攻击(Programming Attack)是一种代码级攻击，攻击方利用软件或硬件漏洞对设备和/或相关软件执行未经授权的逻辑访问。编程攻击很受欢迎。编程攻击通常是因为终端用户遭到诱骗运行某种特洛伊木马程序，或是因为攻击方远程对用户的活动和正在运行的设备、程序或服务执行编程攻击，如缓冲区溢出(Buffer Overflow)攻击。一般来说，利用编程 bug 的攻击方或恶意软件可获得与程序或用户相同级别的安全访问权限。如果程序作为操作系统的一部分运行或具有系统级访问权限，则攻击方或恶意软件可利用该程序访问操作系统和设备。对于以用户模式运行的程序，如果被攻击方或恶意软件利用，攻击方或恶意软件最终将拥有与当前登录用户相同的权限集。

大多数情况下，攻击方希望获取遭到攻击的设备/软件的更高访问权限(如管理员权限)，以获得更完整的控制。通常，获得提升的访问权限允许攻击方更容易地完成当前和将来的操作。当然，这并不是绝对的。有时，较低级别的用户模式访问控制足以让攻击方或恶意软件完成所有必要的恶意行为。创建初期，攻击方或其恶意软件仅获得用户模式访问权限，但随后可能使用该访问级别和其他攻击来获得更高级别的访问权限(即利用"特权升级"漏洞)。

7.2.2 物理访问攻击

物理访问攻击(Physical Access Attack)是指攻击方拥有设备(或网络传输介质)的就地占有权、物理占有权和控制权。物理访问攻击不在授权用户的物理占有和控制之下，而在攻击方的物理占有和控制之下。攻击方可利用其对设备的物理占有来部署物理和逻辑攻击。对攻击方或窃贼而言，最简单、最单纯的形式是窃取或物理性地禁用或销毁相关设备。这是对合法所有者或用户的拒绝服务事件。另一方面是物理攻击，物理攻击使用复杂的装置绕过物理控制，如用电子显微镜在分子水平观察秘密。中级物理攻击示例可能使用引导磁盘或可移动介质驱动器来引导备用操作系统，以直接访问受保护的磁盘，或使用本地软件攻击工具禁用或更改口令(当操作系统完全启动时，将更难禁用或更改口令)。另一种物理攻击可能是对受保护的磁盘驱动器执行位级扫描，或对受加密保护的可移动 USB 密钥实施内存扫描，以查找意外生成并留在安全空间之外的明文密钥副本。物理攻击将在第 17 章中讨论。

注意   "物理攻击"这一短语经常扩大到包括无线和其他类型的攻击，这些攻击不涉及个人实际拥有设备。

尽管远程编程攻击远比物理攻击常见，但对攻击都有好处。与远程编程攻击相比，物理攻击需要攻击者以物理方式拥有受攻击设备，风险非常高。编程攻击可从不同的司法区域完成，使恶意软件"武器化"，以极低的风险尝试发起数以亿计的攻击。

然而，如果攻击方已经拥有一个设备，通常可对其实施编程和物理攻击，并从这两个级别获得最佳结果。有了物理控制，攻击方可在任何时间不受限制地访问。例如，假设攻击方窃取了一个打了完整补丁的服务器。如果攻击方愿意，可保留服务器一段不确定的时间，在专用网络上运行该服务器，然后等待一个远程软件漏洞的宣布，攻击方就可使用该漏洞远程入侵服务器。每年针对最流行的操作系统(Windows、Linux 和 macOS)公布的漏洞通常超过 100 个,其中至少有一个通常能远程侵入目标操作系统。因此,作为攻击方,可等待时机,等到正确的漏洞公开时,再攻击其所拥有的设备。对攻击方来说,拥有设备(如果攻击方侥幸逃脱)的最大风险是,合法所有方/用户通常会意识到设备丢失,并可能采取适当的安全对策(如远程数据擦除或定位)。

7.2.3 终端攻击方可做什么?

一旦攻击方完全控制了一个终端,就可以像合法用户那样通过软件或设备实现目标。以下是成功的终端攻击方能针对 MFA 解决方案执行的一些操作。

1. 攻击方可执行用户可执行的任何操作

至少,任何获得程序或设备控制权的攻击方都可"看到"用户看到的内容,并执行与用户合法操作类似的操作。例如,如果用户使用 MFA 解决方案访问数据库以查看和更新记录,则控制用户设备的攻击方可访问同一数据库来查看、复制和更新记录。攻击方可远程完成与用户相同的步骤和操作,或使用宏、脚本或 API 来完成用户可能键入的内容。如果用户有网上银行账户,攻击方可执行转账操作。如果攻击方控制了用户的交易账户,可恶意交易股票和转移资金。攻击方可使用用户的电子邮件向用户的联系人发送有针对性的鱼叉式钓鱼电子邮件。攻击方还可安装其他恶意软件,如后门、Rootkit 和键盘记录器。无论用户能做什么,攻击方都能做,且带有恶意。

2. 攻击方可窃取访问控制令牌

如前几章所述,大多数情况下,控制另一个人访问控制令牌的攻击方被系统视为与合法持有方相同。控制系统的攻击方可查看(并重新创建)或从受损系统中窃取访问控制令牌。一旦令牌遭窃,除非已经启用特定的保护,否则攻击方可从不同位置和设备重用访问控制令牌。访问令牌的有效期通常从数小时到数年,具体取决于访问控制令牌的类型。

3. 攻击方可查看 MFA 机密

大多数 MFA 解决方案涉及和/或存储机密。例如,USB 安全令牌设备可安全地存储和保护非对称密钥对的私钥。使用 USB 安全令牌设备完全访问系统时,攻击方可偷看私钥,然后用私钥查看受其保护的系统和信息。MFA 和加密秘密常以明文或模糊形式存储在内存中。即使系统认为该内存是"受保护的",具有高访问权限的攻击方通常也可查看内存中的秘密。通常在合法用户并不知情的情况下,攻击方能查看 MFA 解决方案使用的机密信息,然后查看和操作由受损害的解决方案保护的任何系统或数据。

4. 攻击方可修改 MFA 解决方案

攻击方可修改 MFA 解决方案,在用户不知情的情况下,使其不再保护系统或用

户。攻击方不必查看就可修改 MFA 秘密。例如，攻击方可将 MFA 秘密更改为攻击方
也知道并且可读取的秘密。或者攻击方可修改解决方案，使其实际上无效或在更弱、
更容易受到攻击的状态下运行。假设用户的 MFA 解决方案可使用一系列不同的加密
算法，且默认使用众所周知的强加密密码(如 AES)；攻击方可偷偷改变 MFA 解决方
案，使用一种更弱的加密算法(如 DES)，MFA 解决方案就会开始使用 DES(只要该
MFA 解决方案支持 DES)，用户可能不会注意到这个篡改过程。大多数 MFA 解决方
案都涉及软件。攻击方可修改 MFA 解决方案的软件，使其无法提供用户认为 MFA 解
决方案应当提供的保护。例如，用户可能认为在使用安全 VPN 连接，而实际上并未
启动或使用安全连接。

5. 攻击方可启动第二个隐藏会话

一种十分常见的终端攻击是当攻击方或其恶意软件启动第二个隐藏会话时，该会
话将重用与第一个合法会话相同的访问控制令牌或许可。大多数身份验证解决方案允
许多个用户会话同时进行，且无法区分用户的合法会话和攻击方或恶意软件启动的附
加会话。7.3 节将详细介绍这一点。

6. 攻击方可更改交易详情

攻击方还会悄无声息地更改用户正在执行的合法交易的细节，以执行用户意图以
外的操作。用户认为其正在完成一件事，而事实上另一组完全不同的交易正在执行。
这是一种相当常见的 MFA 攻击类型。更具体地说是当攻击方修改合法用户参与的同
一会话的详细信息时，该 MFA 攻击类型可与上一个主题相关，并使用第二个隐藏的
浏览器会话来执行第二个交易事件。

7. 攻击方可恶意影响基础架构

攻击方还善于操纵 MFA 所依赖的基础架构服务和组件，使 MFA 设备使用恶意指
令或值，从而降低其整体保护能力。许多 MFA 攻击都是由攻击方恶意操纵 DNS、Active
Directory、DHCP、Windows 访问控制、ARP 和其他基础架构支持服务开始的。这些
示例将在后续章节中介绍。

最令 MFA 供应商沮丧的是，MFA 供应商的解决方案常因为一些超出其控制范围
的组件而受到损害。MFA 解决方案所依赖的一些组件在使用前可接受验证，但对于
其他组件，MFA 解决方案无法确定其是否遭到恶意操纵。每个 MFA 设计人员都应该
对所有必要的依赖关系执行威胁建模，并确定 MFA 解决方案是否可内置验证，来检
测或防止依赖于受损的支持服务。设计一个安全的 MFA 解决方案通常意味着要考虑
的不仅仅是 MFA 供应商直接控制的内容。

当攻击方或其恶意软件完全控制设备或 MFA 解决方案时，可执行设备或软件能
够执行的任何操作。虽然刚才介绍了使用终端控制的攻击方可做的七种不同的事情，
但攻击方所能做的仅限于人类的想象力以及设备和软件的限制。

7.3 特定终端攻击示例

下面列举一些特定的终端攻击示例。

7.3.1 Bancos 特洛伊木马

Bancos 是西班牙语中的"银行"一词。Bancos 特洛伊木马是指一类专门设计用来窃取银行账户资金的木马程序。该木马程序之所以称为 Bancos 特洛伊木马,是因为该木马程序首先在南美洲流行,因为南美洲和其他西班牙语国家缺乏就近的实体银行和自动取款机(Automated Teller Machine,ATM)。即使有可用的 ATM,往往也是使用成本高、不可靠且不值得信任。ATM 的费用很高,经常无法使用,攻击者经常盗用用户的信用卡信息,实施欺诈性交易。因此,南美的银行比其他国家更快地加入了"电子银行"运动,为银行的远程客户提供服务。攻击方和恶意手机代码也随之开始对"电子银行"下手。

早期,银行攻击方只是闯入个人电脑窃取银行登录凭据。随着反病毒程序的发展,银行攻击方开始对客户和银行之间的网络连接展开中间人(MitM)攻击。MitM 会嗅探未受保护的 HTTP 连接,窃取用户登录凭据,或修改用户的命令导致恶意事件悄然发生。银行的回应是启用 HTTPS,并要求用户使用基于 SMS 的 MFA,这使得 MitM 攻击更加困难。南美银行客户是第一批大规模部署 MFA 的客户群体。使用 MFA 似乎可暂时挫败攻击方,但攻击方的反应是创建 Bancos 特洛伊木马。

Bancos 特洛伊木马攻击终端用户系统,等待用户成功登录到预期的目标主机系统。用户成功登录后,无论用户如何登录,是否为 MFA,Bancos 特洛伊木马程序都可执行许多操作,包括以下操作:

- 如果不使用 MFA,窃取用户的登录凭据并发送给攻击方。
- 窃取访问控制令牌并发送给攻击方。
- 将代码注入银行网页(称为 Web 注入),提示用户输入登录凭据或其他额外的私人信息(如电子邮件地址、SSN 或电话号码),然后发送给攻击方。
- 打开远程后门会话,发送权限给攻击方,让攻击方远程对系统做任何想做的事情。
- 截获用户输入的命令和鼠标单击,并在其传输到银行的途中实施修改,以执行另一次恶意交易。
- 启动额外的隐藏浏览器会话,并在用户不知道的情况下秘密执行恶意交易。

通过后期操作,银行不知道有恶意木马在执行交易。每条指令似乎都来自合法的计算机和刚成功登录的用户。用户认为是安全登录,检查自己的银行余额或转移 40 美元给自己的孩子,但在后台,特洛伊木马操作则将 1 万美元转移到非洲的一家银行。后一种类型的 Bancos 特洛伊木马属于 MitB (Man-in-the-Browser,浏览器中间人)攻击类型。Bancos 特洛伊木马程序通过编码来识别程序可转移多少资金,而不必触发金融机构的欺诈检查程序。Bancos 特洛伊木马甚至可更改用户的电子邮件地址、电话号码、邮寄地址和登录方法。这样，如果银行决定联系用户确认交易，最后会拨打一个网络电话 (Skype) 号码，攻击方在那里以目标受害者的姓名和个人身份回答。

本书的一位技术编辑 Alexandre Cagnoni 就职于网络安全公司 WatchGuard(见[1])，具有多年在巴西打击 Bancos 特洛伊木马的经验。Cagnoni 说，几年前，一些巴西攻击方开始出售一个自学工具包，里面有工具代码等所需的一切，教人们如何创建自己的银行 MitB 特洛伊木马。据 Cagnoni 所知费用约为 200 美元。Cagnoni 的一个朋友在银行从事欺诈预防工作，买了一套工具。该工具装在一个像 CD 的、漂亮的、看起来很专业的盒子中，将 Bancos 解释得十分清楚。

Cagnoni 还透露，在 2019 年 4 月左右，巴西的银行开始遭受与银行业有关的未知攻击。街上的罪犯从圣保罗街头的行人手中偷走 iPhone 和 Android 手机。40 分钟后，即使手机和银行应用程序都有 PIN 码和生物识别技术(人脸或指纹)的保护，受害者的钱也会通过手机银行应用程序从客户账户转移到另一家银行。Cagnoni 的团队感到困惑。当时，Cagnoni 团队唯一发现的是，所有手机都带到同一个 GPS 位置——圣保罗的 Santa Ifigenia 社区，那里有很多阴暗的电子商店。Cagnoni 团队唯一的猜测是，攻击方使用一些特定的高端硬件绕过手机和手机银行应用程序中的生物识别检查。

Bancos 特洛伊木马已经存在了近 20 年，盗取了数十亿美元。一个 Bancos 特洛伊木马家族涉嫌盗窃 10 亿美元。Bancos 特洛伊木马在今天仍然很受欢迎。Bancos 特洛伊木马的目标不仅是银行，还包括攻击方可从中转移资金或有价值信息的任何组织。这包括股票交易、加密货币和转账网站。

注意 Roger 在 2006 年 3 月第一次写了关于 Bancos 木马的文章，可见[2]。

Bancos 特洛伊木马是一类主要的恶意软件，包含数百种不同的功能，但通常大多数木马的工作方式如下：

(1) 首先，特洛伊木马通过任何根本原因攻击(通常是社交工程或未修补的软件)获得对受害计算机的未经授权的访问。

(2) 特洛伊木马会修改系统，以便在计算机重启时可保留在内存中或重新执行。这就是所谓的持久性(Persistence)。

(3) 特洛伊木马检查正在运行的进程，以查看是否安装并运行最流行的 Internet 浏览器(Google Chrome、Microsoft Internet Explorer、Microsoft Edge 和 Apple Safari 等)。

(4) 特洛伊木马监测 URL 地址以查看其是否与任何一个预定义的 URL 匹配，这些 URL 表示银行或其他目标主机系统。

(5) 当用户连接到某个预定义的 URL 时，Bancos 特洛伊木马程序会监测会话，等待确认成功登录。通常，这只需要检测成功登录后显示的网页(通常通过其 URL 检测)。

(6) 然后 Bancos 特洛伊木马程序执行前面列出的恶意操作之一。

更多常见的银行木马的示例请参阅[3]和[4]。

银行木马常使攻击方团伙赚取数百万美元。图 7.1 显示了一则关于一个银行木马团伙的新闻报道，该团伙从超过 4.1 万名受害者那里窃取了超过 1 亿美元。这只是一个攻击方团伙的说法。银行业特洛伊木马的龙头是"宙斯(Zeus)"。"宙斯"从一个通用的僵尸网络木马演化而来，通过共享和代码泄露，由许多较新的银行木马程序所使用。"宙斯"甚至在维基百科上开辟了一个页面，见[5]。

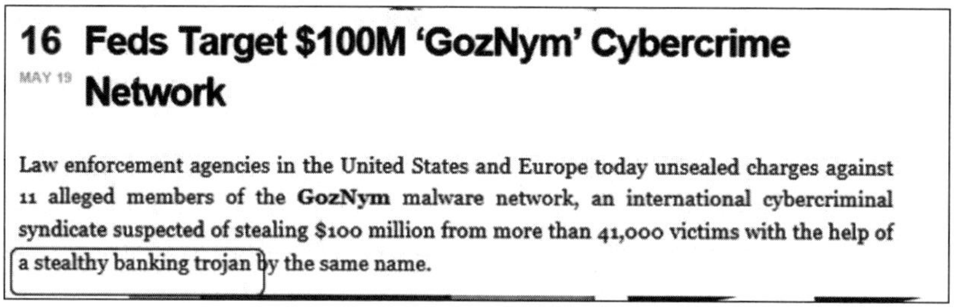

16 Feds Target $100M 'GozNym' Cybercrime Network

MAY 19

Law enforcement agencies in the United States and Europe today unsealed charges against 11 alleged members of the **GozNym** malware network, an international cybercriminal syndicate suspected of stealing $100 million from more than 41,000 victims with the help of a stealthy banking trojan by the same name.

图 7.1　关于单个银行木马团伙遭到抓捕的新闻报道示例

7.3.2　交易攻击

当 Bancos 特洛伊木马第一次出现时，只是从另一台计算机上窃取客户的登录凭据或访问控制令牌，并实施其他欺诈性交易。银行无法判断交易是否来自合法用户。因此，银行实施了基于 SMS 的 MFA，即银行通过手机向用户发送一次性代码，用户必须输入该代码才能确认其想要完成的交易。

Bancos 特洛伊木马程序很快转向 MitB 方法，即拦截并修改用户键入的对银行的响应，或使用第二个隐藏的浏览器会话实施新的欺诈交易。银行使用一次性代码确认用户交易的方法无法奏效，因为特洛伊木马程序可将用户输入的命令(例如，用户认为其正向孩子转账 40 美元)改成其他内容(例如，向非洲银行账户转账 4000 美元)，使银行无法知道用户不打算执行后一笔交易。银行只需要发送一个针对 4000 美元转账有效的代码，用户会在屏幕上输入该代码，以为是在发起 40 美元的转账。用户无法知道银行看到的交易和其试图完成的交易完全不同。

银行更新了 SMS 消息，包括交易详情(即日期、时间、交易类型、金额和收货人)以及与其他交易细节关联的一次性代码(以加密方式关联)。现在，银行将所看到的关键细节发送给用户，用户可在将一次性代码输入银行网站之前验证交易。更新的 SMS 消息挫败了银行木马很长一段时间，直到 SIM 卡交换攻击的出现。下一章将讲述 SIM 卡交换攻击。

7.3.3　移动攻击

随着移动设备与计算机技术的融合，绕过 MFA 的恶意软件也迁移到移动设备上。许多绕过 MFA 的木马程序以特洛伊木马程序的标准形式出现：用户受骗将其安装，然后木马程序执行恶意行为。Android 和 Apple 都建立了严格管理的"应用程序商店",以减少潜入生态系统的恶意程序。尽管如此,恶意程序还总是偷偷溜进来。人们认为Apple 商店是最难潜入恶意软件的应用商店之一,但潜入的情况无法完全杜绝。[6]是一篇关于 Apple 应用商店恶意软件的新闻。如果用户在官方应用商店外下载木马恶意程序,那么用户下载木马恶意程序的概率将呈指数级增长。当用户从 Internet 或其他所谓"安全"但非官方的应用商店下载木马程序时,已有数千万部手机受到攻击。新闻[7]详细介绍了在 Google 商城之外下载的木马 Android 应用程序的感染率。不要从不受信任的供应商(特别是在手机生态系统的官方应用程序商店之外)下载任何应用程序。

　　许多绕过 MFA 的 Bancos 木马一直安装在手机上。卡巴斯基(Kaspersky)实验室报告称,每月仅在其监测的客户的移动设备上就检测到 3 万~6 万个手机银行木马(见[8])。以下是一个移动银行木马程序的示例,即使用户启用 2FA,木马程序也可通过PayPal 窃取资金,见[9]。该特洛伊木马程序伪装成电池优化应用程序。执行时,特洛伊木马程序等待用户成功完成 PayPal 身份验证,然后模仿用户快速转移 1000 美元。该银行木马可在任何时候远程更新,这样管理者就可在以后添加和激活该功能。事件详见[10]。图 7.2 显示了木马程序在输入 1000 欧元并转账时的屏幕截图。查看 YouTube 的视频,了解木马程序的行动和其全部荣耀。这对于研究和学习木马的细节很有用,可了解手机银行木马到底有多么狡猾。令人庆幸的是,该银行木马似乎没有勒索软件的功能,而许多手机银行木马通常都有。一个新闻网站(见[11])讨论了移动恶意软件;其中讲到,移动恶意软件可查找 200 多个金融应用程序的口令,并可绕过基于 SMS 的 MFA。

图 7.2　移动木马通过模仿用户的击键方式转移 1000 欧元

7.3.4　泄露的 MFA 密钥

　　如果攻击方能获得针对相关加密密钥的写访问权限,就可能将 MFA 解决方案的加密密钥"归零(Zero Out,即擦除)"。但删除加密密钥可能使加密功能出错或由用户注意到,故聪明的攻击方只需要查看和记录加密密钥,或提供一个自己知道的密钥,让目标在不知不觉中依赖该密钥。

　　在很久前的一个故事中,当美国第一次寻找本·拉登时,美国得知嫌疑人使用的是 SIM 卡,这种卡允许对称加密密钥加密所有涉案同谋者之间的信息和语音通信。嫌疑人会经常购买新的和加密的 SIM 卡来保护通信安全。这是一个很好的计划。美国情报机构无法破解加密，但美国情报机构联系了安全 SIM 卡制造商的供应商，说服供应商在发送到特定中东地区的所有安全 SIM 加密卡上使用情报机构已知的对称密钥。每个人，不管是不是嫌疑人，只要购买了相同品牌的安全 SIM，就会收到美国情报机构已知的加密密钥。事实上，嫌疑人确实得到了相应的密钥，美国情报局得以监听嫌疑人的通信。

在一个更公开的案件中，美国和英国的情报机构收集一家法国 SIM 芯片供应商的信息，并可能泄露了超过 20 亿个 SIM 加密密钥(见[12])。2010 年 4 月，情报机构的一份文件详细介绍了自动收集 SIM 卡加密密钥的细节，见[13]。人们没有理由相信，类似的情报机构行动不会在世界各地继续发生。

7.4　终端攻击防御

终端攻击防御分为两类：研发团队防御和终端用户防御。

7.4.1　MFA 研发团队防御

MFA 研发团队可做很多事情来限制或减缓物理和逻辑终端攻击。

1. 威胁模型和保护所有依赖项

很少有 MFA 解决方案单独工作。大多数服务依赖于一系列不受其控制的服务，包括主机和操作系统、网络、支持基础架构、命名空间、相关人员和所有其他实体，如图 5.1 所示。MFA 研发团队应将所有依赖的服务视为不可信的、可受到损害的。然后，研发团队应决定哪一个对解决方案的安全性至关重要，并创建代码来检测和确定底层基础架构是否受到最大程度的破坏，以检测异常情况。应当精心设计 MFA 解决方案，使其能检测未经授权的硬件和/或固件更改。所有关键功能都应安全存储并在安全存储区运行。应该有安全的引导检查，运行时操作代码应该检查自身的完整性。应该只允许安全的、经过授权的更新。

MFA 设备应在出现任何严重错误时停止操作(即"围堵")。如有可能，任何检测到的异常都应以描述性方式显示给终端用户，MFA 解决方案应输出错误或拒绝进一步操作。大多数研发团队的工作态度是相信其他组件是可靠的、没有漏洞的。一个优秀的 MFA 研发团队会采取相反的态度，建立相应的威胁模型，并编写计划和代码。

2. 保护所有网络通信

确保 MFA 设备与系统和网络之间的所有通信都是安全的，不会受到攻击。现在大多数网络连接都使用 HTTPS/TLS 实施保护，这是一个很好的默认设置，只要在将来发现当前使用的版本存在缺陷，就可对代码执行更新。HTTPS/TLS 随着时间的推移经常更新，以修复已识别的缺陷。

3. 将访问控制令牌绑定到已注册的设备

如果可能,将访问控制令牌绑定到已注册的设备。这样,攻击方就不能破坏令牌、将其移到另一个设备并重用令牌。

4. 阻止或通知用户第二个实例

当另一个并发的、经身份验证的实例使用同一个 MFA,或另一个进程或同一进程的其他实例使用同一个访问控制令牌时,则停止与终端用户通信,或将此事通知终端用户。这在实践中很难做到,至少有两个原因。首先,使用单点登录允许多个实例共享同一个 MFA 或访问控制令牌通常会令用户的生活变得更轻松。用户不希望每次启动一个新实例来连接或执行相同的操作时都必须完全重新验证。如果必须为每个附加实例重新验证,可能给终端用户带来过度负担(负担大小取决于完成方式以及需要的时机)。如果安全专家的产品让终端用户很难使用,用户通常会放弃使用该产品,或以一种使整体保护失效的方式绕过该产品。

其次,许多操作系统不允许程序员轻易阻止一个安全身份实例与第二个进程一同使用。事实上,据 Roger 所知,默认情况下,唯一允许这样做的通用操作系统是 Qubes,尽管很少有人免费使用 Qubes。其他一些 Linux 版本允许进程分离,但默认情况下不启用进程分离,启用严格的进程分离可能导致操作问题。到 2020 年,Microsoft Window 仍然在努力允许更严格的安全进程分离和默认处理,但 Microsoft Window 正朝着 Qubes 已实现的目标努力。

如果无法阻止 MFA 或访问控制令牌的重用,请尝试通知终端用户或确保终端用户很容易意识到第二个实例。尽量避免“隐藏”实例。此外,甚至可能需要按位置和进程记录所有使用情况,并让用户知道这些信息。许多软件和服务在第二次出现可疑情况时会主动向用户显示,例如,在短时间内从美国连接到非洲的用户。第二个连接未必遭到阻止,但会记录下来并呈现给终端用户查看和确认。

5. 将加密密钥更改信息通知用户

通知用户自上次使用 MFA 令牌或进程以来的任何加密密钥更改。可通过安全地存储前一个加密密钥的哈希值,并在启动时将其与当前加密密钥执行比较来做到这一点。如果密钥更改,则通知用户,并允许用户确认预期的更改。

6. 主机应使用动态自适应身份验证来执行不寻常或高风险的终端用户操作

主机程序和服务应要求针对高风险操作和事件执行额外的身份验证。例如,如果用户要求将从 Amazon 新购买的商品发送到用户从未用过的邮寄地址,Amazon 会要求用户输入其存储的信用卡的三位或四位数字的安全代码。这个想法是,如果一个攻击方窃取了用户的信用卡信息,用信用卡信息来购物并将货物运送到攻击方的位置,攻击方可能无法输入信用卡安全码。或当用户使用信用卡买了一件昂贵的东西时,用户的信用卡公司会发一条 SMS 消息,询问是否允许购买。MFA 解决方案应该要求额外的身份验证,也许像要求用户为高风险交易重新输入一个 PIN 码一样简单。如果用户做生意时使用银行或 PayPal，用户突然要求将一大笔钱转到一家位于非洲的银行，需要确认用户是从其正常注册的设备上发出这个请求的，且用户的联系信息没有改变，并要求在执行该操作前执行一些额外验证。本书列举的示例通常不在 MFA 解决方案提供商的控制范围内，但其思想是，如果可能的话，在编写解决方案时需要为极高风险或不寻常的事件提供额外的身份验证因素。

一部分供应商和行业在努力更好地宣传和标准化"持续认证"方案和建议。其中一个来自行业分析巨头 Gartner Group，名为 CARTA，即持续适应性风险和信任评估 (Continuous Adaptive Risk and Trust Assessment，见[14])。Gartner 的分析在业界备受尊重，Gartner 推荐的大部分内容对计算机行业有着深远影响。CARTA 有四大支柱：

- 持续发现(在资产从受管设备网络中插入和移除时识别并包括资产)
- 持续监测
- 持续威胁评估
- 持续风险评估和优先级划分

显然，CARTA 和其他类似的方法远比控制当今 99%的访问控制世界的"开始时批准，此后批准的权限保持不变"方法要好得多。未来的身份验证将是一种更具适应性的方法，安全专家应当尽力使组织朝着这个正确方向迈进。

7. 交易验证请求必须包括所有关键细节

当要求用户验证交易时，请确保包含所有关键细节。例如，如果用户要从沃尔玛买一台昂贵的新电视机，不要只给用户发信息说："您同意 3200 美元的交易吗？"相反，可这样说："您是否同意一笔 3200 美元的交易，地点是佛罗里达州清水镇沃尔玛 33755 号，时间是 1 月 22 日晚 8 点 7 分？"给出所有相关的关键细节，让用户做出适当判断。任何丢失的信息都使攻击方能够创建欺诈性交易。

7.4.2　终端用户防御

终端用户也有其可使用的防御措施。

1. 使用终端保护

毫无疑问，终端用户使用的所有设备都应当尽量拥有强大的、合理的终端保护。用户的电脑和电话应该有终端保护。但用户的智能电视、智能手表和物联网(Internet of Things，IoT)设备并不是总能得到保护。从风险的角度看，在用户的设备遭遇真正的"野蛮"攻击前，用户不需要专门的终端软件。如果用户的手表、电视或智能烤面包机从未在日常使用中遭到攻击，用户很可能不需要额外的、专门的终端防御。但历史不是一成不变的，过去电视不会遭到攻击方攻击，现在，一些智能电视确实受到攻击。不幸的是，目前还没有防病毒软件程序来保护电视，但将来会有的。对于那些用户确实需要终端防御的设备，应确保用户至少具备基础的防火墙、反恶意软件检测、入侵检测和安全配置。

注意 如果用户有能力或有技能，拥有一个网络安全设备来保护自己的网络不会有什么坏处。一些有线网络供应商在其电缆调制解调器/路由器中提供了良好的网络保护；用户只需要探索和使用高级功能即可。如果没有提供网络安全设备，用户也可购买网络安全设备。大多数都是现成的安全配置，但用户不应该在不了解安全设备的功能、配置方式以及如何管理、配置和自动排除故障的情况下安装和使用。

2. 从官方应用商店下载应用程序

确保手机的所有应用程序都是从手机官方生态系统的应用程序商店下载的。如果用户直接从供应商处下载应用程序，请确保绝对信任该供应商并了解该软件的功能。鼓励供应商将其应用程序提交到官方应用程序商店。不要在手机上玩"越狱(Jail Broken)"，"越狱"的手机更容易受到危害。注意任何应用程序请求批准的权限。大多数恶意程序要求的提升权限远超其所伪装的应用程序需要的合理权限。任何请求"管理员"权限的应用程序都应该拒绝且不安装。

3. 免遭社交工程攻击

社交工程(Social Engineer)和网络钓鱼是大多数攻击者安装恶意木马程序的头号手段。尽可使用所有技术控制措施(反恶意软件检测、内容过滤器等)，以防止社交工程和网络钓鱼出现在你的身边。确保用户得到良好的安全意识培训，让自己和其他人了解真实示例，知道恶意软件是如何在用户未察觉的情况下成功安装的。

4. 保持下载关键补丁

除了社交工程，攻击方还利用未修补的软件(通常有可用的补丁)来侵入计算机或设备。未修补的软件通常允许入侵者"静默(Silently)"安装其恶意软件。确保及时更新关键安全补丁并及时使用(立即使用或在一周内使用)。如果可能，启用自动修补，让设备和软件至少每天检查新的补丁程序，并在有新的补丁时自行修补。如果系统提示用户使用修补程序，请尽快执行。但有一点需要注意：在浏览器会话中，不要使用推荐的补丁或更新。如果在浏览 Internet 时浏览器提示用户执行修补，请关闭浏览器并查看是否仍出现更新提示。最好去软件供应商的官方网站查看补丁，不要让除官方供应商网站以外的任何网站指导用户安装补丁和更新。

5. 尽可能分割秘密

若有可能，不要将所有的身份验证秘密存储在一个设备上，这意味着尽量身份验证因素要尽量分开。不要使用 1FA 设备，即使 1FA 设备看起来是 MFA 设备。1FA 设备比 2FA 更容易受到攻击方攻击。在使用 2FA 解决方案时，也应确保使用不同类型的因素(例如，你知道的、你是谁和你拥有的)。攻击方很难同时窃取多种类型的因素。

7.5　小结

从安全的角度看，终端在物理上或逻辑上遭受破坏实际上意味着游戏结束了。一旦攻击方获得与管理员同等级别的访问权限，攻击方所能做的仅受设备和软件的限制。攻击方可恶意执行系统能做的任何事。本章列举能绕过 MFA 解决方案的特定终端攻击示例，包括常见的普通 Bancos 特洛伊木马、交易攻击、移动攻击和 MFA 密钥泄露。但正如本章所介绍的，研发团队和用户可使用一些防御措施来防止简单攻击。

第 8 章涵盖针对"基于 SMS 的身份验证"的攻击。

第 **8** 章　SMS 攻击

第8章将介绍 SMS(Short Message Service，短消息服务)攻击。如今功能惊人的智能手机是世界上许多人完成大部分计算(甚至全部计算)的地方。许多人只有一部手机可远程与另一个人联系，无论是电话、短信还是电子邮件。对许多人(尤其是年轻人)来说，大部分 Internet 浏览都是通过手机完成的。罪犯自然也将目光转向潜在受害者所在的地方。

由于手机尺寸小，无法轻易区分真假短信，导致了一种全新的犯罪类型。许多情况下，SMS 的不安全性使得依赖 SMS 的 MFA 解决方案比简单的登录名和口令更不安全。

本章描述什么是 SMS 以及 SMS 遭到滥用的原因，列举真实世界中的攻击示例，最后介绍基于 SMS 的 MFA 研发团队和用户应该如何防御。

8.1　SMS 简介

SMS 是一种流行的基于文本的消息服务标准，几乎所有手机都支持 SMS。SMS 消息服务在 20 世纪 90 年代已得到广泛使用，很少有手机不支持 SMS 消息服务。无论过去还是现在，SMS 都是风靡全球的、基于聊天的"杀手级应用程序"。如今，许多人使用其他聊天应用程序，如 WhatsApp、Skype、Facebook Messenger、Google Hangouts 和 Instagram，但几乎所有人都使用 SMS，因为其他人都有 SMS，而且 SMS 总是处于已加载的活跃状态。

注意　有一种与 SMS 竞争的服务称为多媒体信息服务(Multimedia Messaging Service，MMS)，但 MMS 不如 SMS 受欢迎，也没有作为 SMS 的一部分来提供多媒体内容。不管怎样，本书都没有涉及。如果你想了解有关 MMS 的更多信息，请访问[1]。

SMS 最初只允许 140～160 个字符以单一信息的形式发送给一个或多个其他接收者使用的手机号码。如今，根据移动网络供应商和应用程序的不同，基于 SMS 的应用程序可发送更长的消息(例如，表情符号、图片和视频)，而不仅是简单的基于文本的字符。图 8.1 显示了一个 SMS 消息示例，其中包括一天中来自 Roger 妻子的消息、图片和表情符号。

每条 SMS 消息至少包含以下信息(即使其中大部分信息没有直接显示给用户):

- 始发地址(始发手机号码或生成的代码)
- 报头——消息类型、服务中心时间戳、协议标识符、数据编码方案、用户数据长度
- 用户数据(信息)

始发地址(Originating Address)通常是发送方的电话号码，但也可以是各种代码，通常都是数字。始发地址可以是一个模拟的电话号码，也可以是参与发送和引导 SMS 消息所涉及的网络系统的任何部分希望注入的任何代码。始发地址不需要是一个有效的电话号码，可使用几种不同的方法和工具来冒充电话号码。故事[2]谈到了用来破坏用户信用卡账户的伪造电话号码。

需要注意的一个关键事实是，如果一条 SMS 消息来自已存储在联系人列表中的电话号码或代码，如本例中 Roger 妻子的电话号码，基于 SMS 的应用程序通常会将所附的电话号码转换为联系人列表中列出的姓名。如果在联系人列表中找不到相应的电话号码，则只向用户显示发送短信的电话号码或短消息代码(Short Message Code)。这适用于发送方和接收方(如图 8.2 所示)。

SMS 是手机上最流行的应用程序，超过了打电话的应用程序。对许多用户来说，SMS 是这些用户与他人交流的主要方式，原因有很多，其中最重要的一点是人们可很容易地与他人交流，而不会受到环境噪声和其他因素的干扰。在全球各地，可看到人们低着头，打字和阅读短信。许多家长告诫孩子多用语言交流，但人们仍经常通过 SMS 互相传递信息，即使这些人在同一房间里或并排坐在一起。

SMS 是组织与客户和成员通信的常用方式。更重要的是，基于 SMS 的 MFA 解决方案非常流行，这也是本章专门介绍 SMS 的原因。许多公司和组织使用基于 SMS 的 MFA 解决方案，因为该方案非常容易部署，经常使用"带外"通道执行身份验证(不管其他问题如何，这都是一件好事)，而且几乎每个人都在积极使用 SMS。图 8.3 显示了各种供应商将 SMS 消息作为其 MFA 解决方案的一部分的真实示例。来自美国银行、Google、Microsoft、Marriott 和反身份盗窃服务的 SMS 消息都是这样的例子。

虽然未掌握基于 SMS 的 MFA 解决方案的可靠数据，但 Roger 相当有信心地说，基于 SMS 的 MFA 解决方案是 Internet 和世界上最流行的 MFA 解决方案类型。不幸的是，SMS 很容易遭到攻击方入侵。

图 8.1　SMS 消息，包括消息、图片和表情符号

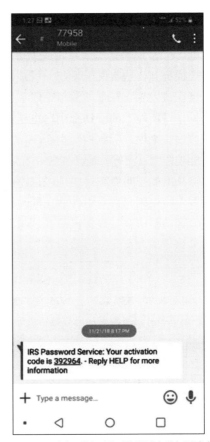

图 8.2　SMS 消息示例，显示发送消息的短消息代码

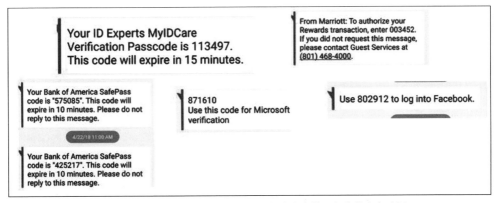

图 8.3　基于 SMS 的消息作为其 MFA 解决方案的一部分的真实示例

8.1.1　SS7

SMS 最初的消息大小限制是由于其依赖于一个称为 SS7(7 号信令)的底层电话协议。SS7 是一种国际标准和协议,使 PSTN(Public Switched Telephone Network,公共交换电话网)常规语音电话呼叫成为可能。SS7 将信道的"语音部分"与"控制"或"信号"信道分开,这有助于发起、管理和断开呼叫。SS7 需要两个渠道,控制和数据,使电话交谈发生。在早期的电话时代,人工操作员负责所有的后台设置工作。最终,人类操作员所能做的一切都由与电话语音部分一起发送的控制信号所取代。对于呼叫者或接收者来说,听到控制指令(通常是调制音调)并不罕见。

SS7 之所以流行,是因为 SS7 允许控制部分处于数据或语音部分的"带外"。SS7 甚至可从原始呼叫者到目的地经过不同的路径,只要目的地最终都在同一位置即可。早期版本将控制和语音组件放在同一频道(称为带内),这使得电话窃听变得更容易。电话飞客甚至用口哨模仿重要音调来滥用电话系统。John Draper(又名 Captain Crunch)是最早也是最有趣的电话偷窃者之一,详情请参阅[3]。

> **注意**　SS7 之前有更早的版本,如 SS6、SS5 等。出现 SS7 的部分原因是攻击方太擅长破解以前的版本。SS7 最早于 1975 年实现,如今经常受到攻击和滥用。如果你想了解 SS7 的细节和当前数字电话网络的协议和格式,请参阅文档[4];注意,该文档有 6000 多页。

自从 SS7 发明以来,攻击方就开始集中精力寻找 SS7 的弱点并滥用。许多直接针对手机和手机网络的攻击之所以发生,完全是因为手机和手机网络依赖于 SS7。例如,"黄貂鱼(Stingray)"设备欺骗性地充当手机发射塔,从而窃听手机通话和位置,原因就在于 SS7 中的漏洞。SS7 的白帽研究人员和攻击方几十年来一直拦截人们的电话并读取 SMS,甚至执行了几乎相同的 MFA 旁路攻击(稍后将讨论),但使用的方法直接利用 SS7(见[5])。SS7 漏洞众所周知且易遭滥用,以至于 2016 年一名美国国会议员呼吁开展正式调查(见[6]),但最终没有任何结果。

大多数国家不想修复 SS7 漏洞,因为监视目标时会使用这些漏洞。不管怎样,SS7 中固有的问题是攻击许多上层应用程序的基础,比如 SMS 应用程序依赖 SS7 来处理电话之间的基本连接。当然,SMS 自身也有问题,超出了 SS7 的范围,但综合来看,任何依赖 SMS 的 MFA 解决方案都会遭到削弱。所以,你不能完全相信 SMS。

8.1.2　SMS 最大的弱点

从安全的角度看,除了 SS7 固有的问题外,基于 SMS 的 MFA 解决方案的最大问题是,SMS 发送方或接收方通常无法通过绑定的电话号码实施身份验证。盗用电话号码很容易。任何发送或接收 SMS 消息的人员,充其量只能大体上保证 SMS 消息的发送方和接收方的电话号码是准确的。许多流氓应用程序允许用户从伪造或借用/共享的电话号码发送 SMS 消息。如果接收方之前未将相应的电话号码保存为手机联系人，SMS 消息就会在接收方的手机上显示来自某个特定的电话号码，仅此而已。

SMS 是未经身份验证的，这意味着只要知道收件人的电话号码，任何人都可向另一个人发送 SMS 消息。而且，只要接收方之前未将号码作为特定发送方的 ID，并将其存储在自己的联系人列表中，SMS 消息就不会附加经过验证的姓名。Roger 和其他任何人都可通过 SMS 假扮成几乎任何一个人。除非发送方自称是美国总统，令接收方感到离奇和难以置信；否则，接收方都容易轻信发送方就是其所声称的那个人。

即使 SMS 消息似乎来自接收方信任的电话号码或联系人，也可能是冒充的。攻击方可使用各种方法，指定想要的任何发送电话号码(或代码)。许多基于 Web 的接口和 API 允许发送方指定其喜欢的任何电话号码或代码。图 8.4 显示了示例 ASP(Active Server Page)代码，允许使用 ASP 从所选的基于 Web 的控制台发送 SMS 消息。

```
<%
' create SMS message
set Sms = Server.CreateObject("SMSSenderName.Sender")
' parameters
Sms.Username = "logonname"
Sms.Password = "password"
Sms.MobileNo = "[mobile_number]"
Sms.SMSType = "LongSMS"
Sms.Message = "This is Google tech support. We have detected a problem with your gmail account and are going to send you a second text
message to your previously registered phone number to verify your account. Please retype that sent verification code to this reply within
the next 10 minutes or your Gmail will be permanently deleted."
' sending SMS message
%>
```

图 8.4   ASP 代码示例，显示如何通过所选的 Web 门户或网关来编写和发送 SMS 消息

使用基于 Web 的门户网站、API 或基于 SMS 的应用程序，恶意用户通常可编写一条非法的恶意 SMS 消息。恶意用户可将电话号码显示为任何号码。大多数情况下，网络服务提供商会识别具有欺诈性或包含错误消息的代码或服务。但也有漏网之鱼；例如，如果 SMS 消息源于一个网络服务提供商的网络，但目的地属于另一个网络服务提供商的网络，则接收方网络很难验证来自发送网络的消息的所有细节。许多接收网络一味地将发送的信息视为有效，相信发送源首先执行了所有关键的验证步骤。默认情况下，这是一个不幸的、过于乐观的立场。滥用的时机已经成熟。

此外，许多通过 SMS 发送的 URL 链接往往很难检查安全问题，除非完全加载网页并公开链接的内容。SMS 的 URL 链接通常"缩短"成一些看似无害的链接，很难弄清楚其最终链接到哪里。URL 链接可能类似于 bit.ly/Y7acoe。当打开时，可能重定向到类似 thisisabadwebsite.com/virus.php 的内容。大多数短信欺诈(Smishing，即通过 SMS 消息实施网络钓鱼)包括缩短的 URL 地址，目的是隐藏最终目的地。

考虑到 SMS 预检功能并不完善，缺乏身份验证功能，更有必要怀疑 URL"缩短"服务的可信度。用户无法在 SMS 的 URL 上"悬停"以找出 URL 最终的去向，而且 SMS 应用程序中的反恶意控件也不如典型浏览器多(尽管很多时候，可在用户的浏览器中打开 SMS 中的 URL)。随着人们越来越多地使用手机访问网络，短信欺诈越来越受到攻击方的欢迎。

8.2　SMS 攻击示例

下面介绍一些流行的 SMS 攻击方法，这些方法可绕过基于 SMS 的 MFA 解决方案。

8.2.1　SIM 卡交换攻击

在讨论 SIM 卡交换攻击前，需要确保每个人都了解什么是 SIM 卡。

1. 用户身份模块(SIM)

大多数接受手机通话和消息的移动设备都有几个相关并存储在其上的全球唯一号码。每个蜂窝设备和网络可有不同的需求，且通常存储许多不同的信息，但大多数都至少有一些最小类型的唯一号码。

一种号码是 IMSI (International Mobile Subscriber Identity，国际移动用户身份)。IMSI 包括三个部分：

- 三位数的移动国家代码(Mobile Country Code，MCC)，用于标识移动设备是在哪个国家注册的。
- 三位数的移动网络代码(Mobile Network Code，MNC)，用于识别设备是在哪个注册网络提供商注册的。
- 九位数的移动台识别号(Mobile Station Identification Number，MSIN)，无论用户使用哪种设备，都能识别特定用户。

大多数手机也有一个国际移动设备身份(International Mobile Equipment Identity，IMEI)，这是一个 15 位数字的号码，用来识别特定的移动设备并与该设备保持一致。另一个常用号码是移动台综合业务数字网(Mobile Station Integrated Services Digital Network，MSISDN)号码，MSISDN 是移动设备用户的完整电话号码，以国家代码开头并包括国家代码(例如，1 代表美国和加拿大，44 代表英国，61 代表澳大利亚)。

这些号码用于在蜂窝网络上识别用户和用户设备，并路由和管理与用户和用户设备的语音和消息对话。本质上，正是这些数字让用户的手机成为个人手机。当这些代码从用户当前的手机转移到下一个手机时，就使得新手机成为用户的手机了。

最初，大多数手机和蜂窝网络提供商都将这些信息，及喜欢的其他任何信息存储在一个称为用户身份模块(Subscriber Identity Module，SIM)卡或芯片的物理小型存储卡(如图 8.5 所示)中。每个 SIM 芯片或存储区域都有一个 19 位或更大的全球唯一集成电路卡识别码(Circuit Card Identifier，ICCID)。

图 8.5　物理 SIM 存储卡

如果用户不得不从一部手机换到另一部手机，手机服务提供商会让用户将现有的 SIM 卡从旧手机移到新手机上。大多数用户都会花时间寻找 SIM 卡的确切位置(通常是在手机末端的一个小插槽中，或在可拆卸电池的下面)，用回形针将卡片取出来。这是一种对于耐心的锻炼。

如果用户丢失或更换了旧手机、SIM 卡等，手机提供商会为用户提供一个新的

SIM 卡，并告诉用户将其放入新手机中，然后用户将拨打一个特殊的短电话号码(如 #69#)，该服务将用户的 SIM 卡信息转移到新卡和手机。未来的手机将不再配备 SIM 插槽或卡。相反，通常存储在 SIM 卡上的信息将存储在受保护位置的手机永久内存中。这项技术称为虚拟 SIM。即使物理 SIM 卡不再存在，大多数人仍会将存储的信息称为 SIM 卡或 SIM 卡信息。有关虚拟 SIM 卡的详细信息，请访问[7]。

SIM 存储区也可作为手机的存储区，存储诸如用户图片和联系人信息的应用程序数据，尽管不推荐使用 SIM 来存储客户数据。如前所述，正是 SIM 卡信息使得用户当前的手机成为用户的手机。

SIM 卡信息允许将通话和信息路由到用户当前的移动设备和电话号码。

2. SIM 卡交换方法

十多年来，攻击方一直在获取合法用户的 SIM 卡信息，并将其传输到攻击方拥有的手机上。这可通过多种方式实现：

- 用户的社交工程
- 网络提供商的社交工程
- 网络提供商内部攻击
- 窃取 SIM 卡信息的恶意软件
- 攻击 SMS 网络基础架构

为窃取 SIM 卡信息，攻击方通过电子邮件或电话对用户执行社交工程攻击，以获取足够的信息，通过社交手段操纵用户的手机网络提供商，将用户的 SIM 卡信息切换到攻击方的手机上。攻击方还可付钱给手机网络供应商的员工并让其实施 SIM 卡交换。

无论如何完成，一旦在新手机上安装并激活 SIM 卡信息，旧的(原始的、合法的)手机将停止接收电话和信息。除了"网络外"图标指示，大多数受害者数小时内都不会意识到其 SIM 卡信息已遭到转移。通常，受害者会在很久后才注意到自己已有几小时没有接到任何电话或信息了，然后意识到不能发送任何信息或打电话。通常，直到那时受害者才意识到手机没有服务。受害者或许认为这是一个正常的、暂时的干扰。当受害者意识到这不是暂时的服务中断时，必须设法打电话给手机网络提供商寻求技术支持。通常在这一点上，用户仍然不知道自己是受害者，SIM 卡信息已转移到攻击方的手机上。

通常，受害者会打电话给手机供应商的技术支持热线，技术支持人员会告诉受害者"你激活了新手机"之类的话。当受害者说没有这么做时，受害者和技术支持人员都开始意识到发生了 SIM 卡交换攻击，并开始将 SIM 卡信息恢复到原始手机的流程。受害者可能需要几天的时间才能恢复手机服务。期间，攻击方通常利用其非法获取的 SMS 权限增大优势，让受害者处于不利地位。

当攻击方执行恶意的 SIM 卡交换时，基于 SMS 的 MFA 消息将发送到攻击方的手机而非受害者的手机上。然后，攻击方可利用错误路由的基于 SMS 的 MFA 消息攻击受害者的在线账户。通常攻击方会进入用户的 MFA 保护服务(Gmail、Microsoft 365 等)，表现得好像在没有收到 SMS 恢复消息的情况下无法访问账户一样。该服务将 SMS 恢复码发送到用户之前注册的电话号码，由于该电话号码现在处于攻击方的控制之下，并与攻击方的手机相连，因此 SMS 消息将发送给攻击方，而不是合法用户。然后攻击方使用 SMS 恢复消息获得访问账户。一旦进入受害者的账户，攻击方会尽可能多地更改身份验证信息，以防止受害者重新获得即时控制权。

受害者与技术支持人员也因此经常发生争论。受害者声称最近更改的信息不是本人做的；技术支持人员很难确认自称是"受害者"的人真的是受害者，尤其是如果攻击方使用了所谓的秘密信息，而这些信息本来应该只有合法的所有者才知道。

注意 [8]是 2020 年一篇很棒的研究论文，提到关于 SIM 交换攻击有多么容易。

3. 现实生活中的 SIM 卡交换攻击示例

SIM 卡交换攻击已发生了数万次，如图 8.6 的新闻示例所示。世界上一些规模最大、最臭名昭著的攻击方行为就涉及 SIM 卡交换。一位加密货币百万富翁的加密货币钱包遭窃，损失了 2400 多万美元(见[9])。该加密钱包依赖于基于 SMS 的 MFA。富翁起诉美国电话电报公司(AT&T)，索赔 2.24 亿美元，因为 AT&T 未经授权转移了富翁的 SIM 卡信息。

图 8.6 现实生活中 SIM 卡交换攻击的头条新闻

2018 年，一场基于 SIM 的攻击入侵了 Reddit 组织网络(见[10])，这次攻击导致 Reddit 的源代码和网络登录凭据遭到泄露。[10]～[15]列出其他 SIM 卡交换攻击示例。

8.2.2 SMS 模拟

SIM 卡交换攻击(SIM Swap Attack)至少需要攻击方具备一点高级知识并做好准备。但一些基于 SMS 的 MFA 解决方案的攻击非常简单，甚至一个孩子也能做到。Roger

可让每个人都成功实施 SMS 攻击。SMS 模拟攻击(SMS Impersonation Attack)的关键在于，除了电话号码或代码外，SMS 没有经过任何身份验证，而且大多数人不知道电话或代码是否合法。下面列举一些常见的 SMS 模拟示例。

伪造技术支持信息

攻击过程如下。

(1) 攻击方向受害者发送一条假消息，声称来自 Google Gmail 安全支持(见图 8.7)，并告诉受害者，通过 SMS 从另一个电话号码收到一个很快就会收到的恢复代码，该代码需要作为对该消息的回复。

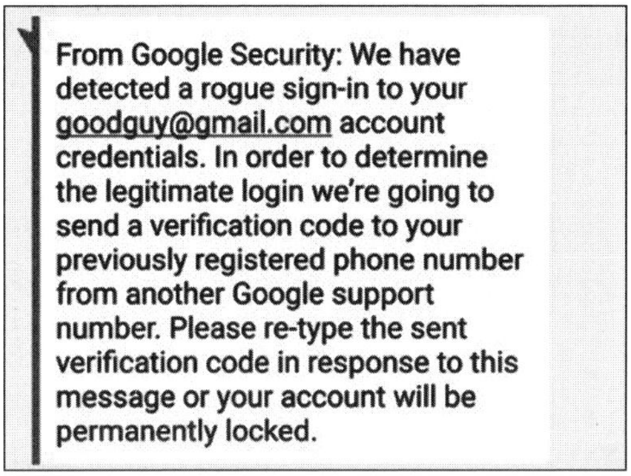

From Google Security: We have detected a rogue sign-in to your goodguy@gmail.com account credentials. In order to determine the legitimate login we're going to send a verification code to your previously registered phone number from another Google support number. Please re-type the sent verification code in response to this message or your account will be permanently locked.

图 8.7　伪造的技术支持 SMS 消息

(2) 然后攻击方试图登录用户的合法服务，但其行为就像攻击方不知道正确的口令一样，让 Gmail 登录进入“账户恢复(Account Recovery)”模式(见图 8.8)。

Google
Hi Roger
Enter your password
Forgot password?
Next

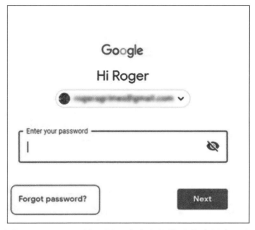

图 8.8　攻击方登录 Gmail 的示例，攻击方假装是合法用户，忘记了口令

(3) 在这个示例中，Gmail 首先允许攻击方/用户使用其以前的口令(如果知道)。如图 8.9 所示，单击 Try another way 可获得一个恢复选项列表。

图 8.9　Gmail 置于"恢复模式"并告诉 Gmail 让攻击方/用户选择恢复方法

(4) Gmail 提供了一系列恢复模式选项，攻击方可选择 SMS 选项，如图 8.10 所示。

图 8.10　攻击方/用户选择使用 SMS 方法恢复账户

(5) 合法的恢复代码通过 SMS 消息从服务发送到受害者先前注册的电话(见图 8.11)。

图 8.11　Gmail 通过 SMS 向受害者发送合法账户恢复代码的示例

(6) 然后，遭到欺诈的受害者将恢复代码发送回攻击方的原始模拟邮件(见图 8.12)。

图 8.12　受害者将真实的 Gmail 账户恢复代码发送回攻击方的原始模拟邮件的示例

(7) 然后攻击方获取代码并将其输入用户合法服务的恢复代码提示符中，该代码由攻击方发起，通过账户验证，然后控制账户。

作为一种十分常见的网络钓鱼诈骗，诈骗者可能声称来自用户的银行、投资公司、PayPal、航空公司、酒店或其他任何用户有会员和财务信息的实体。所有情况下，会声称已发现了某种诈骗活动或企图，要将用户从犯罪活动中拯救出来。然后声称通过 SMS 给用户发送一个代码，用户需要证实自己就是"所说的那个人"，当用户告诉诈骗者这个代码时(由用户的合法自动恢复服务发送)，诈骗者将接管用户账户。这种骗局每天可能发生上千次，甚至可骗过警惕性最高的人。[16]和[17]是这类攻击的两个真实示例。即使不要求恢复重置代码，SMS 假冒诈骗也可将潜在的受害者诱到诈骗网站。关于 PayPal 诈骗的一个真实新闻，请参阅[18]。

> **注意**　一些 Apple 工程师提出一种新的 SMS 标准，允许用户通过 SMS 发送合法的恢复代码，用户只需要选择完成恢复流程(见[19])。由于提议的标准依赖于用户先前注册的设备信息，因此该标准可在一定程度上减少本节描述的此类攻击。

8.2.3　SMS 缓冲区溢出

攻击方可发送包含恶意 URL 的 SMS 消息；如果打开这些网址，攻击方就可攻击用户的手机及其软件。大多数情况下，受害者必须安装一些可由攻击代码利用的易受攻击的软件。这种攻击方法以前发生过多次。迄今为止最著名的示例是沙特阿拉伯对 Amazon 首席执行官 Jeff Bezos 手机的攻击(见[20])。在本例中，涉及 WhatsApp 而非 SMS，但形式是相同的。

在下一个示例中，消息应用程序是 SMS。攻击方盯上一名记者，但该记者对消息太过怀疑，没有单击其中的链接。相反，该名记者分析了自己的手机和消息。该消息链接指向以色列 NSO 集团构建的名为 Pegasus 的软件。如果执行该软件，很可能破坏记者的手机。文章[21]详细介绍了这位记者是如何证实消息是假的，以及记者是如何避免受到利用的。

[22]中详细介绍了这次攻击，并提供了原始邮件截图(阿拉伯文)。到目前为止，Citizen 实验室已确定了遭到同一软件和团伙盯上的 13 个人。真实人数可能在几百人到几千人之间。

一旦用户的手机遭到接管，攻击方就可读取发送到用户手机的任何 SMS 秘密 MFA 代码，读取用户的口令，并查看用户使用手机(作为 MFA 解决方案的一部分)登录到的任何站点或服务。

8.2.4　手机用户账户劫持

攻击方还将使用任何有效的攻击方法，攻击用户的手机提供商的用户账户门户网站，这种方法可访问基于 Web 的控制台，从而允许任何受支持的手机用户从门户发送 SMS 消息。图 8.13 显示了一个基于 Web 的 SMS 发送门户示例。

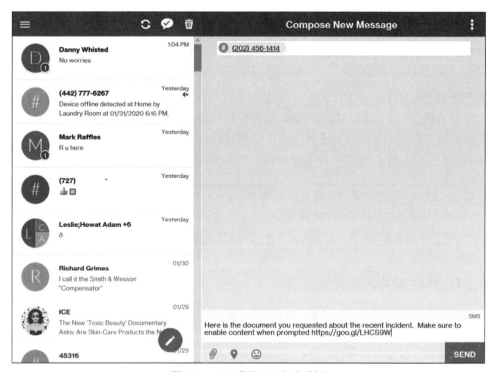

图 8.13　SMS 发送 Web 门户示例

一旦攻击方获得访问权限，就可向其他人发送 SMS 消息，这些消息将显示为来自受害者的手机。一条消息会出现在受害者的手机 SMS 路径和信息历史记录中，但该消息会显示为常规发送的消息。该消息不会主动通知手机用户消息已发送，不会引起声音通知，也不会以任何方式突出显示。除非受害者恰好在消息发送的那一刻盯着手机的 SMS 记录，否则很可能不会马上发现。而看到诈骗消息的用户会对其是如何发生的感到困惑。在这几分钟的无知或困惑中，攻击方可能对受害者的信任关系实施主动欺骗。在[23]可看到一个现实中的攻击方法的示例。

8.2.5　对底层支持基础架构的攻击

发送和接收 SMS 消息涉及多个组件，由不同的各方控制和管理。这些设备包括蜂窝塔、基站(收发器和控制器)、SS7、路由器、交换机、网关、服务器、数据库、接口、网站和其他任何与 SMS 传输有关的内容。这些组件中的任何一个都可成为恶意访问点。就像攻击方可攻击电信和零售商的员工及其账户一样，更了解 SMS 消息运作原理的高级攻击方也可利用 SMS 消息链中最薄弱的环节。

高级攻击方经常在需要时实施此类攻击。或者更可能的是，在攻击方的原籍国，攻击方有权请求网络供应商的许可和适当的设备，以便在需要时合法且频繁地进入 SMS 通信中心。

8.2.6　其他基于 SMS 的攻击

还有许多其他类型的基于 SMS 的攻击，不会直接影响基于 SMS 的 MFA，但仍可能涉及对 SMS 用户的攻击。这些攻击包括静默消息(Silent Messaging)和拒绝服务(Denial-of-Service，DoS)攻击。

1. 静默 SMS 消息

例如，执法机构可向用户发送"静默"的 SMS 消息，这些 SMS 消息不会出现在基于 SMS 的应用程序中，用户也不知道这些 SMS，但可让发送方追踪用户的行踪，并了解其他身份信息。这类 SMS 消息称为类型 0，是指发送方在 SMS 消息头的类型字段中放入的数字代码。这种方法旨在成为一种方式，使手机网络提供商能将所需信息推送到或收集到手机上，而不打扰手机持有者。请看新闻[24]。

只要接收网络提供商和发送网络提供商允许，普通用户也可向其他接收方发送静默的 SMS 消息。甚至还有开源应用程序，任何人都可下载到其手机上，包括[25]。并不建议你下载并使用此应用程序，因为静默的 SMS 消息要求用户允许在手机上安装不受信任的应用程序，用户永远不知道代码中是否隐藏着更有害的内容(除非用户知道自己检查每一行代码)。

与 SMS 相关的"控制类型"称为 Flash SMS 消息。Flash 消息是通过 SMS 发送的，但会出现在手机屏幕的另一端，而不会显示或存储在常规的 SMS 应用程序或收件箱中。Flash 消息用于发送 Amber 警告、天气警告和其他类型的官方警告。如果攻击方受允许编写未受网络提供商阻止的 Flash SMS 消息，则很可能会伪装成其他受信任的关键机构来引起恶意攻击。

2. SMS 拒绝服务攻击

基于 SMS 的攻击方还可将大量 SMS 消息发送到支持和发送 SMS 消息的系统中的任何位置,并使相关组件崩溃。在最简单的攻击形式中,发送方可向接收方发送大量消息,让接收方无法处理传入消息并混淆重要的合法消息。攻击方可使 SMS 用户几乎不可能接收通知,不可能查看或使用与基于 SMS 的 MFA 解决方案相关的 SMS 消息。

这些攻击可悄无声息地执行。一个更高级的攻击方也可检查底层网络提供商的系统。白皮书[26]详细介绍了 SMS 的工作原理和一些可能的 DoS 攻击。

即使没有 DoS 攻击,SMS 也非常不可靠。人们称 SMS 为"无连接",这意味着 SMS 不能保证从源到目的地的传递。一些研究表明,1%～5%的短消息从未完成传递。当几乎其他所有类型的身份验证方法都接近 100%时,从来没有人说 SMS 接近 100%,这是一个糟糕的交付率。

8.2.7　SIM/SMS 攻击方法概述

综上所述,SIM 卡信息遭窃和 SMS 欺诈使用的方式有很多种,包括以下几种:

- SS7 攻击方攻击
- SIM 卡交换
- SMS 模仿
- 手机网络提供商账户劫持
- 窃取 SIM 卡信息的手机恶意软件
- 社交工程攻击手机网络提供商的员工
- DoS 攻击

许多此类攻击都是由攻击方向合法用户发送简单的网络钓鱼电子邮件,或致电合法用户,冒充手机网络提供商获取用户的合法信息(账户登录、口令等)。一旦得知,用户骗取的信息可用于完成 SIM/SMS 接管。SMS 已遭到如此成功地滥用,以至于包括美国政府在内的许多机构都不赞成或禁止将 SMS 用作身份验证因素。

8.2.8　NIST 数字身份指南警告

2017 年 6 月,NIST 发布了数字身份指南 1.0 版,特别出版物 800-63(见[27])。这些指南是美国政府的官方建议,通常是对必须遵循 NIST 指南的实体的要求。NIST 的指导方针通常很有分量,并且经常作为事实上的标准和要求在世界各地采用。与之前的 NIST 身份验证指南相比,SP 800-63 尤其具有争议性,因为 SP 800-63 指出,与使用简单、较短、不可更改的简单口令相比,使用长的、复杂的和强制定期更改的传统口令策略实际上增加了用户风险。美国政府声称,用户可能被迫在工作中使用的口令类型会增加用户遭到攻击的风险。尽管政府宣布了新的口令策略建议,但截至本书撰写之时，没有一个主要的公共网络安全准则(PCI-DSS、HIPAA 和 NERC 等)遵循该策略。相反，这些公共网络安全准则仍然要求组织使用更旧、风险更高的口令策略建议。

数字身份指南明确了另一个事实：基于 SMS 的 MFA 解决方案并不理想。在 SP 800-63B 中(见[28])，NIST 表示，使用公共交换电话网络的身份验证器(包括基于电话和 SMS 的一次性口令)受到限制。大多数基于 SMS 的 MFA 解决方案发送 OTP 代码作为其身份验证解决方案的一部分。

注意　下一章将详细介绍一次性口令(onetime passwords，OTP)。并不会让电话聊天更安全。

"受限(Restricted)"指身份验证器具有更高风险，在所有相关方都不了解风险的情况下不应实施。此外，NIST 正在发出信号，在不久的将来，可能不会接受受限的身份验证器。NIST 是美国政府和世界上最受尊崇的计算机安全机构之一，NIST 告诉用户 SMS 有多么不安全。NIST 基本上是说不要用 SMS。官方的说法是，在没有所有相关人员了解风险的情况下，不要使用 SMS。大多数使用基于 SMS 的 MFA 解决方案的人不了解这种风险。所以，如果可避免的话，不要使用基于 SMS 的 MFA 解决方案。如果你打算研发或使用基于 NIST 的 MFA 解决方案，想想这个：三年多前，美国政府就说真的不应该使用 SMS。你或所在组织是否应该依赖于不是很好的基于 SMS 的 MFA 解决方案？如果你的回答是肯定的，会有很多 SMS 受害者愿意与你分享经历。

8.3　防御基于 SMS 的 MFA 攻击

针对基于 SMS 的 MFA 攻击的最佳保护是不使用或依赖基于 SMS 的 MFA 解决方案。然而，正如 Roger 之前所说，基于 SMS 的 MFA 是 Internet 上最流行的 MFA 类型。如果不使用基于 SMS 的 MFA 服务，用户通常无法访问需要 MFA 的网站和服务。有时，供应商甚至会为其服务提供手机应用程序，但通常依赖于发送 SMS 代码，因为每个人都有活跃的 SMS，但未必都在运行应用程序。虽然尽量避免使用基于 SMS 的 MFA，但很多时候用户别无选择。如果用户必须使用基于 SMS 的 MFA，以下是一些研发团队和用户的防御措施。

8.3.1　研发团队防御

首先，了解研发团队的一些防御措施。

1. 安全意识培训

任何基于 SMS 的 MFA 供应商都应该分享使用其解决方案的风险的示例，教育用户即使在用户依赖供应商的 MFA 解决方案的情况下也可完成的诈骗攻击类型。向用户介绍常见的风险和欺诈。

2. 验证 SMS 消息合法性的方法

如果 SMS 没有一种简单的方法让用户验证供应商的 SMS 消息的合法性，那么供应商的解决方案就应该包括一种方法，使得用户可快速验证声称来自合法供应商的 SMS 消息是否确实来自该供应商。该方法可像创建一个用户门户一样简单，用户可在其中验证所有发送的 SMS 消息的合法性。用户应能轻松地打开这个门户，并验证该门户是否在真正的网站上。

4. SMS 代码在 10 分钟内过期

所有发送的 SMS 代码的使用寿命不应超过 10 分钟。用户不想让通过 SMS 发送的身份验证码无限期使用。拥有未过期的 SMS 代码会增加未经授权查看和重用的风险。确保所有 SMS 秘密都只发送到以前注册的电话号码。如果用户生成 SMS 恢复代码，那么用户不仅必须提供发送到的预注册电话号码的至少一部分，而且必须提供只有用户才应知道的另一条身份验证信息。

5. 告诉用户将联系信息放在其联系人列表中

告诉用户把电话号码或与用户 SMS 发送服务相关的代码放在其手机中，这样当用户发送 SMS 消息时，电话号码或代码会自动显示为一个经过验证的联系人姓名。教育用户不要接受来自通信联系信息之外的电话号码的 SMS 消息。

6. 防止发送可疑 SMS 消息

如果用户可发起 SMS 消息，请查看用户的行为是否可疑。请求是否来自用户的常用设备、位置？其他行为特征是否正常？如果不是，则在向用户发送所请求的 SMS 代码前需要执行额外的身份验证。

7. 使用推送身份验证

在过去几年中，涉及"推送(Push)"身份验证的 MFA 解决方案日趋流行。推送身份验证是指身份验证服务将消息或代码发送或"推送"到活动登录序列中涉及的预注册设备或应用程序，然后用户确认(或拒绝)该登录序列。一个常见场景是用户登录到一个网站，在用户提供登录名后，网站的身份验证解决方案会自动将消息推送到用户的 MFA 手机应用程序。用户获取身份验证消息并进行审批。审批流程会生成一个对网站的响应，然后网站会自动让用户登录。甚至还有一些流行的推送通知云服务，如 Google 云消息和 Apple 推送通知服务，研发团队和 MFA 提供商可使用这些服务作为解决方案的一部分来推送其 MFA 消息。

因为服务器通过预注册的、通常安装在移动设备上的带外应用程序将消息推给用户，这使得许多形式的攻击难以实现。例如，如果用户的会话由 MitM 攻击破坏，那么窃听不会捕获任何带外消息，就像用户键入带内 OTP 代码一样。大多数情况下，推送是针对用户的手机、直接与登录体验关联的身份验证应用程序完成的。由于本章讨论的 SMS 固有问题，推送身份验证到手机应用程序或硬件令牌优于 SMS。

甚至还有"拉(Pull)"的信息。因为推送消息通常依赖于潜在的不可靠的电话和移动电话服务,推送通知服务不能保证发送。一些 MFA 供应商,如 WatchGuard,将使用其客户端应用程序向服务器端发送"拉"消息。当用户打开 MFA 手机应用程序,WatchGuard 应用程序将主动检查等待的、未完成的推送消息,以确保没有丢失或延迟(例如,当用户在长途飞行中发送时,就会发生这种情况),并且仍在某处等待重试。

大多数推送消息都发送到 App ID,该 ID 将推送消息与特定的用户应用程序绑定。如果使用为服务于多个站点和服务的通用推送服务发送消息,则推送消息应包括所有必要的身份验证"事务"详细信息,以便用户能确认推送与所需的正确身份验证体验关联。如果没有必要的细节,攻击方可能创建用户注册的第二个网站或服务的登录凭据,但用户并不知道正在登录网站或服务,并无意中受到诱骗,响应与用户不知道的第二个网站或服务绑定的替代推送消息。攻击方可诱使用户登录到一个错误站点,或使用推送确认来使用受害者的身份登录到第二个站点。另一个潜在的安全问题是,如果用于接收推送的设备或应用程序受到攻击和/或由攻击方占有,则推送将发送给攻击方,攻击方随后可确认推送消息。手机应用程序也应始终要求身份验证,例如,PIN 码或生物识别技术,以防止丢失的手机用于进一步损害受害者的在线体验。但总的来说,推送消息是件好事,通常可提高 MFA 的安全性。

8.3.2　用户防御

第一道防线是不要使用任何依赖于 SMS 的 MFA 解决方案。此外,如果用户必须使用和依赖基于 SMS 的 MFA 设备,这里有其他一些防御措施。

1. 安全意识培训

这里给出的最佳防御建议是:让用户知道,即使使用了 MFA 解决方案,仍然可能遭到攻击。确保用户了解与基于 SMS 的 MFA 解决方案相关的风险和诈骗,包括 SIM 卡交换攻击、SMS 模拟以及可能导致设备接管的恶意 SMS URL 链接。给用户开展培训,让用户明白手机并不具备计算机上的所有常规保护能力(例如,无法在链接上悬停)。确保所有基于 SMS 的 MFA 用户至少每年接受一次教育,甚至是每月接受一次教育。

2. 注意恶意恢复消息

用户应该大致了解诈骗 SMS 恢复方案。例如,可通过额外的 SMS 消息或语音电话发出警告,告知用户可能受到攻击。

3. 警惕 SMS 恢复 PIN 码诈骗

应该告诉用户,如果有人向用户发送了一个 SMS 恢复 PIN 码,而且指示用户在另一个单独的 SMS 消息中键入该 PIN 码,或必须通过电话将发送的 PIN 码告诉某人,这将是可疑的。

4. 尝试锁定用户的 SIM 卡信息

一些手机网络提供商允许高风险用户对其 SIM 卡信息设置"锁定(Lock)"或"阻止(Block)"。这样，如果有人打电话要求将其 SIM 卡信息移到另一部手机上，那么这个人必须知道另一段信息才能解除锁定。请注意，如果用户无法记住删除"阻止"所需的信息，这可能让用户感到沮丧。

5. 使用 MFA 保护手机网络账户登录

这听起来像是循环逻辑(Circular Logic)，但如果 MFA 是一个可行的选择，那么使用 MFA 保护用户的手机网络提供商用户账户也没有坏处。是的，MFA 可遭到入侵，但是用 MFA 保护登录账户通常会为用户提供更高的安全性。

6. 小心短 URL 链接

所有用户都应该警惕那些不知道重定向去哪里的短 URL 链接。当 Roger 收到这些消息时，通常会忽略。如果 Roger 看到一个可疑的短 URL 链接，通常会在电脑虚拟机上打开，因为在虚拟机中潜在的恶意软件不会造成永久性伤害。

7. 尽量减少公布用户的电话号码

Roger 曾经是一个把个人手机号码贴在每一封邮件里的人。现在已经不再那样做！许多 SMS 诈骗始于攻击方拥有用户的有效电话号码。虽然攻击方或任何人都可使用很多服务来查找用户的电话号码，但为什么要亲自交出，让这件事变得这么简单呢？如果攻击方不知道用户的电话号码，就无法通过 SMS 诈骗用户。

8.3.3　RCS 是来保存移动消息的吗？

富通信服务(Rich Communication Services，RCS)显然是 SMS 的继承者。从概念上讲，RCS 旨在成为 SMS 的一个不那么易受攻击、功能更丰富的替代品。Roger 相信 SS6 的支持者在 SS7 发布时也抱有同样的希望。正如所有宣称更安全的新技术一样，成败在于细节。组织和攻击方已对 RCS 实施了大量攻击(参见[29])。组织和攻击方甚至可使用同一个 Wi-Fi 网络入侵 RCS 用户。这是 SMS 无法做到的，所以 RCS 可以给攻击者带来更多的攻击机会。

尽管 RCS 是一个新的国际标准，但不同供应商正以不同方式实现 RCS。此外，还需要向后兼容以前的技术，如 SMS，这意味着一些新的和改进的安全功能不能使用。一些 RCS 安全研究人员认为，RCS 比 SMS 更易遭到攻击，且后果更严重。所以 RCS 并不会让电话聊天更安全。

注意　有趣的是，Bruce Schneier 在将新的 5G 网络与 4G 网络执行安全性比较时提出了同样的观点，参见[30]。Bruce 说，在同一网络上同时支持 4G 和 5G 的需求导致了许多不安全因素。遗憾的是，这是一个常见的安全问题。

8.3.4　基于 SMS 的 MFA 比口令好吗?

前面的章节中强调过,使用 MFA 并非坏事。大多数情况下,使用 MFA 保护机密信息比使用常规登录名和口令以及其他 1FA 解决方案更安全。但不要轻描淡写地说出"最安全"。基于 SMS 的 MFA 解决方案已遭到攻击很多次,许多依赖该方案的人损失了大量金钱(尤其是富裕的加密货币持有者和交易员),以至于许多以前基于 SMS 的 MFA 解决方案用户都回到了传统的简单登录名和口令方案。许多用户实际上不相信基于 SMS 的 MFA 解决方案能保护其安全,干脆使用一个专用的登录名和口令。不可否认的是,依赖基于 SMS 的 MFA 解决方案的用户遭到成功攻击、遭受伤害,且不再信任基于 SMS 的 MFA 解决方案。信任是身份验证的关键。

许多人会争辩说,SMS 比简单的登录名和口令要好,人们应该把 SMS 作为 MFA 解决方案,而不是 1FA。Roger 理解这个论点。不过,Roger 认为最大的问题是,大多数人都不明白攻击方攻击 SMS 是多么容易,除非培训普及,或 SMS 服务自我更新使其不那么容易遭到破解。Roger 不太喜欢 SMS 服务。

8.4　小结

本章介绍了基于 SMS 的 MFA 解决方案可能遭到滥用的方式。这些攻击可归结为一个事实,即 SMS 基于不安全的协议,在数字世界中的身份验证能力不强。SMS 模拟和劫持使基于 SMS 的 MFA 解决方案成为最危险的身份验证解决方案之一。本章讨论了 RCS 的承诺和风险,分析了基于 SMS 的 MFA 解决方案的研发团队和用户可采取哪些步骤来最小化风险。

第 9 章将探讨基于时间的 OTP MFA 解决方案和可能受到的攻击。

第 **9** 章　一次性口令攻击

本章将介绍针对一次性口令 MFA 解决方案的攻击。一次性口令(One-time Password，OTP)MFA 解决方案一直是一种最受欢迎的 MFA，并将继续受到欢迎。本章解释这些类型的 MFA 解决方案是如何工作的，列举一些攻击示例；此后介绍各种防御措施，从而降低成功攻击所带来的风险。

9.1　一次性口令简介

一次性口令(OTP)身份验证解决方案已流行了几十年，基于一个重要的概念；许多人认为，这个概念是身份验证的加密圣杯。

这个概念的思想是，当要求一个主体执行身份验证时，OTP 提供一组看似随机的字符，这些字符仅对相应的请求有效，且仅在主体和身份验证系统之间是已知的或可预测的。一旦使用，该字符将不再生成或再次使用(即是"一次性"的)。因此，即使攻击方得知某个特定的 OTP，该 OTP 也不会再在任何其他身份验证会话中工作。未来任何成功的身份验证挑战都将使用不同的、不可预测的代码。

OTP 解决方案所声明的"永不重复"只适用于概念化的、完美的 OTP 解决方案。在一个完美世界中，OTP 永远不会重复。但实际情况是，无法在很长一段时间内避免重复出现 OTP 字符，当使用的字符数量有限尤其如此。例如，OTP 可使用能生成万亿种不同可能性的核心算法，但如果 OTP 解决方案仅使用和显示范围为 0～9 的 6 个数字(大多数 OTP 解决方案的做法)，则只能生成和使用 10^6 种(即，100 万种)可能的组合。如果一个新的 OTP 代码像通常那样每 30 秒显示一次，则意味着即使代码不生成重复组合(这一点甚至都不能保证)，那么所有这些代码都将在 347 天内显示出来。因此，在现实世界中，确实可能出现重复的代码，但通常不会接连重复，而且无法预测。这样，即使在这个不完美的世界中，OTP 代码仍能安全地使用。

看起来，十分有必要满足"随机"要求。如果攻击方能预测任何未来的 OTP 代码及其有效时间，就可像合法用户一样使用 OTP 代码。在给定的时间段或事件中，只有合法用户和身份验证系统才能生成和了解的完美、真实的随机数是基于 OTP 的身份验证系统安全性的关键。最大的挑战在于如何创建一个真正随机和不可预测的 OTP。

在密码术和身份验证码的早期阶段，合法方可生成并共享大量随机数作为代码，并同意在将来使用相应的代码。但这种计划至少存在两个重要问题。

第一个重要问题是如何使代码真正随机？如何真正随机地创建代码并验证该代码是真正随机的？人类可简单地"猜测"代码字符，比如，让每一个合法方交替地"随机"猜测一个介于 0~9 的数字，直至所有代码都创建和共享为止。例如，假设需要一个四位数的 OTP。第一个人可能说 3，第二个人可能说 5，此后第一个人接着说 9，第二个人又说 2。这将得到一个共享的四位数代码 3592。两人可重复猜测和共享，直到获得所有未来可能的身份验证事务需要共享的代码。

这似乎是相当随机和公平的。但事实并非如此。人类往往是相当"非随机(Un-random)"的，很难做任何真正随机的事情，在挑选数字和代码时尤其如此。如果要求人类参与上述任务，总是更喜欢选择其中一些数字，而尽量避开另外的数字，而且对此浑然不觉。例如，人类更倾向于选择较小的数字而非较大的数字，并避免重复数字。在一组真正随机选择的数字中，随着时间的推移，每个数字(0~9)应当有 10% 的机会被选中。但如果让人选择数字，肯定会看到有些数字的选取概率在 10% 以下，有些数字的选取概率在 10% 以上。在对这种人类行为的研究中，一些数字的选取概率近 20%，而另一些则不到 5%。不管怎么说，人类不是随机的。

注意 建议阅读 Amazon 网站上对 Rand Corporation 的书籍 *A Million Random Digits with a 100,000 Normal Deviates* 的评论，可参见[1]。人们可"随意"打开该书的任何一页，然后"盲选"一组数字。 为帮助纠正人为错误，该书提供了看似非常随机的数字。但实际上，并不能达到目的。人们最终只是从书中非随机区域中选择一个"随机"数字，会跳过前几页和后几页，而计算机选择相同的页面时永远不会那样做。你可读一下书评，最后会哭笑不得。

由于人类选择的代码漏洞较大，于是经常使用计算机来挑选随机数字。不幸的是，在量子计算机问世之前，即使是计算机也不可能是真正随机的。任何传统计算机只能生成一组看似随机的数字。一些研发团队不得不创建一个算法来尽力模拟随机性，但根据算法的定义，任何算法都是一组步骤，每次都遵循一个公共流程；这与随机性背道而驰。多年来，计算机在随机方面做得越来越好，但仍然做不到完全的、绝对的随机。 计算机科学家承认这一事实，于是将所有传统的计算机随机数生成器(Random Number Generators，RNG)称为伪随机数生成器(Pseudo-random Number Generators，PRNG)。

注意　著名的密码学家 Bruce Schneier 曾向 Roger 指出，PRNG 仍然相当不错。Bruce 声称，从本质上讲，试图将一个好的 PRNG 与一个真正完美的随机数生成器比较，就像面对万丈高楼，争论能否使其再高出一丈或两丈。

　　基于量子计算设备，利用量子固有的自然属性，实际上可生成真正的随机数，而且可证明这一点(见[2])。不幸的是，能生成真正随机和可验证的随机数的量子设备尚未广泛运用。创建 OTP 代码的研发团队应该确保任何随机生成算法都经过了分析，以尽可能提供真实的随机性(更多细节见本章后面的 9.3.1 节)。

注意　如果你有兴趣了解更多关于量子计算机和量子随机数生成器的知识，请参阅 Roger 于 2019 年撰写的书籍 *Cryptography Apocalypse: Preparing for the Day When Quantum Computers Break Today's Crypto*。

　　第二个重要问题是使用前将一次性代码保存在哪里。当两个被授权方生成并共享一个或多个预共享代码时，需要保护这些代码，避免被未经授权的人看到，确保在需要时以安全的方式使用(即防止未经授权的窃听)。即使在今天，也有 MFA 解决方案使用预打印的 OTP 代码作为其身份验证因素之一。如何安全地生成和共享代码？如何安全地存储 OTP 代码？在哪里存储？在日益数字化的世界里，人们在哪里存放一张纸？或者，如果 OTP 是用数字表示的，那么人们应该将 OTP 安全地存储在计算机的哪个位置？当人们需要 OTP 时，怎么能随时取出 OTP 呢？如何在不让别人看到的情况下使用OTP？代码会过期吗？是否可随时使用任何代码，或必须按顺序一次使用一个代码？

　　这是密码学界一个多世纪以来一直面临的问题。20 世纪 70 年代中期，人类发明了非对称加密技术(几个不同的独立团体或人员可在不了解对方的情况下建立信任)，非对称加密技术解决了数字操作的问题(尽管不是在印刷方面)。具有与口令相关的两个密钥(私钥和公钥)的非对称密码术允许两个人通过数字传输通道，安全地共享任何信息(在示例中是 OTP)，而不必泄露任何先前的秘密信息。这至少在传输安全方面解决了数字世界中的问题，但在现实世界中打印的 OTP 却无法确保安全。

　　对于预共享的打印 OTP，一个权宜的解决方案是：任何打印的 OTP 只作为成功身份验证所需的 OTP 的一部分。每个 OTP 事务将由预共享打印部分与另一个未实际打印的代码一起形成。例如，可提前指示用户始终将代码 1234 添加到每个输入的 OTP 的开头。OTP 的预共享打印部分可能类似于 9913，但当用户在身份验证尝试中键入完整 OTP 时，将键入 **12349913**。这样，即使预打印的 OTP 部分被未经授权的一方看到，整个 OTP 代码也不会完全受损。当然，如果攻击方捕获到用户的一些后续登录，则可能注意到用户的所有 OTP 都从 1234 开头这样的模式。要解决这个问题，最终又回到第一个问题：生成敌对方无法猜测或预测的真正随机的数字和代码。

防止敌对方看到或预测预共享密钥的常量部分的一种方法是首先使其难以预测，而不是固定某个部分并随机生成另一部分。但如何在两个授权方之间生成一个随机的OTP，而不受到拦截或很容易预测呢？

9.1.1 基于种子值的 OTP

答案是 OTP 使用一个随机的、不变的、在所有合法当事人之间预先共享的数字，即一个共享的、频繁变化的 OTP，可由任一方独立于另一方来计算。每一方都执行自己的计算，试图登录的一方将计算出的答案提交给身份验证器。身份验证器自行执行计算和比较。如果两者匹配，则代表成功验证了主体。所有保护都源于预共享随机生成的数字的真实随机性和保密性；预共享随机生成的数字称为种子值(seed value)或一次性随机数(nonce)。

例如，假设所有授权方共享一个随机生成的数字 508。所有相关方都知道这个种子值，并将其作为每个身份验证事务的一部分使用，但其他人不知道该值。所有参与方也将共享一个通用的 OTP 算法，甚至敌对方也可能知道这一点。

列举一个简单示例，假设涉及的各个合法方使用一个虚构的 Roger 算法：$X \times Y \times 13$；其中 X 是恒定的随机种子值，Y 是任何人(包括敌对方)都可知道或查看的新生成的值。Y 称为计数器值；之所以称为计数器值，是因为在早期，Y 只是一个不断变化的值，每次使用 Y 时都会递增，如从 1 到 2 再到 3 等(虽然从密码学上讲，Y 可能比这更复杂)。种子值从不更改，计数器值在每个事务中都会更改。

对于第一个身份验证事务，假设计数器值是 1。使用 Roger 算法生成 OTP，答案为 6604(即 $508 \times 1 \times 13$)。然后假设计数器值分别为 2 和 3。接下来有效的 OTP 结果将是 13208(即 $508 \times 2 \times 13$)和 19812(即 $508 \times 3 \times 13$)。为尽量避免让任何观察者看到，该算法只使用前四位数字(称为截断)，并始终删除第二位数字，以便将相应结果变成604、120 和 181 这样的三位代码。在一个头脑简单的观察者看来，由此生成的代码是相当随机和不可预测的(尽管值实际上与随机和不可预知相去甚远)。唯一真正未知的值是种子值 508。

现在，以这种 OTP 计算为例，将极长的数字(128 位或 16 字节长)作为最小值。128 位代码可存储 2^{128} 个不同的代码。现在添加真正的随机性(或尽可能接近)和更真实的 OTP 算法，该算法涉及更高级的数学原理和强大的加密函数，如三角函数、模数和哈希。本质上，如果不知道共享的种子值，得到的 OTP 数字是极难猜测和预测的。

早期的许多 OTP 创造者使用自创算法和数学方式来创建看似随机的 OTP 代码。遗憾的是，创建真正安全的 OTP 代码是极其困难的。许多早期 OTP 代码看起来很好，但最终都被发现是 100%可预测的。随着时间的推移，OTP 行业提出一个经过测试和验证的标准 OTP 算法，并告诉 OTP 解决方案的创造者使用成熟的算法，而不是编造自己的算法。

9.1.2　基于 HMAC 的 OTP

HOTP 是基于 HMAC 的 OTP；HMAC 是基于哈希的消息验证代码(Hash-based Message Authentication Codes)。加密哈希算法也称为哈希函数，用于为每个唯一的输入内容创建唯一的输出结果。在日常讨论中，唯一的输入将是 OTP 解决方案作为 OTP 初始代码计算的一部分提供的任何值(即种子值和计数器值)；在加密领域，则称之为要进行哈希计算的"消息"。哈希计算之后的输出称为消息摘要(Message Digest)、哈希结果(Hash Result)。

一个安全可靠的哈希具有以下四个重要特征：

(1) 对于每个唯一的输入，必须生成唯一的输出结果。

(2) 每次对同一输入执行哈希运算时，应生成相同的哈希输出。

(3) 两个不同的输入不应生成相同的哈希输出(即避免冲突)。

(4) 如果给定哈希输出，任何人都不可能或几乎不可能(在口令领域称为"非平凡")推导出输入的原始内容。

一个好的哈希表具有以上所有属性。不论输入长度如何，哈希算法通常生成固定长度的结果。常见的哈希输出长度范围为 128～256 位。

因为在现实世界中，哈希输出通常比要执行哈希计算的消息短，这意味着两个不同的消息完全可能生成相同的哈希，即出现哈希冲突(Hash Collision)。人们不能用一组较短的唯一消息来表示所有可能的较长消息集。但就像人们以前接受的从不重复和真正随机假设一样，如果输出的哈希通常是唯一的(即使不是万无一失的)，那么该哈希在大多数情况下是可以接受的。

注意　关于哈希的一些主题已在第 3 章中讨论过，但为了完整起见，这里重复讨论。再读一遍也没什么坏处。

历史上曾出现多个公认的、广泛使用的哈希标准，包括 MD5(Message Digest 5，消息摘要 5)、Windows LM(LAN Manager)、Windows NT 和 SHA-1(Secure Hash Algorithm-1，安全哈希算法 1)。人们认为，所有这些旧标准除了 Windows NT 之外都是脆弱和不完善的。

如今，最流行的哈希算法是 SHA-2，也称为 SHA2；SHA-2 具有已知的弱点，随着时间的推移，只会变得越来越弱；2015 年，NIST 建议使用 SHA-2 的后续算法 SHA-3，也称为 SHA3。到目前为止，几乎所有人仍在使用 SHA-2。SHA-2 有许多不同的输出大小，包括 224 位、384 位、256 位和 512 位。表 9.1 重复了表 3.1，显示了单词 frog 使用各种流行的哈希算法时输出的结果。

表 9.1 单词 frog 的哈希输出示例

哈希算法	frog 的哈希结果
MD5	938C2CC0DCC05F2B68C4287040CFCF71
SHA-1	B3E0F62FA1046AC6A8559C68D231B6BD11345F36
SHA-2	74FA5327CC0F4E947789DD5E989A61A8242986A596F170 640AC90337B1DA1EE4
SHA-3 (512)	6EB693784D6128476291A3BBBF799d287F77E1816b05C 611CE114AF239BE2DEE734B5Df71B21AC74A36BE12CD 629890CE63EE87E0F53BE987D938D39E8D52B62

HMAC 算法使用强哈希、可信计算算法以及预共享密钥(种子值),为唯一提供的内容生成唯一的输出。

HMAC 已经存在了几十年,包括在 1997 年 IETF RFC 2104(见[3])的定义中,供日常使用。2008 年,RFC 2014 由 NIST 编入 FIPS(Federal Information Processing Standard,联邦信息处理标准) Publication 198(见[4])。早在 1997 年,最初的研发团队就在讨论 MD5 和 SHA-1 哈希;虽然这两种哈希算法后来都被弃用,但留下了思想和算法;几十年后,人们要做的只是更新到更强的哈希,概念和算法并未发生实质性变化。HMAC 和 HOTP 已证明是非常好的想法。要了解有关 HMAC 的更多信息,请参阅[5]。

大多数 OTP 供应商很快意识到使用成熟 HOTP 算法的价值,并停止尝试推出自己的 OTP 算法。你可阅读关于 HOTP 解决方案的更多信息;HOTP 基于商定的标准开放身份验证倡议,见[6]。HOTP 的一个流行的规范和实现是 OATH,即众所周知的 OATH HOTP 标准。可在[7]了解更多信息。一些供应商提供了 OATH HOTP 设备,包括全球领先的 OTP 供应商之一 Yubico(见[8])。

大多数 HOTP 提供 6~8 位的 OTP 代码,通常只有数字,以便在身份验证期间使用。现在仍有定制的 OTP 算法,但大多数十分接近于标准算法,且包含安全改进功能。为确保 HOTP 解决方案的安全,以下组件必须是可信、安全和强大的:

- HMAC 算法
- 哈希算法
- 种子值需要随机生成。
- 种子值必须永远是相关身份验证方之间的秘密。
- 计数器值应改变,不得重复。

在这些组件中,只有种子值需要保密。即使计数器和算法都是已知的,OTP 的整体结果也应该是安全的。整体的保护能力在于哈希算法根据输入,来输出一个不可预测且看似随机的字符串。如果用户有一个优秀哈希算法,将能很好地实施加密。

当使用带有计数器值的 OTP 时，问题是什么情况下应该递增计数器并使解决方案使用新的计数器值。有几种不同的可能性。

9.1.3　基于事件的 OTP

一个答案是所谓的基于事件的 OTP(Event-based OTP)，这实际上是 HOTP 的一个子集。事件可以是(而且通常只是)时间的流逝。例如，OTP 设备每 10 分钟更新一次代码。这需要 OTP 设备和身份验证器保持时间同步。这一点说易行难；即使使用相同的时间源，随着时间的推移，OTP 设备和身份验证器报告的时间也会有所不同。

"事件"也可以是用户按下 OTP 设备上的按钮或设置一组物理字符作为初始化代码，以启动新的 OTP 代码计算。此类情况下，身份验证系统可先与用户通信，并验证一些数字、字母、颜色和声音等。指示用户查找或监听代码，然后将其输入 OTP 设备。另一个示例可能是，用户需要首先通过 OTP 设备进行生物身份验证，或将设备对准计算机屏幕，以便将光学代码传输到 OTP 设备(第 21 章将详细讲述后一个示例)。

对于任何 OTP MFA 解决方案，主体用于身份验证的设备或软件必须与身份验证资源同步。主体和身份验证器都必须共享、使用和存储相同的种子值，以计算将来生成的 OTP 代码。主体和身份验证器所用的时间是同步的，还必须共享相同的方法来生成当前和未来的计数器代码和算法。

实际上，双方都有一个身份验证数据库(存储)，主体和身份验证器共享种子值，并跟踪全局唯一的标识值，该值将主体的身份验证设备和/或软件实例与身份验证数据库中的正确身份验证记录相关联。通常，标识值是某种唯一的序列号或 GUID。标识值可能是全局唯一的，或只是对供应商的实现是唯一的。数据库可存储在多个位置，但必须始终存储在主体身份验证期间身份验证器可访问的位置。

在身份验证流程中，主体的身份验证解决方案和身份验证器的服务必须能够独立地、一致地且准确地计算任何参与方在任何实例(当所有相关要求都得到满足时)的 OTP 结果。两者必须分别计算结果，然后身份验证器将自己计算的结果与主体的身份验证解决方案提交的结果进行比较。如果两个结果匹配，则认为主体成功通过了身份验证。

只要有足够的时间和处理能力，了解除秘密值外的所有相关组件的攻击者始终可能计算出秘密值；如果攻击者掌握了秘密值，那么一切都会崩溃。如果给定足够的连续 OTP 输出，攻击方总有机会知道静态种子值是什么。计数器值有助于缓解风险，使得计算的一部分总在变化，攻击方很难确定哪些输出变化是由静态种子部分造成的，哪些变化是由于计数器值的变化造成的。

OTP 设计者通过定期更改计数器值来进一步消除威胁。即使攻击方能成功计算单个 OTP 代码(计算种子值就更难了)，生成的 OTP 代码也将过期并失效。OTP 设计人员使代码过期；当 OTP 过期时，双方必须使用新的计数器值来生成新的 OTP 输出代码。由于计数器代码经常定期更改,且频率越高越好,所以很多时候,计数器同步并关闭当前时间值是有意义的。

9.1.4 基于时间的一次性口令

TOTP(Time-based One-Time Password,基于时间的一次性口令)身份验证解决方案在计数器计算中涉及当前日期和/或时间值。随着时间的变化,计数器的值也会改变;时间通常以固定的预定间隔(如每 30 秒到 10 分钟)变化。任何使用过 TOTP 设备的人都知道,当用户想赶在即将过期的时间点之前输入当前 TOTP 代码,且需要开始输入一个新代码时,会感到轻微的压力。

> **注意** 一些 MFA 文献不将 TOTP 解决方案使用的非静态值称为"计数器",而将术语"计数器值"保留用于非 TOTP OTP 解决方案。

像 HOTP 一样,TOTP 也获得了一个通用标准(见[9])并在 IETF RFC 6238(见[10])中编码。可将 TOTP 解决方案看作 HBAC-OTP 的一个特殊子类,当遵循相同的规则(即共享秘密的静态随机种子值、涉及的可信哈希以及涉及的基于 TOTP 的可信算法等)时,你认为 TOTP 解决方案是可信的和安全的。对 TOTP 唯一增加的要求是为所有相关的身份验证器提供一个可信的时间源,以彼此保持时间同步(即"同步")。

可使用任何可信的时间源,并用任何语言或设备"抓取"时间,但一般来说,时间值往往是日期(YYYY-MM-DD)之后紧跟时间(HH:MM:SS),甚至有时精确到百分之一秒。日期和时间通常以 UTC (Coordinated Universal Time,协调世界时)度量,UTC 也就是 GMT(Greenwich Mean Time,格林尼治标准时间)和祖鲁时间(Zulu Time)。通常使用 UTC,因为 UTC 不必按位置和时区执行转换和修改(除非用于显示或其他必要情形)。当前读取的时间通常转换成其他数值,如 1980 年 1 月 1 日以来经过的秒数或 1970 年 1 月 1 日以来经过的 30 秒周期数(称为历元或 UNIX 时间,见[11])。目前大多数 TOTP 解决方案使用"历元时间"作为 OTP 计算的时间值。

很多时候,HOTP 解决方案和 TOTP 解决方案的唯一区别是 TOTP 解决方案使用当前时间戳作为计数器值,而 HOTP 使用其他方法。另外,当 HOTP 给出一个结果时,在执行另一个 HOTP 计数器操作前,该结果将一直有效。TOTP 始终是基于时间更新的,旧的 TOTP 值基于时间自动失效的频率更高。HOTP 值比 TOTP 的潜在有效期长得多,因此可攻击时间也比 TOTP 长得多,TOTP 值总在不断变化。

流行的 TOTP 示例

两个最流行的基于 TOTP 的 MFA 示例是 RSA 的 SecurID 和 Alphabet 的 Google 身份验证器。RSA 提供硬令牌和软件版本(也称为软令牌),而 Google 只提供在手机和其他计算设备上运行的软件版本。

RSA SecurID Roger 不知道 RSA SecurID(参见图 9.1 中的样品)是不是第一个基于

硬令牌 TOTP 的 MFA 设备，但 RSA SecurID 已存在了几十年。对于许多经验丰富的资深计算机安全专家来说，SecurID 是见过的第一个硬令牌 MFA 设备，也是唯一用过的 TOTP 设备。即使 SecurID 不是第一个，也是最受欢迎的一个。令牌显示屏左侧的小横杠是倒计时条。随着当前 TOTP 代码时间过期，倒计时条逐一消失。当倒计时条全部消失时，一个新的代码和一套完整的计时条将显示出来。

图 9.1　RSA SecurID 令牌示例

　　RSA SecurID 自己的维基百科页面介绍说，2003 年 RSA SecurID 占据的 MFA 市场份额超过 70%。RSA 声称，93%的《财富》500 强公司使用 RSA 的产品，尽管这个数字可能包括硬令牌和软件解决方案。

　　在早期的实现中，通常要求用户输入一组只有用户和身份验证系统知道的静态字符，以及新生成的 TOTP 代码部分。最终，这一要求放宽或变成可选的，以便提供更连贯的体验，因为 RSA 的一些竞争对手仅要求用户提供 TOTP 代码，而非静态口令和 TOTP 代码的组合。同时要求静态代码和 TOTP 固然更安全，但为了提升用户体验，较苛刻的安全要求通常会放松；这在计算机安全领域屡见不鲜。RSA SecurID 和其他 RSA 产品在当今仍是最受欢迎的 MFA 解决方案之一。

　　Google 身份验证器　2010 年推出的 Google 身份验证器成为 RSA 产品的强大竞争者，甚至在流行程度上超越了 RSA。Google 身份验证器是一个基于软件的 TOTP，可用于支持 Google 身份验证器的任何网站或服务。图 9.2 显示了 Google 身份验证器的输出示例。

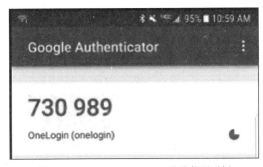

图 9.2　Google Authenticator 登录代码示例

使用 Google 身份验证器执行身份验证的网站或服务必须包含在登录期间请求 Google 身份验证器的代码。在用户使用 Google 身份验证器之前，必须给用户发送一个预共享的 80 位代码(使用 Base32 文本或图形化的二维码)；图 9.3 是一个二维码(QR 代码)示例。二维码包含一个 80 位的密钥，用作预共享的种子值。

图 9.3   二维码示例

Base32 是一个编码系统，使用所有大写英文字母(A~Z)和数字 2~7，共 32 个字符(26 个字母加上 6 个数字)。每个 Base32 字符可表示 5 位信息。因此，一个 80 位的种子值需要 16 个字符才能发送。输入 16 个 Base32 字符可能有点难，所以 Google 身份验证器管理员通常会选择发送二维码。二维码可保存数千个字符的信息，自然可用来表示 Google 身份验证器所需的 80 位种子值以及其他信息(如二维码与哪个站点或服务绑定)。

用户将收到的二维码长时间按住，等待在手机或计算机设备安装 Google 身份验证器应用程序，然后将二维码传输给特定实例的 Google 身份验证器应用程序。Google 首次推出 Google 身份验证器时，Google 身份验证器是一个开源应用程序，Google 共享其使用的算法。后来，Google 将 Google 身份验证器及其算法变成专有的应用程序，开源版本(见[12])成为 FreeOTP 项目(见[13])，现在可供 Linux 发行版(如 RedHat)使用。

Google 身份验证器最初的开源特性允许任何人查看原始的 Google 身份验证器算法。Google 身份验证器算法发布在 Google 身份验证器维基百科页面上(见[14])，在一个名为 Pharo(见[15])的开源项目中实现。图 9.4 显示了 Google 身份验证器生成 TOTP 的维基百科描述/伪代码。

```
function GoogleAuthenticatorCode(string secret) is
    message := floor(current Unix time / 30)
    hash := HMAC-SHA1(secret, message)
    offset := last nibble of hash
    truncatedHash := hash[offset..offset+3]  // 4 bytes starting at the offset
    Set the first bit of truncatedHash to zero  // remove the most significant bit
    code := truncatedHash mod 1000000
    pad code with 0 from the left until length of code is 6
    return code
```

图 9.4   维基百科描述 Google 身份验证器的伪代码

Pharo 允许任何人编写 Google 身份验证器的虚拟实例。Pharo 推出以来，到目前为止，底层算法似乎尚未改变。Pharo 的作者创建了一个文档，该文档详细介绍了 Google 身份验证器算法(见[16])。算法流程虽然相当简单，但经过了很多转换步骤，因此对于不熟悉编程、计算机加密和字节转换的人来说，该算法自然显得很复杂。

下面按照 Pharo 作者的思路，列举一个基于 Google 身份验证器算法的转换例程示例：

(1) 使用 32 个字符的 Base32 密钥(种子值)并将其转换为字节数组。

(2) 获取当前时间并将其转换为 UNIX/祖鲁时间,这是自 1970 年 1 月 1 日以来经过的 30 秒时间段数。

(3) 在 HMAC-SHA-1 哈希事件中使用种子值和时间值,种子值作为密钥,时间值作为哈希算法和密钥处理的消息。

(4) 这将输出哈希计算的 160 位结果。

(5) 160 位 SHA-1 结果转换为 20 字节数组(每字节 8 位)。

(6) 20 字节数组转换为 32 位整数,其中包含 9 个数字字符。

(7) 前一个或前三个数字会截断,具体取决于 Google 身份验证器实例是返回 6 个字符还是 8 个字符的代码。

(8) 剩余的是 Google 身份验证器 TOTP 代码。

如果在相同的 30 秒 UNIX 历元周期内测量,那么每次返回的 TOTP 代码将是相同的。每隔 30 秒就会生成一个新代码,且只在 30 秒内有效;不过在过期后,可能留一两秒钟的时间让用户快速键入刚过期的代码。TOTP 代码可按数字顺序输入,尽管 TOTP 代码经常显示为两组由空格分隔的数字。

有几十家其他供应商正在创建 OTP、HOTP 和 TOTP MFA 解决方案,这些解决方案同时使用硬令牌和软令牌版本。在 MFA 领域,基于 TOTP 的解决方案非常流行。Microsoft 还使用一个 TOTP 软令牌解决方案,称为 Microsoft 身份验证器(见[17])。Microsoft 身份验证器也可使用较新颖的二维码来传递初始种子值。

尽管 OTP 和 TOTP 解决方案非常优秀和受欢迎,但这些解决方案并非不可破解。

9.2　OTP 攻击示例

像世界上的任何事物一样,基于 OTP 的 MFA 解决方案可能受到攻击和入侵。本节介绍一些方法和示例。

9.2.1　OTP 代码网络钓鱼

毫无疑问,基于 OTP 的 MFA 解决方案的一种最常用攻击方法是让攻击方钓鱼和/或截获生成的代码;如果登录时只需要账户登录标识值和 OTP 代码,这种攻击方法尤其有效。OTP 代码本质上只是替换口令的登录秘密。

获取 OTP 代码的最流行攻击方法与第 6 章中呈现的方法类似,可观看演示 Kevin Mitnick 攻击方式的 LinkedIn 视频。攻击方以某种方式引诱基于 OTP 的 MFA 用户访问一个欺诈性的、具有相似外观的网站,该网站在受害者和最终目的地之间充当中间代理站点。受害者输入的所有内容都经过这个代理传给最终服务器/服务,而真正的服务器/服务中的所有内容再经过代理传输给用户。当用户按提示输入 OTP 代码时,攻击方就会获取相应的 OTP 代码并用其登录到真正的网站。

利用 HOTP 令牌,攻击方可采用某种方式诱骗用户输入多个有效的、连续的 HTOP

代码。也许攻击方创建了一个模拟登录页面，要求用户登录。用户输入当前 HOTP 代码，假冒网站返回一个错误，并要求用户输入下一个 HOTP 代码，此后假冒网站会记录这些代码。第一个(也是有效的)代码现在转发到真实的登录门户，用户移动到真实网站。但攻击方还有第二个有效代码，攻击方也可使用。在此类攻击中，攻击方可诱导受害者输入一堆 HOTP 代码，存储多个有效的未来代码。无论采用哪种方式，通过将第一个代码发送到有效网站，将用户重定向到那里，用户会认为其第二个(或后续)代码是有效的(而非第一个)。当合法用户再次登录时，因为合法用户的 HOTP 令牌现在与登录门户不同步，用户将来的登录将不起作用，但攻击方窃取的 HOTP 代码列表将生效。

[18]～[20]列举其他一些成功攻击的示例，这些攻击涉及网络钓鱼或截获的 OTP 代码。

图 9.5 是一个 Binance 受害者的屏幕截图示例，显示了该名受害者的 Google 身份验证器 TOTP 代码是如何遭窃并用来对付该受害者的。

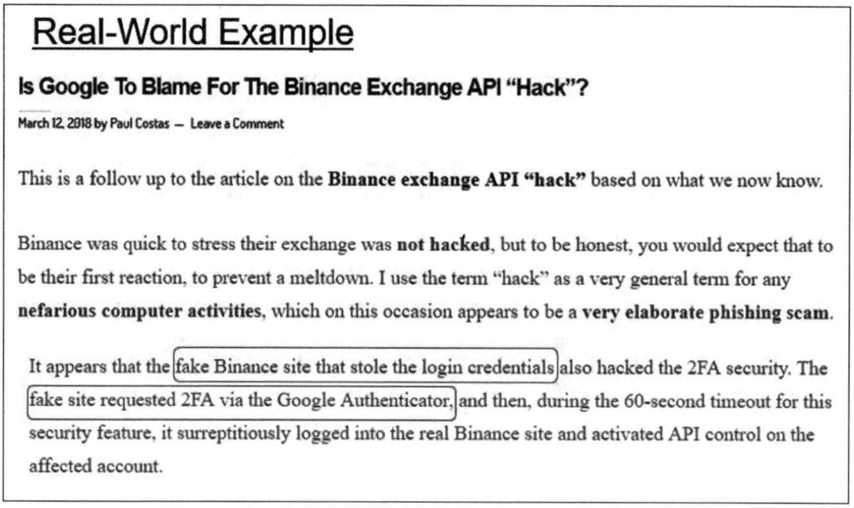
Real-World Example

Is Google To Blame For The Binance Exchange API "Hack"?

March 12, 2018 by Paul Costas — Leave a Comment

This is a follow up to the article on the **Binance exchange API "hack"** based on what we now know.

Binance was quick to stress their exchange was **not hacked**, but to be honest, you would expect that to be their first reaction, to prevent a meltdown. I use the term "hack" as a very general term for any **nefarious computer activities**, which on this occasion appears to be a **very elaborate phishing scam**.

It appears that the fake Binance site that stole the login credentials also hacked the 2FA security. The fake site requested 2FA via the Google Authenticator, and then, during the 60-second timeout for this security feature, it surreptitiously logged into the real Binance site and activated API control on the affected account.

图 9.5 描述了遭窃的 TOTP 代码是如何用来破坏账户的

第 12 章将分享多个真实世界的示例。在此处，你只需要了解到，用 OTP 代码实施社交工程是非常普遍的。

9.2.2 创建的 OTP 欠佳

如果 OTP 解决方案未采用经过试验和测试的标准，比如那些在 IETF RFC 2104(OTP)和/或 RFC 6238(TOTP)中记录的标准，那么该方案必定充斥着不少计算漏洞；供应商或许认为这些漏洞难以被攻击者发现，但事实并非如此。如果 OTP 供应商创建自己的加密程序，风险将显著增加。即使是那些针对密码术研究了几十年的顶尖密码学家，也难以创建出强大和安全的密码算法。如果某个供应商开始谈论专有或秘密的密码算法，请远离这个供应商。Roger 曾在与某供应商会谈后一个月收到一些"新"的密码声明，供应商迫不及待地告诉 Roger，新的超级专有加密方案已经解决了以前的所有问题。这一向是空谈。如果有人宣扬其分布式分割密钥、量子分布密钥或百万比特密钥的优势，你尽可肯定：那人完全在胡说八道，创造的任何东西都毫无价值，是在白白浪费时间。你应该只依赖和使用在公共领域中由所有人长期信任的、经过验证的密码算法。

前面提到过，Google 身份验证器使用 80 位种子值。一个 80 位的密钥提供了 2^{80} 个可能的密钥组合，但 RFC 4226(见[21])和 6238(见[22])官方推荐的最小 OTP 秘密种子大小为 128 位，实际上是 160 位(是 Google 身份验证器使用的两倍)。OTP 使用的随机种子值应该等于或大于哈希算法的密钥大小。早在 Google 身份验证器创建之时，使用 160 位密钥的 SHA-1 是最常见的哈希算法。今天，最常见的哈希算法是使用 256 位密钥的 SHA-2。任何 OTP 解决方案都应至少使用 256 位种子值和 256 位哈希密钥。

最终需要多次缩短消息摘要，从 20 字节数组缩短为 32 位整数(包含 9 个数字字符)，再缩短为 6~8 个字符；也就是说，虽然哈希算法的密钥较长，多次缩短操作也会使安全保护水平大打折扣。最后，最多只能有 64 位不同信息。

也不必过分担心，缩短的 OTP 代码并非那么容易破解，当 OTP 只维持 30 秒时尤其如此。

RFC 建议最少使用 160 位密钥，但为保险起见，建议选择使用 256 位密钥的算法。

> **注意**　很快，使用 Grover 算法的量子计算机将把哈希和对称密钥的保护能力降至其规定密钥大小的一半。因此，80 位种子值基本上只具有 40 位的安全性，这在实际中更容易被破解。

9.2.3　盗窃、重新创建和重用 OTP

如果攻击方可物理窃取或重新创建一个 OTP 设备，将看到 OTP 生成的代码，并像合法用户一样重用该代码。针对 OTP 设备的物理访问赋予了持有者与合法所有者相同的权限(除非实施了其他缓解措施)，但攻击方更合适的方法是重新创建 OTP 设备。如果攻击方窃取了一个 OTP 设备，合法所有者会发现并报告该设备丢失，该设备将停用。但若重新创建 OTP 设备，合法所有者可能不会知晓，在未经授权的访问被发现之前，OTP 设备可由攻击方任意使用多次。

Google 身份验证器确实存在这种风险。在原始设置中，通过文本或二维码传递的 80 位种子值是创建同一 Google 身份验证器 OTP 代码的一个或多个实例需要的全部内容。更糟的是，种子值永远不会过期！如果攻击方在 Google 身份验证器实例退役前的任何时候获得设置信息，那么该攻击方可创建相同 Google 身份验证器实例的其他可能具有恶意的实例。

有很多示例表明，某人的"旧"Google 身份验证器初始设置电子邮件或图片后来遭到攻击方入侵。攻击方要么找到了原始的设置电子邮件，要么找到了二维码图片(一些用户为了防止丢失，备份了二维码)。一旦攻击方有了 80 位代码或二维码，游戏就结束了。可在[23]找到一个真实故事。图 9.6 显示了 Reddit 上故事的一个示例截图。

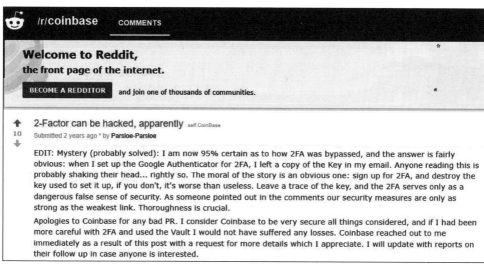

图 9.6　Reddit 发布了一个遭窃的 Google 身份验证器设置电子邮件，导致了现实中的攻击

9.2.4　种子数据库遭窃

共享的、秘密的、随机的种子值在任何存储位置都可能泄露。种子值通常存储在参与的 OTP 设备/实例和身份验证数据库中。种子值通常存储在 OTP 解决方案供应商那里，或存储在登录服务器/服务附近的数据库中。这些数据库在过去曾遭受过少量攻击。数据库攻击往往是由代表国家的 APT(Advanced Persistent Threat，高级可持续威胁)敌对方完成的。

最著名的示例是 2011 年几个 RSA 客户受到攻击(见[24])。一个 APT 用包含恶意附件(如 Microsoft Excel 电子表格)的电子邮件欺骗了多名 RSA 员工。多位 RSA 员工中的一些人长期以来都未安装 Microsoft Office 补丁；当这几位 RSA 员工打开恶意文件时，其中包含的恶意软件攻击了工作站，最终攻击了 RSA 的大部分网络。当时虽然未打补丁，但 Microsoft Office 产品仍然给出了多个警告提示，不过员工们忽略或绕过了这些警告。此外，有传闻称，包括洛克希德·马丁公司在内的几家 RSA 客户数据库(包括其 RSA SecurID 种子值和设备 GUID)遭到泄露。

这些年来，Roger 从媒体和 RSA 员工那里听到一些关于 APT 攻击方是否真的获得了 RSA SecurID 秘密信息并利用其来攻击客户账户的消息。对于一系列泄露传闻，RSA 一律强烈否认。

但 Roger 认为有几个疑点。

第一，RSA 自己证实了存在漏洞，并在舆论压力下，在几个月后主动更换了客户的所有 RSA SecurID 设备。当然，这可能是出于足够的谨慎，以避免持续的负面商誉影响。

第二，至少有几个 RSA 客户表示因为 RSA 受到攻击而受到直接损害，包括洛克希德·马丁公司(见[25])和 L-3 (见[26])。

第三，Roger 自己重新创建了 SecurID 令牌。不只是 Roger 一个人，可能有数百名感兴趣的计算机安全人员这么做了。十多年来，一个名为 Cain & Abel 的常见攻击工具提供了一种简单方法来模拟任何 RSA SecurID，只要知道序列号和种子值就可以。Cain & Abel 是一个收集了各种攻击工具的集合，包含几十个功能。Cain & Abel 擅长嗅探网络上的口令，并实施简单的中间人网络攻击、ARP 中毒攻击和口令破解。Cain & Abel 还包括一个允许任何人创建 RSA SecurID 令牌虚拟实例的功能，甚至包括一种导入任何提供的 SecurID 密钥文件的方法。图 9.7 显示了该功能的一个测试示例。

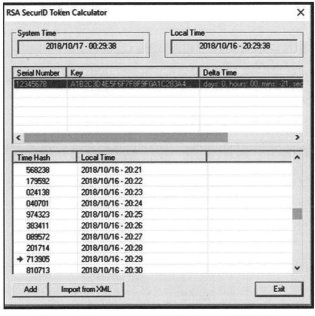

图 9.7 模拟 RSA SecurID 令牌生成 OTP 代码的示例

十多年来，Roger 一直乐于引导人们下载并使用 Cain & Abel 作为一个多功能的攻击工具。但自从 Microsoft 的 Windows XP Pro(2004 年)问世以来，Cain & Abel 就未曾升级过，也不再位于其创建者最初的网站 oxid.it 上。Roger 不确定目前下载的 Cain & Abel 是否会有一些恶意修改来滥用用户。因此，最好避免使用 Cain & Abel，除非能确定可得到并使用一个干净的版本。Roger 认为，RSA 近年来已经更新了 SecurID 令牌算法，即使你有一个干净的 Cain & Abel 副本，也不会对目前的 SecurID 令牌生效。RSA 可能使用了更新的哈希算法并做出其他更安全的转变。

但是，任何人只要知道 OTP 设备使用什么组件和算法，就能创建 OTP 设备的虚拟实例。Pharo 和 FreeOTP 也证明了这一点。[27]列举另一个示例，一家私人公司因为一个 OTP 数据库遭到攻击而严重受损。

总结一下,攻击方利用基于 OTP 的 MFA 解决方案来攻击用户的最流行方式是网络钓鱼和社会工程,但还有其他方法,如重新创建 OTP 和攻击种子数据库。这些攻击不是理论上的,而是发生在现实世界中。

9.3 防御 OTP 攻击

研发团队和用户可采取一些措施来降低针对基于 OTP 的 MFA 的攻击风险。尽管最好由用户来防御 OTP 攻击,但实际上,大部分防御任务都是由研发团队完成的。

9.3.1 研发团队防御

下面解释了一些研发团队针对基于 OTP 的 MFA 解决方案的攻击的防御措施。

9.3.2 使用可靠的、可信的和经过测试的 OTP 算法

除非你是全球顶尖密码学专家或有机会接触密码术行业的大神级人物,否则不要尝试自己编写 OTP 算法或密码术。今天经过验证和信任的算法和密码术足以满足用户的任何需要。

如果研发团队足够幸运,且 OTP 解决方案能长期有效(比如说超过 5 年,大多数 OTP 解决方案无法持续这么长时间),则可能需要更新与 OTP 解决方案相关的加密算法。任何加密算法最终都需要更新或替换,使 OTP 解决方案的"加密"与时俱进。这意味着研发团队及其客户可轻松地更新相关的加密算法,而不必执行重大操作。所有密码术都会随着时间的推移而减弱,最终被其他方法取代。只要时间足够长,任何事都会发生。不要硬编码算法和密码术,使其难以替换或升级;同时避免对 OTP 解决方案实施未经授权的更改。

9.3.3 OTP 设置代码必须有过期时间

任何为唯一 OTP 实例的设置的初始种子值/代码都应在合理的时间内过期。研发团队不希望一个"旧"代码坐以待毙,等待被未经授权的用户发现。这也适用于主代码、备用代码和行程代码。所有允许新实例或绕过现有 MFA 实例的代码都应在合理的时间内过期。

一个有趣的相关解决方案是 DSKPP(Dynamic Symmetric Key Provisioning Protocol,动态对称密钥配置协议)。DSKPP 在 RFC 6063(见[28])中正式描述为一个标准,用于在 OTP 解决方案的客户端和服务器之间使两个身份验证参与方共享对称秘密。DSKPP 允许在 OTP 参与者之间安全地生成共享的秘密(如种子值)。这很重要,种子值可反复使用,在任何需要的时候建立新的秘密值。因此,如果原始种子值数据库或任何旧值泄露,所获得的信息就不能轻易用于复制未来的 OTP 代码。例如,OTP

令牌可每天或在任何预定义的时间间隔生成一个新的共享机密。虽然 DSKPP 是一个新产品,但 Roger 仍然认为使用 DSKPP 的任何 OTP 解决方案都会在竞争中占据上风。

9.3.4　OTP 结果代码必须有过期时间

不管代码是否由 TOTP 创建,任何原因生成的 OTP 代码都应该有过期时间。如果 OTP 代码没有过期时间或过期时间太长,则未经授权的用户可能将找到的"旧"代码用于将来的身份验证事件。这是一个大问题,在 HOTP 解决方案中尤其重要。曾有一个主流的 HOTP 供应商解决方案,其 HOTP 代码永不过期;一些知识渊博的人士和竞争对手发现,有 20 个 HOTP 代码是在一年前生成的,仍可用于当前的登录。这实在是太危险了。

9.3.5　阻止 OTP 重放

一些 OTP 解决方案允许以前生成或使用的 OTP 代码在将来继续生效。这是一种疯狂的做法!只要有了新 OTP 代码,旧的 OTP 代码就不应该再生效。有些 OTP 解决方案包含时间戳;这些时间戳与相关的 OTP 代码一并记录和存储,有助于防止重放攻击。OTP 系统不应该允许同时生成、使用或保持多个 OTP 代码,以防攻击方轻松地获取和重用旧的 OTP 代码。

> **注意**　这一建议向带有主代码的 MFA 解决方案提出了疑问。这些主代码通常同时重复生成,要么永远不会过期,要么过期时间很长,要么直到用户生成新的主代码或删除旧的主代码时才过期。

9.3.6　确保用户的 RNG 经过 NIST 认证或者是 QRNG

OTP 安全的保护强度取决于静态种子值和哈希算法的真实随机性。大多数传统的主流操作系统都包含相当可靠的随机数生成器(Random Number Generator,RNG)。不要 "自创/自己动手"。今天更好的 RNG 称为伪随机数生成器(Pseudo-RNG,PRNG)。有趣的是,与自称完美的 RNG 相比,承认自己并不完美的 PRNG 看起来更值得信赖。量子随机数生成器是真实且可证明的随机数。Roger 相信,任何真正的量子随机数生成器(Quantum Random Number Generator,QRNG)都胜过了 RNG/PRNG。

NIST 创建了一系列测试,任何 RNG 供应商或客户都可运行这些测试,看看其 RNG/PRNG 与理论上完美的随机数生成器相比有多好或多坏。NIST 特别出版物 800-22(见[29])中记录了测试和要求。

9.3.7　通过要求 OTP 代码以外的输入来提高安全性

RSA 早期就做对了一件事,即要求涉及 TOTP 设备的登录也使用用户在登录时提供的附加静态代码。虽然附加的静态代码像种子值或键入的 OTP 值一样易遭破坏，但这确实为攻击的实现增加了一些难度。另外，如果种子数据库受到攻击，而其他静态值不在同一个位置，那么攻击方仅靠种子值是无法实现立即访问的。

9.3.8　阻止暴力破解攻击

当输入 OTP 代码时，身份验证系统应具有"账户锁定"功能，防止攻击方通过一遍遍的猜测最终成功地猜出代码。

大多数组织的登录名/口令组合都是这样做的。但由于某些原因，许多新的 OTP 供应商忘记在其新解决方案中添加类似的注销功能。[30]～[32]有三个示例。

图 9.8 显示了关于 MFA 解决方案的两则新闻，其中指出未包括账户锁定功能。

Researcher Bypasses Instagram 2FA to Hack Any Account

The recovery mechanism does have a rate-limiting protection – i.e., the number of log-in attempts within a set amount of time from any one IP address is restricted. In Muthiyah's first attempt, he sent around 1,000 requests, but only 250 of them went through. However, he also discovered that Instagram doesn't blacklist IP addresses that have exceeded the number of allowed attempts for a certain time period, so he could toggle between IP addresses in order to perform a continuous attack.

CVE-2018-11082: UAA MFA doesn't prevent brute force of MFA code

图 9.8　MFA 解决方案中不包括账户锁定功能的标题示例

9.3.9　安全的种子值数据库

种子值数据库是攻击方的目标。所有种子值数据库都应作为高风险资产加以特别保护。无论存储在何处，种子值数据库都需要通过字段级加密、数据泄露保护、容器化、增强的安全持续监测和快速事件响应方法实施保护。避免将 OTP 结果代码计算中使用的其他静态机密与种子值存储在同一数据库中。

9.3.10　用户防御

除了研发团队实现防御措施外，用户也可采取一些措施来保护自己不受 OTP 的攻击；下面将介绍用户防御措施。

1. 不要让 OTP 代码遭到社交工程攻击

任何 OTP 用户都要避免自己请求的 OTP 代码遭到社交工程攻击，这是头等大事。用户需要了解网络钓鱼场景和恶意代理服务器，发现恶意 URL 链接。许多终端用户认为，如果有一个 MFA 解决方案，就不必像有一个简单的登录名/口令解决方案那样担心安全。错误的安全感与一个薄弱的安全解决方案同样危险。

2. 删除设置代码

务必删除和擦除 MFA 设置代码。确保用户的设置代码不会由其他未经授权的人恢复并用于创建其他相同的 OTP 实例。当然，研发团队可通过在一段合理的时间后使设置代码过期，或像前述的那样实现 DSKPP 来解决这个问题。

研发团队可通过将所有 OTP 实例绑定到一个设备上，确保只有一个人在同一时间使用该 OTP 实例，从而降低用户风险。这将防止未经授权的用户攻击原始实例，生成第二个未经授权的实例，然后使用该实例冒充合法用户登录。

3. 物理保护用户的 OTP 设备

保护好用户的 OTP 设备(如令牌、手机)，免受未经授权的访问和盗窃。确保将用户设备放在安全位置，最好不要与使用 OTP 设备的设备放在同一位置。例如，不要将 OTP 令牌设备与使用 OTP 设备的笔记本电脑一起放在电脑包中。一旦盗窃得手，小偷可同时拥有用户的 OTP 设备和笔记本电脑。如果用户的 OTP 设备丢失或遭到入侵，请立即向 IT 安全部门报告。在停用旧设备前，IT 安全部门应该禁用用户的 OTP 登录功能。

注意　记住要安全地保护任何"备份"主代码，以免被攻击方轻易发现。

9.4　小结

本章介绍了不同类型的一次性口令 MFA 解决方案，包括 HMAC、基于事件的 OTP 以及 TOTP。大多数针对 OTP 的成功攻击都是通过社交工程和网络钓鱼诱骗用户交出 OTP 代码。现实世界中发生的其他攻击方式是窃取设置代码和未过期的代码以及入侵种子值数据库。本章最后讨论了研发团队和用户可采取的各种防御措施。

第 10 章将探讨主体劫持攻击。

第 **10** 章　主体劫持攻击

本书中的大部分主题和防御攻击的内容已由很多不同的来源很好地覆盖了,这些来源探索了多年来出现在公共领域的攻击类型。本章有所不同,将介绍到目前为止尚未深入讨论过的组件滥用和主体劫持攻击主题,包括一个从未公开执行过的攻击演示。

10.1　主体劫持攻击简介

第 5 章研究了 20 多个不同的身份验证组件,这些组件都可能遭到攻击和利用,从而破坏或绕过多因素身份验证(Multifactor Authentication,MFA)。这是一个庞大而繁杂的依赖体系,很少由单一实体控制。即使单一实体控制了所有因素,且确保这些因素不会遭到滥用,防止攻击方绕过身份验证也是一项巨大挑战。

本章将讨论一种特定的身份验证组件滥用,以说明强大的依赖关系。只需要更改一个未受保护的信息字段就会以意想不到的方式彻底更改身份验证并使其失效。本章只关注特定环境下的一个场景,重要的是,得到的教训可运用于各种环境中所有形式的 MFA。

本章的重点是要理解,依赖项可遭到滥用以绕过身份验证检查,所有依赖项都必须受到保护,就像依赖项是关键的身份验证秘密一样。计算机安全行业在指导管理员保护口令、口令哈希和其他身份验证秘密方面做得很好,但对关键依赖的保护却很少。本章向社会敲响了警钟,让人们认识到所有依赖因素的重要性。

10.2　攻击示例

可通过无数种方式来展示依赖组件攻击,但本章将展示一个模拟的主体身份劫持,涉及 Microsoft 的 Active Directory 和智能卡。通过简单地更改名称值,攻击方就可产生完全不同的身份验证结果,并使任何人都很难知道发生了这种情况。在攻击演示前,需要简单地解释一下什么是 Active Directory 以及 Active Directory 如何与智能卡一起工作。

10.2.1 Active Directory 和智能卡

Microsoft Active Directory(AD)是全球最流行的企业网络目录和身份验证服务。AD 基于开放标准、轻量级目录服务及其轻量级目录访问协议(Lightweight Directory Access Protocol,LDAP),于 1999 年与 Windows 2000 一起由 Microsoft 推出。AD 基本上是一个数据库和服务,用于排序和存储逻辑对象,如用户账户、文件、打印机及其属性(即字段和数据)。AD 还可用于保护对象(如服务器、文件、文件夹、站点和服务),对用户、组、计算机和其他参与主体执行身份验证。如今,AD 在 Microsoft Azure 云中得到支持。云版本目前的功能不如"本地"版本丰富,但这种情况正迅速改变;Microsoft 计划令其云版本成为组织用户不可抗拒的"必买产品"。

自问世以来,Active Directory 一直支持智能卡;较新版本的 Microsoft Windows 和 AD 支持的功能比早期版本更多,更加灵活。正如第 3 章中所述,传统智能卡是厚信用卡形状的物理设备,传统智能卡包含一个带有对象标识符(Object Identifier,OID)的数字证书,OID 字段包含智能卡登录值(1.3.6.1.4.1.311.20.2.2)。接受智能卡的应用程序寻找这个特定的 OID 值。

注意　一些启用智能卡的应用程序将接受其他非智能卡 OID、客户端(1.3.6.1.5.5.7.3.2)和服务器(1.3.6.1.5.5.7.3.1)身份验证等作为替代。但正式的做法是,任何使用智能卡的应用程序都应该明确地查找唯一的智能卡登录 OID(1.3.6.1.4.1.311.20.2.2)且仅接受该 OID。据推测,智能卡 OID 意味着已经非常安全地生成了数字证书,相关的私钥只在智能卡的芯片上生成和存储。

智能卡通常包含每个数字证书的公钥和私钥。智能卡的 IC 芯片以加密方式保护证书的私钥,防止遭受外部程序或入侵者的访问。私钥一直存储在卡上。大多数智能卡都要求在使用卡上的数字证书时,输入用户 PIN 码作为第二个验证因素。智能卡是防篡改的,如果有人试图入侵或物理访问智能卡,将可能禁用智能卡。但也有成功攻击智能卡的方法,见第 17 章。

每个 MFA 解决方案都与一个或多个特定的主体身份关联。在 AD 中,使用 UPN (User Principal Name,用户主体名称)值将智能卡绑定到不同的用户账户。UPN 值默认为用户的登录名,后跟 @ 符号和用户的 Active Directory 林域名(如 rogerg@knowbe.ad),但可以是其他许多自定义值。另一种流行的 UPN 格式是用户的电子邮件地址(如 rogerg@knowbe4.com),可能与用户的默认 UPN 名称或用户的 Active Directory 域名相同,也可能不同。一个用户同一时间只能有一个 UPN 值,且该值在 Active

Directory 林中必须是唯一的。如果 AD 管理员填写用户的 UPN，AD 管理员会在标记为登录名的用户账户字段中填写。在图 10.1 的示例中，用户的登录名是 SuperAdmin，AD 林名称是受害者网站，所以完整的 UPN 是 SuperAdmin@victim.com(字母大小写无关紧要)。

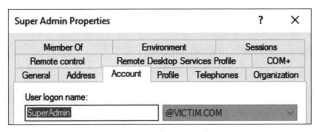

图 10.1　用户 UPN 示例

当用户智能卡证书创建为与 Active Directory 一同使用时，用户的 UPN 将作为一个值写入一个 x.509 证书字段；该字段就是证书的 Subject Alternative Name 字段下的 Principal Name)，如图 10.2 所示。证书的 Subject Alternative Name 可以有很多值(如 LDAP、DNS、IP 地址、公共名称和 NetBIOS)。UPN 只是一个名称类型，但必须为 Active Directory 使用的智能卡提供，必须与用户账户中用户的 UPN 值匹配。当用户使用智能卡登录时，Windows 和 Active Directory 会使用 UPN 字段将智能卡链接到相应的用户账户。

图 10.2　写入智能卡证书的用户 UPN 示例

当用户使用智能卡登录时,不会输入用户名。用户只需要将智能卡插入计算机的读卡器(或者对于非接触式智能卡,是无线读取的),Windows(如果启用智能卡)将接收登录事件并自动从智能卡的 UPN 值中获取登录身份。如果一个智能卡有多个证书,则会提示用户选择要使用哪个智能卡证书登录。然后将提示用户输入智能卡的 PIN 码(见图 10.3)。用户输入的 PIN 码将传递给智能卡,而对 PIN 码是否正确的评估将完全取决于智能卡及其自身的操作。除了与智能卡交换信息外,Windows 和 Active Directory 不参与确定成功或失败的实际身份验证事件。所有实际的身份验证信息和处理都是在智能卡 IC 芯片的安全范围内实施的。

身份验证成功后,智能卡证书的用户公共部分将传输到用户的 Windows 本地证书存储;Active Directory 会查找证书的 UPN,以确认 UPN 存在于 AD 林中。一旦找到,登录就会映射到包含 UPN 的用户账户,并为用户分配一个 Windows/Active Directory 访问控制令牌。

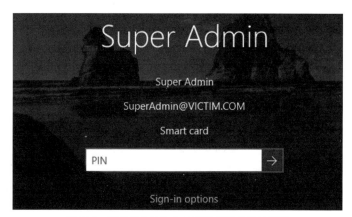

图 10.3　提示用户输入 PIN 码的智能卡登录示例

注意　智能卡必须由 Active Directory 信任的证书颁发机构(Certification Authority,CA)颁发。Active Directory 中有一个名为 Trusted Certification Authorities 的安全组;只有 CA 的服务器名是该组的成员,AD 才能接受智能卡证书。

10.2.2　模拟演示环境

为演示这种攻击行为,将在本例中考虑 Active Directory 林 victim.com 中的两个用户。一个名为 Super Admin 的用户是超级管理员,拥有 Active Directory 中所有权限。超级管理员属于所有具有高度特权的组,包括 Schema Admin、 Enterprise Admin 和 Domain Admin。超级管理员对于该网络来说是一个全能的"上帝账户(God Account)"。

第二个用户名为 Help Desk,是一个普通用户账户,除了有能力更改用户账户 UPN 之外,没有其他特殊的网络特权。Help Desk 没有任何提升的网络组成员权限。两个用户都拥有有效的智能卡，必须使用这些智能卡登录到计算机和 Active Directory。对于这个模拟的攻击，假设 Help Desk 用户决定窃取 Super Admin 的安全凭证，并做一些 Help Desk 用户无法使用常规权限和特权执行的恶意操作。

注意　Microsoft 会尽力确认谁有权修改 UPN 值，但这次演示假定 Help Desk 用户有能力写入此值(其他管理员也是如此)。在演示中，只给 Help Desk 用户一个额外的权限，来演示一个字段上的一个微小变更的强大后果。

接下来描述一系列步骤和图片，从 Super Admin 登录到其计算机开始。Super Admin 使用其智能卡和 PIN 码成功登录后，可使用 whoami.exe 命令来验证用户账户(见图 10.4)；Super Admin 在最高级别组中的成员权限如图 10.5 所示。

图 10.4　whoami 命令显示 Super Admin 用户

图 10.5　whoami/groups 命令显示 Super Admin 提升的组成员权限

图 10.6 显示了 Super Admin 的智能卡数字证书的详细信息,包括数字证书的指纹 (即 55fad65667c33e23d122)和 UPN。证书的数字指纹对所有证书都是唯一的;在执行后续操作时,这些信息相当有用。

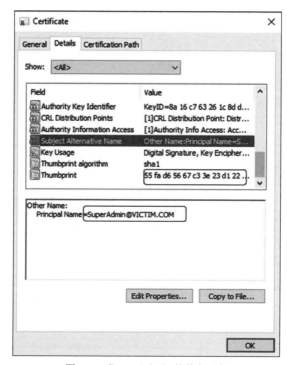

图 10.6　Super Admin 的数字证书

现在演示 Help Desk 用户登录时发生的情况。图 10.7 展示了 Help Desk 用户使用自己的智能卡和 PIN 码登录。

图 10.7　Help Desk 用户使用自己的智能卡和 PIN 码登录的示例

Help Desk 用户使用自己的用户账户成功登录后，可使用 Windows whoami.exe 命令进行验证(见图 10.8)。Help Desk 用户的唯一提升之处是获得了 Local Administrators 组的成员身份，如图 10.9 所示。如图所示，Local Administrators 组的成员并不拥有在网络上执行操作的任何特殊权限或特权。

```
█ Administrator: Command Prompt

Microsoft Windows [Version 10.0.14393]
(c) 2016 Microsoft Corporation. All rights reserved.

C:\windows\system32>whoami
victim\helpdesk

C:\windows\system32>_
```

图 10.8　使用 whoami.exe 命令确认 Help Desk 用户

```
█ Administrator: Command Prompt

C:\windows\system32>whoami /groups

GROUP INFORMATION
-----------------

Group Name                              Type               SID

======================
==================      ================   ============
Everyone                                Well-known group   S-1-1-0
oup
BUILTIN\Administrators                  Alias              S-1-5-32-544
oup, Group owner
BUILTIN\Users                           Alias              S-1-5-32-545
oup
NT AUTHORITY\INTERACTIVE                Well-known group   S-1-5-4
oup
CONSOLE LOGON                           Well-known group   S-1-2-1
oup
NT AUTHORITY\Authenticated Users        Well-known group   S-1-5-11
oup
NT AUTHORITY\This Organization          Well-known group   S-1-5-15
oup
LOCAL                                   Well-known group   S-1-2-0
oup
Authentication authority asserted identity Well-known group S-1-18-1
oup
NT AUTHORITY\This Organization Certificate Well-known group S-1-5-65-1
oup
Mandatory Label\High Mandatory Level    Label              S-1-16-12288
```

图 10.9　whoami/groups 命令确认 Help Desk 用户没有任何提升的网络组成员权限

图 10.10 显示了 Help Desk 用户的智能卡数字证书。注意此证书指纹(即 e9ae2a9422 5e6a740da8)与 Super Admin 证书指纹(即 55fad65667c33e23d122)的区别。

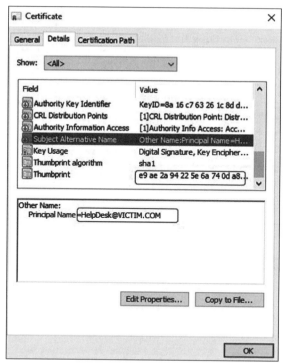

图 10.10　Help Desk 用户的智能卡证书

10.2.3　主体劫持攻击演示

现在一切正常。在设想的攻击场景中，假设 Super Admin 用户退出登录并回家，而 Help Desk 用户就在附近，准备搞恶作剧。

注意　此处感谢老友、前 Microsoft 同事 Adam Arndt 在 20 年前展示了这个攻击技巧。当时 Adam 和 Roger 在同一个客户现场，Adam 在试图理解 Active Directory 和智能卡的交互方式时意外发现了这一攻击行为。Adam 负责安装一个智能卡试点项目，Roger 作为响应小组的一员与外国攻击方作战，多年来，外国攻击方曾多次成功攻击这家公司。

"攻击"是指 Help Desk 用户将超级管理员的 UPN 改为 helpdesk@victim.com，当 Help Desk 用户使用自己的智能卡登录时，UPN 值为 helpdesk@victim.com，AD 将 Super Admin 的账户映射到 Help Desk 用户的登录。为此，Help Desk 用户必须首先将 Help Desk 用户的 UPN 重命名为几乎任何其他名称(在本演示中改为 frogtemp@victim.com)，因为不能有两个具有相同值的 UPN(即 helpdesk@victim.com)同时在同一 AD 林里。因此，首先将 Help Desk 的合法 UPN 重命名改为其他名称，Help Desk 用户可将 Super Admin 的 UPN 重命名为 helpdesk@victim.com。图 10.11 模拟了这一系列步骤。

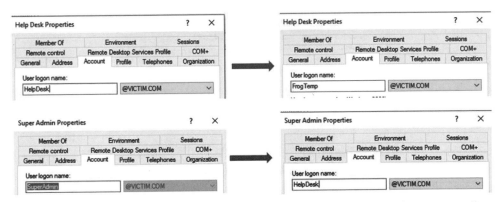

图 10.11　Help Desk 用户将其现有的 UPN 重命名为 frogtemp@victim.com，然后将 Super Admin 的
UPN 重命名为 helpdesk@victim.com

UPN 更改后，Help Desk 用户必须注销并等待用户账户更改跨 Active Directory 复制，以便所有用户账户数据库都获得新更改。在某些环境中，这可能需要 10 分钟或更长时间，但通常只需要 1～2 分钟。至少，UPN 必须复制到 Help Desk 用户登录的 Active Directory 域控制器。

然后，Help Desk 用户只需要使用自己的智能卡和 PIN 码登录到 Windows 和 Active Directory(如图 10.12 所示)。在登录过程中，任何实时观看的人都会在登录屏幕消失前一瞬间看到 Help Desk 用户名突然更改为 Super Admin。

图 10.12　Help Desk 用户使用智能卡、PIN 码和 UPN 登录

当 Help Desk 用户运行 whoami.exe(图 10.13)和 whoami/groups(图 10.14) 时，现在显示 Help Desk 用户以 Super Admin 的身份登录，且拥有 Super Admin 的提升组成员身份，即使 Help Desk 用户原本使用自己的智能卡和 PIN 码登录。

现在，你可能认为图 10.13 和图 10.14 只是图 10.8 和图 10.9 的复制品。但实际上并非如此。首先，可看到该场景实时发生，可在 youtube/OLQ3lAMuokI 看到 Roger 演示的模拟攻击视频。其次，呈现当前登录用户(如 Help Desk)的智能卡数字证书时(如图 10.15 所示)，显示图 10.10 中的指纹 e9ae2a94225e6a740da8(Help Desk 用户的证书)，而非 55fad65667c33e23d122(Super Admin 用户的证书指纹)。

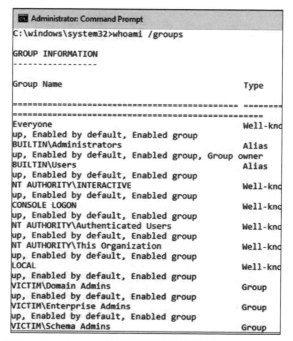

图 10.13 Help Desk 用户运行 whoami.exe 得到的答复是该用户为 Super Admin

图 10.14 whoami/groups 显示的具有高级管理员组的 Help Desk 用户

图 10.15 图中显示，当前登录用户 Help Desk 正使用自己的智能卡数字证书

Help Desk 用户成为 Super Admin 用户。Super Admin 用户账户的 UPN 不应该是 helpdesk@victim.com，但 Active Directory 不了解这一点，于是发生了这种情况。Windows 通知 Active Directory 已成功登录智能卡，且 helpdesk@victim.com 的 UPN 是交易的一部分。Active Directory 查询并找到具有关联 UPN 的用户，然后给予 Super Admin 用户访问控制令牌，包括组和特权。

此时，Help Desk 用户有权做 Super Admin 能做的任何事情。Help Desk 用户可将其常规 Help Desk 用户账户添加到特权组，可查看、修改和复制 Help Desk 用户通常无法访问的文件，可安装具有窃听功能的特洛伊木马和其他恶意软件。Help Desk 用户甚至可修改操作系统和 Active Directory 本身。

更糟的是，Microsoft Windows 和 Active Directory 会跟踪 Help Desk 用户提交的所有 Windows Event Log 事件(就像 Super Admin 提交了事件一样)。执行任何未经授权的操作后，Help Desk 用户可切换回 UPN 并注销。除非记录下 UPN 的更新，并注意到这些特定操作的重要性，否则即使安全专家怀疑事件已经发生了，也很难轻易地看到实际发生了什么。大多数情况下，这种欺诈行为都会悄无声息地进行。

该攻击首次出现时，Microsoft 和 Active Directory 并没有像今天这样保护 UPN 属性。以前，如果让 Help Desk 完全控制用户账户(这仍然是当今 Help Desk 的常见任务)，Help Desk 也可更改任何用户(包括更高权限的用户)的 UPN 值。今天，Microsoft 对 UPN 字段的保护更严格，尽管普通用户账户仍可获得显式更改 UPN 字段的能力，但若操作有误，Active Directory 将撤消权限更改。

如今，更可能的场景是一个管理员将其 UPN 字段改为另一个管理员的 UPN 值，这样该管理员所做的一切都会跟踪到另一个管理员的账户上。因此，该操作将不再是特权升级，而是恶意隐藏。例如，此技巧将允许一个管理员使用另一个管理员提升的自定义组成员身份，而不会创建一个"尝试使用未授权组成员权限"的警告(就像行骗的管理员刚将自己添加到一个新的提升组中)。或者假设第二个管理员对第二个信任林具有权限。此技巧将允许行骗的管理员获得针对第二个林的访问权限，而不必请求针对第二个林的权限。行骗的管理员可在第二个林里隐秘地为所欲为，其活动不容易追查到。该操作也适用于任何权限提升，其中一个管理员能做另一个管理员不能做的事情(例如，作为 Exchange Administrator)。

并非说这种恶意行为是无法察觉和制止的。更改 UPN 时，通常会在 Windows 日志文件中记录一个事件，该事件显示 UPN 已更改并记录下更改内容。但除非有人专门寻找那个事件并发出警告，否则很可能不了了之。还有一些登录事件(如事件 ID 4768)在相关的域控制器上注册，这些事件包括每个提供的智能卡的指纹；这些指纹可作为审查证据，以显示 Help Desk 用户的智能卡正以某种方式与 Super Admin 账户关联。但司法调查人员必须意识到这一特定攻击场景并设法证实，必须知道某个特定的证书指纹属于 Help Desk 用户，而非 Super Admin。除非司法调查人员了解这种可能性,且知道该找什么,否则大多数情况下都不会去寻找。这是一种罕见的情况(据我所知,这从未在实际中发生过),并非大多数事故响应者首先检查的事项。除了这一章的读者之外,世界上大概只有几十个人知道智能卡和 AD 之间的畸形联系,以及这种联系是如何遭到滥用的。欢迎来到一个小众圈子。

还有其他相关的攻击。例如,任何能生成包含另一用户的 UPN 的可信智能卡证书的人都可作为该用户登录。在第一个示例中,将 Super Admin 的 UPN 改为 helpdesk@victim.com。但也可简单地生成一个全新的智能卡,该智能卡包含 superadmin@victim.com 的 UPN 并能作为 Super Admin 登录。使用一个"外来"CA(即属于另一个组织的 CA)完成此攻击技术,该 CA 只是作为受信任的 CA 安装在受害组织中。外来 CA 可用受害组织的 UPN 生成智能卡。同样,司法调查人员可能发现的唯一证据是日志中的证书指纹与 Super Admin 当前的证书指纹不匹配。

需要澄清的是,这并非真正的攻击或漏洞,Microsoft 不会解决这个问题。这是一个"设计好的"的结果,其中集成了 Active Directory 的智能卡的工作方式。智能卡与用户的 UPN 绑定,而 Help Desk 用户更改了 UPN。因此,在 Active Directory 的防御中,确实将"正确的"用户账户映射到在 Active Directory 中定义的经过身份验证的智能卡。Active Directory 无法知道一个 UPN 是正确的而另一个 UPN 是错误的。

智能卡劫持攻击的防御措施是不允许用户执行未经授权的 UPN 更改,并防止智能卡管理员简单地用其喜欢的 UPN 创建任何智能卡。或者更现实地说,记录 UPN 更改(更改原因也可能是合法的,例如由于结婚和离婚而更名),并确保更改是经过授权的。确保信任管理员。管理员是非常强大的账户,能做很多恶意的事情,远不只是主体劫持攻击。必须确保组织的管理员是值得信赖的。

10.2.4 更广泛的问题

如第 2 章所述,验证身份验证凭证的行为可与授权和访问控制流程分开。在这个特定的攻击场景中,智能卡身份验证流程(即,用户出示有效的 UPN,并知道关联的 PIN)与访问控制和授权流程(其中,"已验证"用户在访问控制令牌中获得其组成员资格和特权)对于 Active Directory 来说几乎是完全独立的事件。在最常见的智能卡方案中,一旦输入有效、受信任的智能卡和正确的 PIN,Active Directory 就无法知道所提供的已验证的 UPN 不应映射到包含该 UPN 的用户账户。这就是 Active Directory 和智能卡相互协作的方式。

针对这类 MFA 滥用的一般保护措施是要认识到,每当使用属性(如主体 UPN)作为身份验证解决方案的一部分时,所涉及的属性都需要像身份验证秘密一样受到保护和监测。如果恶意修改这些属性,也会产生不良的安全影响。在安全教育中,会告诉大多数管理员要保护其他身份验证秘密,如口令哈希,就像该秘密是王国的钥匙一样——实际上真的是;但没有告诉管理员如何保护和监测其他身份验证属性。

10.2.5　动态访问控制示例

这里再举一个例子。自 Windows Server 2012/2016 以来，Microsoft Windows 和 Active Directory 允许通过动态访问控制(Dynamic Access Control，DAC)和中央访问策略(Central Access Policy，CAP)来控制主体的身份验证(请参阅[1]，来了解更多信息)。

在传统的 Windows 安全机制中，一个主体(如用户、组、计算机和服务)可访问什么，完全取决于主体在组中的成员资格，以及主体针对各种受保护对象获得的个人权限和特权。通过 DAC/CAP，可使用几十个其他元素，如属性和位置，来确定一个主体是否可访问特定对象。例如，用户是否住在美国某地且在会计部门工作？如图 10.16所示，现在可提问，以确定组中的某个人是否获得了访问文件的权限。使用传统的 Windows 安全机制，问题会简单得多：用户是 Authenticated Users 组的成员吗？但使用 DAC/CAP，可进一步细化：用户是 Authenticated Users 组的成员，属于会计部门，且住在美国吗？有了 DAC/CAP，几乎任何对象属性都可用来创建带有 AND、OR 和 NOT 的更复杂表达式。DAC/CAP 为用户提供了更大的访问控制灵活性。

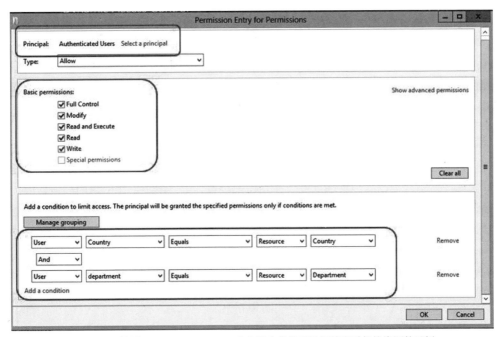

图 10.16　使用 Microsoft DAC/CAP 确定用户组能否访问特定受保护资源的示例

问题是，用于评估身份验证或访问控制的任何属性现在都成为关键的评估点。在 DAC/CAP 之前，用户账户的文本字段值(如 Department 和 Country)意义不大，不影响安全性、访问控制和身份验证，充其量只是信息性的，大多数情况下是多余的。填写这些字段的大多数用户可能根本不在乎文本值拼写是否正确。现在有了 DAC/CAP，也许最初输入值的用户并不知道，这些字段用来评估身份验证和访问控制。当组织决定使用 Department 和 Country 作为访问控制属性时，是否提高了对谁能或不能修改和更改这些属性的安全性？是否有人加强了对这些属性的监测，以查找和报告未经授权的更改？可能没有。大多数计算机安全专家看到这些字段，仍认为这些字段是基于文本的属性，是用户账户描述的一部分。但若将这些字段作为 DAC/CAP 中的评估决策，这些字段将非常重要，应该像保护登录名、口令和口令哈希一样加以保护。

10.2.6 ADFS MFA 旁路

另一个类似的攻击可能是由 Microsoft 的 ADFS (Active Directory Federated Services，Active Directory 联合服务)执行的。ADFS 是 Microsoft 的一项服务，用于在两个不相关的、不共享身份验证系统的组织之间联合执行身份验证和身份标识。与 ADFS 一起使用 MFA 时，登录的用户必须提供用户名和口令，还必须提供集成 MFA 凭证(无论是什么)。Microsoft 打算让同一个用户为其账户提供所有三种需要的值，并使这三种值能成功对用户执行身份验证。

但在 2018 年，MFA 供应商 Okta 发现，使用的 MFA 凭证不必与用户名和口令属于同一用户账户(见[2])。如果 MFA 用户知道另一个用户的登录名和口令，则可作为那个用户登录，然后为自己的账户提供自己的 MFA 凭证，ADFS 将以另一个用户的身份登录。受批准的身份验证对象由用户名和口令值决定。本质上，拥有一个有效的 MFA 解决方案允许用户冒充任何其他 ADFS 用户，而不需要将实际受害者的 MFA 解决方案用作其账户身份验证的一部分。这绝对是一个错误，Microsoft 对此实施了修补。

本书选择了 Microsoft、Windows 和 Active Directory 作为示例。这是因为作者 30 年来持续专注于 Windows 安全性，对其了如指掌。但每个操作系统和身份验证解决方案都存在类似的问题。每个身份验证系统至少有两方：用户正在使用的一方，以及确认和验证用户发送的内容的一方。两方都涉及很多组件，如果攻击方能修改与身份验证或访问控制决策相关的关键路径之一，那么游戏就结束了。

10.3 组件攻击防御

下面重点介绍针对组件攻击的一些防御措施。

10.3.1 威胁模型依赖性滥用场景

所有身份验证解决方案都应执行威胁建模，并包括解决方案依赖的所有依赖项，以确保准确性。以第 5 章中的图 5.1 作为开始讨论的起点。对于那些想提高威胁建模技能的人来说，推荐阅读 Adam Shostack 的 *Threat Modeling: Designing for Security*。威胁建模者应识别所有的关键依赖项，并分析能否减轻或最小化已识别的依赖项风险。默认情况下应将所有输入视为不可信。

10.3.2　保护关键依赖项

MFA 解决方案的所有关键组件的依赖关系都应尽可能安全。这意味着已整理用户和组，以最大限度地减少用户和组可访问和修改的组件数量，并向获得允许的用户和组授予最低权限。更好的方法是，执行所有修改都需要签出一个有时间限制的提升凭证，该凭证的访问和使用都会受到跟踪。需要像对待口令和口令哈希一样对待关键依赖项，并相应地加以保护。

10.3.3　有关依赖性滥用的培训

培训每个人、研发团队和客户，让他们了解可能的依赖滥用。例如，在前面的动态访问控制示例中，是否每个参与者都突然意识到，现在使用部门和国家属性来执行访问控制决策？有没有人在这些地方加强了安全和监测？用户应该了解研发团队定义的任何威胁模型、如何将其最小化以及仍存在哪些风险。

Roger 想不出比 FIDO 联盟的安全规范文件更详明的资料了(见[3])。每个 MFA 解决方案都应该如此直接和详细。示例包括一个待定的威胁模型的摘要(如图 10.17 所示)，然后详细介绍了每个模型。

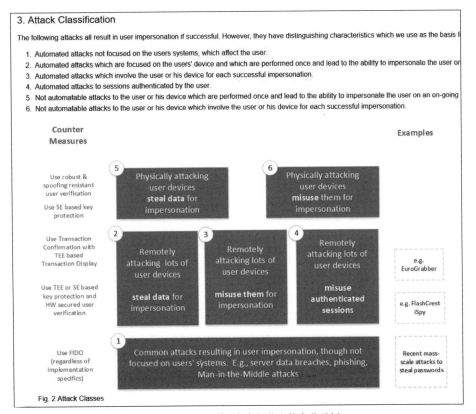

图 10.17　FIDO 联盟安全规范文件章节示例

Roger 认为，如果一个解决方案可很好地实施威胁建模，不怕公开已知的风险，而且已采取缓解措施和步骤来最小化风险，那么大家对该解决方案会更有信心。

10.3.4 防止一对多映射

ADFS 示例展示了两个人的身份验证过程如何在不经意间混在一起。在这个示例中，攻击方打开两个浏览器会话。在第一个会话中，攻击方使用自己的登录名和口令以自己的身份登录。在第二个浏览器的会话中，攻击方使用目标受害者的登录名和口令登录。ADFS 当时需要成功的 MFA 身份验证。但由于 ADFS 不能确保成功事件与特定登录账户关联，攻击方能使用自己的 MFA 来登录受害者的 MFA。出现了映射错误或中断的情况，有时也称为信道错误(Channel Error)。所有身份验证系统都希望"绑定"身份验证事件各个部分的登录凭据，以防止可能发生的一对多映射。身份验证方案应使用信道或令牌绑定及类似的方法来防止不经意的用户混淆。

10.3.5 监测关键依赖项

监测关键身份验证依赖项是否存在未经授权的更改。很多时候，未授权更改的事件都记录在日志中，但没人查找此类事件。如果有事件监测系统，可让该系统监测关键的访问控制和身份验证组件，并让某人验证所有意外的更改。每当有人向身份验证解决方案添加新的依赖项或组件时，都应该尝试确定如何监测未经授权的更改，以及如何在合法活动中发生大量事件时尽量减少误报。

10.4 小结

本章列举了一个主体劫持示例，以演示保护身份验证系统中使用的所有依赖项的重要性。大多数环境都会竭力保护口令、口令哈希和其他身份验证秘密，但不会保护和监测其他关键依赖项。这应该改变。

第 11 章将涵盖大多数形式的 MFA 无法阻止的伪造身份验证攻击。

第**11**章　虚假身份验证攻击

本章介绍一种可能针对几乎所有形式的身份验证(包括 MFA)的攻击。此类攻击很难阻止,对攻击方来说也不是那么难。简而言之,恶意攻击方可为最终用户提供一种体验,让用户的身份验证看起来是成功的、合法的,而实际上并非如此。然后,攻击方可诱骗受害者透露更多机密细节,或执行用户原本不会执行的操作。

11.1　通过 UAC 学习虚假身份验证

Roger 经常收到 MFA 供应商和用户的来信,信中询问 Roger:最受欢迎的 MFA 解决方案是否可遭到攻击?Roger 的回答总是"是的!"任何东西都可遭到攻击。但更具体地说,Roger 知道,几乎任何 MFA 解决方案都可实现"虚假身份验证"攻击。15 年前,当 Roger 的雇主试图找到一种减轻这种情况的方法时,Roger 亲身体会到这一点。

Roger 在 Microsoft 公司做了将近 12 年的首席安全顾问;三年前,Roger 又成为 Microsoft Windows Server 2003 的顾问,为内部员工和客户讲授 Microsoft SharePoint 安全课程。Roger 喜欢在 Microsoft 工作的时光。该工作经历教会了 Roger 很多东西,其实有很多非常聪明的人对计算机安全非常了解。很多时候,Roger 自认为想出一个很好的安全防御措施,结果发现 Roger 的想法已经由别人提出了,有时甚至是多个人想出的!在几年甚至数十年前已经有人讨论相应的措施并取得成功。要想出一种新的、可行的以及类似于 Microsoft 这样规模的计算机防御系统,比人们想象的要难得多。这些组织有数以亿计的客户,Windows 生态系统支持数以千万计的软件程序。有时,Roger 想出一个防御问题的妙招,却发现如果实施该方案,将使 1%的现有软件程序产生新问题。当首次遇到这种情况时,Roger 认为这总体上是一桩好事,Roger 的"伟大"想法肯定会得到实施。但以 Microsoft 的规模,1%将转化成无数问题,愤怒的用户和供应商也一样多。剩余的 99%解决方案也不够好。方案将导致过多运营问题。即使没有 1%，只有 0.01%，带来的新问题依然棘手。

　　Microsoft 提出的安全解决方案不能造成任何问题，或者至少能减少可能出现的问题数量。造成太多问题可能导致现有客户使用其他问题较少的平台。这是 Microsoft 每次做出安全决策时都担心的事情。很多时候，优秀的安全解决方案不得不搁置，因为这些安全解决方案会导致太多的最终用户操作问题。其他时候，安全风险非常大，但 Microsoft 决定实施这个解决方案，即使该方案造成了问题。有几次，Microsoft 故意执行一个安全决策，并知道这会引起很多问题和愤怒。事实上，问题和愤怒是不可避免的，但 Microsoft 试图减轻的风险更加重要。

　　在开发 Windows Vista 的过程中，一个大问题是，尽管 Microsoft 尽了最大努力，但仍有太多的用户(几乎所有用户)一直以完全权限和高度特权的管理员身份登录，以至于大多数程序都期望在这种环境下运行。几乎一直以来，大多数用户和程序都以最高级别的权限运行。这是一个事实，攻击方和恶意软件喜欢滥用该权限。当恶意软件程序或攻击方 "接管"一个程序时，会得到用户和/或其程序正在运行的任何安全环境。因此，如果用户及其程序以完全管理员身份运行，这就是攻击方或恶意软件入侵时获得的权限和特权。在这个高度，攻击方或恶意软件可用软件和硬件做任何可能的事情。这是攻击方梦寐以求的场景。

　　在 Linux 领域，大多数 Linux 版本(简称发行版)开始以较低特权模式运行所有用户和程序，并要求所有用户和大多数程序在需要提升权限时有意提升自己。这通常在 Linux 中使用 sudo(super user do 的简写)命令来完成。图 11.1 显示了正在使用的 sudo 命令的示例。第一次尝试命令时未使用 sudo 命令，试图打开并查看名为 shadow 的 Linux 口令文件。没有 sudo 命令，程序拒绝操作。第二次尝试命令时，将 sudo 添加到命令开头，系统提示输入 root 账户(如 Windows 中的 Administrator)口令并打开文件。这是一个相当常见的示例，若用户试图运行某个命令时失败了，要记得只有向命令添加 sudo 才能令其工作。

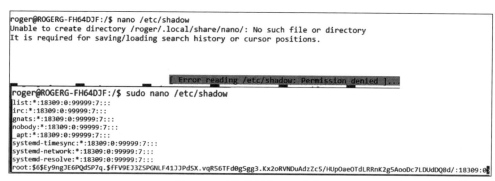

图 11.1　正在使用的 sudo 命令

　　默认情况下，不允许常规用户和程序以最高特权和权限(称为 root)运行，这使得 Linux 具有比 Microsoft Windows 更严格的默认用户安全配置文件。新的默认安全态势破坏了许多程序，Linux 用户不得不重新接受新的操作方式的培训，但大多数情况下，这是有效的。用户起初发出了抱怨，但几年后这种抱怨就停止了，Linux 用户现在知道当需要运行更高级的东西时可使用 sudo。用户使用 Linux 几个月后，甚至不加思考就能熟练使用 sudo 命令。这是"肌肉记忆(Muscle Memory)"。

Windows 没有类似的 sudo 命令，Windows 用户更可能一直在高权限的环境中运行。在 Windows Vista 之前，Microsoft 并没有真正关心这个问题，也没有将其作为一般性建议的一部分加以强调；另外，所谓的一般性建议也几乎没人真正遵循。更糟的是，Microsoft 并未让以非管理员身份运行变得容易。在 Windows Microsoft XP 日渐衰落的日子里，Roger 和一些安全专业的同事决定听从 Microsoft 的建议(以及 Roger 团队多年来一直提供的建议)，尽可能多地以非管理员身份运行。结果发现这很难做到。许多应用程序动不动就崩溃或出现严重错误，Roger 团队不得不注销身份并以管理员账号重新登录，以执行非常简单、正常和经常需要的操作。每次登录和注销以及保存所有打开的应用程序可能需要几分钟的时间。Roger 团队的"测试"只持续了几天到几周，就感到痛苦万分，回到以管理员身份登录的状态。Microsoft 听到了 Roger 团队的集体呼声。

从 Microsoft XP 迁移到 Vista 的过程中，Microsoft 同意其需要类似 sudo 的东西，尽管不幸的是，Microsoft 研发的东西要复杂很多倍，更令人困惑。Microsoft 创建了一个新的默认功能，称为用户账户控制(User Account Control，UAC)。默认情况下，如果用户以管理员身份(或作为任何提升组的成员或具有提升的权限)登录，UAC 会自动将登录用户的权限、特权和组成员身份"降级"为普通用户的权限、特权和组成员身份。如果用户或程序需要以更高权限运行，则需要认可登录提示(通过单击 Yes 按钮或输入提升的登录凭据)以获得更高级别的访问权限。图 11.2 给出了 UAC 提示屏幕的示例。

图 11.2　UAC 提示屏幕示例

尽管 UAC 总体看来相当友好，而且由于使用图形化界面，使用起来也十分简单，但 Roger(和其他数百万用户)对其并不十分仰慕。UAC 幕后的工作方式复杂且笨拙。Roger 用了几个月的时间才研究清楚 UAC 的工作原理。在此期间，Roger 做了一个演示文稿，用 100 多张幻灯片来详细讨论 UAC 是如何运作的。大多数用户和供应商根本看不明白；即使如此，也不妨碍他们都讨厌 UAC！

注意　Roger 必须详细了解 UAC，因为 Roger 正在撰写关于 Windows Vista 安全性的书籍 *Windows Vista Security: Securing Vista Against Malicious Attacks*，而且 Roger 要给 Microsoft 成千上万的内部员工和成千上万感兴趣的客户传授知识。

尽管 UAC 遭人痛恨，在一两年时间内，UAC 的作用与 sudo 在 Linux 世界中所做的一样：大多数用户和程序不再以完全管理员的身份运行。随着时间的推移，Microsoft 对 UAC 实施了调整，提升其用户友好度，减少了麻烦(尽管幕后的复杂性仍然存在)。今天，用户除了必须安装程序然后单击 OK 或再次输入口令来更改系统设置，几乎不会注意到 UAC。如果用户忽略了最初几年的缺点和挫折，UAC(和 sudo)就是成功的示例。

讲述这个冗长的故事有两个原因。

首先，有时可用性问题是无法避免的，供应商不得不冒着风险说服用户，让用户理解和接受长期的新干扰。

第二，希望读者了解到，自 2007 年以来，UAC 对于 Windows 成功地增强安全性起到了重要作用。用户对 Vista 毁誉参半，但 Vista 包含大量升级后的安全措施，改善了 Microsoft 及其客户的默认安全态势，也总体上改善了计算机安全性。Microsoft 首次将安全改进添加到一个主流的通用操作系统中，其他操作系统也效仿了 Microsoft 的做法。尽管如此，UAC 仍然面临 Microsoft 无法克服的潜在安全问题，其中之一就是虚假身份验证的威胁。

注意　如第 4 章所述，当面临太高的安全性障碍时，用户通常会绕过安全屏障，将其关闭，或者使用其他东西，即使这种安全性操作是为了保护用户自身的最大利益。

当用户或程序请求提升访问权限时，Windows 和 UAC 会尽力防止潜在的恶意程序绕过 UAC 用户提示。Microsoft 不希望恶意程序能够自己单击或回答 UAC 提示，绕过该提示，欺骗用户意外地单击错误的东西(称为 Clickjacking)，或在 UAC 提权提示交互过程中与终端用户交互。如果恶意程序可在 UAC 提权提示事件期间与 UAC 或用户交互，那么做坏事的概率会显著提高。每个攻击方都希望能以欺骗终端用户或绕过保护的方式与任何安全功能交互。每一个有安全意识的研发团队都试图规范所谓的控制焦点，这样只有合法的程序才能在适当的时间以授权的方式完成交互。

UAC 的研发团队决定，需要一种方法来防止任何未经授权的程序在提升事件期间与 UAC 提示交互,并防止用户在提升事件完成之前意外地与除 UAC 提示之外的其他任何东西交互。在一个 UAC 提示事件中,UAC 的研发团队需要完全隔离,只需要用户为程序做出一个提升决策。研发团队所做的是在 UAC 提示事件中,UAC 获取用户桌面的快照并将其放在真实的桌面上(真是个天才点子)。或者 Windows 只是创建一个单色图形图片作为临时背景,在提升提示操作期间覆盖真实桌面。

此后,只有真实的 UAC 提示可显示,伪造的桌面图片无法显示。因此,即使用户意外地受诱骗单击了 UAC 提示旁的任何内容,也不会发生任何事情。用户单击的只是一张图片,而不是幕后真正的桌面。这是一个相当精妙的秘密开关。可能只有不到 0.001%的 Windows 用户知道会发生这种情况。如果安全专家知道 UAC 是如何工作的,知道发生了什么,并去寻找,可能看到毫秒级的切换。大多数人只是看到桌面突然变暗了(Microsoft 调暗了照片,以消除用户对前台提示以外的任何东西的关注)。唯一的主要副作用是一些早期的视频驱动程序无法处理切换操作,也无法与 UAC 一起工作。必须更新这些视频驱动程序来处理 UAC,或者,在驱动程序更新之前,受影响的用户必须运行命令来禁用受保护的 UAC 提示屏幕。

这是由顶级计算机安全专家提出的一个很好的安全解决方案的示例。Microsoft 没有与组织外部人士分享的是,Microsoft 无法解决相反的问题:一个恶意程序伪造了整个 UAC 体验。事实上,没有人可轻松地解决该问题或其他类似的身份验证问题。Roger 见过解决这个问题的方法,但比较笨拙,不太可能普及。稍后将详细介绍。

现在详细介绍一下涉及 UAC 的虚假身份验证体验,以便安全专家更好地理解接下来的内容。Windows 研发团队无法轻易阻止的是恶意程序模拟整个 UAC 体验,而实际上该模拟并没有发生。在实际的 UAC 体验中,只有当用户、程序或 Windows 请求时才会出现 UAC 提示。但无法阻止一个正在积极运行的恶意程序假装 UAC 体验正在发生。恶意程序所要做的就是拍一张桌面照片或提供一个单一颜色的、暗淡的背景;显示一个伪造的 UAC 提示,要求用户单击"确定"或键入其登录凭据。不管用户做了什么,操作似乎都成功了。甚至可欺骗用户向伪造的 UAC 提示提供凭据,令其看起来失败了,然后调用真正的 UAC 提示。用户可能认为一定是第一次输入了错误的凭据,然后"第二次"输入了正确凭据。对于 Windows 或 UAC 来说,无法准确地检测到刚发生的伪造 UAC 体验,也无法极其准确地将其阻止。即使 Windows 主动尝试查找和检测已知的虚假 UAC 提示实例,虚假的 UAC 提示都能进行修改,这样无论 Windows 尝试了多少次,Windows 都不会检测到虚假 UAC 提示。

如果用户输入凭据,恶意程序就会记录用户的提升凭据,然后在后台使用该凭据执行提升的用户可执行的任何操作。攻击方或恶意软件程序将"拥有"系统,将能安装更多恶意软件,用击键记录器记录用户的击键,转储所有系统凭据,操作数据,并在网络上传播。恶意软件或攻击方所能做的将仅局限于自己的想象力,以及软件和硬件能力。

用户还可能在诱骗下提供其他机密信息或自认为执行了一些必要的管理操作,例如，受骗的用户认为运行了(假的)反恶意软件扫描或安装了一个新的、合法的(但实际上是假的)Microsoft 补丁。如果程序由可信数字证书签名，则真实的 UAC 提示通常会显示程序的合法供应商。因此，所有恶意软件程序要做的就是伪造整个体验，包括显示一个伪造的可信数字证书，Windows 似乎在说这是真实可信的。伪造身份验证可用于很多事情，包括：

- 窃取登录凭据。
- 执行中间人攻击，然后由攻击方以受害者身份访问真实站点/服务。
- 窃取其他机密信息。
- 接管登录账户。
- 让受害人认为发生了一些事实上没有的合法行为。

值得注意的是，虚假身份验证可实现许多相同的(虽然不是全部)目标，例如，绕过 MFA 或实际入侵 MFA。虚假身份验证的关键在于，最终用户仍然依赖并相信其体验是合法的，即使该操作完全是非法的。

虚假身份验证很难阻止。Roger 知道，Microsoft 所有顶尖人才都无法找到一个值得信赖、准确的方法来阻止虚假身份验证的发生。这不仅是对 Microsoft 的挑战。虚假身份验证攻击几乎涵盖了今天所有的主要供应商，是攻击人类和 MFA 的最流行方法之一。虚假身份验证是计算机安全身份验证世界的祸水。而且不容易缓解。

如果有人能用正确的方法解决这个问题，无疑将一夜暴富。许多人尝试过。Roger 甚至见过一些解决方案确实解决了这个问题，但这些解决方案过于繁杂，大多数组织和用户不太可能使用这些方案，至少不太可能广泛使用这些方案。但是如果没有一个易于实现的解决方案，身份验证就永远不可能真正可信。攻击方们正在利用这种攻击向量的活力。不幸的是，在数字和非数字领域都可使用虚假身份验证来绕过 MFA。

11.2 虚假身份验证攻击示例

第 8 章介绍了一些最流行的虚假身份验证攻击。短消息服务(Short Message Service，SMS)仍然是虚假身份验证攻击的主要载体。接下来看看其他真实世界中的虚假身份验证攻击示例。

11.2.1 外观相似的网站

仿冒、相似的网站甚至比假 SMS 消息更受欢迎。几十年来，假冒网站可能是钓鱼攻击方试图窃取证书时使用的最流行攻击载体。当人们想到网络钓鱼时，就会想到假装来自某个可信的、合法的供应商及其相关的外观相似的网站的电子邮件。当受害者受到诱骗访问假冒网站时，可遭到诱骗使用真实凭据，这种伎俩即使在使用 MFA 时也有效(如第 6 章提及的 Kevin Mitnick 攻击视频中的 "访问控制令牌技巧"，见[1])。

一旦用户遭到欺骗并登录了一个假冒网站，很容易受到提示信息引导从而提供更机密的个人信息。这种情况常发生在假冒银行网站上。受害人"登录"后，假银行网站会弹出消息，要求受害人核实并更新更多信息。图 11.3 显示了这样一个提示。

图 11.3　虚假银行网站提示提供更多机密信息

更糟的是，许多骗子网站都有有效、可信的数字证书(见[2])。这通常是由于存在免费的在线数字证书颁发机构(Certificate Authorities，CA)，如 Let's Encrypt(见[3])，这对假冒网站来说是个福音。免费 CA 允许任何网站请求有效的、可信的证书，而不必对功能和所有权的合法性执行重大验证，这一直是一个安全问题。结果表明，这种担忧是正确的。通常情况下，与其所假装的真实网站相比，有更多恶意的、"可信的"且看起来很像的网站。

11.2.2　伪造 Office 365 登录

另一个非常流行的可绕过 MFA 的虚假身份验证请求是伪造 Microsoft Office 365 请求。Microsoft Office 365 是 Microsoft 最受欢迎的应用程序和云服务。根据版本和型号，Office 365 可包括 Word、Excel、PowerPoint、SharePoint、OneNote、Teams、Outlook 和 OneDrive。攻击方最喜欢利用后两种应用程序/服务，Word 和 Excel 文档紧随其后，分列第三和第四位。

通常攻击是从一封看起来十分逼真的网络钓鱼邮件开始的，该邮件声称来自几乎任何人。Office 365 非常受欢迎，用户经常会收到一封电子邮件，提示用户输入 Office 365 登录凭据以访问存储或受保护的文档，这是十分正常的。网站[4]提供了一个关于复杂 Office 365 骗局的详细示例。可悲的是，这都是恶意工具包的一部分，任何有动机的人都可购买和使用。

为阻止恶意攻击方窃取 Office 365 凭据，Microsoft 给出的建议是要求用户使用与 Office 365 兼容的 MFA 解决方案登录。Microsoft 提供了一些 MFA 解决方案(可与 Office 365 和 Azure AD 一起使用)，Office 365 也可与选定的兼容 MFA 解决方案(例如，Duo、RSA 和 Trusona)一起使用。Microsoft 和安全专家建议使用 MFA 而不是口令，原因已经在前文介绍过了。

如果用户使用 MFA 保护其 Office 365 登录，则攻击者可使用虚假身份验证将其绕过。与 Kevin Mitnick 的 MitM 攻击演示一样，[5]是一个道德攻击方的视频，演示可通过 Kevin 使用的攻击方工具 Evilginx 绕过 Office 365 MFA。[6]是另一个采用相同技术的视频示例。[7]中的博文描述了如何针对 Office365 使用 Evilginx 以及如何降低风险。用这种方法绕过 MFA 并非秘密。该方法都是从一封伪造的电子邮件开始的，将用户带到一个伪造的身份验证页面。

注意　使用虚假身份验证攻击绕过 MFA 不仅是 Microsoft 特有的问题。攻击方经常攻击 Google 的 G 套件(G Suite)应用程序和 Dropbox。

11.2.3　使用与 MFA 不兼容的服务或协议

另一种常见但不相关的绕过 MFA 要求的方法是实现一种攻击，这种攻击使用 MFA 解决方案无法使用的协议。当像 Microsoft 这样的供应商试图转移到 MFA 所需的解决方案时，很多时候为了满足过往的一些需求，供应商的一些服务、方法和协议需要绕过 MFA 要求。攻击方将尝试登录不同的服务，以查看是否有任何服务可绕过 MFA 要求。

例如，有报道说，利用传统电子邮件协议 IMAP(Internet Message Access Protocol，Internet 消息访问协议)的口令喷射攻击，攻击方可绕过 Office 365 和 G 套件上的 MFA 要求(见[8])。攻击方不仅可绕过 MFA 要求，而且多次登录尝试并没有导致启用账户锁定。攻击方已成功入侵了四分之一的客户，如果这是真的，将令人大跌眼镜。

网络安全分析师 Rob Tompkins 发现，可使用 Chromebook、Bluemail 应用程序和 Microsoft 的 ActiveSync 服务/API 来绕过 Microsoft Intune 和 Office 365 的 MFA 要求。Rob 可登录任何通常需要 MFA 的电子邮件账户，只需要一个登录名和口令。这在当时鲜为人知，你可从中体会到长期供应商在所有场景中实现 MFA 的难度。根据[9]，另一个允许不使用 MFA 登录的旧遗留服务是 Exchange Web Services(至少当时是)。Microsoft 对这些针对遗留类型的攻击的回应是，可禁用或加强保护遗留协议(在某些情况下)，可阻止登录遗留设备(见[10])。这是事实，但管理员必须意识到这种主动防御是可用的和必需的。许多管理员只是很高兴地让一个新的云服务运行，而没有意识到在某些场景中攻击方可绕过 MFA 保护。

注意　Microsoft 正在拼命要求用户放弃那些不支持 MFA 的旧协议。Microsoft 了解使用旧协
　　　议的弱点，但当一家公司拥有数亿客户时，关闭旧的、弱的协议所花的时间比其想象
　　　的要长得多。

　　受信任的服务使用应用程序编程接口(Application Programming Interface，API)访
问其他服务是非常常见的。这样做时，服务不能轻易(或根本不能)使用 MFA 登录到
其他服务。因此，服务完全不需要登录，该服务可使用硬编码凭据，或使用其他东西
来降低风险。如果攻击方知道不需要 MFA，且知道使用了什么缓解措施，就可登录
到需要 MFA 的服务。例如，在一篇博客文章(见[11])中，研究人员透露，许多 Office 365
API 仅使用 IP 地址就遭到锁定。相关方通常会锁定 API，以便服务只能接受来自预定
义的、可信的 IP 地址的登录，而来自其他任何地方的其他连接都将需要 MFA。了解
此信息的攻击方可尝试修改 IP 地址范围，以包括其来源 IP 地址，或确保其登录来自
以前批准的 IP 地址。其他类型的 API 攻击将在第 19 章中讨论。

　　虚假身份验证攻击很难检测和阻止。甚至很难责怪 MFA 解决方案的研发团队。
MFA 研发团队可能已尽力确保 MFA 解决方案在正确使用时能防止攻击。但在虚假身份
验证实例中，攻击方只是模拟 MFA 解决方案的体验或绕过所需的 MFA。通过虚假身份
验证，攻击方可诱使用户泄露其他机密信息或执行其他损害受害者自身利益的行为。

11.3　防御虚假身份验证攻击

　　下面列出一些研发团队和用户针对虚假身份验证攻击的防御措施。

11.3.1　研发团队防御

　　研发团队对于虚假身份验证攻击所能做的事情不多，接下来分析研发团队可考虑
的一些防御措施。

1. 研发团队培训

　　许多 MFA 研发团队并不清楚虚假身份验证攻击的威胁。所有研发团队都应该了
解其所涉及解决方案的威胁和可能场景，以确保在执行威胁建模和研发解决方案时考
虑到这些威胁。如果研发团队甚至不知道该威胁很容易发生，那么当防御机会出现时，
研发团队很可能就不会对虚假身份验证攻击实施防御。

2. 客户培训

　　研发团队应该向其所有用户发出警告，指出攻击者可能执行虚假身份验证。需要
让客户知道这种特殊类型的攻击。因此，应当在客户资料中包括关于虚假身份验证攻
击的警告，以及任何可能阻止虚假身份验证攻击的建议。

3. 实现通道和令牌绑定

　　如第 6 章所述，使用通道或令牌绑定的身份验证解决方案对 MitM 攻击具有抵抗

力。因此，实现绑定保护可防止许多常见类型的虚假身份验证攻击。

4. 将身份验证锁定到单个经过数字身份验证的站点

将身份验证锁定到单个经过数字身份验证的站点，用户可很方便地验证 URL 地址。应指示用户始终查找一个特定 URL，并在身份验证之前确认该 URL 是合法的网站地址。当然，说易行难。如果用户可轻松做到这一点，那么虚假网站上的虚假身份验证就不会在今天成为问题。

5. 注册的登录设备

针对 MitM 攻击的最简单防御方法是要求所有 MFA 设备都事先注册并向使用 MFA 设备的服务验证。这样，如果攻击方试图将捕获的代码从受害者发送到登录服务器，则所使用的 MitM 设备将与之前注册的设备不同，登录将遭到拒绝(或者需要提供更多的身份验证信息)。

6. 禁用绕过 MFA 的旧协议和服务

研发团队和管理员可禁用不支持 MFA 的旧协议、服务和设备。不支持 MFA 的 API 和其他服务应该受到其他安全控制措施(如 IP 地址和已批准的 VPN 隧道)的充分限制。例如，对于 Microsoft Office 365 来说，用户可禁用基本身份验证方案(该方案可绕过 MFA)，或者只对较小的选定用户组或计算机启用该方案。大多数(甚至所有)用户和计算机都应该强制使用 Microsoft 的现代身份验证(Modern Authentication)，Microsoft 的现代身份验证支持并执行 MFA。

> **注意**　在撰写本章时，Microsoft 已宣布准备禁用基本身份验证，以防止绕过 MFA 的攻击以及其他类型的遗留攻击，但由于客户存在向后兼容性问题，Microsoft 推迟了之前宣布的部署日期。

7. 从安全、可信的应用程序中开始所有身份验证尝试

针对虚假身份验证攻击的一种更常见防御措施是要求用户始终从安全、可信的应用程序中开始所有身份验证尝试。大多数 MFA 解决方案允许用户使用任何兼容的浏览器。希望防止虚假身份验证攻击的 MFA 解决方案有时要求所有身份验证都来自一个受信任的应用程序。Roger 最近从一个新的 MFA 解决方案研发团队那里看到了这种解决方案的示例。该研发团队创建了一个手机应用程序(并计划为 Windows 和 Apple 电脑研发应用程序)，要求用户输入所有 URL，以便通过其设定的解决方案执行身份验证。每个参与的网站必须包括只接受来自该应用程序登录的代码，用户必须使用该应用程序连接到那些预定义的网站。这是一个非常严厉的方法，大多数客户不会接受，但该方法确实相当有效。

11.3.2　用户防御

虚假身份验证攻击很难阻止，但用户可通过提高警惕来抵御该攻击。防御措施包

括以下几点。

1. 安全意识培训

让大多数用户认识到不同类型的虚假身份验证攻击并时刻保持警惕是重中之重。大多数用户不知道这类攻击，正因为如此，用户从不会寻找虚假身份验证攻击的相关资料。请自问一下，在通过本书了解到关于 UAC 的虚假攻击之前，你是否想到过？有没有留意过虚假身份验证攻击？现在，了解到虚假身份验证攻击方式以及多么难以阻止之后，你可能有所警觉，并在 UAC 提示弹出时留意任何不寻常的迹象。

2. 可信 URL 验证

在培训后，最好让用户核实登录位置的 URL 地址，来确认登录到合法位置。确保 URL 受 HTTPS 保护没有坏处，但如前所述，许多骗子网站都包含支持 TLS 的"可信"数字证书。用户应该首先验证 URL 能否直观地指向所需的合法位置。

一些读者可能想知道，为什么 Roger 没有推荐或提到 URL 审查、反恶意软件和信誉扫描工具，这些工具可寻找恶意的 URL。这是因为大多数人的浏览器和电子邮件应用程序都内置了此类工具，更重要的是，这些工具在很大程度上是不准确的。最近的一项大型研究(见[12])表明，多达 21%的恶意 URL 在数天内并未被发现。精确度如此之差，Roger 宁愿用户依靠自己的感官来判断。此外，Roger 还看到恶意软件假称其 URL 审查是成功的，但实际上并未成功。就像伪造整个 UAC 审批流程一样，一个活跃的恶意应用程序也可伪造 URL 审批流程。

11.4　小结

本章介绍了虚假身份验证攻击，攻击方模拟 MFA 解决方案的体验来收集受害者的机密信息或诱骗受害者执行其他恶意操作。虚假身份验证可通过伪造整个体验的任何恶意程序、假网站或强制使用绕过 MFA 要求的遗留协议或服务来模拟。本章还介绍了研发团队和用户对虚假身份验证攻击的一些防御措施。

第 12 章将探讨社交工程绕过 MFA 防御的许多方法。

第**12**章　社交工程攻击

在所有犯罪中，有一大部分都涉及社交工程，过去如此，将来也如此。因此，社交工程是攻击方绕过 MFA 解决方案最流行的方法之一。本章探讨针对 MFA 和其他硬件身份验证解决方案的社交工程攻击。

12.1　社交工程攻击简介

"社交工程"是指某人或某物(如电子邮件、恶意软件和程序)欺诈性地、恶意地伪装成某人或某物，以获取未经授权的信息，或创建与受害者及其组织的利益相背的预期行为的过程。简单来说，这是一个怀有恶意的"骗局"。社交工程通常是通过当面交流、邮寄广告、发送电子邮件、使用即时通信应用程序或打电话来完成的。

社交工程有多种形式和使用方式，每一种都有自己的描述性名称，如网络钓鱼(Phishing，数字社交工程)、鱼叉式网络钓鱼(Spear Phishing，定向网络钓鱼)、短信诈骗(Smishing，利用 SMS 执行网络钓鱼)、Vishing(通过电话语音执行网络钓鱼)和 Whaling(针对高级管理人员)。社交工程包括电子邮件、消息、SMS 和语音电话，声称来自上司、供应商、老板、朋友、同事、热门社交网站、银行、拍卖网站或 IT 员工。任何弱身份验证或未经身份验证的通信信道都将用来成功引诱任何不知情的受害者。

社交工程和网络钓鱼是数字泄露的首要原因。正如第 5 章所述，社交工程涵盖所有恶意数字泄露的 70%～90%(见[1])。未打补丁的软件和社交工程是 30 多年来攻击成功的两大主因。未打补丁的 Internet 浏览器"插件"，如 Sun/Oracle Java、Adobe Acrobat Reader 和 Adobe Flash，一度是大多数成功攻击的罪魁祸首。

曾有很多年，大多数攻击都是由一个未打补丁的程序造成的。例如，根据 Cisco 2014 年度安全报告(见[2])，未打补丁的 Java 是 91%成功的网络攻击的原因。想象一下，成功地修补一个程序，就可消除 91%的网络安全风险!

最终，随着时间的推移，浏览器和操作系统供应商使得未打补丁的 Java 不再构成威胁。浏览器和操作系统供应商降低了未经授权的 Java 程序在未经最终用户或管理员批准的情况下运行的可能性。在 2015 年前后，社交工程攻击成为计算机遭到破坏的主要方式，而这一点至今并没有改变。攻击方非常成功地利用社交工程来获得其想要的，而且社交工程是有效的跨平台攻击，攻击方不需要对不同的操作系统和程序实施单独的攻击，所以社交工程很可能一直是头号的攻击载体，直到社交工程遭到全面击败，而这是短期内不会发生的。

社交工程用来击败和绕过 MFA 解决方案，这一点也不足为奇。本书的许多章节都充满了涉及社交工程的不同类型的 MFA 攻击。社交工程令攻击更顺畅，更易开展。想让某人运行木马程序绕过 MFA 吗？社交工程攻击使运营人员去执行木马程序。想让用户单击一个恶意的 URL 链接？社交工程攻击会设计该流程。社交工程使得恶意变得更容易实现。

部分问题在于，大多数人天生就信任其他人，将信任作为日常生活的一部分。当有人说了什么，大多数人都会相信。大多数人并不认为人性邪恶或不值得信任。日常生活中，大多数人都会做出不要思议的风险决策。见鬼，任何一个女人和一个比自己高大强壮的男人约会，都是在其生活中做了一个很大的冒险决定。日常生活中人们都会点披萨或其他外卖食品，而这些食物是由陌生人送来的。尽管人们读过很多司机伤害乘客的故事，但许多人还是会使用 Uber 和 Lyft 汽车。尽管有数以万计的乘客伤害司机的报告，这些司机仍继续欢迎新乘客搭乘其私人汽车。人们生活在一个天生相互信任的世界。网络钓鱼和社交工程利用了人类固有的信任。

即使人类清楚这些风险，也并不会总是回避，或者也不会因为风险的实际发生率而害怕。例如，Roger 住在 Florida 的 Key Largo。Roger 的朋友和游客喜欢和 Roger 夫妇一起乘船出海游泳、浮潜，有时也会去潜水。在 Roger 计划的海洋之旅之前，游客总会问 Roger 海中是否有鲨鱼。Roger 总是笑着回答说，地球上所有的咸水中都有鲨鱼；是的，虽然 Key Largo 周围的水域也有鲨鱼，但在 Key Largo 有记载的历史上(自 19 世纪 80 年代以来)，从未发生过无端的鲨鱼袭击事件。游客总是问，无端是什么意思？Roger 告诉游客，这意味着人们没有抚摸或纠缠鲨鱼，也没有手提血淋淋的鲨鱼或龙虾。游客们对鲨鱼很紧张，因为其看了著名的电影《大白鲨》，或者看了探索频道的《鲨鱼周》。

Roger 经常用事实来回应：一个人在任何地方遭受鲨鱼撕咬的概率大约是 1:370 万，而人的一生中死在车里的概率大约是 1:100 到 1:50。死于癌症(1:7)、心脏病(1:6)或在家中跌倒(1:111)的概率甚至比这个还要高。[3]是一个很好的网站，可看到某人死于某个特定事件的概率。不同网站会提供的不同的统计数据，但结果大致相同(也就是说，人们应该更担心的是开车去海边，而非在海里遭到鲨鱼袭击)。Roger 最喜欢的一个相关统计数据来自比尔和梅琳达•盖茨基金会 2018 年的一份报告([4])。报告显示，每天死于蚊子叮咬的人比过去 100 年死于鲨鱼袭击的人总数还要多，但害怕鲨鱼撕咬的人要比害怕蚊子叮咬的人多得多。探索频道没有蚊子周(Mosquito Week)。人们常担心错误的事情，且无法控制自己。被鲨鱼活生生吃掉比遭到蚊子叮咬而染上血液病慢慢死亡更让人发自内心地害怕以及情绪化。攻击方将情绪和恐惧理解为巨大动力。正如稍后所讨论的，网络钓鱼者经常使用"压力事件"作为一种情绪激励因素，促使受害者妥协。

12.2　社交工程共性

任何人都可欺骗别人。但专业的社交工程是一种特殊的经过深思熟虑的谎言。下面列出一些社交工程诈骗的共同特点。

12.2.1　未经身份验证的通信

罪犯不喜欢遭到抓捕。所以，对于骗子来说，第一条商业规则就是使用一个基本上未经身份验证、身份验证较弱的通信渠道，或者通信渠道很容易遭到侵入，这样骗子就可很容易地伪装成其他人。例如，任何人都可通过邮政服务发送一份声称是其他人的实体文件。攻击方可自称是一个国家的总统或教皇，只要攻击方在文件上有正确的标识，就没有人会说不是国家的总统或教皇。邮局不会花时间去验证发送邮件的人和邮件声称的发件人是同一个人(很少有例外)。

接收方仅通过电子邮件的发送地址进行验证。任何电子邮件都可声称是来自任何人，而且很多时候甚至包括伪造的发送地址。除非接收方的接收服务检查假发件人的电子邮件地址，否则将不会发现。有一些常见的电子邮件标准来检查发送的电子邮件地址是否准确，例如，发件人策略框架(Sender Policy Framework，SPF)、域密钥标识消息传递(Domain Keys Identified Messaging，DKIM)以及基于域的消息验证、报告和一致性(Domain-based Message Authentication, Reporting and Conformance，DMARC)；但几乎所有这些标准都可通过多种方式来绕过。

注意　如果有兴趣了解关于 SPF、DKIM 和 DMARC 的更多信息，请参阅[5]。

更常见的情形是，网络钓鱼者使用来自有效域的有效电子邮件地址，这些地址看起来像其他有效的电子邮件地址。例如，网络钓鱼者发送的电子邮件的发件人地址格式类似于 bill-gates-microsoft.com@biz-microsoftemail.com，一个毫无戒备的用户可能不明白该电子邮件并非真正来自 Microsoft.com。或者如第 6 章和本章所述，一封伪造的 LinkedIn 电子邮件可能指向 llinkedin.com 网站而不是 linkedin.com，很多受害者不会注意到这一点。

第 8 章涵盖介绍了基于 SMS 的 MFA 解决方案可能遭到滥用的方式。攻击方可使用任何一部手机，以美国总统的口气打电话，也许会让第二个人充当"呼叫设置"新闻助理。如果模仿足够准确，任何接受者都很难证明攻击方不是总统。喜剧电台的

DJ 似乎一直都在这样做。当有人打电话给用户，声称来自其有线电视公司、银行或电话公司时，用户很少真正要求来电者以某种可信的、无可辩驳的方式证明这一点。

> **注意**　多年来，作为一个演示，Roger 会在演讲开始前给每位听众打电话，这个电话似乎来自白宫(电话号码 202-456-1111)，其中有一条模仿总统的信息，声称其不可能是伪造的电话号码。该电话总是很受欢迎。

大多数网络钓鱼诈骗者都会避开现实中的电话，原因有很多，例如很多时候欺骗者的国籍不同，甚至说不好受害者的母语，无法迅速完成诈骗或回答基本问题。大多数电话接收者都希望任何供应商的电话能相当容易地用客户期望的语言开展沟通，并了解客户关注的事项的基本细节。使用一个真实的电话号码(相对于 Internet)会稍微增加遭到抓捕的风险。

12.2.2　非物理方式

直接的人与人之间的社交工程一直在发生，但在所有可能的方法中，罪犯们最不喜欢这种方法。第一，也是最重要的，诈骗者更容易遭到拘留和逮捕。第二，这种形式的社交工程涉及面对面交流，并回答另一个持怀疑态度的人的问题。第三，这是一种非常低效的诈骗方式。大多数人不会落入社交工程的骗局。这意味着诈骗者必须在一群人身上尝试网络钓鱼骗局，看能诱谁上钩。当一个诈骗者亲自执行诈骗时，这是一对一的诈骗。必须花时间去愚弄每一个人，一次一个。诈骗者在实际结束第一次诈骗之前无法开始第二次诈骗，而一个网络诈骗犯一天可发送数百万至数亿封网络钓鱼邮件，遭到抓捕的概率要小得多。或者一个诈骗者使用手机，即使诈骗者涉及一对一的诈骗(除非包括语音通话部分)，可更快地结束一个徒劳的骗局。一旦诈骗者意识到当前的目标没有落入骗局，就更快地开始下一个。而一个物理骗子必须离开一个受害者，走近另一个受害者。

12.2.3　通常涉及知名组织

大多数社交工程和网络钓鱼诈骗都涉及受害者熟知的组织的名称。这是因为知名组织通常会有许多积极主动的营销活动，因此，诈骗者有充分的理由 "出其不意"地联系一个人。潜在的受害者认为知名组织是优异的，这样骗子就能得到受害者对遭利用的组织的善意。比起使用没人听说过的组织名称，假装来自深受喜爱的知名组织的骗子更可能成功。

> **注意**　知名组织未必受人喜爱。例如，许多骗子冒充国税局(Internal Revenue Service，IRS)或执法部门。对此类组织的普遍恐惧也在促使受害者更快地放弃怀疑态度方面发挥重要作用。

骗子使用的电子邮件地址和网站通常与知名组织的电子邮件地址和网站的外观相似或读音相似，包括知名组织的内容，或可链接到知名组织。很多时候，除了一些欺诈性文本之外，唯一真正恶意的内容是骗子希望受害者单击的一个 URL 链接。图12.1 显示了一些假 URL 链接的示例，这些链接给人的印象是知名组织认可的合法域名。但是 URL 链接为假链接。

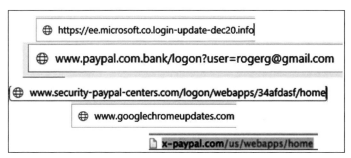

图 12.1　伪造 URL 域名的示例，看起来像是隶属于知名组织

骗子网站通常包含可信的数字证书，而世界上大多数人认为这意味着该网站是有效和可信赖的。大多数网站(截至 2020 年，超过 80%的网站)使用 TLS/HTTPS 数字证书来帮助验证网站并加密访问者和网站之间的数据传输。这些数字证书由受信任的 CA(见第 3 章)分发给每个网站。CA 可做的最重要事情之一就是确认其是一个有效网站，且证书是由合法的人代表该网站申请的。大多数用户还认为每个 CA 都有更进一步的功能，认为其实际上确保了网站是非恶意的。很多情况下，尤其是在免费的公共 CA 中，如 Let's Encrypt(letsencrypt.org)，这不是真实的。大多数主要CA 尽力不向恶意客户分发可信的数字证书，但在任何 CA 中，其客户中有一定比例的人可能做了坏事。如 Let's Encrypt 这样的机构只做很少的检查，并声明 Let's Encrypt 不负责进行检查(见[6])。攻击方和恶意软件推动者会使用 Let's Encrypt 作为可信数字证书颁发者(见[7])。公平地说，Let's Encrypt 清楚地说明了其做什么和不做什么。但令人遗憾的是，许多浏览器和用户自动"信任"任何发送给浏览器和用户的数字证书，却不了解后果。

是的，用户的浏览器和反恶意软件扫描器应该在其访问恶意网址时警告用户，但如前所述，超过 21%的恶意网址在发布后的几天内不会受到检测(见[8])。最终结果是，没有人可通过数字证书来确认网站是否有恶意。恶意网站利用了一个事实，即大多数人天生就信任支持 HTTPS 的网站。

12.2.4　通常基于重要时事且令人感兴趣

在自然灾害、名人死亡和大型全球性事件等受关注的重要事件中，网络钓鱼攻击一直会增加且集中出现。网络钓鱼者知道人们对引人注目的事件感兴趣。网络钓鱼者会利用人们对这个话题的兴趣。网络钓鱼者通常会在专门针对特定主题的论坛上发布反事实的新闻报道，因为网络钓鱼者知道有一定比例的读者会在情感上受到激励，单击嵌入的网络钓鱼链接。

12.2.5　紧张性刺激

钓鱼者喜欢在最初的接触中使用紧张性刺激(Stressor)方法。紧张性刺激是一个描述性故事，旨在将接受者的思想推向一种基本的"或战或退(Fight or Flight)"模式。紧张性刺激包括一些事情，比如有人假装是受害者的老板，说这样那样的事情需要尽快完成，否则一些大生意将告吹，或者某人的孙子已经遭到逮捕，需要向警方支付保释金，或者国税局发现偷漏税款，除非立即支付罚款，否则将逮捕受害者。钓鱼者说了一些对受害者来说可信的话，但这是一个紧急请求。或者钓鱼者利用人们的个人羞耻和尴尬，比如网络钓鱼者声称其已经用受害者的网络摄像头记录了受害者私生活的内容，如果网络钓鱼者得不到报酬，网络钓鱼者会将视频发布给受害者的朋友。紧张性刺激事件要求受害者立即采取行动。网络钓鱼者不想给受害者更多的时间来研究请求以确定其有效性。

12.2.6　高级：假冒

在高级网络钓鱼攻击中使用假冒。假冒(Pretexting)是网络钓鱼者与受害者多次接触时，第一次交流期间不向受害者询问任何超级可疑的东西。网络钓鱼者正在"打通关系"，并建立一种持久的联系，这样当网络钓鱼者将来确实有要求的行动时，受害者已经和网络钓鱼者建立起信任。

一个假冒电话的示例可能是攻击方拨打一个组织的人力资源号码，与应付账款职员交谈，并表现得该攻击方现在是一家现有组织的新主要联系人，该组织定期发送付款发票。在第一个电话中，网络钓鱼者只是打个招呼，告诉应付账款职员，该网络钓鱼者是新的联系人，给应付账款职员新的联系信息，并告诉应付账款职员，所有与该组织有关的问题和请求现在都应该交给该网络钓鱼者。网络钓鱼者甚至可能表示，这一变化是作为"重大更新"的一部分发生的，网络钓鱼者甚至将把银行换成一家新的银行，给予其更优惠的条件，或类似的东西。接下来，钓鱼者会等待几天或几周，然后要求应付账款职员更新付款信息，这可能是由于新的银行变更。当来自真实组织的定期发票交给应收账款职员时，该职员不知道有什么不同，将定期付款发送给新的银行和骗子。像这样的骗局往往要几个月后才能发现。

经常有朋友和其他人告诉 Roger："我很谨慎，永远不会上钓鱼诈骗的当"。Roger总是笑，因为任何人都可能会受骗。Roger 最喜欢的方法之一就是让一个人(Roger的同伴)假扮成一个道路施工勘测员，给家里那个谨慎的人打电话，然后说，"我打电话是为了获得许可，请求能够进入你家前院，以便对即将实施的道路拓宽和区域下水道项目开展调查，该项目涉及你所在的街道以及[最近的县际公路和其房屋之间的某个位置]未来的新高速公路出口匝道。"受害者听了这句话总是不高兴。没有人希望社区有更多的交通施工点，或其院子将挖成巨大的下水道。当受害者投诉时，打电话者会告诉受害者："我们很乐意通过电子邮件发送有关正在实施的道路拓宽项目的信息"，以及受害者如何投票反对道路项目的信息。然后受害者提供其电子邮件地址，而钓鱼者(即 Roger)从 Gmail 或 Hotmail 地址向受害者发送一份加密的 PDF 文档，其中包含潜在的"恶意"链接，这与 Roger 的同伴在电话中介绍的伪建筑调查公司的外观相似。Roger 从来没有让受害者去打开 PDF 文档并单击链接。从来没有。假冒在其中起了作用。

12.2.7　利用可信的第三方实施网络钓鱼

网络钓鱼增长最快的领域之一是遭到接管的第三方的恶意电子邮件，这些恶意邮件来自于与之有持续关系的可信人员和合作伙伴的计算机。大多数正常的反钓鱼建议，比如"不要打开陌生人的电子邮件"都不适用。发现熟人发送的一封网络钓鱼邮件是非常困难的。防御措施主要归结为"如果对方要求你做一些不寻常的事情，随时打电话给对方之前用过的电话号码进行确认"。

下面是这类网络钓鱼的一个很好的示例。在美国，大多数买房的人都有住房抵押贷款。作为抵押贷款流程的一部分，买家通常必须支付首付款(房产总值的 1%～20%)。在抵押贷款发放和买家拥有房产前，首付款必须由所有人都信任的第三方"托管"。

网络钓鱼者会闯入信贷员或托管代理的电脑，盘点即将成交的房产，并记录下哪些楼盘有大笔未付的首付款。然后给买家发一封邮件，通知买家在预订日期，按照首付款金额，为准备购买的房产信托付款。邮件来自买家信任的人，每个细节都是合法的(电汇指示信息除外)。钓鱼者将合法的银行电汇指令切换到钓鱼者的银行账户，然后在遭到破坏的系统上创建一个电子邮件规则，删除合法代理准备发给受害者的任何电子邮件，并将从受害者收到的任何电子邮件重新路由到钓鱼者的电子邮件账户。通常等到大家都清醒过来，钱已经消失了。受害者损失了首付款，而其他本来要收取托管费的人也因此两手空空。买家失去了想要的财产；除了钓鱼者外，其他参与交易的人都蒙受了损失。利用先前可信的第三方实施网络钓鱼是非常卑鄙的行为。

这些都是网络钓鱼的共同特征。不用说，社交工程和网络钓鱼经常用来绕过和访问受 MFA 解决方案保护的用户账户。

注意　任何人都可能遭到社交工程和网络钓鱼欺骗。任何人！个人易受影响程度与其智商或"江湖经验"无关。任何人，只要有适当的动机，都可能遭到欺骗去做违背自己利益的事情。

12.3　针对 MFA 的社交工程攻击示例

许多针对 MFA 解决方案的攻击都涉及社交工程。第 6 章、第 7 章、第 8 章和第 11 章都列举了涉及社交工程的攻击实例。如前所述，社交工程参与了绝大多数攻击，从计算机问世之日起就一直存在。下面将呈现一些示例。

12.3.1　伪造银行警告

如今，一个十分常见的骗局是，有人给受害者发消息或打电话，声称自己来自银行、PayPal、酒店公司或股票投资网站等，并声称发现了潜在的恶意欺诈行为。当骗子打电话给受害者时，骗子会说"你好，Roger 先生，我们来自你的银行[或在这里插入真实的银行名称]，在你的账户上发现了一些潜在的欺诈交易。你是否买了两张从达拉斯-沃思堡机场到尼日利亚的机票？"受害者会说"没有！"然后骗子继续说，"我们不认为你做了。别担心，我们已经阻止了这两笔交易，我们会处理好的。在你的账户上发现了其他欺诈交易，我们希望阻止这些交易，这样你就不必承担费用。我们只需要确认你的账户信息，确认你就是 Roger 先生本人。你的账号是多少？"受害人说出账号。骗子继续说，"你的登录名是什么？"受害者提供账户登录名。然后骗子会问"你的 PIN 码或口令是什么？"受害者将这些信息提供给了骗子。

然后骗子试图使用这些信息登录受害者的账户。如果受害者启用了 MFA，骗子会将账户设置为"恢复模式"，并让银行使用 SMS 向受害者的手机发送登录码。骗子会说类似于"我们会将一个验证码发送到你以前注册的手机上，以验证你的身份，Roger 先生。"受害者收到真实银行发送的账户恢复 PIN 码，并将其读回给骗子，骗子用该 PIN 码接管账户。然后骗子会更改用户的登录方法，通常会禁用 MFA 和当前口令。如果用户当前已登录到账户，则要求用户注销并重新登录。当然，受害者不能再登录其账户了。假银行支持小组告诉受害人，"银行"正在处理一切，几分钟后会给受害人回电话。当然，在这几分钟内，攻击方尽可能多地偷钱。受害者通常会等上几小时，感到沮丧，然后试图打电话给"银行"。"银行"从不接听受害者的电话。此后，受害人必须查询真实银行的真实技术支持号码，拨打该号码，一小时或数小时后确定自己遭到诈骗。很多受害者很难说服其银行，受害者才是真正的账户持有人。有时要花好几天才能把一切弄清楚，然后完成锁定。

[9]是一个简单示例。

12.3.2　哭闹的婴儿

早些时候，Roger 写了一篇关于人类天生同情弱者、帮助他人的文章。其实存在规则来阻止此类利用他人同情心的社交工程。几乎每个主要的客户服务供应商都清楚存在网络钓鱼者和社交工程师，以及这些人如何利用供应商的客户和客户支持工程师来窃取资金或服务。大多数供应商多年来一直接触这种犯罪行为，并实施了一些规定，如果员工严格遵守这些规则，将可阻止大多数此类社交工程攻击。供应商训练员工，让员工知道社交工程的风险，并写出"剧本"，引导支持人员遵守规则，防止受到攻击。尽管如此，要把人性从人身上剔除是很难的，训练有素的客户支持代表仍会遭到欺骗。[10]是一个很好的示例。

在这段视频中，一个年轻人在 2016 年的 DefCon 大会上询问某攻击方是否可攻击其手机账户，参加会议的有白帽子和黑帽子攻击方。在这段视频中，该年轻人询问女性白帽子攻击方 Jessica Clark 是否可只使用其手机号码、姓名和手机供应商的身份来破坏其手机账户。该年轻人没有给 Jessica Clark 任何其他信息。

Jessica Clark 从两件事开始。首先，Jessica Clark 从 YouTube 下载并使用了一段婴儿哭闹的视频(任何人可在 YouTube 上找到一段)，然后 Jessica Clark 假装其呼叫是从该年轻人的手机号码发出的。用该手机号码给手机供应商打电话时，手机供应商技术支持部门的呼叫屏幕上会预先显示大量信息，这让手机供应商技术支持人员误以为来电者就是其所说的人。技术支持人员还听到背景中婴儿的哭泣声，看到了劳累过度的母亲；得知这位母亲正在完成严厉的丈夫安排的家务。这个社交工程攻击方在 30 秒内开始获得机密信息，在几分钟内，就能更改口令并将自己添加到账户中。

这是人类互助的完美示例。

12.3.3　窃取大楼门禁卡

Roger 有幸与世界上最好的社交工程攻击方 Kevin Mitnick 一起工作。Kevin 在 1995 年因侵入手机网络和组织而遭到逮捕。畅销书 *Takedown: The Pursuit and Capture of Kevin Mitnick, America's Most Wanted Computer Outlaw – By The Man Who Did It*(作者是 Tsutomu Shimomu 和 John Ma Markoff)讲述了 Kevin 的江湖风云以及遭到逮捕的过程。Roger 在 2017 年出版的书籍 *Hacking the Hacker* 中描述了 Kevin 及其蜕变为白帽攻击方的历程。Roger 现在为 Kevin 工作，成了 Kevin 真正的朋友。

Kevin 是一个非常有创造力的攻击方，是安全领域为数不多的臭名昭著的传奇人物之一。Roger 不想淡化 Kevin 的攻击所造成的任何伤害，但 Kevin 的攻击行为从来不是特别恶意的，也不是主要出于经济动机。大部分攻击都是恶作剧，只是看看其能做些什么。自从 Kevin 出狱(20 多年前)，一直在帮助人们和组织更加安全。20 年前，当 Roger 还不太了解 Kevin 的时候，Roger 就意识到 Kevin 已经吸取了教训，成为一个优秀的白帽攻击方。并不是所有黑帽子攻击方都成功变成永久性的白帽攻击方，但 Kevin 做到了。Kevin 是 Roger 信任的第一批著名攻击方之一。

Kevin 现在是 KnowBe4 公司的共同所有方兼首席攻击方官，Kevin 经营着自己非常成功的渗透测试公司。Roger 开始了解并爱上 Kevin Mitnick。Kevin 是一个踏实、正直和有道德的人。Kevin 喜欢教别人如何合法地实施攻击，尤其是利用社交工程。如果任何人有机会亲眼看到 Kevin 的攻击研讨会或演讲,就会明白 Roger 的意思了。在 Kevin

的攻击方演示中，可看到出神入化的表演技巧，可体会到 Kevin 最初对魔术的热爱。

Roger 最喜欢的一个演示和故事是：Kevin 经常克隆大楼门禁卡作为专业渗透测试工作的一部分。大楼门禁卡的工作原理通常类似于 MFA 解决方案。在这段来自 KnowBe4 公司的一次全国会议的视频中，Kevin 解释了这些攻击方行为，见[11]。

当 Kevin 受雇对一个组织执行渗透测试时，目的往往是测试组织的物理安全。Kevin 受雇来渗透测试的大多数地方都有进入大楼和进门所需的门禁卡。Kevin 喜欢讲两个关于如何秘密克隆大楼门禁卡的故事。

第一个故事是，如果客户的办公室位于向其他组织提供租赁空间的大型建筑内，Kevin 通常会冒充同一栋楼的未来租赁客户，打电话给租赁办公室。通常，Kevin 会在现场与房屋租赁官见面"看房"。房屋租赁官通常有一个大楼入口钥匙，以便进入大楼和所有楼层。房屋租赁官不知道的是，Kevin 有一个卡片克隆硬件，当卡片进入 Kevin 的无线扫描仪几厘米之内时，无线扫描仪将制作出一个精确的大楼门禁卡的副本。Kevin 把硬件放在一个薄薄的、皮革装订的笔记本里，这类笔记本经常由世界各地的商务人士使用。Kevin 会要求查看房屋租赁官使用的卡，然后"不经意"地在自己的手提笔记本上刷卡。房屋租赁官几乎不知道其门禁卡遭到复制了。

Kevin 最喜欢讲的第二个故事是走进一个组织的公共卫生间，走到小便池旁，身旁站着大楼的维修主管。任何一个男性都知道，通常不会离开多个空着的小便池，专门站到当时唯一上厕所的那个人身旁。这被认为是不礼貌的。但 Kevin 就是这么做的。Kevin 径直走到维修主管旁的小便器前，假装小便，然后将笔记本放在维修主管的万能钥匙卡附近，虽然维修主管略显尴尬，觉得 Kevin 这个人有些粗鲁，侵犯了其个人空间，但 Kevin 还是成功地克隆了大楼门禁卡。Kevin 通过讲这些故事给观众送去欢乐，Kevin 号召观众中的任何人自愿拿出其自己的大楼门禁卡，在当前的攻击演示中使用。

这里的教训是，如果用户的无线 MFA 产品不受克隆保护(智能卡具有防克隆保护)，那么物理社交工程师可能克隆用户的 MFA 设备。

12.4 对 MFA 社交工程攻击的防御

本节讨论研发团队和用户对社交工程的防御。

12.4.1 研发团队对 MFA 的防御

接下来分析 MFA 研发团队对社交工程的一些防御措施。

1. 培训和威胁建模

在没有看到具体的 MFA 解决方案及其设计的情况下，很难让研发团队使用特定的反社交工程防御措施。每种类型的 MFA 都有不同的社交工程缓解措施。默认答案是，每个 MFA 解决方案都必须使用威胁建模，任何可能的社交工程都必须视为建模的一部分，然后实施适当的缓解措施。

最重要的是，MFA 解决方案供应商还应与客户共享所有威胁建模，包括社交工程威胁场景。大多数 MFA 供应商对客户隐瞒社交工程威胁，不会主动谈论和教育这些问题。客户并没有意识到针对其特别选择的 MFA 解决方案的不同社交工程威胁，也无法轻松地减轻这些威胁带来的风险。因此，对研发团队最好的建议是，防止针对其 MFA 解决方案的社交工程攻击，对所有可能的社交工程场景实施威胁建模，并与客户共享这些场景和可能的防御措施。要透明直率。客户会为此感谢供应商的。没有比 FIDO 联盟的安全规范文件更好的示例了(见[12])。这是每个 MFA 供应商都应该参考的一个很好的示例，值得多次推广。

2. 提供更好/最好的身份验证

许多通信信道都拥有弱到可忽略不计的身份验证。这包括语音通话、SMS 消息和电子邮件。业界为改进默认身份验证所做的一切都是受欢迎的。电话公司正试图改进语音通话身份验证，至少让骗子更难使用新的 STIR/SHAKEN 协议欺骗电话号码。IP 语音(Voice-over-IP，VoIP)产品，如 Microsoft Skype，需要非常小心地防止恶意的 VoIP 呼叫。Email 有 SPF/DKIM/DMARC，但默认情况下并不是到处都启用。无论 STIR/SHAKEN 还是 SPF/DKIM/DMARC 都不够完美。客户需要更多更好的身份验证，尤其是电话和 SMS 消息。任何行业创造或采用任何降低社交工程成功率的东西都是受欢迎的。

3. 提供上下文信息

如果可能，向用户推送/传递有关任何身份验证或事务详细信息的上下文信息，以帮助用户做出更好的决策。电话应提供反欺诈提示，如真实的电话号码和位置来源。SMS 应与经核实的组织身份和电话号码绑定。VoIP 呼叫至少应指明起始位置。在线 MFA 交易应该与预先注册的设备和经过身份验证的网站绑定，如果可能，在 MFA 解决方案上显示这些细节。任何交易都应包括足够的细节，以便用户可以确信自己正在安全地执行交易和决策。图 12.2 列举了一个良好的、主动的推送通知的示例，该通知为 MFA 登录批准提供了上下文细节。

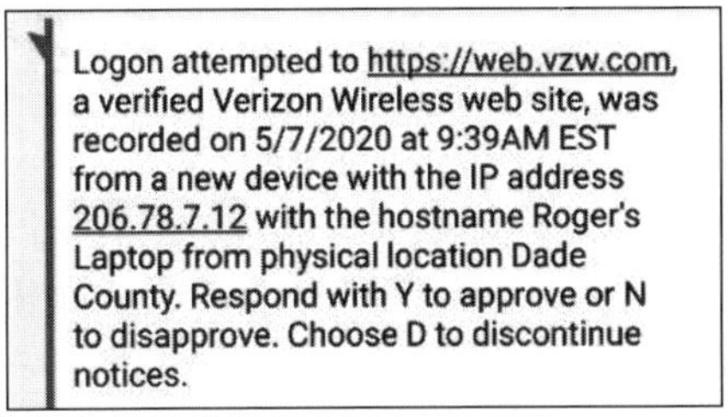

> Logon attempted to https://web.vzw.com, a verified Verizon Wireless web site, was recorded on 5/7/2020 at 9:39AM EST from a new device with the IP address 206.78.7.12 with the hostname Roger's Laptop from physical location Dade County. Respond with Y to approve or N to disapprove. Choose D to discontinue notices.

图 12.2　主动推送通知示例，为 MFA 登录批准提供上下文详细信息

12.4.2　用户对社交工程攻击的防御

要击败社交工程，需要三种主要的缓解措施：策略、技术控制和安全意识培训。

1. 审查任何供应商威胁建模

首先，用户应该与供应商核实，看看供应商是否执行了威胁建模，如果是，各种威胁模型的威胁和缓解措施是什么。下载并研究供应商共享的任何威胁建模和缓解文档，并确定是否需要设计其他缓解措施。如果供应商没有任何威胁模型可与用户分享，那么在购买任何 MFA 解决方案之前，用户应自己开发威胁模型。

2. 策略

组织应该编写书面文件，以尽量减少员工遭到社交工程攻击的机会，包括对员工的 MFA 解决方案的攻击。看看涉及社交工程的各种威胁模型和本书中给出的示例，并思考任何可能减轻这些风险的策略。

3. 技术控制措施

应该部署任何能阻止社交工程的技术硬件或软件解决方案，包括防火墙、反恶意软件、入侵检测、反垃圾邮件、反钓鱼邮件和内容过滤产品。不幸的是，即使是最好的技术控制也会让一些社交工程绕过组织的防御。一流的安全意识培训可拯救组织。这里有一个相当全面的网络研讨会，涵盖了所有可能的防御措施：策略、技术和培训，这些方案用来战胜社交工程和网络钓鱼。用户可通过链接[13]注册观看。

4. 实施一流的安全意识培训

安全意识培训应该使员工保持合理的谨慎，以识别、阻止和报告社交工程攻击。多年来，人们一直在思考如何开展良好的安全意识培训。Roger 很幸运能在全球领先的安全意识培训公司 KnowBe4 工作。KnowBe4 研究了客户安排安全意识培训的方式，并确定了哪些方式最有效。

宣传安全意识培训计划　让所有同事知道你正在实施一个正式的安全意识培训计划。解释将如何做，以及希望同事们如何参与。别让任何人感到吃惊。从来没有人因为给别人(尤其是高级管理层)惊喜而受到提拔。相反，让每个人都知道你定期实施安全意识培训，以及将如何开展培训。这一阶段是培训的一部分。

建立基线　向所有同事发送一个模拟的网络钓鱼邮件测试。创建一个网络钓鱼电子邮件，类似于你以前见过的常见网络钓鱼电子邮件。网络钓鱼电子邮件不应该受到精心设计变得隐蔽且难以辨认。发送一个网络钓鱼测试，且相信大多数人都会很容易地识别出是网络钓鱼测试，而不是单击它。你可能会惊讶于有多少人会单击这个容易发现的钓鱼网站。一个组织中高达 30%的员工成为模拟网络钓鱼测试的受害者并不少见。

每月至少培训一次　除了实施模拟网络钓鱼测试外，每月至少给同事安排一次培训。培训内容应该多样、有趣且简短。每个月的培训时间不应超过几分钟。理想情况下，培训将围绕当前流行的社交工程趋势，或侧重于预防针对实施的 MFA 解决方案的社交工程。

每月至少开展一次模拟网络钓鱼测试　每月至少向同事发送一封模拟网络钓鱼的测试邮件(或 SMS 消息或语音电话)。与培训一样，模拟网络钓鱼应该关注当前的社交工程趋势。如果有人未能通过模拟测试，应立即向其提供反馈，因为该员工应该注意到这是一个钓鱼测试，而不是合法的电子邮件。随着用户群越来越善于发现网络钓鱼邮件，可增加隐蔽程度。随着最终用户对网络钓鱼的了解程度不断提高，需要加强培训。

保持最新的训练　社交工程培训要跟上最新的社交工程趋势。当真正的钓鱼者正在使用的攻击事件发生时，要仿照网络钓鱼者的做法实施模拟测试和培训。

如果遵循上述建议，很可能看到成功的社交工程数量显著减少。在 KnowBe4 的客户中，遵循这些建议的客户在一年内将易于受到社交工程攻击的员工比例从 30%左右降至 3%左右。这不是特例，这就是遵循上述建议的所有客户。

注意　针对如何制定和提供最佳安全意识培训计划，Roger 认为最好的书籍是 Perry Carpenter 撰写的 *Transformational Security Awareness Training: What Neuroscientists, Storytellers, and Marketers Can Teach Us About Driving Secure Behaviors*。

12.5　小结

本章介绍了社交工程，并举例说明了如何利用社交工程绕过 MFA 解决方案。讨论了常见的社交工程属性，以及如何教育 MFA 用户抵御社交工程攻击。第 13 章将探讨降级和恢复攻击。

第**13**章 降级/恢复攻击

本章将介绍攻击方绕过 MFA 解决方案的其他秘密方法，重点分析供应商提供的用于恢复账户(由 MFA 保护)的备用身份验证方法。

13.1 降级/恢复攻击简介

无论 MFA 解决方案是什么，在最初的开发过程和日常使用过程中都比传统的登录名和口令解决方案更昂贵。如果组织使用 MFA，几乎肯定需要增加呼叫支持和成本。这是使用更复杂的解决方案的本质。培训人们如何恰当地使用 MFA 解决方案需要更长时间。MFA 解决方案涉及额外的硬件设备，这些设备将可能损坏、丢失或遭窃。即使 MFA 解决方案使用的都是 SMS 或手机应用程序，也将意味着与基于口令的解决方案相比，会有更多的呼叫支持和更多的操作中断。

拥有数十万到数百万用户的大规模 MFA 解决方案面临着如何为所有用户提供技术支持，同时尽量压缩支持成本的挑战。正因为如此，大规模 MFA 解决方案会提供一种恢复方法，这种恢复方法最终涉及比支持的 MFA 解决方案更不安全的东西。很多 MFA 解决方案都有一个 Admin 或 User 选项，允许用户"根据需要使用 MFA"，但最终要求登录时必须使用 MFA，这显然是矛盾的。具有讽刺意味的是，这通常意味着，尽管要求合法用户使用多因素身份验证，但攻击方可使用较少的内容。Roger 将介绍三个降级/恢复攻击的示例，其中一个示例非常弱，应该受到禁止。

13.2 降级/恢复攻击示例

在前面的章节中，已经介绍了一些与降级/恢复攻击相关的类型。第 8 章探讨了涉及 SMS 的恢复攻击。其中包括普通的虚假技术支持 SMS 消息和欺诈电话。第 11 章讲述了虚假身份验证攻击；在这种情况下，受害者会经历完全欺诈的体验。如前所述,身份验证供应商很难阻止这些类型的攻击。第 12 章涵盖了可绕过 MFA 的多种社交工程攻击。这几种攻击都可归类为降级/恢复攻击。本章将讲述三种与恢复问题相关的更常见攻击类型:备用电子邮件地址恢复、主代码滥用和猜测个人知识问题。

13.2.1   备用电子邮件地址恢复

大多数主流 MFA 解决方案提供商都允许将账户恢复代码发送到备用电子邮件地址。大多数情况下,备用电子邮件地址必须在初始注册时预先注册,但并不总是这样。图 13.1 显示了作为账户恢复选项的备用电子邮件地址的两个示例。

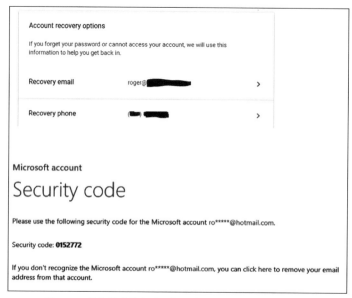

图 13.1   用作账户恢复选项的两个备用电子邮件地址示例

攻击方至少以两种方式滥用备用电子邮件地址恢复:接管备用电子邮件地址和重新路由恢复。

1. 接管备用电子邮件地址

在第一种方法中,攻击方将确认特定受害者正在使用的备用电子邮件地址,攻击该备用电子邮件地址(通常使用社交工程、网络钓鱼,或从以前的口令转储中学习口令),然后将 MFA 保护的账户变成恢复模式。Roger 也听说过使用口令猜测来攻击备用电子邮件账户,但这种做法最近不那么流行,因为大多数主流电子邮件账户都启用了口令锁定功能。

泄露电子邮件账户每天都在发生。许多用户都有免费的 Gmail、Microsoft 或 Yahoo 电子邮件地址作为个人电子邮件账户,这些通常用于 MFA 备用电子邮件地址账户恢复。这些免费电子邮件账户中有一小部分每天都会受到攻击。由于拥有数千万乃至数亿的电子邮件账户,因此,"一小部分"账户意味着每天有数百万个账户遭受盗用。

　　大型免费电子邮件提供商需要节省成本，无法提供足够的技术支持人员，无法为恢复电子邮件账户配备人员。相反，电子邮件提供商实现了账户恢复流程的自动化。最难之处可能在于找到 account recovery 链接以启动该流程。启动后，自动化流程将通过一系列问题和步骤来帮助相关方自我恢复账户。图 13.2 显示了启动 Microsoft 电子邮件账户恢复流程的示例。

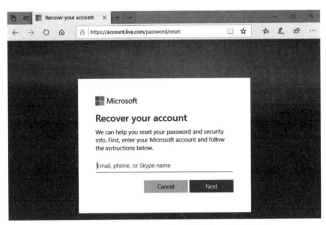

图 13.2　启动 Microsoft 电子邮件账户恢复流程

　　遗憾的是，Microsoft 提供的第一个恢复选项是以前注册的备用电子邮件恢复账户(见图 13.3)。通常情况下，恢复流程会提供以前注册的电子邮件账户的部分电子邮件地址，这可能让攻击方知道其需要破坏的备用恢复账户应该是什么。一些电子邮件账户恢复流程甚至允许恢复人员使用以前未注册的新电子邮件账户，但大多数服务在使用任何新注册的账户之前都需要额外的先前已知的详细信息，详见 13.3.1 节。

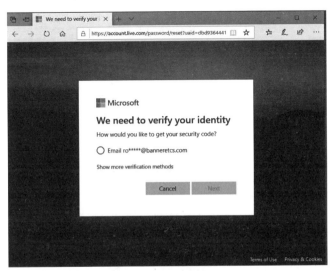

图 13.3　Microsoft 电子邮件账户恢复流程将以前注册的备用电子邮件地址作为第一个恢复选项

2. 重新路由恢复

第二种流行的备用电子邮件地址恢复攻击方法是攻击方以某种方式说服 MFA 解决方案提供商将备用电子邮件地址切换到攻击方已控制的电子邮件地址。这种攻击通常要求攻击方以某种方式获得足够的受害者详细信息，以便成功响应 MFA 账户更新功能或利用账户更新流程中的 bug。

可访问[1]，来查看一个真实的、复杂的、多步骤的且涉及多个受害者的示例。在这个示例中，攻击方成功说服受害者的手机提供商 AT&T 将受害者的语音信箱收件箱重定向到一个新的临时电话号码。这样，攻击方不知道 AT&T 技术支持人员提出的任何正常恢复问题，但知道受害者社会安全号码的后四位数字，技术支持人员接受了身份验证。

注意 受害者不知道 AT&T 是如何得到其社会保险号码的。

然后，攻击方将受害者的 Google Gmail 账户置于账户恢复模式，并在自动恢复流程提供的多个选项中选择让 Google 将恢复账户的 PIN 码发送到受害者先前注册的电话号码。受害者没有认出从 Google 打来的电话，让其进入语音信箱。AT&T 攻击方将受害者的语音信箱重新路由到攻击方控制下的号码；攻击方收听了来自 Google 技术支持的语音邮件，并听到了 Gmail 恢复代码。

攻击方使用 Gmail 恢复代码接管了受害者的 Gmail 账户。然后，将受害者的 CloudFlare 账户(攻击方的最终受害者目标)置于恢复模式，并让 CloudFlare 将恢复代码发送到受害者的 Gmail 账户。随后，攻击方使用 CloudFlare 恢复代码接管受害者的 CloudFlare 账户。

接下来，攻击方使用受害者的 CloudFlare 账户更改了受害者的 DNS 记录，从而控制受害者的域和服务。然后攻击方使用这些管理权限来更改最终攻击目标的 DNS 地址。

中间受害者是 CloudFlare 的 CEO，在事件中 CloudFlare 的 CEO 积极参与，并在身份验证遭到窃取期间与攻击方开展斗争，但失败了。这些攻击方是恶意分子，想惩罚其最终目标 4Chan，因为其自我监管不力。

用户可访问链接[2]。这名 CloudFlare 高管表示，攻击方最终被美国联邦调查局逮捕，但这一声明的链接已不再有效，无法证实消息是否属实。

还有第三种和第四种方法来接管或更改备用电子邮件账户，但并不常见。在第三种方法中，恢复流程包含一个漏洞，允许有经验的程序员绕过 MFA 要求并更新恢复代码选项。这种情况曾在主流 MFA 服务中发生过几次，但 Roger 未能找到相关文章的 URL，故未收录在本章中。

第四种方法是攻击受害者的相关设备时，允许 MFA 绕过目标设备。这可在一些罕见的场景中实现(更像是"终端用户"攻击)。这类攻击的一个示例是，商用口令攻击方组织 Elcomsoft 宣布,如果受害者的个人电脑上安装了 Elcomsoft 的软件,Elcomsoft 就可使用其软件绕过 Apple 的 iCloud MFA 解决方案(见[3])。总之,通过使用备用电子邮件地址恢复来绕过受害者的 MFA 解决方案是一种非常流行的攻击类型。

13.2.2　滥用主代码

MFA 服务理解用户并非总能访问主要的、默认的 MFA 解决方案,但 MFA 服务仍然希望用户能访问受保护的服务。其中许多服务提供永久的、不过期的"主代码""备份代码"或"旅行代码"。这些代码可在 MFA 解决方案首次建立时设置,且通常可在此后的任何时间生成,例如,当用户知道将去度假时。

Google 称之为备份代码(见图 13.4)。当用户启用备份代码时,Google 会显示 10 个 8 位数的备份代码,用户可截屏、下载或打印这些代码。Microsoft 称之为"恢复代码",同一时间只能生成一个"恢复代码"(见图 13.5)。

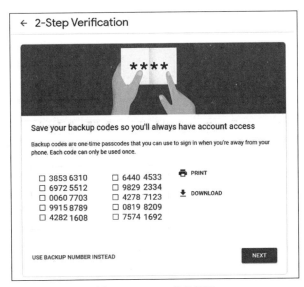

图 13.4　Google 备份代码

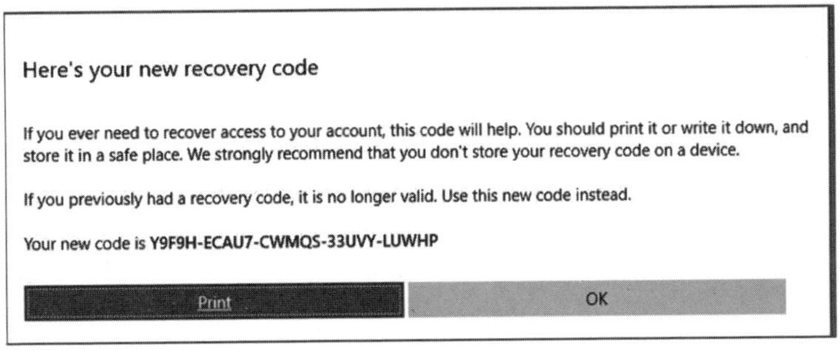

图 13.5　Microsoft 恢复代码

主代码的问题是通常不会过期，且很难安全地存储。许多人收到通知，要求备份其备份代码。这使得备份代码存在于两个或更多位置。Google 过去常在默认备份代码屏幕上告诉用户将备份代码存储在钱包中。这听起来是一个合理的想法，但后来意识到，备份代码的下载和打印形式都包含 Gmail 地址。如果攻击方发现备份代码，将可在全球任何地方随意使用。这些代码不会过期，尽管用户可随时获取新代码并取消旧代码。

注意　无论是 Google 还是 Microsoft，都很难找到合适的位置来生成和管理备份代码。这会使用户更难了解和启用备份代码，但也会使重置或禁用备份代码变得更困难。

13.2.3　猜测个人知识问题

在所有可恢复 MFA 保护的账户的方法中，回答一些相当简单的预先注册的个人知识问题可能是最不安全、最易遭到攻击的，事实上，许多人，包括本文作者，相信大多数网站所采用的传统方式应该是法律禁止的。包括 Google 和 Microsoft 在内的几家大型身份验证提供商已禁止在其网站和服务上过于简单地使用预先注册的个人知识问题。

可悲的是，简单的个人知识问题一直是最流行的账户恢复方法之一，已经存在了几十年。简单个人知识问题的出现是因为需要身份验证提供商允许用户在不需要人工干预的情况下恢复忘记的口令。在自动自助账户恢复之前，用户被锁定在账户之外或忘记了口令，必须致电技术支持人员，陈述问题，让技术支持人员解锁其账户。技术支持人员给用户提供一个新的临时口令。

如果用户和技术支持人员数量不多，且彼此熟悉，可执行语音识别身份验证，这种方法相当有效。随着系统的扩展，技术支持人员不再亲自接触其所帮助的大多数用户，攻击方开始使用社交工程手段，利用技术支持人员来完成基于人的账户恢复(如上一章所述)。另外，让帮助台工作人员回应所有与忘记口令相关的电话也是非常昂贵的。在大多数组织中，登录问题和忘记口令是最常见的问题。

作为回应，身份验证提供商开始创建流程和自动化服务，这通常涉及只有合法用户才容易知道并能回答的问题，作为一种在解锁用户账户并交出新的临时口令之前验证用户身份的方法。

让用户回答一系列预先设定好的问题也不知道是谁首先想到的"绝招"，这些问题和答案可与自动化系统一起使用，在用户需要重置口令时验证用户的身份。因此，"你母亲的婚前姓是什么？"成为第一个广泛使用的个人知识问题。实际上，这个问题的答案并非难以找到；几十年来，女性的婚前姓氏已广泛存在于公共记录中，Internet 令查找变得轻而易举。

起初，关于个人知识的问题很少，而且是硬编码的。用户无法选择涉及哪些内容。在许多系统中，硬编码问题的数量增加了，但用户仍不能自行编写问题。在少数系统中，允许用户创建自己的自定义问题。一些个人知识问题系统只问一个问题，任何人成功地回答了这一个问题就足以完成身份验证。在其他系统上，用户必须成功回答两个或多个问题。某些情况下，如果用户错误地回答了一个问题，将获得回答其他问题的机会。在更安全的系统中，一个错误的答案意味着用户必须以另一种方式解锁账户。

这种做法最大的问题是，许多问题和答案都是公共知识，或可通过社交工程攻击来获取。即使是那些不为人所知的知识，或较难通过社交工程获取的知识(比如"你的第一辆车的型号""你最喜欢的小学老师"或者"你第一个宠物的名字")也比猜测口令容易得多。一个典型口令(例如，6～8 个字符长，使用多种字符类型)有数十亿个组合。只有遇到一个非常糟糕的口令选择(如 password 或 qwerty)时，口令猜测者才能快速地猜出某人的口令。

但人们可猜测的汽车型号数量只有几千个。Roger 数了一下当今在美国销售的车型(见[4])，只有 100 多个品牌。如果攻击方需要猜测某人使用或喜欢的第一辆车的车型，只需要通过 100 个或更少的车型就可猜出此人达到法定驾驶年龄的年份。攻击方必须想出或以其他方式找到受害者第一次达到法定驾驶年龄期间可能存在的普通汽车型号，但大多数车型都是连续多年重复的。受害者的第一辆车可能不是 Bentley。大多数人的第一辆车通常是低端车。一些个人知识问题问一个人最喜欢的车。不太可能是 AMC Pacer 或 Ford Pinto。一个人最喜欢的车更可能是 Mustang、Charger、Corvette、Lamborghini 或 Lexus。任何情况下，如果个人知识问题涉及汽车，攻击方必须做出的潜在猜测数量远少于一个人的口令(除非攻击方已经知道此人以前的口令或兴趣)。

为证实以上说法，这里给出一个问题列表，这是 Roger 在 2020 年 2 月购买航班 Internet 服务时看到的(见图 13.6)。

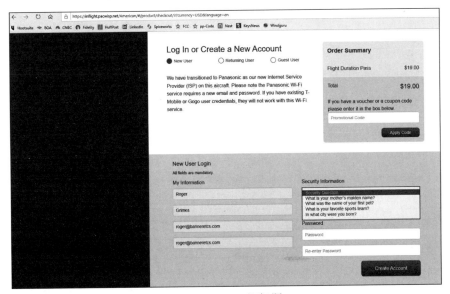

图 13.6　个人知识问题

多年来，有一些关于个人知识问题的功效和使用的研究，但关于这一主题的权威性论文也许是 Google 的白皮书 Secrets, Lies, and Account Recovery: Lessons from the Use of Personal Knowledge Questions at Google(见[5])。这篇文章是 Google 在账户恢复中放弃使用简单的个人知识问题的重要原因之一。以下是该白皮书中列出的一些事实：

- 一些恢复问题可在第一次尝试时猜到 20%。
- 40%的人无法成功回忆起自己的恢复答案。
- 16%的答案可在此人的社交媒体档案中找到。

这些事实应该令用户大吃一惊。每个人都有过这样的经历，几个月或几年后，将无法正确回答自己的问题。"我最喜欢的老师是 McKree 夫人还是 Mutach 先生？"用户将两个选项都尝试了，但都失败了。事实证明，对于比母亲的婚前姓或父亲的中间名更难回答的问题，合法用户成功回答的失败率开始迅速上升。

事实上，比较一下人们成功回答所有问题的比例(60%)与攻击方第一次尝试猜出一些问题的比例(20%)可知，合法用户正确回答自己问题的可能性只有攻击方的三倍。Roger 敢打赌，有些情况下，攻击方能比合法用户更快地研究或猜出正确答案。

1. Sarah Palin 电子邮件账户攻击

几十年来，攻击方一直将账户置于恢复模式，然后成功地回答个人知识问题。在 2008 年美国总统大选中，共和党副总统候选人 Sarah Palin 与 Barack Obama、Joe Biden 的对决中的事件是最受欢迎和广为人知的攻击之一(见[6])。

攻击方是一名民主党州众议员的儿子，该攻击方回答了 Sarah Palin 的三个个人知识问题，以接管其个人 Yahoo 电子邮件账户。三个个人知识问题是：

- Sarah Palin 的生日
- Sarah Palin 在哪里遇到了自己的丈夫
- 当前邮政编码

这名 20 岁的攻击方在维基百科上找到了 Sarah Palin 的出生日期和 Sarah Palin 与丈夫 Todd Palin 的相识地点(见[7])。攻击方从一项小调查中得知，Sarah 读高中时嫁给心上人，并发现 Sarah 和 Tod 最可能在高中相遇。Alaska 的 Wasilla 只有一所高中，但该高中也位于维基百科条目中(如图 13.7 所示)。攻击方发现 Wasilla 只有两个可能的邮政编码，于是在美国邮政局的网站上查了一下。称其为攻击方是用词不当的；但确实是一个懂得使用 Google 的人。最终由联邦调查局确认了袭击者的身份，逮捕并审判了袭击者，并判处一年加一天的监禁，外加三年缓刑。

Early life and family

Palin was born in Sandpoint, Idaho, the third of four children (three daughters and one son) of Sarah "Sally" Heath (née Sheeran), a school secretary, and Charles R. "Chuck" Heath, a science teacher and track-and-field coach. Palin's siblings are Chuck Jr., Heather, and Molly.[6][7][8][9][10] Palin is of English, Irish, and German ancestry.[11]

When Palin was a few months old, the family moved to Skagway, Alaska,[12] where her father had been hired to teach.[13] They relocated to Eagle River in 1969, and settled in Wasilla in 1972.[14][15]

Palin played flute in the junior high band. She attended Wasilla High School, where she was head of the Fellowship of Christian Athletes[16] and a member of the girls' basketball and cross-country running teams.[17] During her senior year, she was co-captain and point guard of the basketball team that won the 1982 Alaska state championship, earning the nickname "Sarah Barracuda" for her competitive streak.[18][19][20]

图 13.7　部分 Sarah Palin 的维基百科条目显示了在哪里上的高中，攻击方用这些信息来回答 Sarah 的 Yahoo 电子邮件账户个人知识问题！

2. 名人照片

通过回答个人知识问题来执行攻击一直是攻击方接管用户账户的流行方式。有时这些用户很出名。几年来，好莱坞名人显然过于信任 Apple 的 iCloud，以至于无法防止其个人照片遭受未经授权的用户使用。明星们显然没有意识到用 iPhone 拍摄个人照片和手机默认行为(将所有数据备份到名人的 iCloud 账户)之间的联系，因为这确实是一个巨大的风险。

一些攻击方最终遭到抓捕并判处有罪。最初，遭窃的名人照片太多，外界猜测攻击方在 Apple iCloud 服务中发现了一个未知漏洞。在实施内部调查后，Apple 公开表态，指出所有泄露的 iCloud 账户都是通过社交工程以及对用户名、口令和"安全问题"的非常具有针对性的攻击来实现的(见[8])，这种做法在 Internet 上已非常普遍。

今天，虽然像 Google 和 Microsoft 这样的大供应商不允许基于简单的个人知识问题执行账户恢复，但该方案仍然是一种非常流行的恢复方法。许多流行的网站要求，用户只有在设置多个个人知识问题后才能注册。图 13.8 显示了一家大银行允许用户选择的所有个人知识问题。

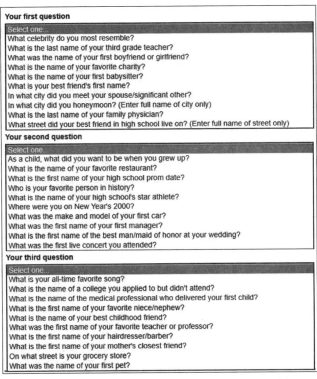

图 13.8　一个受欢迎的银行网站允许的个人知识问题列表

这个问题列表比用户的母亲娘家姓更有创意，也更难查到，但也没那么难。其中许多比创造者想象的要容易得多，比用户的口令更容易猜测。

其中一个重大的变数是，在遭到拒绝访问之前，攻击方可根据个人知识问题猜测多少次。这个问题在不同的地点有很大的差异。有些应用程序只允许在账户锁定前猜错几次，而其他许多应用程序则允许继续猜测，只要攻击方不连续猜太多次而使其中断。对于许多使用个人知识问题的网站，攻击方所要做的就是在一次或几次猜测后关闭网站，然后重新开始整个账户恢复流程，以获得更多的猜测。只要攻击方在几次猜测后重新启动/重新加载网站，攻击方就永远不会遭到锁定。还有一小部分网站会让用户随意猜测，而不会锁定。大多数网站所使用的个人知识问题是一个高的安全风险，应尽可能避免。

有人可能会想，"那么站点应该如何实现口令自动恢复呢？"依赖标准类型的简单个人知识问题是一个糟糕的安全实践；虽然高级恢复系统(稍后介绍)仍然基于个人知识问题，但其实现方式不允许简单的社交工程或猜测。

不管账户是如何遭窃的，一旦攻击方成功接管了受害者的账户，攻击方通常会禁用MFA解决方案，将受害者的账户"降级"以使用不太安全的东西。攻击方总是更改口令，更改电话号码(以妨碍基于电话的账户恢复流程)，还可能更改其他信息。然后攻击方利用盗取的账户盗取钱财，或冒充受害者的身份向其他潜在的受害者行骗。真正的受害者可能需要几小时甚至几天的时间才能恢复账户。Roger 见过一些人，这些人从没有重新使用其遭窃的账户，有些人永久性地丢失了自己在账户中保存了几十年的内容。

> **注意**　始终在两个或多个地方备份重要内容。不要相信总是有机会。许多受接管的账户归第三方所有，第三方没有法律义务确保用户重新获得对账户的控制和使用权。

13.3　防御降级/恢复攻击

下面是一些研发团队和用户对降级/恢复攻击的防御措施。

13.3.1　研发团队防御降级/恢复攻击

首先，将研究研发团队对降级/恢复攻击的防御。

1. 用户培训

用户需要知道，主代码必须安全地存储，而不是与用户相关的账户的身份一起存储。用户需要明白个人知识问题及其答案可能遭受猜测和社交工程攻击，所以以用户不应该选择答案非常容易研究或猜测的问题。

2. 恢复流程和工具的威胁模型

设计自己的用于合法和非法恢复尝试的威胁模型。并培训技术支持人员以降低网络安全风险，让他们了解如何检测和处理可能的社交工程。

这些流程、工具和培训应该提前建立模型。确定一下，如果合法用户和未授权用户正处于获取和维护对账户控制权的实际斗争中，如何区分合法用户和未授权用户。希望能将账户的控制权返还给合法所有者，而不是让合法所有者在恶意接管后难以重新获得控制权。需要提前判断冒充合法用户的人员可能提供哪些信息来证明对账户的合法所有权。如果过于简单，未经授权的用户就更容易地伪装成合法用户；如果做得过于困难，合法所有者就很难重新控制其账户。

3. 终止主代码并匿名

任何主代码都应该有合理的到期日，且关联的账户身份不应该完全打印出来并附在代码列表中。相反，完整的身份标签(如 rogeragrimes3@gmail.com)，若要打印出来或保存在代码旁边，则应代替部分表示(如 ro*s3@gmail.com)。我们不希望主代码的泄露立即可供攻击方登录。

4. 要求熟人批准恢复

预先注册的熟人、老板、同事或朋友的个人认可是一种显著减少欺诈恢复的方法(尽管即使是熟人，也可通过社交工程来欺骗)。早期，支持技术人员通过亲自识别某人的声音(或亲自请求)来手动批准账户恢复。在大型系统上，并不是每个技术支持人员都能识别出每个可能的合法用户。相反，身份验证恢复系统可要求任何新用户指定两个或两个以上的熟人来帮助验证请求者的账户恢复请求。必须首先联系到至少一个指定的验证者，验证者收到指示，通过语音或当面确认合法方需要恢复的账户。当 Roger 在 Microsoft 的时候，使用这种控制方式时，工作效果很好；即使有时指定的熟人无法联系到，也可推迟恢复操作，直到熟人做出响应。通过在线的、自动化的方式来实施这样的防御难以办到，但也有办到的例子，如 Facebook 的可信联系人功能。

5. 使用高级的、适应性强的个人知识问题

本章对个人知识问题提出了具体的批评意见。详细的建议是，不应该使用简单的个人知识问题，现在许多主要网站都在使用更安全的、高水平的、自适应的个人知识问题，使用的恢复流程和问题与 Google 和 Microsoft 的类似。任何想要深入学习如何提出高级个人知识问题的人都应该参考这两个供应商的做法。

首先，Google 和 Microsoft 不提出或存储前面列出的简单个人知识问题。Google 和 Microsoft 知道攻击方多么容易破解和猜测个人知识问题，而且用户很难记住。第二，Google 和 Microsoft 存储用户使用的设备(如计算机、手机)的唯一标识，并认为从新设备恢复账户的风险很高。Google 和 Microsoft 还认为，来自用户以前从未成功验证过的新位置的任何账户恢复都是高风险的。当检测到高风险时，问题和流程需要更多的证据才能成功。

Google 和 Microsoft 首先提出一系列更高级的问题，网站已经知道这些问题的答案，而用户不必提供。随着风险的增加(由于不正确的答案或其他可测量的身份验证特征)，这些问题会变得越来越困难和详细。图 13.9 显示了当试图模拟账户恢复时，Microsoft 是如何询问用户一系列越来越详细的问题的。

Microsoft 最初提出给用户以前注册的备用电子邮件账户发送一个恢复代码,但用户表现得好像必须使用新账户一样。这引发了 Microsoft 的适应性和进一步的高级个

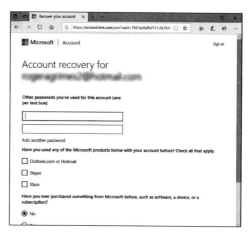
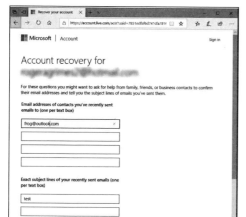
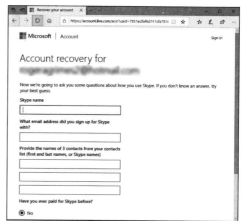
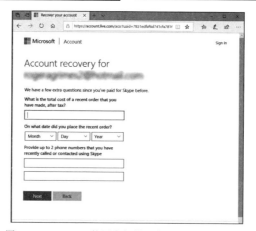

图 13.9　Microsoft 使用高级的、自适应账户恢复问题

人恢复问题。每种情况下，用户都回答了一个或多个问题，然后单击 Next 按钮。每次，Microsoft 都没有批准用户的账户恢复，也没有说用户之前的答案是错的。Microsoft 只是简单地问用户一个或多个问题，如用户以前的购买经历，这些问题导致了更相关、更详细的问题。这是提出详细的、适应性的个人知识问题的方法。

最后，Microsoft 提出的问题与基于人工的技术支持人员所能提出的问题是一样的，只是采用了自动化方式。用户只有成功回答足够多的问题才能自动恢复账户。这些问题非常缜密，Roger 不确定用户是否可通过打电话和与 Microsoft 技术支持人员交谈来成功恢复其账户。支持人员可能提出同样的问题，并遵循相同的策略来确定用户的合法性，尽管任何时候只要涉及人类，一个优秀的社交工程师都可能战胜策略。

Google Gmail 的高级恢复流程最终要求用户使用预先注册的电话设备和 Google 身份验证器验证身份。当用户故意让各种验证尝试失败时，Google 最终在用户的电脑屏幕上显示一个编号为 23 的代码，然后将三个不同的一位数和两位数的值发送到用户手机上的 Google 验证器，让用户选择在电脑屏幕上显示的值。当用户在手机屏幕上选择正确的值时，可在其计算机上成功地通过身份验证。这种身份验证是可能的，因为用户使用的是两个以前用过的设备，两者都来自 Google 先前检测到的位置。未来的身份验证将使用这两个因素(设备和位置)作为自适应风险的主要决定因素。

13.3.2 用户防御降级/恢复攻击

现在来看看用户对降级/恢复攻击的防御。

用户应接受常规安全意识培训，以识别常见的降级/恢复攻击，并了解如何避免这些攻击。培训应该包括下面建议的三个防御措施。

1. 在可能的情况下，避免简单的个人知识问题

用户应尽可能避免简单的个人知识问题。

2. 给出错误答案

如果不得不强制使用和回答简单的个人知识问题和答案，以恢复账户，请给出错误答案。把问题和答案当作口令来对待。当人们听到这些问题时，似乎觉得自己是在上流行的游戏节目 *Jeopardy*，必须彻底而正确地回答。相反，撒谎！当不得不使用个人知识恢复口令问题时，请键入更接近口令的内容，或者至少键入错误答案。图 13.10 和图 13.11 列举了一些首次设置问题的示例。

对于每个站点，用户使用的答案应该是唯一的；同样，要像对待口令一样对待该答案。某些情况下，用户可在同一个网站上对每个问题使用相同的答案；如果可能的话，用户会这样做。但大多数情况下，每个问题的答案都是不同的。

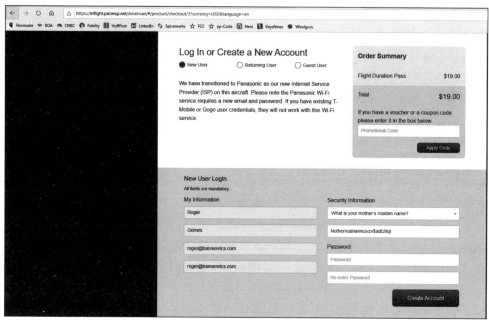

图 13.10　答错个人知识问题示例 1

Solution: Never answer the questions with the real answers!

Question:	What was your high school mascot?
Answer:	pizzapizza$vgad2@M1
Repeat Answer:	**********

Question:	What is your mother's middle name?
Answer:	**********
Repeat Answer:	**********

| Question: | What is your father's birthdate? (mmdd) |
| Answer: | ** |

Question:	What is the name of your best friend from high school?
Answer:	**********
Repeat Answer:	**********

图 13.11　答错个人知识问题示例 2

回答个人知识账户恢复问题时若使用错误和独特的答案，最大的问题在于这意味着用户必须把答案写下来。当用户有必要使用该答案时，可能在几周、几个月或几年后不会记得答案了。Roger 把问题和答案都写在口令管理器中每个登录和站点的专用部分。如果用户愿意，同样可将问题和答案写在一个单独的、受口令保护的文档中。这两种情况下，都不要用全文写下完整答案，这样即使管理器或文档受到破坏，完整答案也不会泄露。例如，对于图 13.11 中的假答案 pizzapizza$vad2@M1，Roger 可写下 pp$vad2@M1 还要记住 pp 代表 pizzapizza。当然，如果一个坏人破坏了用户的口令管理器或口令文档，那么这几乎就代表游戏结束了。攻击方已经有了打开宝藏之门的钥匙。但只要用户不忘缩写是什么，使用缩写也没什么坏处。任何情况下，如果要求用户提供答案，用户就不要再觉得有义务正确回答问题了。把答案编出来，安全地储存或写在某处，这样就能避免风险。

3. 保护主代码

如果用户将主代码作为备用的身份验证方式，则务必安全地存储它们。Roger 将主代码存储在口令管理器中；如果需要，可随时通过手机访问。如果打印或下载，不要将链接到的真实账户身份(如电子邮件地址)与主代码一起存储，这将给未经授权的攻击者留下可乘之机。

13.4　小结

本章讲述降级和恢复攻击。讨论了攻击方如何通过伪造账户恢复方法、猜测个人知识问题和滥用主代码作为攻击方法。最后，探讨了研发团队和用户的防御措施，以减轻大多数风险。

第 14 章将涵盖针对 MFA 解决方案的暴力破解攻击。

第 **14** 章　暴力破解攻击

本章将介绍针对 MFA 解决方案底层技术的暴力破解攻击。一些素材已在前面章节中讨论过了，但值得重复和扩展。

14.1　暴力破解攻击简介

人们认为暴力破解攻击是最原始的网络攻击类型。攻击方不需要太多情报；只需要一次又一次地攻击一个目标，每次稍微改变或增加一个值，直到攻击成功。如果系统没有任何防御性的控制措施来阻止所有尝试，这是一种最终肯定能够获胜的网络攻击方法。

正如第 1 章所述，暴力破解口令是一种猜测口令的方法。一个强力口令猜测者，对目标口令的允许最小长度一无所知，可能从字母 a 开始，当这不起作用时，尝试字母 b，以此类推，直到攻击方在可能的字符空间中尝试了所有字母、数字和符号。然后破解者将尝试 aa、ab、ac，以此类推，再次在第二个位置移动所有可能的字符。攻击方依次在每个位置添加更多字符，尝试每种可能的组合，一次一个，直至最终找到组成目标口令的正确字符组合。毫不奇怪，暴力破解口令相对缓慢。计算机自动猜测看起来很快，但与更先进的方法相比，仍然较慢。

大多数攻击方，即使是猜测口令，都喜欢在猜测的基础上增加一些智能，希望能更快地取得成功。正如第 1 章所讨论的，口令猜测者可能知道大多数人是根据其母语和该语言的自然格式来形成口令的。与一般的元音相比，Roger 更喜欢使用辅音。通常，大多数口令都是以辅音开头，然后是元音。如果用户不得不使用大写字符，通常第一个字符位置是大写辅音。如果用户不得不使用数字，通常选择 1 或 2，而这将在口令的末尾处或接近口令的末尾处。利用一点智能，攻击方会发现大多数口令(和 PIN码)可更快地完成破解，只需要较少的尝试，而不是使用暴力破解。

但是，如果防御方用一个不常用的字符(如 q、z 或})来启动口令，那么智能口令猜测可能比攻击方对特定口令使用暴力破解要慢。当攻击方有足够的时间并能快速猜出很多次的时候，暴力破解和攻击是很好的选择，而且在更广泛的口令(或 PIN 码)中比智能猜测更成功。

注意 尽管暴力破解攻击是最慢的攻击方式之一，但计算机令暴力破解攻击方法比手动操作更便捷。比如，计算机实施的暴力破解攻击可达每秒数百亿次。可访问[1]来了解一个示例。

14.1.1 生日攻击法

使用暴力破解的攻击方可通过在所有可能的猜测中随机猜测来大大提高速度。传统的暴力破解只是从表格头部开始执行，在一个又一个位置依次递增一个值，直到解决了目标问题。但通过简单地随机猜测所有可能的值，同时仍然在所有可能的值之间循环，暴力破解者通常可更快地成功。这种现象有多种命名方式，通常称为生日攻击法。

之所以称为生日攻击法，因为该方法是一个简单的实验，用来演示一个中等规模群体中任何人都可执行的逻辑。在这个至少有 20 人参与的实验中，要求每个人都宣布自己的生日(7 月 19 日、9 月 2 日等)，但不包括年份。任何时候有人说出的生日和另一个人的生日相匹配时，就会宣布匹配，实验就结束了。

人们可能认为，某人与其他人的生日相同的概率是 1/365.25(365.25 是一年中的天数，包括闰年)。这忽略了一个现实：人们通常可在一年中的任何一天出生。随着人数的增加，一群人中任何两个人同一天生日(在统计分析或密码术中称为碰撞)的概率呈指数级增加。一个人在某一天出生的概率是 1/365.25，但随着其他人的加入，每增加一个人，发生碰撞的概率就会增加一半。所以下一个人加入后的概率是 1/182.625(即 2/365.25)，第三个人加入后的概率接近 1/91，以此类推，直到两个人共享同一个生日的概率实际上变得相当高。要使两个人生日相同的概率超过 50%，只需要 23 个人。到了 30 个人的时候，这组人有约 70%的概率有两个人的生日相同。

30 多年来，Roger 在 20~30 人的教室里多次做过这个测试，只有一次没有得到匹配。很多时候，实验是在前 10 个人之内宣布结束的。如果想教一群人学习统计概率，这是一个有趣的练习。该实验总能激起人们的兴趣。如果想了解生日攻击方法的详细信息，请访问[2]。

所以，大多数暴力破解的随机猜测目标是口令、PIN 码等，有些猜测者实现了更多的逻辑，在尝试不太可能的答案之前，先尝试统计上最符合逻辑的答案。以最快的方式做事情是有意义的，在执行暴力破解时也是如此。但如果解决方案不是最可能、最早的答案之一，则后一种方法会降低解决速度。这总是一个精度与速度的权衡。如果可能的猜测数量较少，攻击方可执行无限次的猜测，那么使用暴力破解攻击是有意义的，因为攻击方最终会找到解决方案。有时暴力破解攻击是攻击方唯一可用的攻击类型，如下一节所述。

14.1.2　暴力破解攻击方法

暴力破解攻击主要有两种方式：手动和自动。

1. 手动

手动暴力破解是一个人一次猜一个。假设需要猜测一个四位数的口令。可坐在那里，一个接一个地尝试四位数组合。人工猜测有一个好处，任何关于受害者的已知信息，如受害者的生日、孩子的生日、最喜欢的号码或以前用过的任何已知口令，都可用于比单纯的暴力破解更快地找出正确口令。

基于人工猜测最大的问题是，在有限数量的猜测后，在很短的时间内，大多数人都记不起已尝试过哪些组合，以及没有尝试过哪些组合。在几十次猜测后，普通的手动攻击方很可能会在没有意识到的情况下开始使用以前的值执行重复的猜测。基于计算机的自动化工具非常擅长快速猜测，并跟踪以前尝试过的、已不起作用的内容，这样就不会浪费时间再次尝试。

2. 自动

攻击方的世界中有成百上千种自动暴力破解程序。攻击方所要做的就是找到允许与特定目标交互的正确工具，设置操作参数(例如，在特定时间段内要尝试多少次猜测)，然后启动相应的工具。John the Ripper(见[3])、Cain and Able、L0phtcrack(见[4])、0phtcrack(见[5])、Burp Suite(见[6])和 Hydra(见[7])等攻击工具(免费的和商业的)都臭名昭著，由数以百万计的白帽子和黑帽子攻击方使用，以暴力破解的方式通过各种登录。这并非说暴力破解不能减轻，14.3.1 一节将讨论如何实施防御。

14.2　暴力破解攻击示例

下面列举一些真实世界中的暴力破解攻击示例。

14.2.1　OTP 旁路暴力破解试验

第一个示例来自一个白帽攻击方，白帽攻击方使用一次性口令(One-Time Password，OTP)MFA 解决方案(见[8])成功地对一个站点实施了暴力破解攻击。白帽攻击方连接到网站并执行正常的登录/账户注册流程，直到网站请求 OTP 代码来验证其登录/注册。白帽攻击方之前的知识和测试证实，该网站使用的是 6 位数的 OTP 代码。

然后，白帽攻击方使用 Burp Suite 捕捉网站围绕 OTP 提交数据包的数据包请求。白帽攻击方在标签 ValidatedcodeTextBox 之后找到了 OTP 代码提交字段(见图 14.1)。

研发团队可尝试用不同的方式隐藏字段的用途和价值，至少在某种程度上隐藏，但研发团队没有这样做。研发团队也没有启用账户锁定，所以这并不奇怪。

图 14.1　OTP 代码提交值位于 Burp Suite 攻击工具打开的包提交请求中，然后用于暴力破解攻击

然后，白帽攻击方使用 Burp Suite 的 Intruder 模式/选项卡，尝试不同的 OTP 组合，以实施另一次登录/注册尝试。一个 6 位数的 OTP，仅由数字 0～9(即 10 个数字)组成，有一百万种可能的组合，范围为 000000～999999。有很多可能的组合可尝试。白帽攻击方随后声称，尝试 150 次后输入了正确代码；指示 Burp Suite 尝试一系列不同的组合，测试这能否成功，最终成功地做到了。因此，该网站允许至少 150 次不同的尝试，而第 150 次尝试成功了。为避免安全专家认为这些类型的攻击只在匿名或不太知名的网站上起作用，下面介绍两个示例。

14.2.2　Instagram MFA 暴力破解

Instagram 于 2012 年由 Facebook 收购，是全球最受欢迎的 Internet 服务之一。Instagram 有超过 10 亿的用户。2019 年 7 月，一名白帽攻击方宣布，已成功暴力破解 Instagram 的 MFA 六位数 OTP 解决方案(见[9])。

攻击方一开始试图从一个地方猜测 Instagram 的 OTP 解决方案。通过测试，很快了解到 Instagram 允许每个原始 IP 地址最多猜测 250 次。如果要执行 100 万个猜测，这意味着攻击方需要 4000 个 IP 地址(尽管文章中提到了 5000 个)。攻击方发现，如果对每个连续猜测使用不同的 IP 地址，并限制在一定时间段内一次性猜测的次数，攻击方可将每个 IP 地址的猜测次数加倍。攻击方发现 Instagram 并不是永久性地将错误猜测次数过多的 IP 地址列入黑名单，只是在给定的一段时间内暂时屏蔽这些地址。过一段时间，仍欢迎这些 IP 再次尝试登录。然后攻击方计算出，使用商业云服务利用 4000 个不同的 IP 地址大约需要 150 美元。攻击方最终发送了超过 20 万次的猜测尝试，而没有受到阻止。由于该名攻击方发现了问题，并公开向供应商报告以便修复，该名攻击方从 Facebook 的 Bug 奖励计划中获得了 3 万美元。

因此，需要明确的是，就在 2019 年，世界上最大、最复杂以及资金最充裕的网站之一存在暴力破解 MFA 漏洞。漏洞不仅发生在不完善的网站和服务上，而且发生在无知的人身上。

注意　为什么 Instagram 在屏蔽某个特定 IP 地址之前，一次允许这么多猜测(250 次)？是不是太多了？可能吧。但 Instagram 也可能看到许多合法的登录或进程猜错了很多，然后根据自己的经验判断，允许 249 个错误猜测是一个好的决定。14.3 节中有更多关于这个决定的内容。

14.2.3　Slack MFA 暴力破解旁路

在这个示例中，一个白帽攻击方发现暴力破解攻击可用来绕过 Slack 的 MFA 解决方案(见[10])。Slack(slack.com)是一个非常流行的消息应用程序。全世界数以千万计的人都在使用 Slack。

攻击方发现，即使在 Slack 上启用了 MFA，任何人都可启动用户的口令重置功能，然后发送一个 OTP 代码执行验证。攻击方测试后发现，该功能可无限制地随机提交 OTP 代码，直到攻击方猜对代码。由于攻击方付出了努力，并向供应商报告以便修复，攻击方获得了 500 美元的奖励。

14.2.4　UAA MFA 暴力破解漏洞

在 2018 年报告和修复的 Bug 公告中(见[11])，供应商透露，拥有受害者登录名和口令的人可暴力破解受害者的 MFA 凭证。另一家组织的安全团队报告了这个问题，并实施了修复。

14.2.5　Grab Android MFA 暴力破解

这种 MFA 暴力破解攻击运用于 Android 手机。一个白帽攻击方让供应商 Grab 知道其应用程序遭到了成功的暴力破解攻击(参见[12])。Grab 在东南亚是一个非常受欢迎的应用程序，类似于 Uber。用户能在 Grab 上呼叫计程车、订购外卖等。

攻击方发现，针对 Grab 的 4 位数 SMS 口令，可以不超过每分钟 6 次的速度开展猜测，相当于每天 8640 次。一个四位数的数字代码共有 10000 个可能性，而生日攻击意味着 Grab 所遭受的攻击可能要少得多。在攻击方自己的测试中，成功地猜出了多个代码，而猜出每个代码仅用了几小时的时间。

所有这些示例都由善良的白帽攻击方发现，并合乎道德地报告给供应商。那么，究竟有多少其他的 MFA 解决方案容易受到暴力破解攻击，又有多少恶意组织利用这些漏洞而不公开报告漏洞？幸运的是，阻止这些类型的攻击只需要研发团队和一些常用控制措施意识到相应的漏洞即可。

14.2.6　无限生物识别技术暴力破解

针对生物识别技术 MFA 解决方案的攻击将在第 16 章中介绍，但需要在此提及。许多生物识别技术解决方案允许无限次的暴力破解尝试，而那些不允许无限暴力破解尝试的方案通常也是非常自由的。

例如，当 Roger 走近大楼的指纹输入系统时，可用自己的指纹反复尝试。指纹扫描仪会发出哔哔声，告诉 Roger，其身份验证失败了，但不会把 Roger 锁在门外。Roger 以前在一家公司用过视网膜扫描仪。Roger 可将自己的眼睛靠近视网膜扫描仪，反复尝试几小时，扫描仪会让 Roger 不断尝试。为什么？因为大多数共享的生物识别扫描仪无法区分一个人反复尝试和下一个第一次尝试的人之间的区别。扫描仪只是接受所有尝试。对于许多生物识别技术工具来说，没有所谓的"账户锁定"。

此外，大多数生物识别技术扫描仪都会经历大量的假阴性扫描，当用户将手指放在扫描仪上或移动手指令其"定位"或放置扫描时，扫描仪会过早地读取指纹。扫描仪分不清用户的手指轻按扫描仪还是紧按扫描仪。相反，扫描仪会在一秒钟内扫描很多次，只是为了等待正确的指纹图像以正确的方式放置。

所有生物识别技术扫描仪都会故意加以调整，以降低精确度。如果生物识别技术扫描仪微调到尽可能准确，由于指纹的正常磨损，将导致太多假阴性。这种调整，加上缺乏速率限制，使得攻击方有机会尝试许多生物特征属性，直至找到一个"某种程度上"与合法属性匹配的属性。用户的指纹或视网膜在世界上可能是独一无二的，但其存储和分析方式通常更容易遭到欺诈性的暴力破解。

14.3　防御暴力破解攻击

由于大多数需要输入的 MFA 解决方案只使用数字 0~9，且最多有 4~6 位，这一事实加剧了暴力破解攻击的风险。数十年来，在常规口令身份验证领域，针对暴力破解攻击的常见速率限制和错误锁定控制已成为常态。但出于某些原因，在 MFA 解决方案领域，这些控制并不受重视。事实上，暴力破解控制常遭到忽视；只有一些人尝试了暴力破解攻击并通知了供应商才会重视起来。对于一个新的 MFA 供应商来说，从一开始就实施反暴力破解控制的情形并不常见。Roger 也不知道原因是什么。也许是因为 MFA 供应商及其用户认为 MFA 具有某种神秘的属性，不太可能受到攻击方的普通攻击；即使报告了这些缺陷(无论缺陷大小)，供应商通常也要花几个月的时间来修补。

下面介绍一些研发团队和用户抵御暴力破解攻击的方法。大多数控制都是针对研发团队的，最终用户的风险主要由 MFA 解决方案供应商控制。

14.3.1　研发团队抵御暴力破解攻击

首先，探讨一些研发团队的防御措施。

1. 限制特定时间段内的最大猜测数量

研发团队应该限制特定时间段内的最大错误猜测数量，然后让尝试者等待一段时间后再次尝试，或要求更可靠的服务或人员解锁，或者永久锁定设备。允许多少次尝试，时间段有多长由研发团队决定。Roger 很惊讶地看到 Instagram 允许 250 次尝试。这在 Roger 看来太高了，但 Instagram 一定有自己的理由。在 5 分钟内尝试 6 次作为不导致锁定的最大值似乎是合理的。

为什么 Instagram 或其他供应商会在锁定一个账户之前允许数百次错误尝试？这可能是因为其过去的经历，或者仅是 Instagram 或其他供应商对正确设置的看法。例如，几十年来，Microsoft 默认的错误口令锁定策略是，30 分钟内五次错误猜测导致30 分钟锁定。30 分钟后，如果没有任何错误的口令猜测，计数器将重新启动，错误猜测尝试将设置为 0。从 Windows Vista/Server 2008 开始，推荐的默认设置(通常随产品的默认设置而变化)发生了变化，以允许在锁定发生前进行更多错误尝试。今天的Microsoft 并不建议任何组织采用一刀切的默认策略(见[13])。为什么？

Roger 可以给出几个理由。首先，Microsoft 认为，如果一个组织的口令策略足够强大，要求至少 8 个字符和多个字符集的复杂性，且有效期为 90 天或更短，那么攻击方不可能在口令过期之前成功猜到任何人的口令。如果有足够强的口令策略，攻击方需要几十亿次猜测才能成功，即使是自动猜测，口令也会在自动工具猜出任何口令之前更改。

账户锁定用于阻止使用在线方法猜测口令。使用在线门户意味着必须输入登录名和口令，并按 Enter 键或单击 OK 按钮将登录信息发送到验证系统执行验证。在大多数在线场景中，输入特定登录名/口令组合并等待验证系统验证(返回成功或失败消息)的往返流程通常需要 2～3 秒。因此，每个登录门户实例的自动(在线)猜测器通常只能每 2～3 秒猜测一次登录组合。在不启用账户锁定或限制且每次猜测 2 秒的情况下，最多允许猜测者在 90 天内尝试 3 888 000 次。这是大量的猜测尝试，但远少于随机猜测一个平均 8 个字符的"复杂"口令(没有任何可用的知识或生日攻击)。如果将口令限制在 8 个字符内，且排除了任何更大的口令，将得到 95^8 个可能的口令。这是一个庞大的数字(即 6634204312890625)。如果只允许 26 个小写字符(26^8 个)，则仍然是208827064576 个可能的不同口令。这当然忽略了第 1 章中讨论的人类熵问题和过早的生日攻击碰撞。可以这么说，如果口令足够"复杂"，那么使用在线门户网站一次猜出一个"复杂"口令就不是件容易的事。如果口令策略要求足够复杂的口令，就不需要启用账户锁定，因为恶意的口令猜测者或其工具永远不会成功。

第二，Microsoft 技术支持人员见过成千上万种这样的情况：脚本或工具造成大量账户锁定和操作问题，仅仅因为有人更新了脚本或工具正在使用的用户账户口令(按照每个口令指南和规则的建议)，但没有在脚本或工具中对其更新。因此，自动化工具试图执行一些合法的、常规的任务，且在这个过程中无意间导致了整个网络的账户锁定问题。Microsoft 的技术支持人员看到了大量的恶意软件程序(如 Conficker)，这些恶意软件程序经常尝试多达 100 个不同的常用口令，从而在网络上引起广泛的账户锁定问题。事实证明，在没有任何锁定规则的情况下，更严格的账户锁定策略会导致许多无意的、不必要的大范围锁定；即使口令策略本身没有任何锁定规则，恶意软件程序也不会成功。而且，在更有限的基础上，有时攻击方会通过猜测每个已知的有效登录名和一组口令来故意导致组织发生拒绝服务(Denial-of-Service，DoS)事件。例如，组织可能有一个 OWA(Outlook for Access)电子邮件登录门户网站供员工使用。了解组织电子邮件地址的攻击方可猜测门户网站(使用攻击方知道不会起作用的口令，如 frog、dog 或 toad)，只是故意给用户造成 DoS 问题。最终，Microsoft 决定不推荐一刀切的账户锁定策略(尽管在某些产品、功能和版本中仍存在内置的默认设置)。

不过，决定"正确的"口令账户锁定策略并不是一门精确的科学，甚至在 Microsoft 内部也存在争议，Microsoft 比大部分组织考虑的都多。例如，Microsoft 的 Azure Active Directory 默认设置是连续 10 次错误猜测导致 1 分钟锁定(见[14])。10 次错误猜测后，每增加一次错误尝试，都会导致 1 分钟或更长的锁定时间。根据所使用的功能和版本，Microsoft ADFS(Active Directory Federated Service，Active Directory 联合服务)有不同的账户锁定策略建议(见[15])。本地 Active Directory 用户账户和产品与 Azure 云中相同的实体和功能之间存在差异。不同的账户锁定策略建议只是告诉用户，账户锁定策略的设置不是一个精确的科学。没有绝对"正确的"的策略。

尽管如此，Roger 认为与没有任何口令账户锁定策略相比，任何设置合理的口令账户锁定策略更好一些。这是因为当启用账户锁定策略时，当某人或某事多次做出错误的猜测时，大多数系统都会生成一个账户锁定安全事件，该事件可发送到告警设施并可实施调查。告警机制只是深度防御策略的另一个工具，帮助组织击败恶意攻击方和恶意软件。如果没有账户锁定，大多数环境可能不知道正在发生一系列错误的口令尝试(可能是错误配置的脚本和工具无意间造成的，也可能是恶意攻击)。账户锁定为安全专家提供潜在问题的早期警告。

那么，为什么 Instagram 决定默认允许对 MFA 解决方案进行 250 次错误尝试？Roger 不知道。也许 Instagram 有过由合法问题导致的许多"糟糕"登录的历史和经验，刚好低于 Instagram 现在建议的阈值。也许 Instagram 读过 Roger 以前的一本书，其中建议设置超过 100 次错误尝试。任何情况下，既然使用 MFA，就是因为已经决定需要比通常提供的口令更强的安全性。默认情况下，MFA 解决方案应该使用更严格的账户锁定策略，尤其当恶意攻击方不得不猜测的字符数只有 4~6 位长且只包含数字时。并不能确定这个数字应该是多少，但应该在一个合理保护用户和防止攻击成功的水平。如果没有相关的、矛盾的事实，允许每个 IP 地址在同一个登录上执行 250 次错误尝试似乎不是一个合理的策略。

2. 并发尝试数量的速率限制

许多 MFA 解决方案允许一次针对同一个 MFA 实例执行多个代码尝试。Roger 不知道为什么在一个合理的时间段内(比如 2 秒)允许多个尝试。任何超过这一速度的行为都是自动暴力破解的表现，应该加以防范。

3. 非法 IP 地址黑名单

如果同一个 IP 地址多次进行错误尝试，则应强制将该 IP 地址列入黑名单，以便在很长一段时间内(如数月)不允许再尝试登录，或者必须完成手动流程以使该 IP 地址"退出黑名单"。安全日志应该记录错误的尝试，并在出现明显的暴力破解尝试时发出警告。

| 注意 | 当阻止来自 IP 地址的未来尝试时，注意确认原始 IP 地址是真正的原始 IP 地址。不要去阻止攻击方在 IP 数据包头中伪造的 IP 地址，因为攻击方希望隐藏或希望欺诈使用的 IP 地址遭到锁定，从而导致合法所有者发生 DoS 事件。通常，要确认所声明的原始 IP 地址是"真实"IP 地址，只需要完成 TCP 握手。面向连接的三向 TCP 网络数据包握手(即 ACK、SYN-ACK 和 ACK)正是为此目的而设计的。当然，攻击方可临时控制一个无辜的主机，或者实施某种"反射"攻击，但至少要在阻止前尝试验证原始 IP 地址就是攻击的原始 IP 地址。 |

4. 增加每次允许猜测之间的等待时间

随着错误尝试次数的增加，将需要越来越长的时间来执行下一次尝试(无论成功与否)。例如，第二次尝试前必须经过 10 秒，第三次尝试前必须经过 30 秒，第四次尝试前必须经过 60 秒。Microsoft 在最新版本的 Windows 系统中实现了这种对常规登录的速率限制控制，该方案有效减缓了自动猜测攻击。TPM(Trusted Platform Module，可信平台模块)芯片具有相同的机制，即使输入错误的 TPM PIN 码，也有机会解锁其机密。如果没记错的话，TPM 1.2 版本的芯片在猜测之间有一个固定的等待期，在过多的猜测之后，用户会遭到锁定，直到完成一些特别的重置事件。TPM 版本 2.0 芯片加以改进，错误尝试之间的最短时间限制是递增的、随机的，但不会永久锁定芯片或要求硬重置，无论有多少次错误的猜测。

5. 增加可能答案的数量

增加可能答案的数量，这样暴力破解者就更难成功了。需要 6 位数的 PIN 码(1 000 000 个可能的答案)远好于 4 位数的 PIN 码(10 000 个可能的答案)。有更多可能的答案只会让暴力破解者的工作花费更长的时间。这就是非 OTP MFA 解决方案的优势所在。

6. 强制答案复杂性

如果可能，要求或允许更多的可能字符。大多数 PIN 码只使用数字 0~9。如果 MFA 解决方案要求必须一起使用字母和符号与数字，效果将更好。允许或要求更大的字符集复杂性会增加可能的答案数量，使得暴力破解攻击方的工作更困难。

但是，用户希望 OTP 解决方案只使用数字。过去有一些 OTP 解决方案使用了更多的字符类型而非只是数字，但最终都在市场上失败了。对于任何 MFA 供应商来说，一个更好的解决方案是允许客户的管理员或用户在所需的字符集中选择。一些管理员和用户希望获得更高的安全性，因此可能需要复杂性。其他人可禁用复杂性，或将其保留为默认值或仅使用数字。这样，就可从两个世界中得到最好的结果，同时满足安全要求和减少摩擦。

7. 发送电子邮件警告最终用户

如果所有 MFA 用户的设备或实例涉及多个错误的输入尝试，则应警告用户。用户应该意识到这个问题，并确定该事件的起因，是用户所做的事情、一个失败的错误、一个合法的流程还是一些攻击的结果。不管是哪种情况，用户都应该了解到有多次错误尝试，以及相关细节，以便对风险做出适当响应。

14.3.2　用户防御暴力破解攻击

遗憾的是，最终用户没有太多的方法来防止暴力破解攻击，在使用基于 OTP 的解决方案时尤其如此。大多数可能的控制只能由研发团队确定和实现。用户唯一的"控制"就是购买或更新特定解决方案。或者如果用户或其他人发现了一种针对其 MFA 解决方案的新型暴力破解攻击，可通知供应商，以便供应商采取行动并迅速修复漏洞。

MFA 解决方案的购买者在调查新的 MFA 解决方案时，应该了解暴力破解攻击，并提出正确的问题。不要总是认为解决方案或要购买的解决方案具有抵御暴力破解攻击的能力。前面示例中的所有用户都认为"当然，账户锁定已启用"，但事实并非如此。如果组织没有账户锁定，坚持以合理的值启用账户锁定。

14.4　小结

本章讨论了针对 MFA 解决方案的暴力破解攻击。介绍常见的暴力破解方法，列举由白帽攻击方发现的真实世界中的许多暴力破解示例。最后详述七个研发团队控制措施和一个用户控制措施，这些控制措施旨在帮助减轻暴力破解攻击。

第 15 章将讲述 MFA 解决方案的漏洞。

第 **15** 章 软件漏洞

本章将讨论 MFA 解决方案中的漏洞，讨论常见的软件漏洞类型、潜在的利用结果、现实世界的示例和防御措施。

15.1 软件漏洞简介

在现实世界中，没有完美、无瑕疵的计算机程序，至少现在还没有；即使是那些极力证明程序优秀的程序员也无法反驳这一点。现实情况正好相反。软件、固件和芯片的漏洞无处不在。如第 4 章中的图 4.1 所示，2019 年公开宣布了 11174 个漏洞。2018年有 16556 个漏洞，2017 年有 14714 个漏洞。到目前为止，研发团队在编写完美的代码方面表现不尽如人意。一些人认为人工智能(Artificial Intelligence，AI)总有一天会制造出完美无瑕的代码，但 Roger 觉得这充其量只是一个似是而非的论点。人类编写的人工智能代码也会像人类所做过的任何事情一样有缺陷，本书不认为有缺陷的人工智能代码能神奇地创造出完美的代码。

如第 5 章中的图 5.1 所示，每个 MFA 解决方案都有许多组件。必须假设身份验证解决方案中的每个组件和依赖性都有一个或多个漏洞，且可能成为潜在的攻击向量。在各种身份验证软件上已发现了成百上千的安全漏洞。如果想查看最喜欢的身份验证解决方案是否存在已知的公开漏洞，可在[1]开展 CVE (Common Vulnerability and Exposures，通用漏洞披露)搜索。在此网站上搜索供应商 RSA，可发现至少 79 个不同的公开漏洞(参见图 15.1)，供应商 RSA 从事密码术(Cryptography)和 MFA 的时间比其他任何公司都长。

公开发布的漏洞站点只列出公开发布的漏洞。大多数供应商不会公布在内部或软件预生产中发现的漏洞。如今，世界上一些较大的软件供应商多年来一直将其公开发布的软件保持在"测试版"状态，在某种程度上减轻了向公共数据库报告安全漏洞的责任。

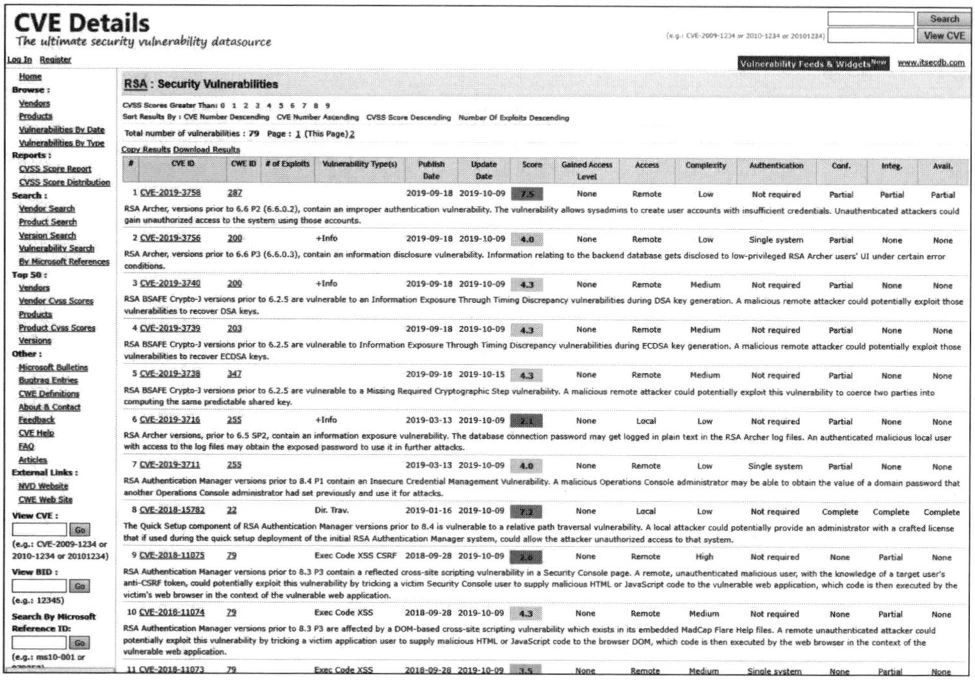

图 15.1　CVE 搜索显示 RSA 漏洞

当然，关键问题在于恶意攻击方是否发现并利用未修补的漏洞。并非所有漏洞都会导致严重的安全问题。大多数编程漏洞会导致程序中断和意外后果，但未必招来安全攻击。只有一部分漏洞可用于某种安全漏洞攻击。如果漏洞不为公众所知和/或供应商未提供修补漏洞的补丁，则称为零日(Zero Day)漏洞。

15.1.1　常见的漏洞类型

编程漏洞可发生在任何编程过程中，而不仅仅是软件编程。漏洞经常出现在固件和硬件设备中，包括 CPU 芯片。编程是所有计算机和电子设备工作的方式，尽管很多时候程序都是以一种难以修复的硬编码形式部署在硬件中。Roger 最喜欢的一句话是，硬件和固件只是一种难以修补的软件。

那么，研发团队会犯哪些导致潜在安全漏洞的编程错误呢？任何程序员都可能犯下成百上千种错误，尽管其中几十种漏洞造成的影响比其他所有漏洞加在一起还多。几十年来，有许多不同的列表列出了程序员最常见的漏洞错误类型；其中最常见的是 25 种最危险的软件错误，见[2]。

注意　CWE(Common Weakness Enumeration，通用弱点枚举)站点列出了 1190 个不同的编程漏洞。该站点的前 25 个列表由许多其他支持的"子"漏洞组成，这些"子"漏洞构成了更大的"父"漏洞列表。

如果不从事程序员工作，其中一些错误可能不太容易识别，但在 Roger 看来，以下是其 30 多年的编程经验中最常见和最令人担忧的编程错误。

1. 缓冲区溢出

当一个程序需要将某种类型或范围的数据作为输入而得到其他数据时，就会发生缓冲区溢出，该数据溢出会覆盖程序为输入预留的存储区域。例如，程序可能有一个字段要求用户输入姓名。程序员希望有人输入 Roger、Richard 或 Angela 之类的内容。但攻击方粘贴了一部分二进制可执行代码，这不仅覆盖了为姓名和其他输入数据预留的存储区域，还覆盖了作为编程一部分的当前可执行代码。输入的数据实质上是覆盖和重写当前程序的编码指令(如图 15.2 中简单的概念图所示)。如果溢出可"巧妙地"完成而不会导致程序锁定或退出，就可能开始执行攻击方的可执行代码，而不是执行原来的程序。溢出通常会导致攻击方程序在与溢出程序相同的安全背景中运行。

图 15.2　缓冲区溢出的简单概念表示

注意　有许多不同类型的缓冲区溢出。前面的描述只是一种流行的类型。

缓冲区溢出是最常见的可利用漏洞类型之一。最危险的是那些驻留在"监听"服务或守护进程中的漏洞。监听意味着该设备接收传入的连接(从本地计算机或设备接收，或通过网络从其他计算机和设备接收)。监听服务可能遭到远程滥用。

目前传播最快的恶意软件是 2003 年的 SQL Slammer 蠕虫病毒(见[3])，使用 376 个字符的有效载荷针对 UDP (Uscr Datagram Protocol，用户数据报协议)端口 1434 实施攻击，在短短几小时内，几乎感染了 Internet 上或本地网络上每个未打补丁的、监听 Microsoft SQL 实例的计算机。SQL Slammer 蠕虫病毒似乎除了传播之外什么也没有做，但其传播得如此之快，传播范围之广，是迄今为止最接近关闭 Internet 的恶意软件。由于远程缓冲区溢出的 SQL Slammer 和其他恶意蠕虫病毒的使用，大多数操作系统和应用程序供应商都会不遗余力地加强其服务和守护程序，以防范远程缓冲区溢出，尽管如此，需要最终用户参与的缓冲区溢出(通过使用社交工程)仍然非常流行。

现在，大多数情况下，攻击方必须诱骗终端用户单击恶意链接或运行木马程序，才能执行缓冲区溢出程序。无论哪种方式，对应用程序实施缓冲区溢出的攻击，都是最令人担心的漏洞之一。缓冲区溢出分为许多不同的类型(如内存损坏、底流、栈溢出或堆溢出)，但大多数情况下，都可通过目标程序在请求信息时防止无效输入来防御缓冲区溢出。最重要的是，大多数现代操作系统和一些硬件都默认地内置了一些防缓冲区溢出机制。

2. 跨站脚本

跨站脚本(Cross-Site Scripting，XSS)是指攻击方可在无意中诱使某人的本地程序运行其恶意代码或指令，而不是简单地将其显示为数据。举 Roger 最喜欢的示例，当时 Roger 担任 Foundstone 的讲师和渗透测试人员(如今是 McAfee 的一个部门，见[4])时，Roger 的团队正在为全球最大的有线电视提供商之一测试一种新的有线电视设备。该设备相当复杂，甚至包括一个功能齐全的防火墙，团队中任何人都会很乐意在其家庭网络上安装该设备。防火墙不仅记录了针对有线设备的所有攻击，也记录了防火墙阻止的任何网络包中的所有详细数据和有效负载。团队成员们几乎是偶然间意识到，在防火墙日志中显示的任何 HTML 编码或脚本都将在查看防火墙数据的浏览器上执行。在一个阻塞的端口上对防火墙实施脚本测试，发了一个小小的"Hello World!"，果然，当使用浏览器查看防火墙日志时，一个"Hello World!"消息弹出，确认存在跨站脚本攻击。

Roger 的团队中有人创建了一个恶意脚本并"攻击"了防火墙。然后给有线电视公司的技术支持部门打电话,假装是有线电视的老客户,使得技术支持部门认为 Roger 团队受到了攻击方的攻击。团队成员让技术支持人员查看防火墙，看看是否真的受到了"攻击"，以证实对于该跨站脚本攻击的怀疑。技术支持人员同意查看防火墙日志。当技术支持人员查看时，基于 Linux 的系统向团队发送了技术支持人员的 passwd 和 shadow 文件(Linux 系统上的口令文件)。遭窃的根证书在该有线电视提供商的每台计算机上都有效。因此，从单一产品中的单一 XSS 漏洞出发，最后团队能接管整个有线电视公司。你可意识到为什么这是 Roger 最喜欢的 XSS 故事。

另一个常见的 XSS 示例称为反射型 XSS 攻击。攻击方向用户发送一个链接，该链接看起来像用户通常单击并用于访问网站的任何链接。但用户不知道的是，攻击方在链接的末尾添加了额外命令，以执行额外的恶意内容。例如，用户单击一个链接跳转至一个用户觉得很熟悉的网站，但这个链接不仅指向该网站，且滥用了该网站的一个功能，该功能允许用户自动重定向到其他位置。可访问[5]来查看一个示例。在这个示例中，任何用户连接到其看似合法的 adobe.com 网站，网站将重定向到攻击方选择的网站(在漏洞修复之前)。攻击方通常会将用户重定向到外观相似的网站，然后让用户下载假冒的 Adobe 木马软件。

防范 XSS 攻击依赖于任何能够接受和显示脚本或编码的程序，以确保脚本或编码总是像常规数据或写入一样显示，而不是在本地执行。例如，Web 应用程序研发团队需要编写或使用一种机制，通过查找和删除"转义"特殊字符来清理所有输入，这些特殊字符通常用于向浏览器表明涉及的或注入的脚本或代码段。通常，研发团队应该始终对所有用户输入执行清理操作,以编程方式确保客户端只能输入特定类型的数据,供特定输入使用。如今,许多编程工具都内置了输入清理控制功能,但输入清理控制在默认情况下并不总是启用的,这取决于研发团队能否利用这些控件。

3. 目录遍历攻击

目录遍历攻击(Directory Traversal Attack)是一种漏洞,攻击方试图导航到原本受安全保护的目录、文件和文件夹(不允许访问这些目录或父位置)。一个优秀的、超级简单的示例是假设当权限不允许访问文件夹 C:\ 或 C:\parent 时,攻击方可访问文件夹 C:\parent\child。 只需要拥有和使用完整路径名(即 C:\parent\child),攻击方就可绕过无访问权限的父目录。

一个攻击测试字符串的真实示例是../../../或类似的字符串。正斜杠表示文件夹子目录,点(..)在许多操作系统中表示父文件夹。用户可通过转到 Microsoft Windows 计算机上的 DOS 提示符执行测试,该提示符通常会将用户导航到子文件夹(即 C:\Users\<userlogonname>\)中。如果用户键入 cd ..,然后按 Enter 键,用户将进入父文件夹(如 C:\Users)。一个点代表当前文件夹。几十年前,攻击方就知道,如果运气好的话,使用点和双点的组合作为名称,加上正斜杠(有时是反斜杠),有时会让攻击方进入受告知无法访问的文件夹。

回到之前的示例,Roger 所属的 Foundstone 公司的渗透测试团队正在攻击一个电缆盒设备。为了访问该设备,团队成员使用浏览器访问其 IP 地址(如 192.168.1.1),从而获得一个基于 Web 的登录提示。团队成员尝试猜测口令,但没有成功。团队成员运行一个名为 Nikto(cirt.net/nikto2)的网络服务器识别工具用于攻击有线机顶盒,因为任意可使用浏览器连接的设备都在运行某种小型 Web 服务器。Nikto 将尝试通过供应商和版本来识别 Web 服务器/服务,并对其运行一系列常见的攻击。Nikto 没有成功地发现一个漏洞,但确实识别了 Web 服务器版本,一种叫做 Notebook 的东西。团队成员从来没听说过 Notebook,而且很难研究,但团队成员发现 Google 上有一个称为 Notebook 的数字研究网络服务器在 20 多年前就停产了。团队成员对 Notebook 一无所知,但知道那个时代的 Web 服务器充满了目录遍历漏洞。所以,团队成员尝试了前面列出的标准测试字符串,瞧! 就这样,团队成员进入了完全管理控制的设备。不需要登录或口令就可授权为具有最高访问权限的根账户。团队成员能完全控制设备,嗅探信用卡信息,免费窃取付费有线电视节目,完全操纵设备的代码。第二天,团队成员实施了前面列出的 XSS 攻击,并接管办公室和设备。因此,在两天之内,团队不仅完全拥有了其受雇来实施攻击的设备,而且接管了整个公司。这是 Roger 至今为止最美好的攻击案例记忆之一。

目录遍历攻击现在已经不常出现了,但仍然可用来绕过操作系统和其他(非 Web 服务器)程序的权限控制。构建 Web 服务器的人都知道目录遍历攻击和针对目录遍历攻击的代码,但其他研发团队似乎并不熟悉。防止目录遍历攻击通常通过正确的许可来解决，这将引导本章进入下一个主题。

4. 过度许可

目前，一个十分常见的漏洞是权限过于宽松，这意味着创建系统的人没有正确地为所有用户(管理员、普通用户、访客还是臭名昭著的 everyone 组)正确定义权限。如果不小心给不应拥有权限的用户过度许可，那么，本不应该读写受保护文件的用户和访问者就可读或写受保护文件。因此，通常只能读取或执行开发人员所允许的文件或代码的普通用户和访问者，最终却能恶意修改或添加关键文件，或者读取和下载机密文件。

由于过度许可(Overly Permissive Permissions)，目前，最受攻击的目标是 Amazon Web Services(AWS)云存储"存储桶"。一个组织购买并使用 AWS 存储，而 AWS 存储通常具有过度许可。

[6]～[10]是一些现实世界中的攻击示例。

在云存储流行之前，当 Roger 受聘成为渗透测试人员时，Roger 最喜欢的一种方法就是在共享网络登录文件和本地计算机文件中寻找使用超级特权系统权限运行的程序的过度许可。许多网络在用户登录网络后，在每个连接的设备上运行许多共享的通用可执行文件和脚本。Roger 喜欢寻找那些共享文件和脚本，如果允许普通用户修改这些对象，Roger 就会修改该文件以包含一些潜在的恶意程序或脚本。如果 Roger 受雇来测试一台普通计算机，Roger 会寻找能找到的具有更高特权的本地程序。Roger 发现有不少反病毒程序的权限过于宽松。可替换或修改其中一个文件，植入潜在的恶意后门程序，重新启动计算机，然后接管该计算机。Roger 总是觉得很讽刺的是，用于保护资产的程序恰恰是 Roger 在成功攻击某物时最常滥用的程序。

针对过度许可的防御措施是让研发团队确保在开始时设置了正确的权限，管理员和研发团队运行定期的文件审计，以查找对潜在的危险误用文件和文件夹的过度许可权限。

5. 硬编码/默认凭据

另一个常见漏洞是程序中包含硬编码的、无法更改的登录凭据，或者具有用户经常不更改的非常常见、众所周知的登录凭据。许多研发团队要么不知道硬编码凭据的风险，要么在早期研发期间使用硬编码，然后忘记将其删除。修复硬编码凭据的唯一方法是使用删除硬编码凭据的更新代码，来更新软件或程序。CWE 网站对此类漏洞有很好的描述并列举了示例，见[11]。通过研发团队培训以及在编程代码中查找并警告此类实例的工具，可降低硬编码凭据的可能性。

Roger 最喜欢的一个真实世界的示例来自网络战恶意软件 Stuxnet(见[12])。Stuxnet 是一个由美国和以色列情报部队创建的恶意软件，2010 年成功攻击并摧毁了伊朗核燃料离心机。Stuxnet 包含几种攻击方法，包括零日攻击。其中一种方法是滥用西门子控制器中硬编码的凭据。所涉及的西门子接口软件称为 WinCC，使用永久登录名

Wincconnect 和口令 2WSSXcdcr 连接到西门子控制器。2008 年 4 月，这个硬编码口令在一个公共论坛上向全世界披露。两年多后，西门子 SCADA 系统的这个众所周知的硬编码口令不仅没有得到修复，而且西门子也没有主动告诉客户这个问题。当这个硬编码口令由参与 Stuxnet 的人向全世界披露时，西门子不仅没有立即解决这一巨大的安全问题，还发出一份官方现场通知，告知其客户不要更改硬编码口令，因为这会导致太多的运营问题。攻击方喜欢阅读这类通知。

任何想阅读关于 Stuxnet 的详细信息的人，请访问[13]，并阅读 Kim Zetter 的优秀著作 *Countdown to Zero Day*。

但实际上，任何从事 SCADA 系统渗透测试的安全专业人员都知道，许多工业控制系统都有硬编码口令，而不仅仅是西门子(尽管许多不同类型的西门子控制系统也有硬编码口令)。这在业内很普遍，在任何地方都不少见。用户可能认为研发团队明白使用硬编码口令码有多么危险，而且永远不会这么做。Roger 第一次有这个想法是在 1990 年。Roger 错误地认为这个特殊的安全问题是众所周知的，以至于没有一个研发团队会愚蠢到犯这个错误。安全防御与智慧无关，而与教育和意识相关。如果参与某个特定编程项目的研发团队和管理人员没有意识到硬编码口令的问题，该团队就不会减少硬编码口令的使用。

在 Roger 30 多年的渗透测试生涯中，曾在受雇测试的程序和系统中发现了数百个硬编码口令。就在不久前，Roger 曾为位列《财富》前 10 强的一家研发软件和服务的组织提供咨询，帮助其更好地消除系统中的安全漏洞。当该组织运行 Qualys 漏洞扫描程序时，报告列出了在每个扫描系统上发现的 50 个或更多"关键"漏洞。在数千个系统上同时修复这些漏洞的工作量是巨大的，所以该组织向 Roger 征求意见。Roger 为其能首先找出应该解决的问题而感到自豪。Roger 甚至写了一本关于相关问题的书籍 *A Data-Driven Computer Defense*。

这本书告诉该组织不要理会大量的报告，并问道："在现实世界中，攻击方最成功地利用了什么类型的漏洞，来攻击组织的系统？"实际上最好的答案就是瞄准系统受攻击最多的部分，也是最好的一步。该组织必须研究这些数据。事实证明，在数千个公开的存在漏洞的系统中，只有 8 个系统在组织知晓存在攻击的情况下由攻击方破解了。并且，当 Roger 问到系统是如何受到攻击的时候，该组织回答说，"硬编码的登录凭据！"

这让房间里的每个人都很惊讶，包括 Roger。Roger 本以为未修补的软件、缓冲区溢出或其他更复杂的攻击类型都会牵涉进来。但真正的答案是简单的硬编码口令问题。所以，就在几年前，这个问题仍然存在于世界上最大、最成功的组织之一，而且硬编码口令问题存在于全世界使用的众多系统上。

许多计算机和设备都带有内置的默认凭据。Internet 上有几十个网站列出了常见的默认口令，如[14]，任何攻击方在面对设备时都可查找并尝试使用内置的默认凭据。

从未修改默认口令的情况非常常见，以致于像 Mirai bot 这样的流行恶意软件(见[15])尝试使用默认口令接管易受攻击的设备。仅 Mirai bot 一家就已接管了数千万甚至数亿台设备(如 IP 摄像机和电缆调制解调器路由器)。这些设备通常由攻击方组织成巨大的僵尸网络(恶意软件网络)，然后攻击其他设备和网络。

防御措施包括研发团队为每个独特的设备实现定制的默认口令。例如，现在许多家用的有线调制解调器都会在侧面的标签上打印出唯一的口令，或根据设备的某些独特属性(如 MAC 地址)自动生成的口令。最好的解决方案是使用存储在"安全区域"中的唯一登录凭据，"安全区域"的例子有 TPM 芯片或其他内置在 CPU 等芯片中的组件。

6. 不安全的身份验证

设计良好的身份验证很难实现，而且有很多相关的依赖项。对于研发团队来说，不正确和不安全地实施身份验证比正确而安全地实施身份验证容易得多。研发团队有很多方法可扰乱身份验证；要介绍完这些方法，需要整整一本书。CWE 网站列出了研发团队 18 种错误的身份验证编码方式(见[16])，其中大多数有几个不同的子方式。可以说，做好身份验证是一项困难的工作。防御措施包括将在 15.3.1 节中列出的所有内容。

7. 用明文存储或传输机密信息

另一个常见的漏洞是不安全地存储或传输机密信息，这些信息要么是应该受到保护的数据，要么是某种类型的身份验证机密。很多时候，攻击方一眼就能看到一个本应受到保护的秘密。例如，早期许多加密的 USB 存储设备中，存储的私钥以明文形式"锁定"了 USB 所在的设备。攻击方只需要正确的设备和软件，以便在"位级别"检查存储设备。某些情况下，动态生成的私钥留在了本应是临时存储区域的地方。或者，那些受吹捧并设计为通过 HTTPS 发送的数据是使用 HTTP 发送的。防止无意中泄露机密信息的防御措施包括对加密系统和过程的充分理解、强制使用和审查。

当然，除了这里讨论的漏洞，还有更多类型的漏洞。请记住，社交工程和网络钓鱼是罪魁祸首，绝大多数成功的恶意攻击(70%～90%)都属于这些类型；而未修补的漏洞造成的攻击占比是 20%～40%。

15.1.2 漏洞结果

对任意漏洞的利用可能导致各种结果。可将其中的大多数结果归结为三大类：安全绕过、信息泄露和拒绝服务。

1. 安全绕过

顾名思义，漏洞通常允许攻击方绕过系统的任何安全措施。当针对 MFA 解决方案实施攻击时，安全绕过是最常见的攻击类型。安全绕过的范围从攻击方在未经授权的设备上获得常规用户权限到完全危害，攻击方可在没有进一步限制的情况下执行设备和程序所能执行的任何操作。

一些安全绕过攻击称为权限提升(Escalation of Privilege，EoP)攻击，攻击方将提升权限和特权。例如，许多时候，攻击方对设备发起初始攻击时只能获取其正在使用的登录用户或程序的安全上下文。而通过发起 EoP 攻击，攻击方可获得具有更多特权的安全上下文，从而可以执行更敏感的、更具破坏力的操作。

2. 信息泄露

这本质上是一种安全绕过，但只允许攻击方看到原本无法看到的信息。这种情况下，攻击方通常无法"控制"受攻击的系统，只是看到一些其默认访问级别不应该看到的东西，不能修改或删除这些信息，只能看到、阅读、下载和共享这些信息。不幸的是，大多数安全系统的存在是为了保护信息；这是实现安全性的首要原因。与安全绕过一样，信息泄露的范围从低风险到高风险，从只看到少量机密信息到能够查看相关系统的所有信息。

3. 拒绝服务

通过拒绝服务(Denial-of-Service，DoS)事件，攻击方可阻止合法和已授权的用户与系统使用允许的系统和信息。例如，攻击方可能使用数百亿个无用的网络数据包来攻击 Web 服务器，使服务器的处理能力无法承受，从而导致向试图访问服务器的用户显示"404 错误"。其他类型的 DoS 攻击可能来自不允许安全绕过或信息泄露的漏洞。DoS 攻击只会令程序无法运行。

Roger 甚至实施过 Smurf 等攻击，其中一个错误的网络数据包锁定了整个服务器或设备。Roger 曾两次给智能电视发送一个错误格式的数据包来锁定智能电视。

许多安全漏洞导致设备或服务遭到"锁定"。有时解锁设备或服务所需要做的只是重新启动受影响的设备或软件，有时锁定更持久。对固件的攻击可能导致"硬锁定"，这使得受影响的设备无法使用，直到固件重写回良好状态。

15.2　漏洞攻击示例

30 多年前，当 Roger 第一次从事计算机安全工作时，Roger 认为任何从事计算机安全工作的人都会清楚如何阻止所有潜在的安全问题。Roger 认为在自己的专业领域内，可阻止所有潜在的安全问题。但 Roger 很快发现，大多数程序员，甚至是安全软件和硬件的程序员，对计算机安全问题(包括如何避免常见的软件漏洞)的内在理解很少。这并不奇怪，因为很少有培训机构和大学花费大量时间去讲授安全编程。目前，Roger 只知道两所大学提供关于如何安全地编程的完整课程。因此，大多数程序员，甚至是安全研发程序员，在避免代码中的漏洞方面并不那么强大，这一点也不奇怪。

Roger 记得当其为 Foundstone 工作的时候，Foundstone 由 McAfee 收购。McAfee 要求 Roger 团队做的第一个任务是对其所有的安全软件实施漏洞分析。McAfee 是世界上最大的计算机安全软件销售商之一。Roger 团队通常会在一个程序中发现了数百个漏洞。当时，Roger 甚至不敢相信竟然存在这么多错误。Roger 担心消息会泄露出去。从那以后的几年里，Roger 了解到并非只有 McAfee 的软件存在 bug。这很正常。事实上，难以找到没有很多漏洞的计算机安全软件。时至今日，大多数计算机安全程序员还没有得到如何避免常见漏洞的培训。其中包括 MFA 解决方案软件和硬件的程序员。

下面来看看 MFA 解决方案中发现的漏洞示例。

15.2.1　优步 MFA 漏洞

广受欢迎的拼车供应商优步(Uber)自 2015 年开始提供 MFA 服务。2018 年，一名白帽攻击方发现了一个双因素绕过漏洞，并在合法可信的 Hackerone(见[17])漏洞奖励计划中报告了这一点。优步回应称，该名白帽攻击方的发现并没有那么实质性，充其量只需要更新文档。沮丧的白帽攻击方联系了媒体；但在报道后的两个多月里，Uber 并没有修复这个错误。在一家主流的科技媒体网站(ZDNet)与优步联系后，优步才最终修复了这个漏洞，并为该名白帽攻击方的报告付费。有关详细信息，请参阅[18]。

15.2.2　Google 身份验证器漏洞

Google 身份验证器基于时间的一次性口令(Time-based One-time Password，TOTP)应用程序在第 9 章中得到全面介绍，在该章中，任何 OTP 的秘密种子值都需要受到严格保护。如果敌对方可访问这些值，就可生成额外的未经授权的实例，并使用这些实例作为合法用户执行响应。

为在用户的网站上实现和使用 Google 身份验证器，管理员必须在一个服务器上安装和配置 Google 身份验证器软件，该服务器被配置为管理员想要保护的站点的身份验证提供方。Google 身份验证器是通过在 Linux 主机上安装可插拔身份验证模块(Pluggable Authentication Module，PAM)pam_google_authenticator.so 来实现的。安装流程将创建一个包含种子源代码的机密文件，该文件必须对未经授权的用户保密。

2012 年，人们发现这个秘密文件拥有过度许可的权限，这种情况下，所有用户都可阅读。针对 Google 身份验证器 PAM 的操作执行了变更，使用更严格的权限工作，并且需要提升用户访问权限(即 sudo)才能访问。要查看更多信息，请参见[19]。

2013 年发现了第二个 Google MFA 绕过漏洞(见[20])。如果用户的账户已启用 Google 身份验证器，但其令牌与该账户没有关联，则任何人都可仅使用登录名登录到该用户的账户(无需口令)。详情见[21]。

15.2.3　YubiKey 漏洞

Yubico 在 Internet 上制造一些最受欢迎的 MFA 设备和令牌。这些 MFA 设备和令牌由数百万用户使用，可能是有史以来第二流行的 MFA 解决方案(仅次于 RSA)。2018 年，一名研究人员发现，Yubico 支持软件的不同版本中存在多个漏洞，这些漏洞允许了解这些漏洞的人制作一个自定义 MFA 设备，该设备将成功绕过安装软件的设备上的 YubiKey 身份验证检查。攻击方可插入自定义设备，立即登录，就像攻击方成功地提供了一个合法的 YubiKey 设备一样。这是由于缓冲区溢出漏洞造成的。详情见[22]。

2017 年发现了一个更广泛的漏洞，称为 ROCA，ROCA 对 Yubico 设备起作用，稍后将对其进行讨论。

15.2.4　多个 RSA 漏洞

RSA Security 公司成立于 1982 年，比其他大多数安全供应商的历史都要长。RSA Security 是公钥密码和 MFA 身份验证的最早实现者。RSA 非常流行，几十年来，如果用户看到 MFA 解决方案，该解决方案通常是 RSA 令牌(RSA SecurID)或 RSA 软件的一部分。因此，RSA 比现有的大多数竞争对手存在更多漏洞也就不足为奇了。

自 1999 年以来，CVE 显示了 79 个不同的 RSA 漏洞(见[23])，至少有 9 个安全绕过(见[24])。许多涉及 MFA 解决方案，包括[25]。利用特殊的漏洞，有权访问受影响的 SecurID 令牌的人员可将设备的私钥导出到设备外。智能卡和 SecurID 令牌上的私钥应该受到保护，以防从设备中导出。如果有人可导出私钥，这些人也可复制设备及其身份验证方式。RSA Security 据称也参与了一起最大的种子值盗窃案，如第 9 章所述。

15.2.5　SafeNet 漏洞

几十年来，Roger 一直是 PKI 高手。为证书颁发机构(Certificate Authorities，CA)安全地存储 PKI 密钥和其他关键 PKI 设备的三家最受信任的组织是 Thales、SafeNet 和 Gemalto(这是 2010 年大规模 SIM 卡攻击的目标，在第 8 章中有介绍)。现在这三个品牌都归单一组织 Thales 所有(见[26])。

注意　Thales 的大致发音是 "Talice"。

2016 年，SafeNet 公布了 10 个单独的有关过度许可的 CVE(见[27])。特别是，Microsoft Windows Authenticated Users 组对于 SafeNet 关键文件具有完全控制权限。这将允许受影响系统上的任何经过身份验证的用户查看机密身份验证信息，并能恶意修改 SafeNet 文件。

15.2.6　Login.gov

Login.gov(见[28])是一个允许任何人"安全地、秘密地在线访问政府计划"的网站，这是数以千万计的美国人访问公共政府资源的方式。2017 年，一名白帽攻击方报告了一个 MFA 绕过漏洞(见[29])。他启动了注册程序，然后收到一封确认邮件。该网站希望用户单击链接继续其注册流程，并告诉用户，用户只有 24 小时的操作时间。然后该白帽攻击方注意到，这并不要求用户确认注册码与某个特定的电子邮件地址绑定，该注册码可多次使用，而且不会在 24 小时内过期。使用最初提供的身份验证信息，用户能登录到相关网站，而无需身份验证代码之外的任何身份验证信息。Login.gov 网站在报告后花费了两个月才修复该漏洞。查阅[30]以获取详细信息。

15.2.7   ROCA 漏洞

2017 年发生的 ROCA 漏洞是现代最严重的身份验证漏洞之一。ROCA 漏洞涉及非对称加密。正如在第 3 章中了解到的，非对称加密涉及与加密相关的私钥和公钥。公私钥对中的一个密钥用来加密，另一个密钥用来解密。公钥意味着可与任何人共享，而私钥则只能由一个人(或几个用户或设备，如果是有意共享的话)保管。如果未经授权的人能访问私钥，则该公私钥对将视为已损坏且无法使用。私钥必须受到保护。

Infineon Technologies(见[31])创建了一个称为加密库的加密子程序，命名为 RSALib。RSALib 作用于成百上千的硬件和设备。软件和硬件可调用 RSALib 来生成公钥-私钥对。2017 年，人们发现，RSA 生成的任何密钥(从 512 到 2048 位)都存在严重漏洞，如果可访问公钥(理论上任何人都可以)，就可立即确定相关的私钥。这是一件大事，尽管研究人员在 2017 年 2 月发现了这一点，但直到 2017 年 10 月才公开披露。2017 年 2 月到 10 月这段时间用于让供应商参与并制作补丁。在公开宣布前的几周，Roger 就听说过一些与广泛存在的安全漏洞有关的消息，但 Roger 和其认识的人都不知道这一发现的严重性。在供应商的员工中，只有少数人知道这个秘密。一旦这项漏洞过早公开，数亿台设备(例如，装有 TPM 芯片，运行 Microsoft BitLocker、智能卡、Yubikey 的 Windows 电脑)将成为容易遭到利用的设备。当时，Microsoft 公司召开了紧急会议，要求所有受影响的 Microsoft 管理员的智能卡立即更换。而仅仅在 Microsoft 内部，就有成千上万台设备和软件更新。

数以千万计的设备必须升级。必须更换受影响的智能卡。直到今天，让 Roger 感到害怕的是，Roger 经常遇到销售受影响智能卡的供应商和可能受影响设备的 MFA 管理员，这些人从未听说过 ROCA。早期，Roger 估计数百万甚至上千万的易受攻击的设备和非对称密钥从未修复过。几年过去了，大多数易受攻击的密钥现在可能已经过期(受影响的非对称密钥的平均有效期仅为 1~2 年)。但毫无疑问，世界各地仍在使用一些寿命更长的易受攻击的密钥。有关详细信息，请访问站点[32]~[35]。

如果读者有兴趣了解自己最喜欢的 MFA 解决方案是否存在任何软件漏洞，可在任何 CVE 站点上按名称搜索，包括站点[36]。

15.3   防御漏洞攻击

本节介绍研发团队和用户对漏洞攻击的防御措施。

15.3.1   研发团队防御漏洞攻击

下面是一些研发团队针对漏洞攻击的防御措施。

1. SDL 培训

所有研发团队都必须接受 SDL(Security Development Lifecycle，安全研发生命周期)工具和流程方面的全面培训。SDL 是一种全面的方法，可显著降低编程漏洞的数量。SDL 首先教会所有程序员如何安全地编程。通过 SDL，程序员可了解常见的漏洞，漏洞是如何发生的，以及如何通过使用安全研发工具和安全研发默认值来防止漏洞出现在代码中。完善的、安全的程序不是一蹴而就的。如果是这样的话，安全从业者每年发现的全球漏洞数量就不会超过 10000 个。SDL 需要培训和教师。人们需要 SDL 的 train-the-trainer 项目，让那些教育者培训其他程序员。大学和其他编程培训机构应将安全研发作为其必修课程的一部分。雇用程序员的组织需要将 SDL 技能作为一项工作要求。将 SDL 培训和工作要求结合起来，使程序员更有能力、更注重安全。但愿形成真正尊重安全编码的氛围。

　　Microsoft 拥有 Internet 上最全面的、免费的 SDL 资源，可见[37]。Microsoft 愿意分享知识。Microsoft 希望竞争对手和其他人的程序更加安全，甚至已经与其他许多竞争对手(如 Adobe 和 Apple)合作，帮助其建立 SDL 程序。也有许多关于安全编程的书籍和许多其他网站与方法致力于安全编程。

2. 使用具有安全默认值的安全工具

　　并非所有编程工具都是相同的。一些编程工具具有更安全的默认值，并且更容易帮助程序员在默认情况下交付更安全的代码。所有组织都应该确保其研发团队使用最好、最安全的工具，并使用尽可能安全的选项来实现代码。应该禁止、停用危险的语言和函数。

3. 代码检查

　　所有提交的编程代码都应该组合使用静态代码分析、模糊测试和手动代码审查，由原始研发团队和同行检查漏洞。应该有拒绝编译包含已知漏洞的代码的工具，以便随着时间的推移在代码检查过程中发现的问题越来越少。

4. 渗透测试

　　所有代码都应该由内部和外部团队共同执行渗透测试，以确定是否可找到以前遗漏的漏洞。外部团队应该每一两年更换一次或者循环一次，这样就可尝试新的视角和方法。此外，每一个为外部提供代码的供应商都应该参加漏洞奖励计划，在这个计划中，激励渗透测试人员寻找并负责任地披露漏洞，并由此获得奖励。

5. 自动修补

　　默认情况下，所有外部使用的代码都应该有一个自动的、每日检查的、自我更新的补丁程序。该程序不需要任何用户输入。该程序应该定期检查代码，并在发现关键漏洞时自动更新代码。

15.3.2　用户防御漏洞攻击

　　最后探索用户对漏洞攻击的防御。

1. 培训

所有用户都应该知道，MFA 解决方案和计算机安全软件一般都有漏洞，其中大部分可能不为人所知。用户通常需要理解 MFA 解决方案并定期更新软件，在较小程度上更新固件和硬件。如果用户的 MFA 解决方案没有定期的更新方案，则至少完成半年一次的补丁更新。用户可假设 MFA 解决方案没有很好地、主动地搜索 bug 以及所有可能引发的安全问题。

2. 要求供应商使用 SDL

在购买解决方案前，客户最有能力影响 MFA 解决方案供应商。客户应询问所有潜在的 MFA 解决方案供应商是否使用 SDL 培训、工具和流程。如果供应商不知道什么是 SDL，这是供应商的问题。如果供应商的回答是了解 SDL，则询问其细节。不要在没有确认 SDL 参与程度的情况下仅回答"同意"。

3. 及时打补丁

即使使用了 SDL，供应商的程序也会有漏洞。记住，没有完美的软件。供应商发布安全通知和相关补丁后，客户应及时修补受影响的软件、固件和硬件。什么是及时的方式？有人认为这意味着立即或几天内，还有人说是一个月内。大多数安全专家可能认为一周到一个月的时间听起来是合理的。

注意 如果 MFA 解决方案供应商没有至少每年或每两年发布一次安全通知和更新，用户应该怀疑供应商是否在寻找并认真对待安全漏洞。大多数风险发生在供应商第一次宣布安全漏洞并发布修补程序到客户应用该修补程序之间。供应商有活跃的、积极的补丁程序通常是一个优点，而不是一个弱点(尽管人们都希望减少安全漏洞)。

---

4. 漏洞扫描

MFA 解决方案的用户应定期扫描其环境(至少每月一次)以查找安全漏洞。一定要包括 MFA 解决方案的所有组件。好的补丁不仅意味着检查软件漏洞，也意味着必须扫描和检查固件及硬件。当发现关键漏洞时，应及时修补。

如果供应商和客户遵循这些建议，恶意攻击方利用漏洞的机会就会减少，这对所有人都有好处。

15.4 小结

本章介绍了漏洞，特别是 MFA 解决方案中的漏洞。讨论了常见的漏洞类型、成功利用漏洞造成的损害，列举了 MFA 漏洞的示例。用户也学会了如何防御这些攻击。

第 16 章将介绍针对基于生物识别技术的 MFA 的攻击方法。

本章介绍针对将生物识别技术作为其身份验证因素一部分的 MFA 解决方案的攻击，并探讨各种攻击方法。这个主题包含很多信息，所以对生物识别技术的攻击将是篇幅较大的章节之一。

16.1　简介

多年前，Roger 在一个团队中负责研究是否可破解指纹识别器。团队效力的组织考虑在网络登录时使用生物识别技术，并想知道指纹读取器是否会遭到破解。如果用户看谍战剧或电影，指纹识别器似乎都很容易由间谍破解，但组织想看看这是不是真实情况。指纹系统供应商会让客户相信，电影中的情节主要是炒作，在现实生活中破解指纹识别器要困难得多。

组织购买了 22 种不同的指纹识别器，有些是作为笔记本电脑的一部分，另一些是作为独立设备。有手指滑动式读卡器，用户可用手指的第一个关节从前到后在一个薄薄的指纹读取传感器上滑动，也可用触控板的方式，在玻璃或塑料触控板上按下或滑动用户的第一个手指关节。

长话短说，团队用多种方法使用假指纹破解了这些指纹识别器。团队尝试的每一种方法几乎都能解决大多数问题。假明胶手指，通过！橡皮泥手指，通过！橡胶指纹，通过！Roger 最喜欢的方法就是将手放在指纹读卡器上，然后在传感器上吹几口热气。温暖、潮湿的气息使最后一个登录者的指纹油膨胀，传感器将恢复活力的指纹油视为新的成功登录。团队试过指纹粉，效果也不错。

由于最后两种攻击方式的成功，团队向指纹板供应商建议，供应商绝不应该接受在登录尝试后与上次指纹登录位置完全相同的人员的指纹。团队推断，在实际登录流程中，指纹很少会连续两次出现在完全相同的位置。一年后，Roger 重新测试了一些使用最新软件和驱动程序的设备。大多数曾使用 "呼吸把戏" 或指纹粉而攻破的原始设备仍可遭到欺骗。只有一家供应商似乎一直无法奏效，该供应商注意到了团队的报告，并采取了一些不同的措施。

从那时起，Roger 就加入几个团队来调查攻击方实施的攻击和欺骗各种生物识别技术的攻击。团队成功破解了各种生物识别技术。每个 Roger 加入过的团队，都成功地识破或攻破所调查的设备。大多数情况下，除了 Roger 以外，所有人都惊讶于生物识别技术设备如此容易受骗。很多时候，团队预计将实施数周的测试，以找到一种先进的攻击方法，但最终发现，团队的第一次攻击(大多数是简单的)在许多设备上就能正常工作。这并不是说极度精确的生物识别技术设备不存在或不受使用。只是大多数人没有使用那些更复杂的生物识别技术。大多数人不会容忍使用极度精确的生物识别技术设备。不过，说句公道话，生物识别技术随着时间的推移正在不断改进。

16.2　生物识别技术

在计算机安全学中，生物识别技术是指与人体物理成分(即生理学)或行为关联的个人身份验证器，可唯一地识别一个人。如果需要使用基于生物特征的身份验证，生物识别技术应满足以下要求：

- 对特定的人来说是独特的。
- 是永久性的，不会改变；如果有变化，也是多年后非常缓慢的变化。
- 大多数人都可以测量。
- 测量相当容易。
- 可快速测量(不超过几秒钟)。
- 与存储的生物识别特征进行对比以确认或拒绝身份验证尝试，十分便捷。

用于身份验证的最常见生物识别技术是指纹、脸或声音，但手的几何特征、手掌静脉、虹膜和视网膜稍不受欢迎。人们越来越感兴趣的打字模式和节奏称为击键力学(Keystroke Dynamics)，击键力学本质上把生物识别技术与独特的行为结果联系起来。甚至有一些模糊的生物识别项目是基于眼睛静脉、行走步态、笔迹、大脑活动、心脏活动，甚至气味/味道。也许有一天，如果能得到一个即时的，非常详细的 DNA 分析，这可能会成为用于身份验证的最终生物识别技术(尽管事实证明，指纹更容易使用，也可能更独特)。

注意　生物识别技术甚至用来根据动物的身体特征识别动物个体(如斑马、螳螂和海豚)，以便更好地对其跟踪。

生物识别技术识别基于一个核心理念，即许多不同的身体特征(有时行为)在已知的世界中是独一无二的。大多数都是在胚胎发育期间建立的，从出生起就和人们在一起。没有其他人和自己拥有同样的指纹。人们的眼睛、虹膜或是声音都是不同的。或者这就是理论，到目前为止，还没有人能确凿地证明这些特征有什么不同。但这并不

是说实际上已经提取了每个人的生物识别技术，并执行了彻底的搜索，以最终证明生物识别技术在世界上是独一无二的。人们还没有把全世界 70 多亿人的指纹一一对比，更不用说与有史以来 1000 亿人的指纹进行对比。只有那样做才能得到一个明确的答案。在此之前，必须承认，在我们所测试的人群中，还没有找到任何确定的匹配(除了某些特征上的同卵双胞胎)，两个人(同卵双胞胎除外)拥有相同生物识别技术特征的情况极为罕见。

注意，即使是同卵双胞胎，来自同一个卵子和精子，并共享相同的 DNA，也有不同的指纹和不同的遗传物质。双胞胎通常存在遗传差异和环境差异，这些差异确实会影响双胞胎各自的生物识别技术特征。尽管年龄越大，同卵双胞胎长得越像，但大多数同卵双胞胎也能由人类(和计算机)区分开来。小的遗传差异(80%的可能性)可通过特殊测试来检测。可在[1]阅读更多关于检测基因变异的文章。

16.2.1　常见的基于生物特征的身份验证因素

基于生物特征的身份验证之所以流行，是因为生物识别特征在世界上是独一无二的；即使有变化，变化也十分缓慢；且一直存在于用户身上，不需要任何额外的努力。用户不会像丢失智能卡或 USB 令牌一样轻易丢失生物识别技术特征。本节探讨数字身份验证系统中使用的最流行生物识别技术。

1. 指纹

指纹(Fingerprint)是由一个人手指(以及手、脚和脚趾，尽管名称不同)上自然存在的形状独特的峰谷(摩擦脊)而产生的。一个人接触几乎所有不完全含水或气体的表面都会留下指纹印记(至少是部分)，这是由于手指上或接触表面上的天然油(水和脂肪酸的混合物)或污垢造成的。虽然指纹通常会从衣服、橡胶甚至粉末上提取出来，但是，平坦坚实的表面是最好的。

一个多世纪以来，执法部门一直使用指纹来识别犯罪嫌疑人，几十年来，在申请高度保密的工作、安全许可证、执照(如隐蔽携带枪支许可证)以及今天的护照和签证时，通常需要登记和记录指纹。指纹是最早使用的计算机安全生物身份验证因素之一，也是当今最流行的生物识别方法。可测量一个或多个手指作为潜在的身份验证因素。

许多厂商在不同型号的计算机和笔记本电脑上安装指纹识别器和应用程序的历史至少已有 20 年。一些型号的手机在十多年前就开始提供指纹身份验证，但随着 2013 年 Apple 在 iPhone 5s 上前置触摸 ID 程序，指纹身份验证的普及率也开始上升。如今，许多智能手机都配有指纹传感器，可用于手机解锁。许多 USB 风格的 MFA 设备都包括指纹传感器(如图 16.1 所示)。

图 16.1   指纹读取器传感器安装在相对便宜的 FIDO(Fast ID Online)USB 设备上

指纹识别传感器有四种基本技术：光学、电容、超声波和热。光学扫描仪记录指纹的图像。电容、超声波和热敏读卡器都使用其底层技术(即弱电流、高频声波或温差)来识别和绘制脊线。

> **注意**   大多数指纹读取器都需要一个人在传感器的物理表面触摸或滑动指纹。有一类正在发展中的非接触式指纹读取器。这些读取器通常使用激光、光和超声波，但也可使用手机上的数码相机实施触摸式指纹读取。与传统的基于触摸的传感器相比，触摸式指纹读取器具有优势。首先，由于用户不需要将手指按在平坦的表面上，手指不会发生非自然变形(称为弹性变形)和扁平化。取而代之的是，手指保持在空中，保持了更自然的 3D 形状，这在测量时应该有助于减少欺骗攻击。第二，由于没有接触表面，与基于触摸的传感器相比，疾病传播率将接近于零。有关触摸式指纹读取器的更多信息，请参阅[2]。

指纹的波峰和波谷的还原速度存在微小差异，具体取决于所涉及的信号波是到达峰值还是波谷。人们认为光学阅读器是较老的传统技术。人们明确地创造出新的阅读器类型，以击败伪造的指纹，这些指纹只是作为图像打印出来的，或放在玻璃或图片平面上。新的活性(或真实性)检测技术认为是有效的，因为这些技术需要 3D 表面(即真实指纹的形状)和/或像真实手指一样传导电流的东西。思路是要借助三种新方式使攻击方更难伪造指纹。但正如稍后介绍的，这三种特殊的反欺骗方式并非不可战胜。

指纹读取器最终将整个可见指纹记录为单个图像，绘制/跟踪纹路和伪影，或记录纹路改变模式和其他细节的要点。在指纹学中，有九种公认的模式，在螺纹、环和拱形的一般分类下都是已知的。有关不同模式的详细信息，请参阅[3]。特征点 (Minutiae)是指纹识别中的一个技术术语，指的是比山脊小的人工物，如山脊末端、分叉、岛和桥。

> **注意**   许多美国标准和国际标准涵盖指纹数据格式和交换，包括 ANSI/INCITS 381-2004 基于手指图像的数据交换格式和 ISO/IEC 19794-4 基于手指图像的交换格式。

手指的皮肤下面有静脉血管和动脉血管，可像指纹一样绘制出来。与指纹一样，每个人手指血管的形状、位置和图案都是独一无二的。手指血管生物识别技术虽然不如指纹识别那么受欢迎，但有一些潜在优势。手指静脉扫描仪使用近红外光(700～900纳米的电磁光谱)，血液中的血红蛋白吸收远超手指的其他成分，使扫描仪能非常准确地拍摄手指血管的图像。伪造者很难秘密捕捉潜在受害者的手指血管，因为血管图案不会在人接触到某物后潜伏在周围。为捕获这些数据，伪造者必须让受害者不经意地将手指插入手指静脉读卡器，或从另一个存储数据的系统中窃取数据。[4]包含关于手指静脉生物识别身份验证的更多信息。

2. 手的几何形状

手部几何阅读器测量候选人的手的轮廓形状和长度，包括：

- 手的长度和宽度
- 单个手指的长度和宽度
- 单个指缝的长度和宽度
- 不同手指、关节和特征之间的角度和几何形状

手部几何学研究人员已确定了 30 种不同的测量方法，可通过测量和比较来识别特定的手，每只手都是独一无二的。与指纹和其他生物识别技术相比，研究人员并没有认为手的几何特征是全球唯一的，但 Roger 还没有读到有记载的精确匹配。

手部几何读取器通常有一些竖条，可分开手指，帮助将手放在正确的位置和方向。图 16.2 是一个流行的手部几何读取器的示例。

图 16.2 流行的手部几何读取器示例

早在 20 多年前，Roger 就采用一个手工几何读取器作为雇主电脑时钟系统的一部分。Roger 目前所用的医疗保健系统通过手部几何扫描仪来登记和识别急诊室病人。手部几何扫描仪通常与指纹读取器(同时使用多个生物识别技术属性执行身份验证称

为多模式)一起使用，以提高其整体准确性，在 Roger 所涉及的系统中，这种情况确实存在。Roger 现在的雇主 KnowBe4 用这个组合作为进入大楼的凭据。在使用多模式扫描仪之前，假阳性相对更多。

有关手部几何读取器的更多信息，请参阅[5]。

手掌静脉扫描使用与手指血管扫描相同的技术，也是一种半通用的生物识别解决方案。手掌静脉读卡器已用于公司和高度保密的办公室。Roger 甚至听说过银行 ATM 系统使用客户的掌纹来验证现金卡用户，甚至使用基于掌纹读取的便携式用户令牌。但由于担忧复杂性、成本和疾病传播，许多早期的、更公开的项目最终都消失了。

注意 Microsoft Windows Hello 也支持手掌静脉扫描，见[6]。

---

3. 虹膜

虹膜是眼睛的有色部分(参见图 16.3 中的示例)，虹膜附着在控制瞳孔大小的括约肌上，以调节进入眼睛内部结构的光线量。虹膜的可扫描图像由色素、肌肉、纤维组织、纹理和血管组成。人类内部虹膜的结合是非常独特的。

生物识别眼睛阅读器将读取一只眼睛或两只眼睛。虹膜扫描仪使用可见光或近红外光工作，近红外光可显示更多细节，对于棕色眼睛的人(可见光差异通常较少)

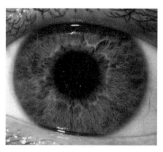

图 16.3 虹膜示例

而言尤其如此。即使应聘者戴着眼镜或隐形眼镜，虹膜识别也能工作。虹膜的变化非常缓慢，通常持续几十年才有明显变化(急性虹膜病变的情形例外)。可从[7]找到一个较好的全局概述。大多数人的虹膜在一岁以后不会改变。

虹膜识别已经使用了几十年，最初主要在高度保密的企业环境中使用，但不同的国家/地区越来越多地将其作为边界控制措施的一部分。主要的虹膜识别项目列表如[8]。与大多数触觉指纹阅读器一样，共享虹膜阅读器的一个主要缺点是潜在的疾病传播。没有人想从生病的同事那里传染"红眼病"。

使用多种方法来防止潜在的虹膜伪造，包括确认提交的图像不是完全平坦的，测量光照变化以确认瞳孔收缩，确认眼珠的自然转动，以及其他光谱检查。

注意 一个和虹膜识别有关的有趣故事涉及《国家地理》杂志封面上最著名的一张 12 岁阿富汗女孩的面部照片。18 年后，又刊登了女孩长大后的照片，由虹膜识别技术来确认这是同一个人，可见[9]。

---

4. 视网膜

视网膜是眼睛内部靠后的结构，将光转换成电化学神经信号，然后沿着视神经传送到大脑。视网膜血管排列在视网膜上，形成一种独特模式。除了疾病和受伤的情况，从人的出生到死亡都不会改变。视网膜模式是最独特的生物识别技术之一。

在视网膜扫描中，通常同时对双眼实施扫描，低能量红外光通过瞳孔发射，从视网膜反射回扫描仪。候选用户必须密切注视视网膜阅读器的目镜，等待扫描得到确认。这通常发生在几秒钟内，但根据各种因素，可能需要 10～15 秒。

第一台商用视网膜扫描仪出现于 1981 年，并很快由许多高安全性需求的组织采用。美国联邦调查局(FBI)、美国中央情报局(CIA)、美国国家航空航天局(NASA)和美国国家安全局(NSA)都是早期采用者。Roger 在访问 Verisign 的高安全性站点时看到一台视网膜扫描仪，这里是.com TLD 的 Internet 顶级域 DNS 服务器所在地。带领参观的 Verisign 员工使用了前所未见的其他几种高级安全保护措施；在进入服务器机房前，必须对该名员工的视网膜执行扫描，作为最后的检查。这一直以来都让我印象深刻。然而，根据经验，Roger 已很多年没有看到一个组织购买新的视网膜扫描仪系统，视网膜扫描仪系统的受欢迎程度似乎直线下降。

5. 人脸

今天，在任何一个工业化国家，人脸都会在有意无意间被摄像机记录下来，一天至少有好几次，甚至是几十次。使用人脸生物识别技术识别和验证身份正变得非常流行。从用户数量和组织兴趣来讲，也许只有指纹生物识别技术可以超越人脸识别技术。

注意　对于人脸识别技术的正确使用，存在着严重的、全球性的担忧。如此多的执法机构开始使用生物识别技术在人群中找出通缉犯，以至于世界上很多地方都在要求采取国家性或全球性的隐私控制措施，以确定默认情况下哪些行为是允许的，哪些行为是不允许的。

许多现代智能手机和操作系统都内置了人脸识别功能。Apple 公司 iPhone X 和 iPad Pro 设备中推出了 Face ID(见[10])人脸生物识别技术，允许用户解锁自己的设备，其他许多智能手机供应商也纷纷效仿。

Microsoft 随后推出了指纹和人脸识别身份验证，用于 Microsoft Windows 和 Windows Hello(见[11])，后来又增加了对手掌静脉识别的支持。符合最低硬件要求且安装了 Windows 10 的设备都可启用该功能。指纹和人脸识别身份验证对于准确性和安全性(以及反欺骗)有着相当严格的要求，是几种流行的技术中最难破解的系统之一。图 16.4 是一张 Microsoft Windows Hello 的真实图片，使用人脸识别功能登录到笔记本电脑。

图 16.4　在 Roger 的笔记本电脑自动登录期间，Microsoft Windows Hello 人脸识别屏幕主动扫描
　　　　Roger 的脸。可看到笔记本电脑顶部的红外摄像头

注意　如果 Microsoft Windows Hello 人脸识别无法识别用户的面部，则允许用户使用以前注
　　　　册的其他方法(如 PIN)登录。这可能是第 13 章中列出的另一个潜在示例。人脸生物识
　　　　别包括图像采集、算法分析、存储和比较。

可使用常规光、红外光、皮肤纹理分析或热成像来获取人脸及其特征。人脸识
别使用超过 30 000 个不同的红外线光点来绘制一张脸。对图像执行分析和标准化，
以确定关键特征(如嘴、眼睛、下巴、肤色、牙齿和嘴唇)，然后将这些特征存储为
数据点。

注意　红外光通常用于人脸识别，因为红外光在低光照条件下工作，且更难欺骗。红外光不
　　　　会将人脸的二维图像映射为三维图像。

为比较和识别人脸，需要识别新获取图像上的数据点，并将其与现有存储图像执
行比较，确定存储的数据点与候选图像最精确匹配的可能性。人脸识别通常不是百分
之百的匹配；人脸识别更像是凭借"证据优势"获胜。尽管一个人脸上基本的生理特
征和骨骼结构不会经常发生变化，但人脸上更多细微的、短暂的特征会在日常生活中
发生变化，也会随着时间的推移而变化。人们会有新的皮肤瑕疵、黑点、毛发(如头
发、眉毛、胡子和胡须)生长和体重变化。在不同情况下，人们有不同的面部表情，
皱眉的面部特征明显不同于笑容灿烂的面部特征。发型、帽子、围巾和眼镜可遮住用
户的脸。用户中很少有人长得像高中生。人脸识别算法对任意两幅图像的匹配概率执

行加权猜测，并为概率最高的一幅图像提出一个潜在匹配。

与大多数其他生物识别技术相比，人脸识别的比较分析需要更长时间。这是一个非常复杂的分析，涉及很多数学计算。如果用户想了解关于人脸识别及其算法的更多工作原理，请查看一种广泛的人脸识别算法，称为特征脸。目前各种系统已采用了几十种不同的人脸识别算法。每个算法都试图①识别其捕获的每个人脸的独特特征，②高效地存储这些数据点，③允许尽快执行比较。这远不是一门精确的科学，但人脸识别算法一直在进步。

如果存储的图像较少(如个人手机的情况)，人脸识别系统对一个人或少数几个人的验证效果较好。

而如果从人群中或存储的许多图像中寻找一个人，则会表现出人脸识别系统的一些固有弱点。Roger 参与过的此类人脸识别系统有很多误报(错误地提出与新捕获的候选图像不匹配的存储图像)；很多时候，与新捕获的图像相比，系统推荐的匹配对象尽管存在明显的相似特征，但在大多数人看来二者并不相像。

同时，如果要求你在成千上万的人中找到一个匹配的人，可能需要更长时间，而计算机能快速完成机械式的搜索。如果给你足够的时间，你的感官似乎特别擅长确定几个候选对象之间的真实匹配，但无法像计算机系统那样，在几秒钟内从数百万或数十亿张可能的图像中找出一个完全未知的对象。Roger 还见过一个人脸识别系统成功地分辨出 200 对同卵双胞胎，而人类分辨同卵双胞胎的失败率为 5%。计算机能通过某种方式分辨出相貌几乎完全一样的双胞胎。

人脸识别技术之所以不能大范围推广，唯一的原因是人脸识别技术可遭到许多不同的方法的欺骗，且在大型数据集中使用时有很高的假阳性率。对于大多数广泛使用的人脸识别系统，最终都需要人员进行审查和批准来确认匹配。到目前为止，Roger 所见过的人脸识别系统还没有一个可精确到在人群中自行确认匹配。

长期以来，用人脸识别技术来识别人的面部已成为执法部门普遍使用的一种方法。执法部门通过摄像头扫描公共场所和活动，寻找通缉犯。美国机构 Clearview AI 声称，仅人脸照片就超过 30 亿张(其中大部分据称未经 Facebook 和其他社交媒体网站的明确许可而拍摄)。超过 27 个国家的 22000 多个组织拥有 Clearview 账户(见[12])。除了 Clearview AI，全球还有数百个人脸识别机构，人脸照片的数量可想而知。

6. 声音

语音分析是一个日益扩大的生物识别领域。语音识别系统分析一个人的语音，以识别构成语言的一切特征，包括频率、音调、节奏、使用的单词和方言等。识别一个特定的、预期的人(这是 Roger 在说话)，也称为说话人识别。与随机尝试从可能的候选人群中识别未知的人相比，语音分析的成功率更高(就像人脸识别一样)。

语音分析可确认某人是特定的、期望的人。许多组织通过这种方式来确认打电话寻求支持的人的真实性。有一个大规模的行业语音识别解决方案，使得技术支持人员不再需要额外验证一个人的身份，从而节省了时间。通常，语音识别的第一个因素是呼叫人的电话号码，该人的声音成为第二个验证因素。如果两者都与系统中已存储的内容匹配，则在联系技术支持人员之前，可认为呼叫的人员已经过自动验证。Roger 并未见过组织内部使用语音识别来登录网络或进入大楼。

在 Roger 过往的经验中，曾看到许多语音识别系统正确验证了 Roger 的身份，而不接受其他在会议和演示中伪装成 Roger 的人。Roger 甚至目睹过这样的测试：记录下一个人的声音，然后回放，试图欺骗语音识别系统，但没有成功。现在有一些攻击工具可将一个人录下来的语音变成未来的、自定义的或这个人从未说过的句子或单词。使用这些工具和方法的演示非常有趣。尽管如此，在 Roger 实际在场的测试中，即使是这些攻击工具也未能愚弄相关的语音识别系统。但这些测试在时间、资源和质量上都是有限的。语音识别系统的供应商通常表示，如果攻击方有足够的时间和精力，可能会成功欺骗供应商的系统。这就是为什么语音识别系统通常与另一个因素配对使用。

> **注意** Lyrebird AI 是一个商业工具。[13]有一段 Lyrebird AI 用来制作假奥巴马总统声音的视频。对 Roger 来说，奥巴马的假声音听起来还是很奇怪。假声还不完善，但随着时间的推移，这种情况可能会改变。许多专家预计，未来的假音频将非常真实，无论是人类还是计算机都无法轻易分辨出两者的区别。

供应商和研究人员已经实施或试图实施许多其他的生物识别因素。大多数并没有普及，因为供应商和研究人员不能保证具有普遍的唯一性，难以测量，测量之间的差异太大，或成本太高。正如第 4 章所述，世界并非在等待一个更好的新生物识别解决方案。人们已经有很多解决方案了，只需要在用户摩擦最小的情况下提供更精确的解决方案。任何情况下，纯粹从安全角度看，任何生物识别技术与另一个因素(生物识别技术或非生物识别技术)相结合时，人们广泛认为比将生物识别用作唯一的身份验证因素更安全。

> **注意** 最大规模的生物识别项目之一是生物识别护照。其概念是将一个人的生物识别特征安全地存储在植入护照的芯片上，护照官员可提取生物识别特征，并与当前测量的生物识别特征进行比较，以确认一个人的身份。各个国家在不同的程度上实施了这项计划。

16.2.2　生物识别是如何工作的

每个生物识别系统都有自己的优缺点，但大多数都包含一个通用的阶段集合，如图 16.5 所示。下面几节将更详细地介绍每个步骤。

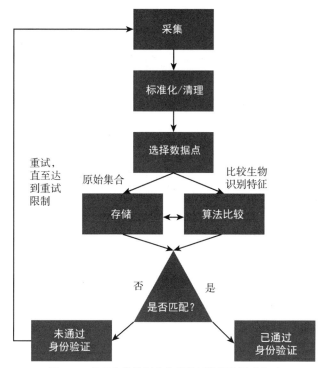

图 16.5　基于生物特征的身份验证流程的图形表示

1. 采集

"采集"阶段收集生物识别特征。如果是第一次将某人注册到系统以备将来使用，则这是注册流程的一部分。或者，作为身份识别或身份验证的一部分，可对比当前对象与先前存储的图像。采集可以是单模式(采集一个生物识别特征或仅使用一个传感器)或多模式(多个传感器和多种生物识别特征同时收集在一起)。涉及的用户可能知道，也可能不知道正在收集生物识别特征，例如当一群人经过公共区域设置的人脸识别摄像头时。

注意　NIST 有一份专门收集生物识别技术的文件，即 NIST 特别出版物 800-76-2。

---

2. 标准化/清理

每个收集事件都包括预处理，以清理收集的特征。许多类型的图像都是"右对齐 (right-aligned)"的，以便在相同的角度和方向上执行比较。每个生物识别系统都有各自的方法来确定"正确"的方向和位置，以确保该系统基于某些生物识别特征，这些特征用于集中和对比收集到的特征。

识别并消除多余的噪声和伪影。不能因为一点灰尘就使整个指纹识别失效，不能因为眼睛布满血丝或戴着眼镜使虹膜识别失效，不能因为头发下垂使人脸匹配失效，不能因为远处的背景噪音或寒风使声音匹配失效。可能需要增强想要的特征。例如，提交的指纹图像通常具有较亮和较暗的摩擦脊线。指纹读取器会使整个图像变亮或变暗，有时还会根据需要使指纹的更多细节变得清晰。然后，为采集的数据提交标准化的图像。

3. 选择数据点

所有生物识别特征都将转换成数字形式。大多数生物识别系统都包含一些算法，可确定提交的生物识别特征的哪些部分最终可以识别、命名、操作和存储。例如，一个人脸识别阅读器可使用 30 000 个独立的光点来捕捉一张脸，但算法只将人脸分成几十到几百个数据点；这些是眼睛、这是嘴唇以及这是鼻子等。对单个区域和区域之间实施测量。通常使用数学知识来创建新的数据点。

4. 存储

生物识别技术图像和数据点可本地存储(位于生物测量设备的数据库中)，也可存储在远程位置。为提高比较速度，可将经常访问的数据点上载到每个远程设备或本地内存，以便更快地执行本地处理。无论存储在哪里，都需要在磁盘、内存安全地存储并保证传输安全。

5. 比较

当请求时，将对新获得的特征和存储的生物识别特征实施比较。比较是在初始注册期间执行的，以确保新采集的生物识别特征与存储的现有不同主体不匹配，并在随后的身份验证期间执行比较。

总是通过数据分析进行比较，而非直接比较获得的光学图像或声音。例如，当针对两张人脸执行比较时，并不像人工分析那样执行图像比较。相反，使用存储的数据点和相同数据点的新候选图像的测量值进行比较。该系统将寻找与更多数据点一致的图像。

另一个很好的示例是指纹。对于实际指纹，即使已存储并可供以后检索，也不会在比较中使用。将采集到的指纹存储为摩擦脊开始和结束的特定点，以及确定的形状和伪影。存储的指纹看起来更像一个星座(如猎户座腰带或北斗七星)，而非指纹图片。比较得到的点越多，指纹匹配就越准确。遗憾的是，在每次采集过程中，未必能收集到指纹识别系统想要收集的所有点，因为在每次指纹提交过程中，人们总是放置不同区域的不同点。这就是为什么许多初始指纹采集会要求提交方以不同方式按下手指几次，以尽可能多地收集不同的数据点，从而更好地代表整个指纹。指纹采集系统本质上是比较"星座"，在不同的数据点匹配之处寻找部分重叠的匹配。

6. 身份验证

如果请求身份验证，系统通常会根据各种数据点上的证据优势来确定某人是否已完成身份验证。如果用户成功通过身份验证，将获权访问受保护的系统或资源。如果访问数字访问控制系统，如操作系统或网站中使用的那样，将给通过身份验证的用户分配一个访问控制令牌，如第 6 章中介绍的那样。

16.3 基于生物特征的身份验证的问题

大多数人开始相信基于生物特征的身份验证是最准确的验证方法。生物识别技术供应商表示，其生物识别系统精确到 1:100 000 000，不能伪造。这听起来像杀毒行业试图说服用户，其产品可成功检测 100%的恶意软件，而 30 多年来蓬勃发展的恶意软件行业显然证明了事实并非如此。

不管是安全领域的新手，还是许多计算机安全人士，都认为生物识别技术是一种有魄力的、神奇的甚至是至高无上的身份验证解决方案。Roger 曾与一些全球知名的计算机安全专家讨论过这个问题，这些专家将制定新的国际安全标准，决定着在线和个人商务的未来；他们热切期待生物识别技术在短期取得突破，使欺诈性身份验证和交易成为过去。专家们在自己的职业生涯似乎一直等待生物识别技术的发展和成熟，从而消灭网络和计算机犯罪。

专家们完全错了！由于各种原因，生物识别技术并不是很好的身份验证工具，包括高错误率和生物识别技术遭窃造成不可逆转的损害。在 Roger 看来，生物识别技术不如其他大多数 MFA 解决方案好。原因如下。

16.3.1 错误率高

每个身份验证解决方案都有一定数量的误报(假阳性)和漏报(假阴性)。所谓误报，就是验证不应该成功但将其确定为成功。这在生物识别领域称为 II 型错误或错误接受率(False Acceptance Rates，FAR)。漏报是遭到拒绝的合法身份验证，该身份验证本应成功。在生物识别领域，这些称为 I 型错误或错误拒绝率(False Rejection Rates，FRR)。

如果你曾在使用共享的生物识别扫描仪的组织工作过，可能会联想到不得不在某人身后等待的经历，因为生物识别扫描仪一遍遍地出错，不接受有效提交的生物特征，反复多次，最终才能得到正确结果。如果你处于这种工作环境，此类情况会经常发生，很多人都已经见怪不怪。这只是共享生物身份验证设备的一种生活方式。人们站在那里，等待合法的人最终得到承认。如果你的手机有指纹扫描器，在尝试把手指放在手机指纹扫描器上时，这种情况会发生在你自己身上。擦拭传感器，擦拭指尖，再次尝试，直到其最终识别出用户并解锁。

当生物识别系统的灵敏度调高或调低时，误报/漏报就会开始变化。还需要考虑交叉错误率(Crossover Error Rate，CER)，其中 I 型错误百分比等于 II 型错误百分比。图 16.6 显示了这种基本的生物识别技术误差比较。

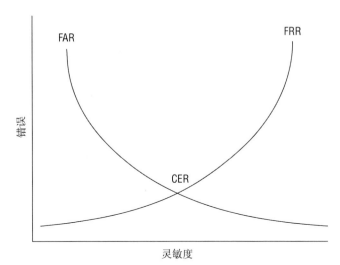

图 16.6　生物识别技术错误率比较总结

错误接受显然是危险的，因为系统正在接受不该接受的人。这是个安全问题。在口令领域，就像有人提交了错误口令 froger 而非正确口令 frogger，而身份验证系统仍接受了错误口令并对用户执行了身份验证。在口令领域，错误拒绝就好比合法用户输入了正确的 frogger 口令，但该口令仍不起作用。

在生物识别领域，将一个生物识别特征视为与合法特征足够接近而由系统接受(错误接受)的情况并不少见。可能是不同的指纹涂抹在比较区域，指纹读取器错误地将其标记为摩擦脊变化或螺纹。反过来说，一个合法的人一遍遍地将正确指纹放在扫描仪上，但从来没有把所需的整个指纹完全放在扫描仪上；或有一些小的皮肤擦伤，扫描仪会将这些擦伤当作一个新的桥或分叉。

不管怎样，许多生物识别系统的假阴性和假阳性比例比其他任何类型的身份验证高很多。这是因为有很多变量，包括本章接下来要分析的一些变量。

1. 自然和人为原因造成的生物特征变化

更精确的生物识别技术最大的障碍是该技术正在测量一个不断变化的世界中的活体组织。人体在不断地淘汰旧细胞，生成新细胞。环境每时每刻都在改变。每一秒与人们互动的光、空气和尘埃都在改变着人们。量子力学认为，每天每秒钟都有数十亿个粒子与人们的身体纠缠在一起。

注意　每秒钟，在人体每平方厘米的皮肤上，有 650 亿个中微子以光速穿过。

生物特征每天都在以某种方式发生变化。其中的大多数变化都没有足够的量级来改变一个人的外貌，但会由大多数基于生物特征的身份验证系统检测到。最终积累了足够的量之后会发生显著变化，如皮肤老化、皱纹、虹膜、血管变化、眼睛变色、静脉曲张和声音变化等。Roger 清楚地记得，进入青春期后，声音在短短几天内发生了

明显变化。Roger 的脸比高中时明显丰满。随着时间的推移，Roger 的头发变得越来越灰白。

日常变化都是因为所处的环境以及与环境的互动而发生的。例如，Roger 的脸和手有擦伤，Roger 弄脏了脸，一些家用胶水或填缝物嵌入 Roger 的指缝，Roger 受伤并留了疤痕，感冒和过敏改变了 Roger 的声音，Roger 的伤疤比别人肿得更厉害，在寒冬里 Roger 的皮肤收缩了，Roger 手指上的摩擦纹路大小、污垢和伪影每天都略有不同。

如果人脸、手部或指纹身份验证系统灵敏度调得太高，最重要的标准为准确性，那么最终会导致太多的错误拒绝；原因在于细节差异并不是由不同的脸、手或指纹造成的。事实上，大多数生物识别系统都故意经过"调整"，以降低系统本可达到的准确度。如果 iTouch 解锁故障太多，影响其有效工作，则没人会使用 iTouch，用户希望 iTouch 在大多数情况下都能工作。这些系统的准确性必须低于传感器和软件能力及其收集信息的能力。这种调整增加了错误接收的风险。每个生物识别系统都在太多错误接受和太多错误拒绝之间进行斗争。供应商必须设置一个大多数客户都能接受的水平。在任何一个方向上，都会有太多错误，只有找到合理的平衡点，才能吸引潜在客户。

2. 缺少生物识别特征

不是每个人都有可测量的生物识别特征。这个世界到处都有失去手指、手和眼睛的人。每一万人中就有八个人天生是哑巴。许多人有玻璃假眼。数以百万计的人有眼外伤和疾病，这些疾病会在短时间内显著改变眼球的生理功能。皮肤病患者没有指纹。一些吉他演奏家因为弹奏时间过长，以至于手指主垫上没有指纹。Roger 的一个朋友在一家生产砂纸的工厂工作，双手永远沾着污迹，看上去很脏；在休假前，这位朋友不得不把双手浸在酸里，让双手看起来干净，这个过程去掉了手上的指纹。有些罪犯故意修改指纹([14]给出一个示例)或者做整容手术。

很多时候，由于一些难以解释的原因，有些人根本无法每天使用相同的生物特征执行验证。任何大型生物识别网络管理者都知道，个别人无法使用所选的生物识别系统，原因通常是未知的。Roger 认识一个女士，不管什么时候取指纹，一天或几分钟后，该女士的指纹都不会确认通过。所有参与调查的人都看了该女士的指纹，这些指纹和专家见过的任何指纹一样正常。当该女士把手指放在指纹识别仪上时，手指并没有奇怪地晃动或移动，没有明显的缺陷和污垢。该女士只是不能成功地使用这个指纹身份验证系统，该女士和专家一样沮丧。Roger 从其他生物识别系统管理员那里听说过类似的测量问题。口令、USB 令牌或大多数其他 MFA 解决方案方法不会发生此类问题。

3. 使用假特征很容易绕过

没有一个生物识别系统是不能欺骗的。有些系统比其他系统好一些，但都可通过伪造的、模拟的生物识别特征来绕过。如果有人告诉你，生物识别系统是不能欺骗的，那么该供应商就是想将其生物识别系统卖给你所在的组织。YouTube 上常有一些 16

岁的孩子在展示可用价值 2 美元的材料来完成欺骗。在稍后列举的攻击示例中，会介绍更多关于这方面的内容。

4. 偷窃会造成不可挽回的损失

最常用的生物特征很容易传播到一个人到过的任何地方。指纹和 DNA 随处可见，甚至在垃圾桶上也能找到。任何人都可打电话给用户，并录下声音。人的手部几何形状不是国家机密。获取用户的眼睛特征数据有点难，但一位意志坚定的社交工程师，只要有合适的设备，就可给用户提供免费的青光眼或视网膜脱落测试来骗取，或者干脆闯入眼科医生的办公室，偷取任何记录在案的眼部影像。有了足够的物理访问权限，敌对方可在任何合法的生物识别读卡器上秘密使用一个"浏览"设备来记录提交的生物特征，就像自动取款机的犯罪分子捕获信用卡细节一样。精确捕捉到体内的静脉分布情况会难一些，但也可设法欺骗获得。

更常见的是针对供应商和客户的整个生物特征数据库的大规模盗窃(稍后列举几个示例)。一旦用户的生物识别特征遭到盗用，那么依赖这个特征的系统如何能保证是真实用户在尝试登录呢？例如，如果有人偷了用户的指纹，那么任何使用指纹执行身份验证的系统如何确保提交的确实是该用户的指纹？盗窃生物特征是不可逆转的损害，且随着生物识别技术使用的增加，这种情况可能更加普遍。也许有一天，几次大规模的生物特征数据库入侵可能泄露每个人的生物特征，那时该怎么办？

而在口令或令牌等身份验证中，用户需要做的就是禁用旧的并启用新的；很容易做到，人们一直都在这样做。盗窃造成的损害不是永久性的。

5. 如何比较生物识别技术误差率

生物识别误差率本质上是灵敏度的折中。随着灵敏度的提高，错误拒绝会增加。随着灵敏度的降低，错误接受的情况随之增加。每个生物识别解决方案都有自己的误差。在一个环境中有效的东西可能在另一个环境中不起作用。例如，高度保密的军事系统将容忍比普通组织或手机用户更高的错误拒绝率。在最高机密的军事设施中，错误接受会带来太多风险。但大多数组织和一般消费设备(如手机和笔记本电脑)宁愿有较低的错误拒绝率。

交叉错误率(CER)指错误接受和错误拒绝相等；可从中深入了解任何特定的生物识别解决方案是如何配置的，是如何兼顾错误率与灵敏度的。比较生物识别系统时，要分析所有错误率；但对于超快捷的比较，可单独使用 CER。CER 允许快速找到平衡点。注意，就像汽车制造商试图宣传过于乐观的平均耗油量评级一样，许多生物识别技术供应商公布的错误率要比在普通的真实环境中低得多。Roger 还没有遇到如声称那样准确的生物识别解决方案。最好在购买之前先试试。

当然，也存在误差真的较小的生物识别系统。这些系统的成本更高、速度更慢，只能用于数量有限的高保密场景；在这些场景中，为减少错误而付出成本是值得的。绝大多数生物识别系统都很便宜，错误率也很高，而且是明知故犯。客户和用户或许不知情，但供应商和评判者都知道。例如，为手机制造指纹和人脸识别扫描仪的供应商知道其错误接受率非常高。但用户别无选择。

注意　Microsoft Windows Hello 价格较低，用途广泛，错误率较低。用户可在网站[15]了解错误率信息。但即使是 Microsoft Windows Hello 也有错误。Roger 有几个朋友经常遭到错误拒绝，具体原因不明。

即使生物识别解决方案非常精确、误差小，但由于成本高、处理速度慢，大多数客户仍然无法忍受。Roger 在高度保密的组织用过更精确的生物识别系统。当使用指纹或眼球读卡器时，用户必须停下来，放慢速度，让读卡器花 3～15 秒来完成扫描并做出决定。听起来时间很短，但对于大多数情况来说，时间太长了。想象一下，用户不得不静静地等待约 10 秒，才能进入大楼或解锁手机，而排在后面的人也需要等待。如第 4 章所述，大多数用户希望更快的审批和适度的安全性。

16.3.2　隐私问题

隐私是个大问题。人们担心越来越多的组织和数据库拥有其生物特征，并质疑存储和使用这些生物特征的原因。很大一部分人反对生物识别供应商在未经同意的情况下，将这些人的照片从社交媒体账户上复制下来，然后用于身份识别。绝大多数人不希望政府实施大规模监视。用户担心自己的生物识别特征用于一些有害的方面。许多人担心 DNA 被医疗保险公司看到，从而向这些人收取更高的保费，因为这些疾病或基因异常可能使人面临更大的危险。

总之，许多组织由于多种原因，在未经用户明确许可的情况下使用用户的生物特征数据。这些数据可从这些组织中的任何一家窃取，并以未经授权的方式使用，甚至可冒充用户实施欺诈性的身份验证。

注意　例如，执法部门一直在利用大型 DNA 数据库，已经借此破获了数百起谋杀案；这对执法部门来说有着强烈的反作用。一些 DNA 服务商否认允许执法部门使用其数据，因为客户担心隐私遭受侵犯。

16.3.3　传播疾病

最后，共享的生物特征读取器需要使用普通设备与身体接触(如指纹读取器，手印、手部几何图形、手指血管扫描仪和眼球读取器)，很容易传播疾病。即使一家组织提供消毒剂或湿巾供用户使用，也绝对不能保证这些快速补救措施实际起作用。卫生保健人员在关于防止疾病人际传播的任何讨论时都建议使用大量消毒剂，并在一分钟或更长时间内洗手，当然不仅是快速、简单地使用消毒剂或湿巾。另外，如果在公共候诊区域强制使用共享生物识别设备，空气也会传播疾病。

总的来说，生物识别技术可用于许多场景，也是一个可行的解决方案，但它并非有人认为的完美或完全准确的身份验证解决方案。不应认为生物识别技术是高度准确和没有缺点的。如果使用生物识别技术，用户应该清楚地了解生物识别技术的优缺点。

16.4 生物识别技术攻击示例

接下来列举一些针对基于生物特征的身份验证的攻击示例。

16.4.1 指纹攻击

针对指纹识别技术的攻击比针对其他任何生物识别技术的攻击都要成功。这一点也不奇怪，因为指纹识别技术是最流行的生物识别身份验证类型，出现时间比任何其他方法都早。下面列举真实的攻击示例。

1. 遭窃的生物特征数据

如果攻击方可同时窃取一大堆生物特征数据，那么受影响的受害者能做什么？其生物识别特征已经公开，由未经授权的一方控制，可随时重复使用和复制。

指纹盗窃 Roger 在 15 年前申请美国政府工作许可时留下的指纹曾遭窃。20 世纪 80 年代，Roger 的妻子在当地一家造船厂工作时留下了指纹。这些指纹已经遭窃，其中包括每个政府申请人的详细个人资料(例如，以前的雇主、家庭成员信息、亲属、住址、旅行、吸毒和心理问题)，所有这些信息是任何一位优秀的社交工程攻击方都希望拥有的。

BioStar 2 盗窃 BioStar 2 是一家名为 Suprema 的组织推出的指纹和人脸生物识别安全平台。BioStar 2 允许管理员控制对设施区域的安全访问和用户权限。2019 年 8 月，安全研究人员宣布，BioStar 的生物识别数据库可能遭到破坏，可能暴露了超过 100 万用户的指纹、人脸识别信息和口令。安全研究人员表示，尽管报告的漏洞在一周后关闭，但 Suprema 总体上没有反应，将报告提交给 Suprema 对其毫无帮助。问题是，有没有其他人在由研究人员发现并关闭之前发现了这个漏洞？

2. 假手指

制作假手指和指纹图像看起来像间谍剧里的情节，但真的可以制造出假的手指和指纹来愚弄指纹读取设备。Roger 做到了。每个人都能做到。这里有一些示例。

橡皮泥手指 这是一个很好的示例(见[16])，从中可以了解到使用普通材料成功制作假指纹是多么容易。几个小组针对两个受欢迎的指纹识别器尝试了各种材料。其中一个小组成功地使用软蜡对一台扫描仪完成了测试，然后将软蜡放入冰箱中使其变硬。但蜡在第二台扫描仪上失败了。不过橡皮泥模制黏土在第二台扫描仪上发挥了作用(可在[17]看到一个成功的视频)，但在第一台扫描仪上不起作用。Roger 喜欢这个示例，因为该示例与 Roger 在生物识别测试的经历相似。并非所有技术都适用于所有扫描仪，但所有扫描仪都可通过某种方式进行欺骗。有时只需要价值 12.82 美元的胶水、小熊胶、蜡和橡皮泥。

用明胶手指打败 Apple iTouch　在这个示例中(见[18])，白帽攻击方成功入侵了 Apple 公司的 iTouch 指纹扫描仪，使用的指纹图像印在塑料上，再加上涂抹过的胶水使其具有纹理。视频如[19]。第二个攻击方用普通食品明胶进行尝试，用另一种方法成功入侵 Apple iTouch，见[20]。

腾讯指纹攻击　中国大型公司腾讯的研究人员使用玻璃上的指纹，以欺骗手机指纹识别器，所用材料的价格是 140 美元(见[21])。研究人员在一次中国计算机安全会议上演示了该技术。研究人员让一位观众拿出手机，拍下了观众的指纹照片，不到 20 分钟，研究人员就侵入了该观众的手机。

注意　有时，击败指纹传感器所需要的只是错误的屏幕保护器，见[22]。

使用 3D 打印机创建假指纹　[23]是一个很好的资源，介绍了指纹阅读器、指纹收集，以及如何创建好的假指纹。研究人员使用了雕塑用的黏土，如橡皮泥、硅胶、胶水、导电粉和 3D 打印机，具体取决于其想要愚弄的传感器类型。导电粉末(铝和石墨)需要为指纹识别器提供更逼真的反馈，而不能用简单的、非导电的假指纹欺骗。研究人员发现三种指纹读取器(电容式、光学式和超声波式)都可以欺骗。最终，研究人员得出结论"没有哪种传感器有明显优势"。

研究人员试图欺骗许多不同的设备和系统，结果喜忧参半。研究人员可骗过多种手机，但没有骗过三星 A70 设备(该设备有很高的错误拒绝率)。研究人员在多个设备上对抗 Microsoft 的 Windows Hello 也没有取得成功，但在 MacBook Pro 上却成功了。研究人员成功闯入一个生物识别技术保护的挂锁，但在两个测试过的生物保护 USB 加密驱动器上没有成功。

16.4.2　手静脉攻击

2018 年 12 月，臭名昭著的欧洲 CCC(Chaos Computer Club)的一些成员伪造了指纹识别系统(见[24])。这并不容易。这项研究花了 30 多天的时间，但到最后，这些成员还是习惯性地使用印在覆盖蜡的手形平面上的静脉形状线条来欺骗静脉扫描仪。

16.4.3　眼睛生物识别技术欺骗攻击

可通过虹膜欺骗方式来欺骗生物特征阅读器。虹膜欺骗是全球科学家和研究人员共同关注的领域。虹膜欺骗攻击通常涉及虹膜的重印图像、虹膜的重放视频或带纹理的隐形眼镜。最后一种方法具有最好的欺骗能力。

但在 YouTube 上，并没有很多视频来演示针对眼球、虹膜或视网膜的欺骗攻击，因为这些攻击演示比一般的计算机安全极客所能做到的更昂贵、更难实现。这并不意味着欺骗眼睛生物识别技术不能实现；事实证明，是可以做到的。这对于生产眼睛生物识别设备的厂商和依赖其高安全性的客户来说是一个巨大的担忧。眼睛生物识别技术欺骗攻击的研究和演示往往是由大学博士们闭门实施的。全球的研究人员都在尽力捍卫或破解眼睛生物识别解决方案。

甚至还有国际比赛来击败和防御虹膜欺骗攻击。LivDet 活力检测大赛系列(livdet.org)每两年在世界各地举办一次。2017 年，LivDet 的"赢家"使用特制的隐形眼镜，成功获得 15%的假虹膜，通过了相关虹膜识别扫描仪的检测。这是世界上欺骗效果最好的、最先进的技术。

参与竞赛的研究员 Daksha Yadav 在检测的准确性和欺骗眼睛生物识别系统的能力方面写了大量文章。[25]是 Yadav 等人的一组研究人员的报告。可在[26]阅读 Yadav 关于这个主题的多篇独立论文，或者从[27]下载 Yadav 的相关论文。如果你花一点时间研究眼睛和虹膜攻击，会发现有很多这样的攻击，而且很多研究人员在执行这些攻击时取得了巨大成功，并阻止了试图阻止攻击的其他人。

16.4.4　人脸识别攻击

接下来将列举一些针对人脸识别的欺骗攻击示例。

1. 欺骗 Windows Hello

如前所述，Microsoft Windows Hello 是通用的公众指纹和人脸识别技术，不容易遭到欺骗。但这不意味着 Microsoft Windows Hello 不能遭到黑客入侵。2017 年底，一些德国黑客(见[28])发现可使用近红外摄像头为某人拍照，然后把这幅 1D 图像放在 Windows Hello 前，Windows Hello 就会接受这幅图片。可在[29]看到该攻击团队是怎么做到的。更多细节也可在[30]找到。

该攻击之所以取得成功，部分原因在于 Microsoft 没有在 Windows Hello 中默认启用增强型反欺骗功能。那么，什么是"增强型反欺骗"，为什么 Microsoft 默认不启用该功能？Roger 找不到 Microsoft 要求支持 Windows Hello 增强型反欺骗的确切细节，但支持增强型反欺骗的人脸识别摄像头与不支持该功能的人脸识别摄像头之间存在差异。支持增强型反欺骗的摄像头支持更多的红外分辨率像素，进行活性检测，尽力确定欺骗脸(2D 图像、图片和视频，以及 3D 面具和物体)与真实人脸之间的区别。具有增强型反欺骗功能的硬件和软件可能通过以下一种或多种方式来实现：

- 通过检查深度、照明和纹理差异，检查提交的图像是否为 3D 和真实的。纸张和面罩可能更加均匀一致。
- 检查眼睛是否转动。
- 检查头部是否移动。
- 检查脸部周围的区域是否明显不同(即，不仅是一张纸上的脸部照片)

有关人脸反欺骗检查的更多信息，请参阅[31]。

如果用户使用支持增强型反欺骗功能的 Windows 10 或更新版本，以及支持增强型反欺骗的人脸识别摄像头，且启用了增强型反欺骗功能(默认情况下未启用)，则可使用 Window Hello 增强型反欺骗功能。要在 Windows 10 中启用该功能(假设用户有支持的软件和硬件)，请打开本地组策略编辑器(gpedit.msc)并导航到 Computer Configuration\Administrative Templates\Windows Components\Biometrics\Facial Features。

然后配置增强型反欺骗设置。图 16.7 显示了增强型反欺骗组策略密钥。

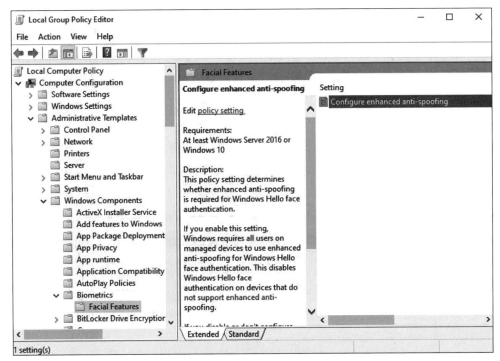

图 16.7　Microsoft 增强型反欺骗组策略密钥

为什么 Microsoft 默认不启用增强型反欺骗功能？答案可能是双重的。第一，Microsoft不确定用户的硬件是否支持该功能(尽管Microsoft要求供应商提供一种方法，通过API 进行验证)。其次，可能更重要的是，启用增强型反欺骗可能导致较高的错误拒绝率和较慢的接受速度。这是一把双刃剑。当用户降低错误接受率时，难免导致更高的错误拒绝率和更慢的处理速度。每个生物识别供应商都需要与这个问题做斗争。使用具有人脸识别功能的 Windows Hello 的组织应该启用增强型反欺骗功能，而居家办公的人员可能更习惯于关闭该功能。

2. 欺骗 Apple 的 Face ID

2017 年，一家越南安全组织在 3D 口罩上打印并粘贴了 2D 人脸图像，并在 iPhone X 上欺骗了 Apple 的 Face ID。如果想看的话，可观看一段长约 52 分钟的恶搞视频，参见[32]。如果只想看其实际效果，可从 8:30 位置开始。其他一些攻击方使用了戴眼镜的照片，可参见[33]。

[34]是一段 3D 打印脸部的视频，欺骗了许多不同品牌的手机(不包括 Apple 的 iPhone)。

3. 双胞胎欺骗 Apple 的 Face ID

如果用户想看一组同卵双胞胎欺骗 Face ID 的案例，请访问[35]。这两位甚至不是 Roger 能想象到的最相近同卵双胞胎，妆容也不同，在 Roger 看来，这两位并不是 100%完美的克隆体。那么，为什么起作用？很可能 Apple 允许 Face ID 的错误接受率高于 Windows Hello，这样更多的合法用户能使用 Face ID 快速登录。

相反，Microsoft 的 Windows Hello 没有遭到几十对同卵双胞胎的欺骗攻击。[36]是一个针对 Windows Hello 的同卵双胞胎测试视频。

4. 欺骗 42 部智能手机

2019 年 1 月，荷兰研究人员试图通过举着一张简单的二维人脸图片来欺骗 110 台不同的智能手机。该图片通过了 42 款智能手机的验证(不包括 Apple iTouch)，见[37]。

技术编辑 Corey Nachreiner 做了一个测试，欺骗了 Android 的 Trusted Face 二维人脸识别功能，见[38]。Corey 将妻子的低分辨率照片放在一个高质量的笔记本电脑屏幕图像上，这足以骗过 Android 的人脸识别功能。到 2019 年底，谷歌停止将 Trusted Face 作为默认功能(见[39])并打算开发更可靠的人脸识别功能，更接近 Apple 的 Face ID。

总结一下所有这些不同类型的生物识别技术攻击：攻击方式有很多，而且很难阻止。生物识别供应商正在提高其抵御攻击的能力，这是好人和坏人之间持续不断的拉锯战。到目前为止，还没有人发明过一种不会遭到欺骗的生物识别设备，而且很可能永远也不会有这样的设备。

16.5　防御生物识别技术攻击

本节探讨研发团队和用户的防御措施，以减轻针对生物识别技术的攻击。

16.5.1　研发团队防御攻击

首先，本书将介绍一些研发团队针对生物识别技术的攻击的防御措施。

1. 培训

研发团队必须接受培训，了解研发团队正在研发的每种生物识别解决方案面临的所有威胁，以及如何减轻这些威胁。研发团队必须对解决方案实施威胁建模，并使用安全研发生命周期(Security Development Lifecycle，SDL)编程技术来减少潜在的漏洞和错误。

2. 努力降低错误率

毫无疑问，研发团队应该努力降低错误率。事实证明，Microsoft Windows Hello 可在没有太多令人不安的错误率的情况下实现。Apple 的 Face ID 过去很容易遭到攻击方攻击，现在已经不那么容易了。传统观点认为，通用设备必须接受高错误率，才能让客户满意，这种观点每天都在遭到反驳。所有研发团队都应该尽可能降低错误率。

3. 实施反欺骗措施

为了实现最强的反欺骗，可使用活性检测技术。这取决于所使用的生物识别技术，但一般来说，这意味着识别和排除非常简单的呈现攻击方法，并确保提交的样本来自一个活生生的人。

Bayometric 有一篇关于活体手指扫描的文章(见[40])。Bayometric 正使用各种方法来防止伪造指纹。一种方法是使用嵌入指纹传感器中的光来检测是否使用了各种常见的无机欺骗材料。另一种方法是快速读取提交的指尖的传感器读数，并将其执行比较，看看有多少 "纹线失真"。据说真正的手指有更多扭曲。Bayometric 会寻找汗渍。显然，伪造的指纹比未伪造的指纹显示出更多的一致性。Bayometric 做其他的事情，比如寻找化妆迹象(如胶水里的气泡)和确认脉搏的存在。在反欺骗技术方面正在开展大量的研究，而且技术一直在进步。

但无论使用什么样的反欺骗、活性检测技术，都可遭到攻击方的攻击。没有不可攻破的技术。但通过使用最好的反欺骗方法和最新技术，可减少简单的欺骗。安全性不是非黑即白的。不要让完美目标成为做任何事情的敌人。

4. 限制尝试次数

攻击演示中的大多数攻击方都在谈论，在成功尝试之前，生物识别设备允许欺骗尝试失败多少次。在成功的身份验证之前限制失败的尝试次数是减少欺骗成功的一个好方法。将生物识别尝试视为口令并启用账户锁定。另一方面，延长失败尝试之间的等待时间，这样每次失败的尝试都会给攻击方带来更多成本。不要让攻击方反复尝试，以限制攻击方最终取得成功。

5. 具有第二个非生物识别因素的 MFA

生物身份验证应始终与第二个非生物识别因素配对。全球大多数国家都会选择 MFA，因为 MFA 需要两个或更多因素，使得攻击方更难成功地对付潜在的受害者。生物识别技术不应该改变这一点。1FA 解决方案通常是弱解决方案，生物识别技术并不能改变这一点，某些情况下，生物识别技术比简单口令更弱。

6. 保护生物特征数据库

所有研发团队都需要确保无论其生物识别特征数据库在哪里，都是非常安全的。数据库需要用最少的权限实施保护并加密。例如，Windows Hello 使用安全的对称和非对称口令，并通过主板的 TPM(Trusted Platform Module，可信平台模块)芯片上的附加私钥和受"统一可扩展固件安全引导"保护的操作系统来保护最关键的密钥。这是一个非常好的组合。

即使没有加密或使用特殊的加密芯片，如果存储的生物识别技术因素足够模糊，在系统外无法识别和无法使用，也可实施相当安全的存储。例如，有的生物识别系统中的数据(指纹、虹膜图案或手静脉数据等)会转换成一个数字矩阵，在系统外是无法使用和无法识别的。如前所述，大多数模式识别系统将其看到的图像转换为拐点，有点像星座图，而存储的是那些"星座图"，而非实际图像。更进一步，这些星座可映射到矩阵网格，然后转换成数字或坐标。举个简单例子，假设一个人的右手指映射到32、AB、56、7F、01、45、43、20、02、66、67、AF。任何后续提交匹配的指纹也将转换成星座，然后转换成匹配的数字。或许，作为进一步的安全措施，这些数字随后执行哈希。哈希结果可能是 A52BBB17F189943F34066A。为便于将来的比较，唯一需要存储的值是哈希值。

攻击方破坏生物特征数据库并窃取唯一可用的信息，即哈希值，将不知道创建星座的原始指纹，而星座又创建了矩阵坐标并生成了单个哈希值。只要生物识别研发团队使用一个具有足够输入数据点的哈希，攻击方就很难找出原始指纹。攻击方可窃取的数据(即哈希结果)对其来说基本上是无用的；即使攻击方侵入了存储数据的系统，除非能将自己插入执行哈希比较的最后一步，否则也是徒劳。这种保护是非常棒的，希望更多的生物识别技术供应商实施这样的保护。

16.5.2　用户/管理员防御攻击

终端用户可使用的防御生物识别攻击的方法并不多，不要把用户的 DNA 和指纹存储在任何可能遭窃的地方。Roger 不是一个喜欢生活在恐惧中的人，所以并不建议你去四处擦拭，以擦掉自己触摸任何东西时留下的指纹。以下是一些其他建议。

1. 培训

相反，用户和管理员只需要意识到生物识别技术可能遭到入侵和窃取。生物识别技术可能很好，但并不完美。简单地了解基于生物特征的身份验证的优缺点是这场战斗的重要部分。世界上有那么多人认为生物识别技术不能遭到攻击方入侵，这是一种危险的想法。如果用户相信生物识别技术是不可能遭到攻击方入侵的，就更可能放松警惕，对原本可阻止的风险敞开大门。因此，从开始到结束都要进行良好的安全意识培训，告知用户拥有或计划部署的任何生物身份验证解决方案的优缺点。

2. 与非生物识别技术因素配对

如果用户使用生物识别技术实施身份验证，则在 MFA 解决方案中，该生物识别技术需要与非生物识别技术因素配对使用，以获得最佳安全性。不要购买或使用 1FA 生物识别解决方案来保护用户的宝贵数据。在本书提出的所有建议中，这是最容易遭到忽视的，因为数百万人使用 1FA 生物识别解决方案。Roger 每天使用 1FA 生物识别解决方案进入现在的办公楼。这是生活中的实例。

3. 不允许在孤立的情况下使用

人们允许在手机、电脑和建筑物使用较多的 1FA 生物识别解决方案的一个重要原因是，这种解决方案确实是一种低风险的、方便的解决方案，或因为生物特征提交是在一个私人场所完成的，有其他人监视。当某人提交指纹进入大楼时，通常会有很多其他同事盯着这个人，同事们可能注意到这个人是陌生人或没有展示公司徽章。如果这个人是攻击方，利用基于生物特征的身份验证闯入，那么周围成群结队的员工会跟踪并询问其是谁。在戒备森严的地方，当人们执行身份验证时，面前的一名警卫经常看着生物识别扫描仪。生物识别技术 1FA 解决方案在这些公共/私人面对面场景中没有那么高的风险，因为周围还有其他人，攻击方遭到抓获和拘留的概率很高。攻击方不会反复尝试其假指纹或虹膜，因为其他人可能正在攻击方身后排队。

如果允许在完全隔离的环境(如家里)远程使用生物身份验证，这一切都会改变。允许在家里使用 1FA 生物识别解决方案将存在巨大风险。已经窃取生物特征并准备欺骗生物识别工具的攻击方可从安全的远程位置反复尝试，进行远程身份验证，直到最终闯入。基于生物特征的身份验证有效的部分原因是，通常有公共记录，有人监视；攻击方在他人面前攻击生物识别工具的风险很高。但在一个偏远的地方，攻击方可随心所欲地尝试，遭到抓获的风险很小。

16.6　小结

本章介绍了针对生物识别解决方案的攻击。讲述了什么是生物识别技术，哪些特征通常用于基于生物特征的身份验证，以及生物识别技术存在的问题。列举了一些攻击示例，探讨了针对此类攻击的防御措施。生物识别工具很容易遭受欺骗，绝不能单独使用 1FA 或远程解决方案。任何采取生物识别技术的人都应该意识到这些问题和挑战。

第 17 章将涵盖针对 MFA 解决方案的物理攻击。

第**17**章 物理攻击

本章将介绍当攻击方对 MFA 解决方案拥有完全的物理控制时，可能发生的攻击。前面的许多章节都涉及与本章特定主题相关的物理攻击，但本章将分析那些可成功攻击任何(或大多数)物理 MFA 解决方案的物理攻击。

17.1 物理攻击简介

如果攻击方不受限制地占有用户的 MFA 设备，且拥有无限时间和资源，那么攻击方很可能会攻击 MFA 设备。在第 7 章中，提到了 Microsoft 10 条不可更改的安全法则(见[1])。其中三条法则直接适用于这里:

法则 3——如果攻击方可不受限制地访问用户的电脑，用户的电脑将遭到接管。

法则 7——加密数据的安全性取决于解密密钥。

法则 10——技术不是万能的。

到目前为止，这些法则都是正确的。下一节将介绍几种不同类型的物理攻击。

17.1.1 物理攻击的类型

接下来探讨影响 MFA 解决方案的三种物理攻击类型。

1. 物理观察秘密

查看或获取 MFA 设备保存的身份验证秘密是最常见的物理攻击之一。最常见的方法是肩窥(Shoulder Surfing)，攻击方可在合法用户查看或使用身份验证秘密时查看该秘密。之所以称之为肩窥，是因为攻击方位于用户身后，在未经受害者授权的情况下观察受害者的秘密，而受害者没有意识到未经授权的观看。长期以来，犯罪分子一直通过肩窥来盗取 PIN 识别码，如果使用基于图形的滑动屏幕登录，就不难看出某人选择了哪些线条和形状(可见第 3 章中的图 3.2)。

注意　由于"肩窥"的流行，许多银行和自动取款机都有小镜子，当用户输入 PIN 码时，不必转身就能快速检查是否有人在偷看。

　　更具技术性的物理攻击是直接访问 MFA 设备及其电子设备，来查找和识别设备上的数字身份验证机密。所有数字身份验证机密都以位的形式存储在内存或存储区域中。攻击方可使用专用电子设备在这些区域中查找身份验证机密。有时，如果攻击方知道自己在寻找什么，且拥有合适的设备，即使对这些机密实施了严格的保护和加密，攻击方仍可访问和解码这些机密。其他时候，在临时处理流程中，数字秘密会意外地留在不安全的存储器或存储区域中，或者本应删除机密的存储区域甚至在收到删除命令时也未执行。例如，闪存和固态驱动器(Solid-state Drive，SSD)通常不会擦除数据，即使收到告知时也不会擦除。即使使用了特定命令，也无法保证擦除数据。

　　攻击方还可物理上反汇编和修改 MFA 设备的正常处理，以获取存储的数字机密。成千上万的人能查看几乎任何设备，查看芯片编号和布局，并找出哪些组件存储了数字机密，或对保护数字机密至关重要。攻击方可修改硬件——添加或删除组件，在组件之间创建物理跳线/网桥，或者不惜一切代价中断正常处理以访问受保护的数据。

　　但本书不能展示那些以物理方式入侵 MFA 设备为生的人员的视频或链接，因为这些人经常为执法部门工作，且不能公开披露其技术。但你可以观看一段视频。该视频讲述的是一个女人从一个没电的、属于 79 岁已故男子的受 PIN 码保护的 iPad 中恢复照片的故事。iPad 在 10 个月前就没电了，并暴露在雨雪天气中。男子的儿媳想把他用 iPad 拍下的照片拿回来，以便了解发生了什么和为什么会发生这样的事情，并把这些照片留作纪念。视频长达一个多小时，但值得一看[2]。该视频将恢复人们对人性的信心，并给人们一个破解 FMA 技能类型的样例。在这段视频中，维修人员有 PIN 码，所以不必通过电子方式绕过 PIN，但该女子需要绕过 PIN。如果没有 PIN 码，有很多人和组织也可绕过 PIN 码。执法部门通常都能接触到受 MFA 保护的手机和设备。现在听到这样的事已经不是什么新鲜事了。

　　例如，多年前我们听到过，执法部门要求 Apple 公司帮助绕过 iPhone PIN 和生物识别功能，以访问恐怖分子和其他高价值目标锁定的手机。Apple 拒绝协助当局绕过自己的保护功能。但现在再也没有听说执法部门询问 Apple 这个问题了，因为现在有一个家庭手工业方式可侵入 iPhone 以及受其他生物特征、PIN 和 MFA 保护的手机。有一段时间，美国执法部门似乎要向最高法院提出要求，以获得一项裁决，迫使 Apple 遵守这项规定。这些案件已经撤销，因为不再需要了。执法部门现在有了需要的权限。文章[3]披露了一家专门破解 iPhone 的组织。

注意　这类攻击还包括这样一种方法，即攻击方实际拥有 MFA 设备，并等待涉及该设备的新漏洞公布，然后尝试利用该特定漏洞。例如，2017 年 10 月，公开了 ROCA 漏洞(见[4])，有数亿个 MFA 设备因此变得容易受到攻击，任何人都可访问这些设备或其使用的解决方案。

2. 侧信道泄露

大多数生物和电子物体都会发出无意识的波、信号或电流，这些波、信号或电流基于其所涉及的信息或活动的类型而变化。有一天，有人能用扫描仪指着一个人的头，确定这个人在想什么，这并非完全不可能。如果把事物分解到最小的量子层次，所有事物都是由量子粒子和状态组成的，这些粒子和状态最终可转换成 1 和 0(即信息和数据)。所有 MFA 设备肯定会产生意外的信息泄露；这只是寻找信息并解释信息的问题。

侧信道攻击(Side-channel Attack)窃听与操作或存储的秘密直接相关的意外信号。侧信道攻击可能是由许多意外的泄露引起的，包括功耗、电磁波、时间、光线、温度变化和声音。大多数电子设备都有一个或多个这样的意外泄露。

Roger 首次接触侧信道攻击是在 20 世纪 80 年代中期，当时 Roger 对计算机很陌生，Roger 的一位朋友在美国海军工作，其工作职责是保护军舰免受侧信道窃听。该朋友演示了如何在家里的电线上插上电压监测器，这样就可显示附近的点阵打印机正在打印的字母。该朋友解释说，打印机的每个"点"的每一次敲击都会在打印机所连接的电路电压中产生微小的电流电阻变化。Roger 通过从字处理器向打印机发送一些朋友看不见的随机字符进行测试。果然，其电压监测器重现了 Roger 发来的句子。这让 Roger 成为一个信徒。该朋友告诉 Roger，检测打印机头部撞击产生的声音振动，也可做同样的事情，朋友甚至可通过对附近的玻璃窗发送超声波信号来检测这些变化。这种情况让 Roger 大吃一惊。Roger 还记得朋友说过，对于这种方式最大的威胁是激光打印机，因为激光打印机在纸上生成图像时不会产生独立影响，其所有监测设备也不会对激光打印机起作用。尽管如此，现实世界中朋友在打印机上"窥探"的画面改变了 Roger 对电脑信号的思考方式，改变了 Roger 的余生。

今天，检测侧信道泄露是执法部门获取身份验证机密的另一种常见方式。数以百计的研究论文和演示文稿都详细介绍了人们成功绕过电子设备安全保护的方法。而防止侧信道窃听攻击是计算机安全防御的一个分支。图 17.1 显示了一个功率差分分析，从侧信道攻击中导出 RSA 密钥位(见[5])。峰值为 1s，谷值为 0s。

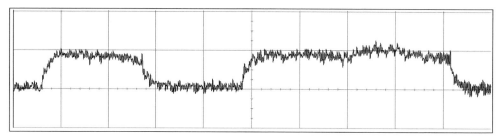

图 17.1　峰值(1s)和谷值(0s)揭示了 RSA 从功率差分分析中运行的比特信息

注意	有许多测试案例表明,有人在键盘上打字时,声音或电信号会无意中泄露秘密(见[6])。监测器可能会从无意的超声波辐射中收集到泄露的信息(见[7])。显然,3D 打印机就像过去的点阵打印机一样易受侧信道攻击(见[8])。甚至已经表明,由于声音振动的影响,可通过振动对灯光造成的变化,远距离录制谈话和歌声(见[9])。声音侧信道攻击的广义名称是声学口令分析(Acoustic Cryptoanalysis)。

　　有时,保护装置或方法的固有构造或实现方式,会使其或多或少地容易受到潜在的侧信道窃听攻击、物理或无线攻击。例如,出于安全保护方面的认真考虑,许多加密算法和设备从一开始就需要审核,因为其可能受到侧信道窃听攻击。

　　如果一个特定的加密算法在处理 1 和 0 时占用的 CPU 时间不同,就会出现侧信道攻击的可能性。配备了适当敏感设备的攻击方可通过查看 CPU 处理时间在读取和处理特定密钥的不同位时的分钟跳跃(minute jump)来确定加密密钥。今天,一个加密算法要成功地成为"标准",必须经过侧信道分析,并证明其能够抵抗容易的、已知的侧信道攻击。否则,类似加密算法会遭到否决,因为这些加密算法非常容易受到侧信道攻击。其他时候,会修改算法以修复潜在的侧信道问题。

注意	Roger 曾多次从其信任的人那里听到一个故事,那就是美国政府有能力使用远程监听设备,从大楼外检测存储在大楼内硬件安全模块(Hardware Security Module,HSM)上的密钥。Roger 和两个人谈过,这两个人声称在 Roger 效力过的一家《财富》十强(Fortune 10)公司工作时目睹了这样的测试。在其叙述中,一位供应商告诉该公司的一位高级管理人员,供应商可从停车场的一辆汽车上或者在一间上锁的计算机室里,读取该公司存放在大楼中央一台高速计算机上的私钥。所谓的赌注是,如果供应商能成功地执行窃听测试,公司将购买供应商的保护产品。这家供应商证明其可从大楼外远程窃听。Roger 不确定打赌和测试是否真实,但其他人收到通知,要求打开现有的 HSM 并插入来自该供应商的新屏蔽产品,从那时起,每个新的 HSM 都随供应商的屏蔽产品一起安装。

　　几十年过去了,人们已能理解和防御侧信道攻击。许多政府将侧信道攻击和防御

技术命名为 TEMPEST(Telecommunications Electronics Materials Protected from Emanating Spurious Transmissions，保护通信电子材料不受杂散传输的影响)。[10]是对 TEMPEST 攻击和防御的一个很好的总结。对侧信道攻击的防御包括设计、屏蔽、干扰、滤波、距离和隔离。

3. 物理盗窃/毁坏

当然，攻击方总是可以物理破坏或攻击用户的 MFA 解决方案，这是一个可用性问题。用户有一个基于时间的一次性口令(TOTP)，小偷可直接偷走该设备。许多人将其 MFA 设备和其他设备一起放在挎包或背包里，将 TOTP 设备拴在钥匙圈上，或将智能卡放在钱包里，一旦遭窃，其 MFA 解决方案也会失窃。如上一章所述，大多数生物识别特征很容易遭到窃取。

人们不只是担心物理机械攻击。在物理攻击方面，无线攻击也是一个问题。在物理范畴内，电磁脉冲(Electromagnetic Pulse，EMP)攻击已经困扰了世界各国政府半个多世纪。不少国家拥有电磁脉冲武器、核武器和其他武器，每个国家都认为这些武器将在任何重大战争中部署，以破坏对手的电子设备。大电磁脉冲已被证明能使电子设备永久失效。这意味着人们的计算机、电话、收音机、发电机、电灯、空调、网络、电网和汽车等，任何带有电子元件的东西都应认为是易受影响的。这几乎是连通世界的一切。令人担心的是，如果电磁脉冲来袭，人们将回到只有自行车、长矛、弓箭和枪支等武器的时代。由于这种担心，大多数主要的政府都要求在其电子设备上安装反电磁脉冲的防御系统，并制定了减轻威胁的国家计划。以下是 2019 年美国最新 EMP 防御计划的报道(见[11])。当然，好莱坞似乎从不厌倦拍摄涉及电磁脉冲攻击的电影。Roger 最近最喜欢的电影是 2001 年的 *Ocean's Eleven*(见[12])，该影片的主要情节中使用了 EMP 炸弹，维基百科上有一个专门介绍此类题材的页面(见[13])。

人们可让拥有 MFA 设备(或服务器、客户端)的攻击方很难破坏 MFA 解决方案，但无法完全制止。这并不是说人们不应该尽力阻止物理攻击。本章后面 17.3.1 节将介绍一些常见方法。

17.2　物理攻击示例

本节展示了针对 MFA 解决方案的实际物理攻击的示例，这些攻击在前面的章节中还没有涉及。

17.2.1　智能卡侧信道攻击

如前几章所述，智能卡包含一个专门的集成电路芯片，即小型方形金属芯片(如图 17.2 所示)。智能卡包含一个微处理器、内存存储区、一个操作系统和八个称为"管脚"的不同区域，其中一些管脚用于给芯片供电，而另一些则是数据输入/输出(I/O)

区。该芯片是智能卡的"智能"源泉,旨在安全地保护存储的机密(通常包括非对称密钥对中的私钥)。智能卡是专门为保护身份验证机密而设计的,大多数情况下,智能卡在这方面做得非常好。

图 17.2   支持信用卡的智能卡 IC 芯片

然而,至少从 1998 年以来,研究人员和智能卡攻击方已经知道,智能卡芯片及其保护的秘密容易受到侧信道攻击,特别是差分功率攻击。[14]是 2002 年关于这些攻击的一篇很好的论文。智能卡攻击方基本上可监测接地引脚和真实接地之间的功率差,并使用电阻器和数字示波器,记录等于 0 和 1 的电压差。有关详细信息,请阅读上面列出的 IEEE 计算机事务文章。该文章很有启发性,只是有点难理解。这篇文章的最后一句话是:"攻击方最大化侧信道信号的方式已经由研究团队研究过,且发现非常有效。"就几乎说明了这一点。因此,从理论上讲,攻击方可在智能卡使用时对其执行监测,并确定其存储的密钥和其他信息。

有一篇白皮书涵盖十几种针对智能卡的不同类型攻击(见[15])。这是一个很棒的智能卡攻击方资源。从本质上说,可将智能卡芯片从卡上切下来,用酸除去任何残留的树脂,用光学显微镜绘制出芯片的不同组件的边界和连接。然后使用一系列金属探针来发送和记录电压及信息(不同的 I/O 情况),这些探针中至少有一个连接到数字信号处理器卡和/或示波器(或其他测量设备)。本白皮书还包括许多已知的不同类型的攻击。

2014 年的一篇论文(见[16])写道:"这项研究的结果表明,在 CMOS 口令设计中,泄漏电流可很容易遭受攻击方利用,作为一个侧信道来提取口令硬件中的密钥信息,而 TDPL(三相双轨预充电逻辑)则可作为未来智能卡设计的可靠对策。"因此,该研究证实了智能卡侧信道攻击是可执行的,并提出一种可能的对策。使用 TDPL 门的智能卡在处理 1 和 0 时会导致功耗分布更均匀,使得差分功率攻击更难成功。不幸的是,几乎所有的智能卡仍然使用传统的、更易破解的设计。即使解决了这一攻击类型(不同的功率分析),还有很多其他方法可以成功。

注意   如果安全专家有兴趣了解更多信息,这里有一个很好的两小时教学视频,介绍如何使用侧信道攻击智能卡和其他 MFA 令牌: vimeo.com/26765734。

关键的教训是,即使是专门为保护身份验证机密而设计的硬件也可能遭到攻击方攻击，通常有几十种不同的攻击方法，而且有成千上万的人知道如何去做。需要意识到这些特殊的侧信道攻击，以及侧信道攻击是如何完成的，从而能够击败侧信道攻击。有时，如果攻击方在微观层面上的观察足够仔细，甚至可击败这些防御。

17.2.2　电子显微镜攻击

典型的显微镜使用光粒子组成的光工作。当用户想测量微观的、纳米级的或更小的东西时，光是不起作用的，因为光子比受测量的物体大。这就像试图用一个尺子来衡量一粒豌豆。

对于非常小的东西，科学家和研究人员使用电子显微镜。毫不奇怪，电子显微镜使用电子。电子比光子小 10 万倍，可用来测量各种微观的亚原子物体。

为购买一台新的电子显微镜(有几种类型)，研究机构通常要花费 300 万到 500 万美元，但用户可以数万美元的价格购买二手电子显微镜。当然，采购成本只是成本的一部分。电子显微镜消耗巨大的能量来产生电子束，通常放在环境控制的实验室里，由专业人员团队使用和维护。然而，在美国，许多小型社区大学甚至高中(见[17])都有机会使用电子显微镜。电子显微镜不再是曾经的超级稀有商品。

电子显微镜可用于在分子水平搜索和识别身份验证机密。这一点第一次公开讨论是在 2010 年(见[18])，作者是 Christopher Tarnovsky。在 9 个月的时间里，Tarnovsky 利用聚焦离子束电子显微镜，找到并检索存储在 Infineon SLE 66PE 微控制器芯片上的身份验证机密，该芯片带有可信平台模块(Trusted Platform Module，TPM)的安全标签。

TPM 芯片是一种专门用于防止未经授权获取身份验证机密的芯片。多年来，Microsoft 一直要求使用 TPM 芯片来保护所有企业级 Microsoft Windows 硬件的关键启动机密。Tarnovsky 透露，任何有机会接触电子显微镜的人都可获得这些秘密。Tarnovsky 还发现 TPM 芯片内置了几种防篡改技术，触发其中任何一种都会破坏芯片。最终在毁掉了四十多个芯片后，Tarnovsky 学会了如何在不破坏芯片的情况下获取秘密。Tarnovsky 估计，在其职业生涯中，已经逆向了一千多个芯片，至今仍在继续攻击芯片的保护措施。Tarnovsky 经常分享其成果，包括 2019 年的演讲(见[19])。

注意　如果想了解更多关于电子显微镜的知识，以及如何利用电子显微镜来对抗计算机芯片，[20]有一段很棒的视频。

注意　有很多攻击方网站致力于逆向工程芯片及其设计，包括[21]、[22]和[23]。

17.2.3　冷启动攻击

但是假设用户没有资源或时间拥有和运行自己的电子显微镜。只需要 5 美元，就可用一罐压缩空气来尝试获取受保护的机密。

在大多数设备上，为执行加密和解密工作，内存中的加密/解密密钥应当是明文(或至少最终可从内存中派生为明文)。一定是那样的。当加密/解密密钥实际用于加密或解密数据时，不能对其执行加密/解密。如果可使用内存检查工具，则可查找并找到加密密钥。有时密钥会不恰当地留在缓存里。结果表明，许多类型的内存芯片，特别是非易失性存储器，即使当前没有电源供应，也会将加密密钥保存在内存中。几十年来，人们普遍认为，如果用户关掉一台电脑设备，其内存芯片中的信息就会消失。事实证明，并非如此。

如果用户降低温度或冻结内存芯片，那么更可能的情形是，在断电后，存储内容将持续更长时间。这种新的理解导致了现在所称的冷启动攻击(Cold-boot Attack)。本质上，在内存芯片仍通电的情况下，尽可能降低其温度，然后关闭内存当前所在的设备，并将内存移到另一个设备，当内存在静态状态下重新开机时，可转储和分析内存内容。在首次公开披露的几年里，冷启动记忆攻击变得非常流行。阻止该攻击并不容易，因为问题在于电子存储器的内部工作原理；冷启动记忆攻击不是一个可用补丁修复的 bug。可查阅[24]来获取更多信息。

Roger 在 2008 年第一次了解并亲眼看到冷启动攻击。Princeton 大学的一个团队，成员包含著名的 Java 和投票机攻击方 Edward Felten 向全世界宣布，可通过一种简单而廉价的冷启动攻击方法，利用任何人都能买到的用来擦拭计算机和键盘上灰尘的罐装空气,破解各种著名的磁盘加密程序(见[25])。该团队可能破坏的程序包括 Microsoft 的 BitLocker 驱动器加密。

注意　尽管 BitLocker 命名为"驱动器加密"，但 BitLocker 并没有像名字所暗示的那样加密整个磁盘。与许多其他磁盘加密程序一样，BitLocker 只加密较小的逻辑磁盘卷，而不是整个磁盘。这是一个很小但很重要的区别。真正的磁盘加密通常要求磁盘微控制器或其他外部硬件加密组件中的设备或软件位于执行堆栈中，而非在磁盘本身。

这是一个令人震惊的消息，因为 Microsoft 在前一年刚发布了带有 BitLocker 的 Microsoft Windows Vista，并试图通过更强大、内置、可靠的磁盘加密来赢得更多企业客户的信任。还有一些大学生说，可使用一罐价值 5 美元的压缩空气破解一家价值数十亿美元的组织的加密技术。该方案真的奏效了！Felten 的团队提供了一份白皮书(见[26])、常见问题解答，甚至源代码，这样任何人都可复制其所做的。该团队的技术不仅可对抗 Microsoft 的 BitLocker,还可对抗 Apple 的 FileVault 以及开源的 dm-crypt 和 TrueCrypt。Princeton 大学的团队是类似的攻击方。

注意　TrueCrypt 是十多年来非常流行的开源加密程序。后来的分析显示，TrueCrypt 对于其他形式的攻击来说过于脆弱，最终停止使用。

在 Microsoft(当时 Roger 在那里工作)召开的一次安全会议上，攻击方演示了冷启动技术。攻击方需要志愿者。Roger 举起手，将受 BitLocker 保护的笔记本电脑给了演示人员。演示人员将笔记本电脑翻过来，取下覆盖笔记本电脑内存模块的面板，然后往内存模块上喷一罐空气，直到芯片上出现一层冰霜。然后，演示人员按下电源开关，切断了笔记本电脑的电源，并继续喷洒芯片，在芯片上加上更多冰霜，直到罐内的压缩空气都喷完为止。演示人员拿出内存芯片，将内存芯片放在计算机上的外部内存托盘里，演示人员运行一个程序，将所有内存信息复制到计算机存储器中，然后运行一个搜索程序，找到了 Roger 的 BitLocker 加密密钥。

使用 Microsoft BitLocker，保护 BitLocker 加密密钥的主密钥位于计算机主板上的 TPM 硬件芯片上。用户不能简单地将其他人的 BitLocker 加密硬盘驱动器带到另一台计算机并将其启动，因为用于解锁 BitLocker 加密密钥的主密钥仅位于原始计算机上。受 BitLocker 保护的磁盘在没有加密密钥的情况下将无法启动，加密密钥由 TPM 芯片保护和解锁。演示人员把 Roger 的硬盘移到其电脑上连接成外置硬盘。既然 TPM 芯片不在演示人员的电脑上，Roger 的磁盘就不应该在演示人员的电脑上启动。但演示人员启动了 Roger 的硬盘，并提供了受监测的 BitLocker 加密/解密密钥，Roger 的硬盘像往常一样启动到常规 Windows 登录提示。然后演示人员开始在 Roger 受 BitLocker 保护的硬盘上搜索关键字。

Roger 和在场的每个人都大吃一惊。这在当时是重大的世界新闻，不仅在计算机安全领域，甚至在主流新闻界也是如此。如今，用户可在 Internet 上搜索冷启动攻击，然后找到一堆演示如何执行冷启动攻击的视频。关键是解密密钥(或用户正在寻找的任何受保护的信息)必须以明文形式存储在一个存储区域中，当原始设备的内存不再持续供电时，解密密钥至少半永久地保存在该区域中。大多数情况下，内存复制是在原始设备上完成的，如果可能的话，用最少的电源中断来最大限度地增加秘密保留在内存中的机会。但用户已经看到内存转移到其他设备很多次，并看到了攻击的工作过程。基本冷启动内存步骤通常如下所示：

(1) 确认目标设备将允许引导到外部设备(如 USB 密钥)，并将其修改为引导到此外部设备(即攻击方计算机或设备)。这可能需要修改 CMOS BIOS 或 UEFI 设置。

(2) 确保目标设备的内存中有受保护的信息。

(3) 如果可能，将内存芯片的温度降到接近冰点。

(4) 使用指定为主引导序列连接的连接方法将攻击方设备连接到目标设备。

(5) 关闭目标设备的电源(不要正常关机，这可能会清除内存)。

(6) 在外部连接的攻击方设备上启动。

(7) 运行一个程序来复制目标设备的内存。有许多取证工具可将内存内容复制到外部存储设备。

(8) 从复制的内存中搜索，找到受保护的信息。

有许多冷启动攻击方指南可帮助用户识别存储加密密钥的内存区域，并向用户展示如何识别和复制正确的加密密钥。例如，[27]是 Princeton 团队查找 RSA 和 AES 密钥的源代码。

17.2.4　嗅探支持 RFID 的信用卡

射频识别(Radio-frequency ID，RFID)是一种近场通信(Near-Field Communication，NFC)无线技术，许多产品都使用 RFID 来实施无线通信。RFID 使用 120KHz 到 10KHz 的无线电波(电磁频谱的一部分)。大多数无线信用卡(以及用于无线支付的智能卡和其他非接触式产品)的工作频率为 13.56MHz(即 ISM 频段)。

信用卡中的 RFID 组件称为"无源"(相对于"有源")，通过无线提供直流电源的外部设备供电(这一过程称为感应)。当一个 RFID 设备进入 RFID 电源和信号的范围内时，RFID 设备会打开并执行预先编程好的操作，就像 RFID 设备已插入了一个物理读卡器设备一样。无源 RFID 信用卡的尺寸必须在几厘米之内，标准的无源读卡器才能为无源设备供电，尽管有源 RFID 设备(具有自己的电源并以不同频率工作)可在几千英尺之外彼此通信。

为方便终端用户，RFID 接口现在通常安装在信用卡(和其他设备)上，以便信用卡可在交易期间无线连接到支付卡读卡器。用户通常将卡悬停在无线读卡器上方几厘米的范围内，交易在 1～3 秒内得到确认。无线信用卡通常属于 ISO/IEC14443 标准，也称为接近卡。基于 RFID 的信用卡是用于电子支付的最常见的非接触式卡。要查看用户当前的信用卡是否启用了 RFID，请查找类似于图 17.3 所示的符号。在支持 RFID 的信用卡上有一些不同的 RFID 符号，但这是最常见的一种。

图 17.3　RFID 符号表示信用卡已启用 RFID

任何人都可在手机上安装一个 RFID 阅读器应用程序，将其悬停在支持 RFID 的信用卡上，并读取有限数量的不受保护的信息，包括信用卡账号和有效期(如图 17.4 所示)。

使用 RFID 的风险在于攻击方会从用户身边走过或用户从攻击方身边走过，攻击方会记录用户的 RFID 信用卡信息，并利用用户的 RFID 信用卡信息执行未来的欺诈性购买和交易。如果用户在 YouTube 上搜索 RFID 攻击方，可找到几十个攻击方和记者的视频，向用户展示这是多么容易。Roger 也这样为朋友和同事演示 RFID 传输攻击技术。任何人都很容易做到。

RFID 使信用卡能够遭到远程嗅探，再加上对信用卡无线攻击方攻击的恐惧，催生了一个价值数十亿美元的保护产业，即射频识别屏蔽(RFID Shielding)。用户可买到便宜的信用卡防护罩(见图 17.5)，信用卡防护罩是计算机安全会议上经常赠送的东西。用户也可买到钱包、手提包甚至衣服，时髦的牛仔裤就有屏蔽材料覆盖的口袋。

图 17.4　RFID 手机应用程序正在读取启用 RFID 的信用卡的信息

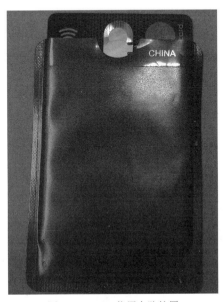

图 17.5　RFID 信用卡防护罩

越来越多的物品支持 RFID 的芯片,如护照、建筑门禁卡和 MFA 安全令牌。根据可远程访问的信息,什么物品可遭到窃取在未来可能是一件大事。

注意 这个 RFID 部分的大部分内容最初是 Roger 在 2019 年 12 月撰写的一份 20 页白皮书的一部分,见[28]。该白皮书详细介绍了信用卡、RFID 和 RFID 攻击。

17.2.5 EMV 信用卡技巧

在本节末尾,将描述一个涉及信用卡的低级技术攻击方的攻击案例。几十年来,信用卡窃贼窃取信用卡或信用卡信息,以制造新的欺诈交易。为与之抗衡,信用卡商家一直在稳步地为信用卡增加更高级的安全选项。起初,信用卡商家添加了一个三位数或四位数的安全码,而这些口令并没有存储在卡背面的磁条上。如今,大多数信用卡都支持芯片和 PIN(个人识别码)。芯片和 PIN 信用卡通常是 EMV(Europay、Mastercard、VISA)标准的一部分。信用卡上的 EMV 芯片本质上是智能卡芯片,可更安全地存储和保护关键信用卡信息,使其免遭窃听。

当用户在本地亲自购买时,大多数供应商都要求将芯片作为交易的一部分使用。全新的 EMV 卡应在激活后才能使用。可很容易地将激活 EMV 卡的用户与先前登记的电话号码联系起来。由于普通罪犯无法轻易复制或克隆芯片(普通罪犯通常手边没有电子显微镜或示波器,也不具备相关技能),攻击方想出了另一种有趣的物理攻击方法用于窃取和使用支持 EMV 的信用卡。

信用卡攻击方会以某种方式截获某人的合法 EMV 信用卡,并向受害者发送另一张完全伪造的信用卡,上面印有相同的信息(如商家名称、用户名、卡号、三位数安全码以及要拨打的电话号码等)。伪造的信用卡可能有也可能没有(空的和假的)EMV 芯片。制造假信用卡只需要用几百美元的用品和设备就可完成,任何人都可通过 Internet 购买这些东西。

当受害人拿到假卡并假定是合法卡时,会拨打激活电话号码,激活罪犯手中的真卡。罪犯试图每天执行非常小的交易,直到第一笔交易最终通过,当交易成功时,罪犯使用现在激活的卡执行大额交易。这是对高科技防御的低技术攻击。

17.3 防御物理攻击

接下来,探讨研发团队和用户对物理攻击的防御。

17.3.1 研发团队防御物理攻击

首先来看研发团队针对物理攻击的防御。

1. 威胁模型
物理攻击很容易遭到忽视。MFA 研发团队需要确保将物理攻击包括在威胁建模中并加以缓解。加密密钥(Encryption Key)和其他关键机密应尽可能安全地加以保护。研发团队需要确保这些秘密不会意外地"泄露"到受保护程度较低的区域。

2. 培训

研发团队经理需要确保所有涉及的研发团队成员都受到了培训,了解到威胁建模过程中可能发现的物理攻击,以便能减轻这些攻击。供应商应与客户共享潜在的物理攻击场景,以便能够在防止物理攻击方面发挥作用。

3. 允许/要求拆分机密

许多物理攻击可查看存储的、本应受到保护的身份验证机密。如果可能,将秘密存储在两个位置,这样一个位置受到攻击时,不会泄露整个秘密。例如,对于 BitLocker,Microsoft 建议用户至少在两个不同位置来存放解锁 BitLocker 卷所需的机密;BitLocker 可将部分密钥存储在本地 TPM 芯片中,还要求终端用户输入 PIN 码。电子显微镜也许能发现 TPM 芯片上的主密钥,但不能看到存储在人脑中的口令。这就是 MFA 比 1FA 更安全的原因。

4. 实现防篡改

每当与 MFA 相关的软件或固件启动时,都应该检查自己是否有未经授权的修改。至少,这应该是一次完整性自查。但最好允许一个已经检查和验证合法性的外部组件来实施检查。例如,在 Microsoft Windows 中,TPM 芯片有自我检查和"信任根"来验证自己。TPM 芯片有秘密密钥,可解锁其他密钥,包括 UEFI Secure Boot 的信任根,然后解锁 BitLocker,BitLocker 反过来解锁磁盘卷并加载 Windows。关键的 Windows 驱动程序在加载前要经过另一个完整性检查。这是一个从开始到结束(最终用户登录)的完整性信任链。然后,每个经过验证的组件将检查链中下一个组件的完整性。只有授权的更新才允许更新任何相关组件。

任何 MFA 物理设备都应该具备防止物理篡改的功能。用户可在网上搜索反篡改和 TEMPEST,以获得大量的建议和指导。要认真完成设计和实现,使攻击方很难在逻辑上或物理上实施篡改。MFA 物理设备外壳应不能轻易打开。如果一个不了解情况的技术人员打开该设备(或者一直打开),该设备应该触发一个"死机开关",然后永久禁用。

5. 减轻侧信道攻击

用户可在网上找到数百篇关于如何减轻侧信道攻击的文章。对侧信道攻击的防御包括设计、加密、屏蔽、干扰、滤波、距离和隔离。身份验证机密可加密以防止遭受窃听,或将机密存储在不易攻击的区域(如 CPU 寄存器)。所有 MFA 设备应包含防电磁屏蔽,以防止无线侧信道攻击。设备可包含电压调节器、电气控制、随机信号噪声和干扰,以防止无线窃听。加密算法应该使用不易受到侧信道攻击的加密算法。

6. 启用查看干扰

如果向最终用户显示身份验证机密供其查看或输入,则查看方法应停止轻易的肩窥。查看显示屏幕时可使用有角度或有阴影的光学元件，以防止出现偏移视图(就像隐私屏幕一样，让不在屏幕前面的其他人更难看到数据)。

7. 允许方便地完成远程停用

MFA 设备丢失、遭窃和受损的事情时有发生。如果 MFA 设备不在合法用户的占有或控制之下，应该允许便捷地禁用和/或远程停用。所有情况下，都不能在未来的身份验证中重用已经丢失、遭窃或禁用的 MFA 设备。

> **注意** 对于研发团队的防御措施是否应该具有"隐蔽式安全性"存在一些分歧。一些研发团队认为，攻击方知道的信息(如芯片设计、使用的加密算法)越少越好。这固然是正确的。但最佳的安全设计是：解决方案是安全的，即使攻击方完全知道在攻击什么，对 MFA 设备几乎完全了解，也很难攻破 MFA 设备。

17.3.2 用户防御物理攻击

本节将探讨用户对物理攻击的防御。

1. 培训

任何 MFA 解决方案的用户都应意识到可能受到的物理攻击，并在使用时尽量减少未来潜在的物理攻击。一个简单的培训组成部分是告诉用户注意这些物理 MFA 设备，并在设备丢失或损坏时尽快报告。

2. 尽量拆分关键信息

如果有拆分关键信息的解决方案，请使用该方案。例如，使用 Microsoft BitLocker，用户有多种途径来解锁受 BitLocker 保护的卷，包括 TPM 芯片、PIN、USB 密钥和网络解锁。方法包括 1FA、2FA 和 3FA。当担心物理攻击时，请使用 2FA 方法在两个或多个物理位置(如 TPM+PIN 或 TPM+ USB 密钥)中拆分秘密。将秘密一分为二可防止在单个位置泄露整个秘密。

3. 保护 MFA 解决方案免受物理攻击

高安全性的设备(如 HSM)应该存放在与公共区域隔离的地方，并通过屏蔽来防止电磁辐射。用户不应将其 MFA 设备放到犯罪分子可能接触到的地方(例如，钥匙圈、钱包和手提包)，不应将 MFA 设备与正在使用 MFA 解决方案的设备放在同一个运输袋中(例如，不要放在笔记本电脑包或钱包中)。用户在携带 MFA 设备时，应确保单个遭窃或丢失事件不会危及与之一起使用的计算机和用于身份验证的 MFA 设备。

4. 更换有明显磨损迹象的设备

如第 3 章中图 3.1 所示，应更换键盘明显磨损的 MFA 设备。用户不希望明显的磨损模式暗示可能涉及哪些数字或字符。

5. 报告丢失、遭窃或失踪的 MFA 设备

应指示用户在安全的情况下尽快报告丢失、遭窃或失踪的 MFA 设备。如果涉及用户应该呼叫的电话号码，则应提供该号码或存储在"MFA 设备遭窃时用户仍可能访问"的区域中。Roger 见过很多 MFA 设备都有一个号码可用来报告丢失的设备。在用户失去这个设备前，这都是个好主意。

6. 提高用户的物理安全意识

每个人都应该努力过一种基本的安全生活。这意味着要减少可能增加物理犯罪风险的区域和时间。不要在公共场所为电子产品做广告，也不要将其放在陌生人容易看到的地方。要更清楚地了解用户周围的环境和其他人在做什么。

一些计算机安全专家建议在不使用蓝牙设备时禁用蓝牙，即使用户认为设备处于"睡眠"模式也同样如此。曾有窃贼带着蓝牙阅读器走到汽车前，以"配对模式"执行搜索。任何活动的蓝牙设备仍可能通过无线方式泄露自己的产品名称，给了精明的犯罪分子可乘之机。

参加自我防御课程可能有所帮助，即使有人抢走了用户的 MFA 设备或计算机，也无法得到其中存储的数据。

7. 物理安全的成本是否过高

用户可能自问，物理安全的成本是否过高？任何花哨、昂贵的计算机安全系统的成本都过于高昂，迫使合法用户放弃，坏人则乘虚而入。对于任何保护他人的贵重资产的计算机安全系统来说，这都是一个真正需要考虑的问题。

一名马来西亚男子失去了手指，原因于其汽车防盗系统只能通过指纹来关闭。为解决这个问题，罪犯砍掉了这名车主的手指。多部好莱坞电影中有类似的情节；在现实中，这种事情也出现了。窃贼本可学会如何提取该男子指纹并克隆指纹，对最终用户不会造成严重伤害就可达到其目的，但窃贼没有这么做。窃贼很可能没有足够的智力和时间，或不想冒险去制作一个未必能通过验证的克隆指纹。所以，窃贼采取了简单而粗暴的办法，直接将受害男子的手指砍断。这种方法对于窃贼来说更容易，对受害者而言则痛苦万分。Roger 认为无论哪种情况下，受害者都不情愿用手指换取车辆，车辆价值没那么高，而且已经上了保险。

一个更常见的示例是窃贼通过技术窃取无线保护的汽车。如今，许多汽车使用的钥匙都内置了无线激活设备，以控制汽车是否可启动和开走。该想法是，即使窃贼能够破门进入车内，如果没有合法的钥匙，也无法启动汽车，钥匙中包含与汽车同步的无线芯片。今天，许多汽车可用手机和遥控钥匙系统远程启动。

Internet 上有许多较旧的故事和视频。在[29]播放的视频中，盗贼们用一个电子装置把钥匙的电子信号从停车场和车主的卧室延伸到车内，然后启动汽车将车开走。Roger 猜测窃贼把车开到一个安全的场所，关闭无线点火装置和任何防盗追踪设备，然后迅速拆卸各个部件。

当 Roger 采访提供无线启动安全选项的汽车供应商时，汽车供应商经常告诉
Roger，过去的无线中继技术在今天的新车型上已经行不通了，现在，窃贼需要有真
正的身份验证令牌(通常存放在车主家里)才能启动汽车。这是好事吗？这真的是一种
安全改进吗？

用户想引诱凶恶的罪犯闯入房间吗？这辆车可能有保险。用户难道不想让窃贼们
停留在房子外面，而不需要进入房间窃取偷车所需的令牌吗？对大多数人来说，宁愿
罪犯远离自己的家，不要砍掉自己的手指。

17.4　小结

本章介绍了针对 MFA 解决方案的物理攻击。首先讨论了物理攻击的三种主要类
型：物理观察秘密、侧信道攻击和物理盗窃/毁坏。然后列举了五个物理攻击示例，
最后讨论了研发团队和用户的防御措施。

第 18 章将涵盖 DNS 劫持攻击。

第18章 DNS 劫持

本章不仅介绍最流行的 DNS 劫持攻击,还讲述其他类似的命名空间劫持攻击;其中有些命名空间可能不是所有读者都知道的,但可能作为 MFA 解决方案的依赖项而遭受攻击和滥用。

18.1 DNS 劫持简介

正如第 5 章中所讨论的,大多数底层 MFA 解决方案依赖于某种数字表示的命名空间,通常是域名系统(DNS)。命名空间没有一个确切的定义,但通常定义为一种在共享系统中命名、定位、存储和分类对象的方法。命名空间的控制域可以是所在设备本地使用的内容;可在同意使用命名空间的多个远程参与实体(如 XML)之间使用;也可在全球使用。自然分类学(界、门、类和目等)是命名空间管理的例子。命名空间可管理非常小的领域,如微生物(如细菌),也可分类浩瀚的大型天体,如星系和星状星云(由国际天文学联合会等组织命名和分类)。命名空间为参与方提供了一种更简单且一致的方式来命名、分类、存储和定位对象。

住所邮寄地址是一种命名空间。虽然每个国家都使用自己的标签和边界定义,但可指向全球的任何一个住所,且该命名空间很可能具有与之关联的国家、州/省、市/县和邮政编码。邮件命名空间足够彻底,每个人都可将包裹从一个住所或公司邮寄到全球几乎任何地方的另一个住所或公司。用户可对基于 DNS 的电子邮件和电子邮件地址做同样的事情。

在一个数字域中很容易获得数百万甚至数十亿个对象,因此可将命名空间扩展到计算机领域。对于 Internet 来说,DNS 在 20 世纪 80 年代早期成为官方标准。许多其他的数字命名空间至今仍在使用,包括抽象语法符号 1(ASN.1)、Active Directory(AD)和轻型目录访问协议(Lightweight Directory Access Protocol,LDAP)。操作系统使用的任何文件系统也可看作一个命名空间。其他可解释为命名空间的命名约定、服务和协议包括 NetBIOS、Internet 协议(IP)地址和 AppleTalk 等。命名空间中命名和确定的标识与其他组件由同一命名空间中的其他参与者用来彼此定位。DNS 是最流行的命名空间。许多幼儿在三岁之前就可快速说出其最喜欢的 DNS 地址。DNS 地址的示例有rogerg@knowbe4.com、www.knowbe4.com 和 www.knowbe4.com/resources。

在企业界，Microsoft 的 AD(Active Directory，活动目录)命名空间非常流行。一个示例 AD 名称(可分辨名称)看起来像 CN=Rogerg、OU=Users、OU=PRDept、DC=knowbe4 以及 DC=com。命名空间不仅可包含对象，还可包含对象的声明、断言和属性。

可通过攻击命名空间以绕过 MFA 解决方案。第 10 章谈到了一个相关的攻击，涉及 Microsoft 的 AD 和智能卡，揭示了本书所涉及的为数不多的攻击之一；据 Roger 所知，在现实世界中没有出现过这种攻击。

针对 DNS 的攻击每天发生数千次，通常用于绕过身份验证防御。还有一些涉及其他类型的命名空间。本章会介绍其中的一些。

使用 MFA 的人可能无法阻止绝大多数命名空间攻击。这并不奇怪。如果 Roger 可破解一个依赖项，Roger 通常可破解或绕过依赖该依赖项的东西。阻止对命名空间依赖性的攻击相当困难，但本章后面将介绍一些可能的防御措施。

18.1.1 DNS

本章将介绍几种类型的命名空间和攻击，但对 DNS 的攻击无疑是最重要和最流行的。DNS(以及 IP 地址)是 Internet 的主干，大多数组织的网络也使用 DNS 来工作。

DNS 将用户输入或单击的"常用名称"转换为正式注册的 IP(版本 4 或 6)主机地址(如 104.17.113.180、16A7:F1E0:10B2:51::8 等)，在幕后，Internet 路由器使用这些主机地址传输信息。可直接从 Internet 访问的每台计算机或设备必须具有唯一的(完全限定的)DNS 名称和关联的公共 IP 地址。Internet 上其他可直接寻址的设备不能有相同的 DNS 名称或 IP 地址。

注意 可直接访问的 Internet 设备必须有唯一的"公共"IP 地址，但可使用一种 NAT (Network Address Translation，网络地址转换)协议，将一个公共 IP 地址放在数千个"私有"的、非唯一的以及可寻址的 IP 设备之前。只有公共 IP 地址可直接在 Internet 上完成路由，但其后有数以百万计的私有 IP 地址。只要私有 IP 地址不尝试直接访问 Internet，任何人都可在私有网络上使用私有 IP 地址。

DNS 于 1983 年正式在 Internet 上使用。在 DNS 之前，如果想通过 Internet(当时称为 ARPANET)连接到另一台计算机或设备，则必须使用目标计算机的 IP 地址(尽管大多数计算机也有更容易输入的英文主机名)。使用和配置这些计算机的人不像记住主机名那样善于记住一大堆长数字(即 IP 地址)。每个人都认为使用主机名执行连接要

容易得多；所以用户只需要一种将主机名转换为 IP 地址的方法。

最初，计算机的操作系统(或应用程序)更新为包含并使用 HOSTS(或 hosts、HOSTS.TXT 或 hosts.txt)文件，其中列出所需计算机的名称及其 IP 地址。用户可使用计算机的主机名、操作系统或应用程序查找 HOSTS 文件，将主机名转换为 IP 地址，然后将其连接到目标计算机。

> **注意**　用户仍然可在大多数计算机系统上找到一个 HOSTS 文件。在 Microsoft Windows 计算机上，HOSTS 文件位于\Windows\System32\drivers\etc 下。

这种方法仍然需要一个人工或本地自动化进程，以便在任何时候，只要有人想使用主机名和 IP 地址，就可用所需的计算机主机名和 IP 地址更新每个参与计算机上的 HOSTS 文件。在其开始扩展到更大的网络之前，这是一个手动过程。根据 Roger 所了解的行业知识，当 HOSTS 文件只包含 8 个计算机名时，许多人开始意识到需要一个更健壮、自动化和集中化的服务来处理主机名到 IP 地址的转换。计算机科学家 Paul Mockapetris 和 Jon Postel 创建了 DNS。几年之内，一个名为 Berkeley Internet Name Domain(BIND)的计算机服务/组件在 UNIX 中创建，这样任何一台类似 UNIX 的计算机都可参与其中。如今，BIND(见[1])和 Microsoft 的 DNS 服务(服务器和客户端)处理了绝大多数 DNS 查询。

> **注意**　一些恶意软件仍然操纵 HOSTS 文件，以便恶意地将受害者计算机重定向到恶意计算机。HOSTS 文件(如果存在)通常由操作系统和应用程序在使用 DNS 之前检查。但 HOSTS 是一个较旧的、很少使用的遗留文件，因此人们在调查可疑的计算机重定向行为时不会经常查看该文件。因此，如果恶意软件修改了 HOSTS 文件，恶意修改可能在很长一段时间内无法检测到。

DNS 命名空间是一个分层的树状结构，上层控制并链接到下层。在 Internet 上，上层 DNS 区域称为顶级域(Top-Level Domain，TLD)。许多 Internet TLD 是众所周知的，如 COM、EDU、MIL 和 ORG，以及较新的 BIZ 和 INFO。每个国家都有自己的两个字母的 TLD 域，例如，RU 代表俄罗斯、AU 代表澳大利亚。DNS 地址以相反的顺序写入，TLD 部分始终位于完全限定的 DNS 域名的右端。

子域(如 knowbe4.com)及其设备由较低层的 DNS 服务器托管。每个 DNS 服务器要么托管自己的域，要么指向其他域中托管其解析信息的其他 DNS 服务器。作为 DNS 注册记录(即主机名到 IP 地址)的"所有方"的 DNS 服务器是"权威的"。每个可直接访问或从 Internet 访问的设备通常都是通过其主机名和 IP 地址在其域内的一个或多个 DNS 服务器上注册的。例如，www.knowbe4.com 中的 www 指属于 com TLD 的 knowbe4 域中的 www 的 DNS 主机名。

DNS 服务器为 DNS 客户端提供 DNS 服务。DNS 客户端指向 DNS 服务器，请求主机名到 IP 地址的解析查询。服务器既可以是 DNS 服务器,也可使用 DNS 客户端。但是,绝大多数连接到 Internet 的设备和计算机都是 DNS 客户端,询问 DNS 服务器进行 DNS 解析查询。例如,当网上有人输入 www.knowbe4.com,在计算机上查找 KnowBe4 网站时,其计算机和 DNS 客户端通常会执行如下的 DNS 查询。

(1) 检查 www.knowbe4.com 的 IP 地址是否已从以前解析的查询缓存到内存中。

(2) 如果没有,应用程序/操作系统将检查本地 HOSTS 文件。

(3) 如果不在那里,DNS 客户端向其本地定义的 DNS 服务器发送一个 DNS 客户端查询,询问"www.knowbe4.com 的 IP 地址是什么?"

(4) 本地 DNS 服务器返回 IP 地址,如果 IP 地址已经成功查询,则缓存在本地内存中;如果没有,则可能检查自己的 HOSTS 文件(也可能不检查)。

(5) 如果正在请求的域(即 knowbe4.com)是权威的,DNS 服务可检查自己的 DNS 数据库。

(6) 如果 DNS 查询答案不在这两个位置,或者如果 DNS 服务没有检查,服务器将尝试请求另一个 DNS 服务器解析该查询,或直接连接到"根"DNS 服务器。

大多数 DNS 服务器配置有 13 个根 DNS 服务器的列表,然后指向 TLD 域的权威 TLD DNS 服务器。大多数情况下,由于以前的查询,至少有一些查询已缓存到内存中。

(7) 查询 DNS 服务器基本上是询问根 DNS 服务器:"用户请求的 TLD 域的权威 TLD DNS 服务器在哪里?"本例中为 COM。

(8) 根 DNS 服务器返回 TLD 的一个或多个 TLD DNS 服务器的 IP 地址。

(9) 查询 DNS 服务器直接连接到返回的 TLD DNS 服务器,并询问 TLD DNS 服务器:"我正在请求的子域的权威 DNS 服务器在哪里?"在本例中是 knowbe4.com。

(10) TLD COM DNS 服务器返回 DNS 应答。

(11) 查询的 DNS 服务器连接返回的 TLD DNS 服务器,并询问 TLD DNS 服务器:"www.knowbe4.com DNS 名称的 IP 地址是什么?"

(12) 权威 DNS 服务器返回所请求的 IP 地址,原始查询 DNS 服务器随后将该地址返回给原始请求客户端(以及仍参与应答查询的任何中间 DNS 服务器)。

注意　这是对一种常见 DNS 查询类型的简单解释,在现实生活中,查询可能要复杂得多。

所有这些都在几秒钟或更短的时间内发生。用户输入一个主机名,其应用程序很快就会重定向到世界各地的正确计算机或站点。

TLD DNS 服务器下的所有 DNS 服务器将缓存其涉及的 DNS 条目,时间限制为服务允许的最大 DNS 缓存周期中最短的一个,或附加到 DNS 查询应答(通常也有预配置的缓存超时值)。如果 DNS 服务必须执行额外的 DNS 查询和应答,缓存的应答总比 DNS 服务更快。图 18.1 给出了理论 DNS 查询的示意图。

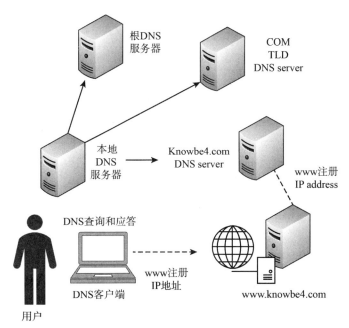

图 18.1　www.knowbe4.com 的理论 DNS 查询的示意图

DNS 客户端发送一个请求并获取返回的响应，然后就能连接到预期的目的地。为了支持原始的单个 DNS 客户端查询，最初接收查询的 DNS 服务器可连接到其他许多 DNS 服务器。

18.1.2　DNS 记录类型

DNS 服务器可包含几十个不同的 DNS 记录，其中大多数将 DNS 域名转换为关联的 IP 地址，也可指向其他 DNS 记录和主机名(以及其他信息)。表 18.1 显示了常见的 DNS 记录类型。

表 18.1　常见的 DNS 记录类型

DNS 记录类型	描述
A	主机记录；最常见的 DNS 记录类型；列出 DNS 主机名及其关联的 IP 地址(IPv4)
AAAA	IPv6 主机记录
MX	邮件交换记录；列出邮件服务器的域名和/或 IP 地址(针对特定 DNS 子域)
CNAME	典型名称；别名记录；将主机名链接到同一设备的另一个主机名
NS	名称服务器记录；列出一个或多个域的授权 DNS 服务器的 IP 地址
PTR	指针记录；用于反向名称查找；将 IP 地址转换为域名
TXT	文本记录:本质上允许为特定主机注册任何类型的自由文本(例如,在 SPF、DKIM 和 DMARC 反垃圾邮件协议中使用)

大多数操作系统都内置了一个命令行工具 nslookup，用户可使用 nslookup 来执行单独的、手动的 DNS 查询。例如，如图 18.2 所示，Roger 使用 nslookup 请求与 knowbe4.com 关联的所有 DNS 记录。Internet 上有许多 DNS 查询的图形表示(如[2])，任何人都可使用。

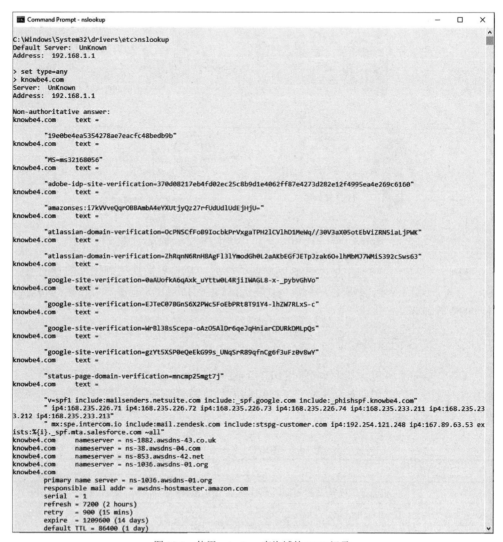

图 18.2　使用 nslookup 查询域的 DNS 记录

有关 DNS 和 DNS 记录类型的详细信息，请访问[3]。

有关 IP 地址的更多信息，请参阅[4]。

18.1.3　常见 DNS 攻击

MFA 解决方案最常见的依赖项之一是 DNS，DNS 长期以来一直遭受恶意攻击。

下面探讨一些常见的 DNS 攻击类型。

1. 相似域名

最常见的 DNS 攻击方行为是诱骗用户单击一个看似熟悉的合法域名的恶意域名；这是一种社交工程攻击。攻击方可能注册域名，通过使用常见的拼写错误或输入错误来欺骗用户不小心单击该链接。例如，攻击方可能注册 vwatchguard.com 以欺骗希望访问 watchguard.com 网站的用户，或注册 micosoft.com 网站欺骗希望访问 microsoft.com 的用户。最后一个示例称为"注册近似域名"，恶意域名的所有方希望人们在没有意识到的情况下拼错合法域，并重定向到恶意网站。如果恶意站点看起来相当合法，那么遭受误导的用户可能永远不会意识到自己的错误，并像对待合法、可信的站点那样与恶意站点完成交互。

另一个示例如图 18.3 所示。这个示例摘自第 6 章中讨论的 Kevin Mitnick 的 MFA 旁路视频。

图 18.3　DNS 流氓域，看起来像 linkedin.com 但实际上是 llinkedin.com 网站

图 18.4 显示了一个真实世界的示例，图片来自 Roger 之前的邮箱地址 roger-grimes @infoworld.com。网络钓鱼方发了一封声称来自 Microsoft 的邮件，其 URL 的 DNS 地址中包含 microsoftonline.com。攻击方希望 Roger 是一个毫无防备的受害者，不知道 DNS 地址是如何工作的。攻击方希望 Roger 能看到 microsoftonline.com 并认为其是起源域名。真正的起源域是 devopsnw.com 网站，该网站不隶属于 Microsoft。devopsnw.com 看似是一个无辜的域名，遭遇入侵并用于此网络钓鱼活动，或是一个由钓鱼者注册的真实域。在后一种情况下，当 DNS 注册商收到足够多的投诉时，通常会删除这些域名，或将其列入黑名单服务中。

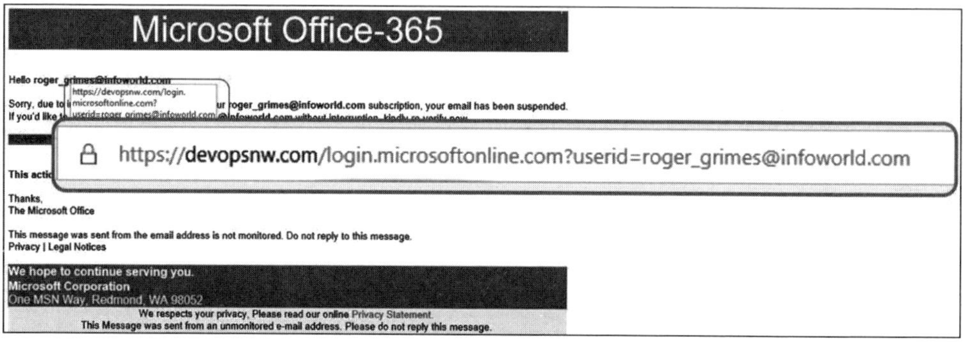

图 18.4　运用 DNS 域名命名技巧欺骗毫无戒心的受害者的真实示例

在 Internet 上使用计算机的每个人都应该至少对 DNS 有一个基本的了解，并学会如何识别真正的域名，以及攻击方和网络钓鱼者用来欺骗毫无戒心的受害者的各种技巧。

注意　如果你有兴趣了解关于如何确定合法和恶意 DNS 地址的更多信息，请参阅[5]上的 Combatting Rogue URL Tricks 网络研讨会。

---

2. 受到攻击的 DNS 记录

当入侵者控制 DNS 管理员的账户或权威 DNS 服务器，并更改 DNS 记录的 IP 地址以指向另一个恶意位置时，会发生域名劫持攻击。攻击方要么接管 DNS 服务中的合法 DNS 记录所有者的用户账户并执行更改，要么入侵并接管整个 DNS 服务器。这类攻击已存在几十年了，现在仍然非常流行。

3. 更改 DNS 的恶意软件

数以百计的恶意软件程序，一旦运行在计算机上，将试图更改计算机的 DNS 客户端设置。这些恶意软件程序要么恶意修改 HOSTS 文件，将特定查询指向其所修改的位置，要么将用户的默认 DNS 服务器更改为指向其恶意 DNS 服务器，然后将恶意 IP 地址提供给 DNS 查询。[6]是相关的服务警告示例。[7]是维基百科关于这个主题的条目。一些更改 DNS 的恶意软件专门针对人们家中的 Internet 有线调制解调器、路由器或网关来拦截 DNS 查询。

4. 缓存中毒

另一个不太常见的 DNS 攻击是 DNS 缓存中毒。如前所述，当计算机获得 DNS 查询答案时，计算机将在内存中缓存一段时间。通常，只有对特定域具有权限的 DNS 服务器才能返回特定的 DNS 查询答案(例如，只有 KnowBe4 的合法 DNS 服务器才能为位于 knowbe4.com 域中的任何主机返回 DNS 答案)。

但配置错误的(或旧的)客户端和服务器有时会接受甚至没有请求的 DNS 主机的答案，将其缓存以备将来使用。例如，用户单击钓鱼电子邮件中的链接，就会进入非法域。该域(如果存在并且可以工作)将驻留在特定的 DNS 服务器上。网络钓鱼者可设置其 DNS 服务器不仅返回恶意域名的 IP 地址，还可返回一个非法的、恶意的 google.com IP 地址(用户没有请求)。DNS 客户机可能受骗在内存中缓存这两个响应。用户在不知道 DNS 缓存中毒的情况下，可能在下一个 Google 查询中引导到一个伪造的 Google 站点。

DNS 缓存中毒从未大规模扩散，但确实发生过。十多年前，Microsoft 的 DNS 服务器和客户端阻止了 DNS 中毒(默认情况下)，BIND 很快就出现了(不允许 DNS 服务器对不在其权限内的域负责)。因为全球最大的两个 DNS 服务器和客户端供应商默认阻止了 DNS 缓存，缓存中毒基本消失了。尽管如此，用户仍会听到在某些罕见的情况和场景中发生的此类攻击，偶尔会遇到一个 DNS 服务器或服务容易缓存中毒，如家庭 Internet 电缆调制解调器或路由器。

5. 命名冲突

大多数命名空间都有 "保留"名称，引用特定的服务或对象。例如，在 Windows 系统上，在命令行提示符下，不能创建名为 AUX、CON、LPT1 或 CON2 的文件或文件夹，因为这些字段是操作系统使用的特定对象或句柄的保留字。

还有一些单词和位置表示一个命名空间中的某些内容，可与另一个命名空间中的对象或单词一起使用。这些称为命名冲突(Name Collisions)或命名空间冲突(Namespace Collisions)。让人们看两个常见的、真实的示例。

WPAD　WPAD(Web 代理自动发现)协议是一个危险的、易受攻击的命名冲突，但 WPAD 并不为公众所熟知。WPAD 允许 Windows 和 Microsoft 应用程序自动发现可供应用程序(如 Internet Explorer 和 Edge)连接到 Internet 的代理服务。Microsoft 打算使用 WPAD 来帮助 Windows 计算机更容易地连接到 Internet，而不必手动搜索代理设置并输入。每台 Windows 计算机和相关的支持 WPAD 的应用程序将生成请求 WPAD 位置的 DNS 查询。大多数网络不使用 WPAD，因此将忽略查询且不会收到响应。

但知识渊博的攻击方可在其本地 DNS 服务器上注册 WPAD。例如，攻击方可将 Windows 计算机命名为 WPAD 并重新启动。当在 Windows 网络上执行此操作时，大多数 Windows DNS 服务器将自动在该域的本地 DNS 服务器中注册其 WPAD 主机名和相关的 IP 地址。因此，同一网络上或使用同一 DNS 服务器请求 WPAD 的任何其他计算机都将获得攻击方计算机的 IP 地址。攻击方所要做的就是建立一个非法代理服务器(许多免费的代理服务器或服务可从 Internet 下载)，然后就可开始将受害者的所有网络流量引导到攻击方的计算机或其他非法地点。这是一种十分卑鄙的攻击方式。

有关 WPAD 攻击的更多信息，请参阅[8]。

corp.com　这个命名空间冲突示例涉及 Microsoft。Microsoft 在 1999 年发布了其主要网络命名空间 Active Directory。AD 使用 DNS(以及 NetBIOS 和 LDAP)作为主要名称解析服务，任何使用 Active Directory 的人都应使用 DNS 命名约定来设置网络。

并不是每个 AD 管理员都非常了解 DNS，在过去 10 年里，数以万计的合法指导手册都以 corp.com 域为例，告诉管理员如何构建或配置某些内容，包括 Active Directory。因此，数以万计的私有 AD 域的 Active Directory 域名中有 corp.com(例如，roger.corp.com)。 在所有的组织网络都能全天候连接到 Internet 之前，这不是问题。但随着每个网络开始连接到 Internet，组织网站部分地址 corp.com 开始导致名称冲突问题。例如，如果用户(或者更可能是代表用户的计算机或程序)在用户的 roger.corp.com 网络上查找 www，DNS 解析的工作方式是，www 的主机名不仅会在 roger.corp.com 上查找，而且会在 corp.com 上查找。最终可能造成很大的破坏。

十多年来，只有一个美国公民拥有 Internet 上的域名 corp.com。一些早期测试显示，超过 375 000 台计算机试图发送其没有请求的域名信息。有一天，作为一个非恶意测试，该用户在 corp.com 域名下设置了一个电子邮件服务器"回复"，看看会发生什么。在一小时内，该用户收到了超过 1200 万封电子邮件。其中一些电子邮件包含机密信息。corp.com 网站所有者很清楚这个问题，最终将 corp.com 域名以 170 万美元的价格卖给 Microsoft。向该网站所有者和 Microsoft 致敬。这个人不必把这个有价值的域名卖给 Microsoft，Microsoft 也不必花费 170 万美元，因为人们不明白 DNS 在 Active Directory 网络上是如何工作的。双方达成一个令人满意的解决方案，使得许多 Windows 用户受益。要了解更多信息，请查看[9]。

注意 [10]是 2014 年发表的一篇关于有风险的 DNS 命名空间冲突的优秀文章。

不必说，有许多不同的方法来实现 DNS 和命名空间劫持。当 DNS 或其他命名空间遭到劫持时，可能导致许多不同的犯罪，包括：

- 绕过 MFA 身份验证
- 收集发送到该域的电子邮件
- 收集该域的 Web 流量
- 收集域中使用的登录凭证

这在现实世界中已经发生很多次了。下面列举一些示例。

18.2 命名空间劫持攻击示例

下面列举命名空间劫持攻击的示例。

18.2.1 DNS 劫持攻击

如前所述，最流行的 DNS 攻击类型之一是攻击方控制 DNS 记录管理员的账户或整个 DNS 服务器，将已知主机名的 IP 地址改为恶意 IP 地址。这种情况一年要发生几千次。2019 年，安全供应商 CrowdStrike 报道，12 个国家的 28 个组织遭遇 DNS 劫持。一旦遭遇劫持，攻击方就开始接收那些域名的流量。这些域名遭遇劫持的时间从不到一天到超过一个多月不等。攻击方相当老练，甚至为任何需要 TLS 的连接创建了可信的数字证书。

18.2.2　MX 记录劫持

如表 18.1 所示，MX 记录是指向电子邮件服务器 IP 地址的 DNS 主机记录。如果攻击方可移动受害者的 MX 记录指向另一个 IP 地址，通常可捕获发送给受害者的电子邮件。即使受害者的电子邮件用户用 MFA 保护其账户，该攻击也能工作。

在一个示例中(fabricegrinda.com/hacked-cryptocurrencies-stolen)，一名使用 MFA 保护其账户的加密货币交易员成为 SIM 卡交换攻击的受害者，该交易员的 MX 记录遭到窃取。攻击方冒充该交易员给其手机公司打电话，声称其手机丢失了，并要求公司用同样的号码激活另一个 SIM 卡。在攻击方将其 MX 记录重定向到新的恶意 Microsoft Exchange 服务器后，重新设置了交易员的 Bitstamp、Coinbase、Dropbox、Gmail、Twitter、Uphold、Venmo 和 Xapo 账户的口令。所有口令重置信息和链接都会发送到其注册的电子邮件地址，现在这个地址已由攻击方控制了。随后，攻击方试图使用 Venmo 将所有比特币转移到攻击方的比特币钱包中。交易员得救的唯一原因是交易员在 Venmo 上的发送量几乎达到上限。

在另一个示例中(见[11])，一名男子自估单字符 Twitter 账户(@N)的价值是 5 万美元，在 GoDaddy 注册时其 MX 记录遭受窃取。攻击方利用社交工程，在 PayPal 和 GoDaddy 公司提供技术支持，然后尝试窃取该男子宝贵的 Twitter 账户，并进入其 Facebook 账户和其他网站。受害者联系 GoDaddy 重新获得对其 DNS MX 记录的控制权，GoDaddy 技术支持人员要求验证其账户信息，所有这些信息攻击方最近都更改过。因为合法的账户所有者无法说服 GoDaddy 是真正的所有者，无法重新获得控制权。该男子甚至通过一个朋友联系了 GoDaddy 的一位高级主管，但这并没有解决问题。受害者最终让步了，让攻击方掌握了@N Twitter 的控制权，以尽量减少损失。攻击方随后分享了如何做这一切的(社交工程)，并建议该男子下次应该做些什么来保护自己。慷慨大方的攻击方！

18.2.3　Dangling CDN 的劫持

CDN (Content Delivery Network，内容分发网络)是由公司托管的，这些公司的服务器遍布 Internet，网络分布广且带宽大。如果一家公司希望在 Internet 上对所有潜在客户做出最快的反应，可购买 CDN 的服务。CDN 将在其服务器上托管公司的服务器、服务或对象，当某个客户访问公司的域服务时，公司将通过最近或最快的 CDN 服务器来提供内容。例如，当 Microsoft 推出一个新补丁时，通常会使用 CDN 让每个人都能很快地使用补丁。要使用 CDN，供应商必须具有指向 CDN 的 DNS 记录，而不是指向自己的 DNS 域。有关 CDN 的详细信息，请阅读[12]。

2016 年，一名白帽子攻击方注意到 Snapchat 有 "悬空"的 MX 记录。由于一些原因(如放弃、意外孤立等)，会出现悬空的 DNS 记录，但最终结果是，该域可能会由无意识的一方声明，并恶意地重定向到其他地方。这就相当于搬出用户的房子，不让任何邮件转发请求，也不让未经授权的入侵者在用户家里打开其邮件。可在[13]阅读更多关于悬空 DNS 记录的信息。

在本例中，攻击方注意到 Snapchat 的一些 MX 记录指向一个 CDN 域名，该域名不再向控制这些记录的 DNS 注册商 GoDaddy 注册。然后攻击方在 GoDaddy 开了一个账户，注册了这些域名，并将悬空的 DNS 记录名称移动到攻击方的账户中。这是一个优秀的白帽攻击方，所以该名白帽攻击方通过 HackerOne 漏洞奖励计划联系了 Snapchat，并因为举报悬空 DNS 而获得了 250 美元的奖励。

18.2.4　注册商接管

当你可接管整个 DNS 注册器时，为什么只接管几个 DNS 记录？那些允许你购买或注册 DNS 主机名和 IP 地址的公司称为 DNS 注册商(DNS Registrars)。在 Internet 的早期，这曾是一个非常受控制和有限的群体。但是今天，有成千上万的 DNS 注册商，其安全和道德水平各不相同。

Brian Krebs 透露 Google 的整个 Vietnam 子域名(google.com.vn)遭到一个名为 Lizard Squad 的组织的劫持(见[14])。攻击方使用 Web 服务器注入漏洞控制了马来西亚的 DNS 注册商 Webnic 及其注册的超过 600 000 个域名。攻击方还接管了另一家笔记本电脑供应商，调换了 MX 记录。

值得注意的是，在这次攻击中，攻击方还获得了对 "传输密码(Transfer Codes)"的控制权，这是注册商用来在幕后快速执行域名转移时相互验证身份的秘密代码。这次特别的攻击是由一个对恶作剧(而非真正的间谍活动)更感兴趣的攻击方组织所做的，但是如果一个严肃的组织获得了控制权，对 Webnic 的客户和更广泛的 Internet 造成的损害可能更加严重。

18.2.5　DNS 字符集技巧

大多数人使用英语或本地语言输入 DNS URL。但包括浏览器在内的很多应用程序将接受不同的字符集，这些字符集可用来入侵用户和绕过防御。

计算机在屏幕或打印机上显示字符，方法是选择显示特定字符的字符集。例如，如果想用 ASCII 显示小写的 f，将使用 ASCII 十进制数 102。要用 ASCII 显示大写的 F，将使用十进制数字 70。在任何支持 ASCII 的计算机上，程序可使用 ASCII 表来查找并将数字转换成字母。[15]是完整的 ASCII 表。

字符集也是将一种语言转换成另一种语言的方法。例如，假设 Roger 希望英文版应用程序的用户输入单词 frog，希望俄文版用户用 Cyrillic (即 лягушка)输入该单词，并让程序理解该单词。可对应用程序完成编码，使其具有两种或多种语言，或使用一个可自动在不同语言之间转换和显示的字符集。通常在设备、操作系统或应用程序级别定义字符集。

第一批计算机使用 ASCII 字符集。ASCII 字符集只能支持 128 个英文字符。前 32 个 ASCII 字符是 "控制字符"，如换行符和文本结束符。其余的包括大小写英文字母，10 个数字，以及键盘上的常用符号。但 128 个字符的限制对于非英语使用者来说非常受限。

早期，Windows 使用的是 ANSI(American National Standards Institute，美国国家标准协会)字符集。ANSI 字符集只支持 218 个字符，比 128 个字符的 ASCII 要好，但 ANSI 字符集并不能处理像俄文和中文这样较复杂的语言。到了 Windows 2000，Microsoft 开始使用 Unicode。Unicode 支持所有已知的语言，包括活跃的和古老的，Unicode 可代表数百万个不同的字符。

自 2009 年以来，万维网(本质上是 Internet)使用一个称为 UTF-8 的字符集。UTF-8 是 Unicode 字符的子集，包含超过 100 万个字符。世界上大多数国家实际上使用 UTF-8，DNS(官方只支持 ASCII)实际上也使用 UTF-8。当用户在浏览器中键入字符时，计算机会在后台将输入的字符作为其 Unicode 编号处理。UTF-8 是 Web 和 Web 应用程序在幕后工作的方式。

许多网站和应用程序支持 UTF-8 的一个子集，并将其翻译成 Punycode (见[16])。Punycode 只是主机名的 Unicode 版本。你也可看到 IDN(国际化域名；见[17])，这是一种使用 Unicode 和 Punycode 在语言之间转换和显示域名的方法。

攻击方可使用类似于其他语言字符的 Punycode 和 IDN 字符来创建相似的域名。这类攻击称为同形攻击(en.wiki.org/wiki/IDN_homegraph_attck)。同形攻击不仅欺骗用户，而且常绕过昂贵的防御措施。例如，Unicode 拉丁字母 a(U+0061 hex)和西里尔字母 a(U+0430 hex)在浏览器 URL 中看起来相同，但其实是用不同语言表示的不同字符。即使在电子邮件中发送或在浏览器中显示时看起来相同，包含一个 a 与另一个 a 的 DNS 地址将是不同的，指向不同的 IP 地址。一个很好的示例是单击[18]网页开头的 apple.com 链接。可在[19]~[22]网站上阅读有关此类攻击的更多信息。

注意　甚至可在 SMS 中使用 Punycode 攻击技巧，见[23]。

18.2.6　ASN.1 技巧

ASN.1 是一种标准的接口描述语言，用于定义分层的树状数据结构。ASN.1 广泛用于计算机、电信和密码术。ASN.1 用于 X.509 数字证书、SNMP (Simple Network Management Protocol，简单网络管理协议)、Kerberos、LDAP、无线射频标签以及 3G、4G 和 5G 无线网络。可在[24]了解有关 ASN.1 的更多信息。

2004 年，攻击方利用 ASN.1 漏洞对 Microsoft 的核心网络身份验证协议 NTLMv2 进行拒绝服务攻击(见[25])。2016 年，一次基于 ASN.1 的攻击使得攻击方能在广泛的电信设备上执行代码：commsrisk.com/asn-1-bug-let-hackers-attack-mobile-carrier。这类 ASN.1 攻击很容易用来劫持 SMS SIM 卡。[26]是一个基于 ASN.1 攻击的视频会议示例，允许攻击方在多种电信设备上执行。

人们提出 ASN.1 攻击是为了说明操作系统和设备依赖于共享标准，这些标准可成为许多不同的意外攻击途径。由于技术用途相当模糊，协议常充满了未知的漏洞。这些标准并不像 DNS 那样每天出现在人们的面前。但当攻击方查看 Punycode、ASN.1 和其他支持协议和标准时，通常会发现可利用的漏洞。

18.2.7　BGP 劫持

边界网关协议(Border Gateway Protocol，BGP)标准对 Internet 的运行至关重要，但只有一小部分硬编码网络专业人员知道 BGP 并为此担心。

访问 Internet 时，无论是从网站上阅读内容、观看视频还是发送电子邮件，输入和接收的内容都要经过很多设备(通常是路由器)，在你的电脑和另一端之间来回移动。Internet 网络数据包在源和目的地之间平均要经过 15～22 个不同的路由器。需要很多路由和路由中转。任何嗅探这些路由或路由器的人都可能窃听非加密数据或元数据。但为了瞄准特定的人或组织，攻击方需要确切知道流量的路由路线，将经由哪些路由器。Internet 上有数以百万计的路由器，很难预测网络数据的去向(尽管每个国家都有众所周知的路由器聚合点)。这就是 Internet 的魅力所在。

试图窃听特定个人或组织的远程攻击方应保证受害者的流量通过特定的路径才能捕获。事实证明攻击方可以做到这一点。自 1994 年以来，Internet 上的大多数主要路由器都使用 BGP 协议。这就是 Internet 路由器的工作方式。每个参与的 BGP 路由器各分配一个唯一的自治系统号(Autonomous System Number，ASN)。BGP 路由器发送和接收来自其他 BGP 路由器的流量，而 Internet 上的大部分流量依赖于 BGP 路由器及其 BGP 路由表。可在[27]了解有关 BGP 的更多信息。

不幸的是，当 BGP 创建和发布时，BGP 并未内置很多安全性或完整性检查。本质上，任何 BGP 路由器都会自动信任任何其他 BGP 路由器告知的内容。如果一个不称职的 BGP 路由器管理员以错误的方式更新其 BGP 路由表，一个错误就可能导致 Internet 上的巨大路由问题。有时，这些错误似乎与有意的攻击并无区别。

当 BGP 劫持发生时，任何经过攻击方劫持的网络点重新路由的未加密流量都可遭受捕获和读取。即使数据加密，攻击方至少可读取源和目标 IP 地址并确定关系。如果攻击方获得了伪造的可信数字证书(这是网络钓鱼者的常规做法)，就可能能够阅读电子邮件和其他网络流量。与 DNS 劫持一样，BGP 劫持有明显的绕过 MFA 身份验证的可能性。

希望本章的内容可让你了解到命名空间在计算机安全中的重要性，以及其恶意操作是如何轻易绕过 MFA 的。

18.3　防御命名空间劫持攻击

本节研究研发团队和用户对命名空间劫持攻击的防御措施。

18.3.1　研发团队防御

首先，研究一些研发团队对命名空间劫持攻击的防御措施。

1. 培训

培训始终是打击网络安全威胁的关键。研发团队人员应该理解命名空间对 MFA 解决方案的重要性，并充分理解依赖关系，以便对可能的攻击建模。

2. 威胁模型

在执行网络安全威胁建模时，通常很少考虑命名空间，但如果用户的身份验证解决方案依赖于命名空间，则必须对其执行威胁建模、分析和缓解。

3. 默认数据包加密

加密所有来往于 MFA 解决方案的流量，这样如果有人试图窃听网络流量或使用重定向操作命名空间，所能读取的内容将是有限的。加密时应始终使用行业认可的密码和密钥大小。

4. DNS 注册商记录锁定

如果 MFA 解决方案使用 DNS 作为解决方案的一部分，且 DNS 指向用户的记录，请确保没有未经授权的人可劫持用户的 DNS 记录。与 DNS 注册商讨论如何防止 DNS 劫持以及恢复操作是什么；如有必要，请记录。要求注册商"锁定"用户的 DNS 记录。让 DNS 注册商要求 MFA 登录到用户的 DNS 管理账户。针对 DNS 记录的任何更改都会导致电子邮件发送到一个不可更改、经常受到检查的电子邮件地址。

5. 启用 SPF、DKIM、DMARC

在 DNS 和你的电子邮件服务器上启用 SPF (Sender Policy Framework，发件人策略框架)、DKIM(Domain Keys Identified Mail，域密钥标识邮件)和 DMARC (Domain-Based Message Authentication Reporting and Conformance，基于域的消息验证报告和一致性)。启用这三个反网络钓鱼协议可让客户验证：发送给客户的任何声称来自受保护域的电子邮件确实来自授权的电子邮件服务器。可防止未经授权的域发送声称来自你的域的电子邮件。在电子邮件服务器之间要求使用 TLS(如果可能)。

注意　如果你有兴趣了解关于 SPF、DKIM 和 DMARC 的更多信息，请访问[28](Roger 的网络研讨会)，内容是"如何防止 81%的网络钓鱼攻击通过 DMARC 直接进入你的收件箱"。

6. 硬编码有意义的值

如果 MFA 解决方案中的名称和 IP 地址是永久的和不变的，请考虑将其硬编码到软件或固件中，以尽可能减少对命名空间解析的依赖。例如，如果用户的 MFA 解决方案使用 DNS，请考虑使用永久 IP 地址。Microsoft 和 Google 都在其软件中硬编码关键的 DNS 地址，这样即使有人恶意操纵 DNS 命名空间，其软件也总能"呼叫总部"。

这是非常棘手的，因为很难预测主机名和 IP 地址是否随时间而改变。例如，现在大多数 IP 地址使用 IPv4，但可能迁移到 IPv6(版本 6)。如果用户名、IP 地址或命名空间发生变化，那么硬编码任何名称或 IP 地址都可能在将来造成严重的中断问题。因此，仅硬编码以下值：在产品生命周期内不会变更，或在需要时用户可很容易地更新。

7. 减少操纵命名空间的机会

更好的解决方案不是硬编码值，通常是对解决方案编程，使得很难在未经察觉的情况下操纵预期的命名空间值。例如，如果 MFA 解决方案连接回一个公共网站，在初始身份验证过程中，让该网站和 MFA 解决方案执行已知的访问-响应握手。例如，网站可能已提前知道 MFA 设备启动进程的硬编码值，有点像 TOTP 设备。任何窃听初始连接的人可能看到正在传递的数据，但不知道数据是如何组成或构造的。攻击方将无法预测初始握手连接所需的值。任何没有正确握手信息的网站都不会从参与的客户端接收消息，反之亦然。

8. 站点和设备预注册

要求所有站点和 MFA 设备都由 GUID 标识，并预先注册到将参与的站点和服务中，这有助于防止中间人攻击。

9. 不支持 IDN 或 Punycode

Roger 理解 IDN 和 Punycode 对国际语言支持的吸引力。然而，Roger 阅读了更多关于使用这些标准进行恶意绕过和社交工程的内容。最好创建一个过滤机制，来防止恶意滥用这些字符集的转换机制。今天，大多数主流浏览器试图识别常见的 IDN/Punycode 重定向。如果缺少相应的防御措施，可考虑直接禁用这两种代码集。不值得去冒险。

18.3.2 用户防御

接下来，将研究用户对命名空间劫持攻击的防御。

1. 培训

所有用户都应该了解恶意命名空间攻击，特别是常见的 DNS 骗术，包括 IDN 和 Punycode 恶作剧。用户需要了解如何区分合法域和恶意域，并了解命名空间泄露如何影响用户选择的 MFA 解决方案。管理员应该选择将命名空间攻击考虑在内的 MFA 解决方案，从而削弱命名空间攻击。用户应意识到 DNS 变更攻击和恶意软件的威胁。

2. 实施 DNSSEC

DNS 安全扩展(DNS Security Extensions，DNSSEC)是一个成熟的协议，试图使

DNS 劫持和其他恶意操作更难由攻击方完成。启用 DNSSEC 时，涉及的 DNS 服务器包含数字证书，允许 DNSSEC 对区域文件签名并应答 DNS 客户端。在启用时，DNS 客户端可验证其接收到的 DNS 应答是否来自经过验证的权威 DNS 服务器。DNSSEC 并不能阻止所有类型的 DNS 攻击，但确实可防止某些类型的 DNS 攻击，仅凭这一点就应该启用 DNSSEC。DNSSEC 甚至可阻止像 BGP 这样的路由技巧发挥作用。有关 DNSSEC 的详细信息，请参见[29]。

可悲的是，即使经过十多年的尝试，DNSSEC 仍然没有得到广泛使用。起初，很多 DNS 供应商，如 Microsoft，在 DNSSEC 问世后很多年都没有完全支持 DNSSEC；当 Microsoft 支持 DNSSEC 时，很难配置或者不符合开放标准。今天，大多数 DNS 供应商已经令 DNSSEC 的启用变得比以前容易很多。

为得到充分的保护，响应查询的所有 DNS 服务器都需要启用 DNSSEC。根 DNS 服务器在 2010 年启用了 DNSSEC。从那时起，最流行和最重要的 DNS TLD 服务器 (COM、EDU、ORG、MIL 和 NET 等)也启用了 DNSSEC。只有每个参与的 DNSSEC 子域有待启用 DNSSEC。截至 2020 年，只有不到 1%的 COM 子域名(0.8%或 170 万个域)加入 DNSSEC。可在[30]获取最新统计信息。

在自己控制的 DNS 服务器上启用 DNSSEC 不会造成损害。如果告诉所有 DNS 客户端拒绝任何来自未启用 DNSSEC 的 DNS 服务器的应答，那么 DNS 客户端可能会拒绝其查询得到的 99%的 DNS 答案。但对于那些支持 DNSSEC 的 DNS 域名来说，这意味着攻击方将更难通过恶意的 DNS 误导执行攻击。

3. 检测未经授权的 DNS 更改并发出警告

用户系统应该检测到 DNS 设置(和 HOSTS 文件)的未经授权的更改并发出警告。没有人能保证可百分之百地防止恶意 DNS 攻击。在发生了重大的 DNS 更改时，如果事件总是生成警告消息并进行调查(若更改未经授权)，则可以限制损害。如果本地 HOSTS 文件或依赖的 DNS 域服务器地址发生变化，则 DNS 客户端应始终报告更改。这两类更改在大多数环境中都非常罕见。如果 DNS 服务器地址变更或 DNS 记录所有权发生变化，则 DNS 域服务器应当收到警告。如果用户不能阻止攻击的发生，快速警告是次好的防御办法。

18.4　小结

本章介绍了 DNS 和其他命名空间劫持，如 BGP 和 ASN.1 漏洞攻击。讨论了常见的 DNS 攻击方法和七个真实世界的攻击实例。最后，描述了研发团队和用户对命名空间劫持的防御措施。

第 19 章将介绍 API 滥用。

第 **19** 章　API 滥用

本章将介绍通过或使用 API (Application Programming Interface，应用程序编程接口)破解 MFA 解决方案。本书将回顾以前的一些术语和技术，并介绍新的术语和技术，以便你在阅读 MFA API 时能够理解这些术语在上下文中的含义。

19.1　API 滥用简介

如第 3 章所述，API 是由其底层技术或服务的研发团队创建的，允许其他研发团队和用户以编程方式与其产品交互。API 允许其他人和服务快速地与产品或服务交互，并轻松扩展功能。API 是计算机世界的主要组成部分，可促进产品得到广泛采用和使用。如果创建了一个 API，且普通公众可访问和使用，那么可称为开放 API 或公共 API。

例如，HaveIBeenPwned 网站(见[1])可告诉用户特定登录名和口令是否属于已知漏洞的一部分，该网站具有一个任何人都可使用的 API(HaveIBeen Pwned.com/API/v3)。事实上，HaveIBeenPwned 是第三个版本。HaveIBeenPwned 的 API 允许每隔 1.5 秒执行一次不同的账户查找。如果用户试图使用网站手动查找不同的账户或口令，很可能会幸运地每隔 10~15 秒请求一个新的账户或口令。因此，在执行多次查找时，使用 API 至少可提高 10 倍的速度。此外，网站可寻找和返回的内容仅限于网站预先编制好的程序。通过 API，用户可查找几十种不同类型的信息，并执行一些使用网站界面不可能完成的操作。

其他许多网站和服务都使用 API 链接到 HaveIBeenPwned，HaveIbeenPwned 的可用性和低成本的使用(截至本书撰写时每月 3.5 美元)可能是整个网站成功的主要原因。外部程序员或服务不必一次查找一个泄露的账户，而可更快地查找一堆账户和口令(HaveIBeenPwned 已存储超过 5 亿个遭受盗窃的口令)。可能共享的任何潜在口令都会作为底层明文口令的 SHA-1 哈希值完成传递，因此请求口令的人无法轻松确定底层明文口令是什么，但可使用口令哈希值与其他现有的已知(哈希)口令比较，以确定其是否与该账户的其他现有已知口令相同。这样一来，攻击方就无法通过查询 HaveIBeenPwned 轻松地获知别人的口令，但某个特定登录账户的现有口令可与已知的、已破解的口令相比较。

许多现有的合法服务使用 HaveIBeenPwned 的 API 查找批量泄露账户。例如，Roger 的雇主 KnowBe4 有一个免费工具称为破解口令测试(www.knowbe4.com/breached-password-test)，就利用 HaveIBeenPwned 的 API 来查找运行该工具的组织的登录信息。例如，如果一个人有成百上千的用户账户和口令需要测试，API 允许其更快地测试所有用户账户和口令。KnowBe4 的口令测试工具测试的不仅是遭到破解的口令(如弱口令)，还可测试漏洞检查组件，这是其中一个主要功能。图 19.1 显示了 KnowBe4 破解口令测试工具中的示例报告片段。

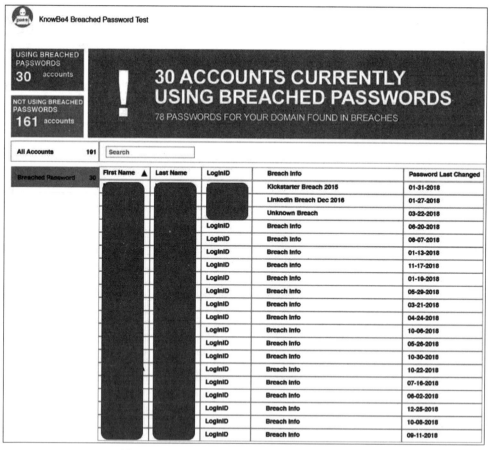

图 19.1　KnowBe4 破解口令测试工具的部分示例报告

许多现有的开源攻击方/研究工具都与 HaveIBeenPwned 的 API 一起工作，以查找泄露的用户账户和口令。例如，攻击方侦察工具 recon-ng(tools.kali.org/information-gathering/recon-ng)包含模块(名称包含 HaveIBeenPwned 的缩写 hibp)，允许用户确认特定账户及其口令是否涉及已知的漏洞，通过使用 HaveIBeenPwned 的 API 来实现。图 19.2 显示了 recog-ng 和相关的破解口令查找模块。

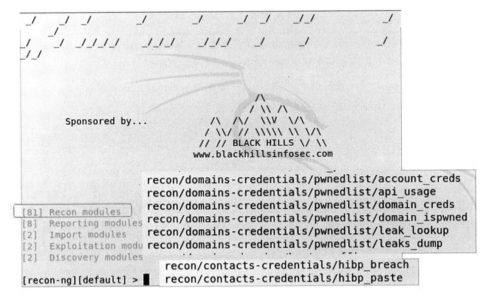

图 19.2　利用 HaveIBeenPwned 的 API 的 recog-ng 和相关的破解口令查找模块

几乎每个 API 都有规则、使用协议、连接点、命令和语法，以便用户能够成功和高效地使用。要使用 HaveIBeenPwned 的 API，用户必须首先获得 HaveIBeenPwned 许可证密钥。HIBP API 密钥是每个不同用户的唯一 32 位十六进制字符串，例如：

```
b163ce018a4147e5ad83c11d8187aaaf
```

然后，要使用该 API 查找可能已经遭到破解的账户登录，用户连接到 HaveIBeenPwned 的 API URL 并发出如下的命令：

```
GET haveibeenpwned.com/api/v3/breachedaccount/ rogerg@banneretcs.com hibp-
api-key:
b163ce018a4147e5ad83c11d8187aaaf
```

API 查询基本上是这样说的："查看任何已破坏的登录是否具有登录标识，邮箱：rogerg@banneretcs.com，这是唯一的 API 密钥，以证明注册使用了 API。"然后 HaveIBeenPwned 服务将返回所有可能记录的涉及该登录标识的违规案例，以及与之相关的入侵行为的名称。

然后，与 HaveIBeenPwned API 的任何脚本或程序接口都只是反复地使用该命令字符串，改变正在查找的账户名，直到查询完所有要查找的身份账户。任何人都可使用 API 的命令和语法执行许多其他命令和查找类型。

在 Internet 的幕后，各种服务之间每天都有数十亿甚至上千亿的 API 调用。不夸张地说，这是 Internet 在编程层面的工作方式。程序员常说的一句话是"如果用户重复做一件事，那就将其自动化。"API 允许接口化和自动化。

注意　今天的许多协议和 API 使用 XML 在通信双方之间传递消息、格式和数据。使用 HTML 的程序员能很好地熟悉和使用 XML，因为每一行数据都包含在"开始"<section>和"结束"</section>之间。如果程序员不选择进一步编码所附的信息，那么人和机器可以方便地阅读任何 XML。可从[2]阅读有关 XML 的更多信息。

19.1.1　涉及 API 的通用身份验证标准和协议

API 与身份验证标准和协议的使用没有什么不同。在过去 20 年里，数字世界一直在试图就一些常见的开放标准达成协议，这些标准通常包括 API。在试图建立每个人都信任的标准和 API 的过程中，有过很多次尝试，也有几乎有同样多的失败。在过去几年里，出现了一些与身份验证相关的标准及其 API，这些标准和 API 似乎具有普遍的持久性。正成为事实上的标准，供应商正在构建与其交互的产品。

本节将探讨最流行的标准和 API。在前面的章节中曾涉及其中的一些。

1. OAuth

如第 3 章所述，开放授权(Open Authorization，OAuth)是当今 Web 上使用的最流行的开放式联盟身份验证标准之一。

大多数大型网站和服务(如 Facebook、Twitter)都支持 OAuth。OAuth 是一个框架，描述了不相关的服务器和服务如何安全地允许在经过身份验证后访问其资产，而不需要实际共享初始的单次登录凭证。身份提供方(Identity Provider)可能是也可能不是用户已经验证过的网站或服务，可证明已经存在的成功的主体身份验证，并帮助主体登录/访问其他站点或服务。

值得一提的是，OAuth 的目标是授权(Authorization)，而非身份验证，尽管也涉及身份验证。使用 OAuth，用户必须至少向身份提供方或第一个站点/服务完成至少一次身份验证，但此后，用户使用的第一个站点和软件将交换身份验证的访问控制令牌。用户不必对其他站点或服务重新执行身份验证，尽管通常必须批准(单击登录或允许)对新站点和服务的新登录/访问(参见图 19.3～图 19.5 中的批准提示示例)。附加访问中涉及的对象并没有重新验证。不提供额外的身份验证证明。经过身份验证流程这一部分，现在处于身份生命周期的授权部分。用户的身份验证证明不会在站点之间共享。原始站点/服务证明主体已成功执行了身份验证，并有助于建立访问未来站点和服务的主体。

图 19.3　用户访问附加站点或服务时 OAuth 审批/登录提示示例

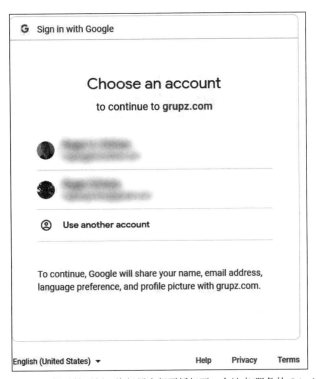

图 19.4　OAuth 提示符示例，询问用户想要授权下一个站点/服务的 OAuth 标识

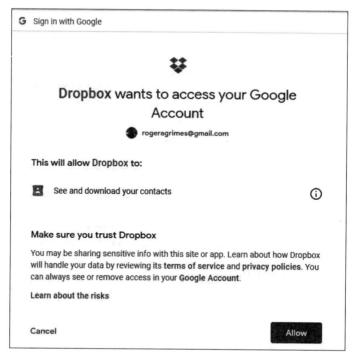

图 19.5　OAuth 参与网站请求访问用户的个人数据，同时使用 OAuth 首次登录 Dropbox

　　未来的站点和服务可能涉及另一个登录，但是如果用户最近已经在其他地方验证了所选的身份，则不会要求用户重新验证。在图 19.3 中，用户正在访问一个新站点 Grupz Vacation Rentals，Grupz 站点检测到用户已经成功地向两个以前的 OAuth 提供商(在本例中是 Facebook 和 Google)完成了身份验证。很多时候，当用户看到"用 Facebook 登录""用 Google 登录""用 Apple 登录"，看到的是 OAuth 的参与和工作。任何使用 OAuth 的站点都需要向一个或多个 OAuth 标识提供程序注册。在这个示例中，Grupz 之前至少注册了 Facebook 和 Google。许多参与的网站只有一个或另一个，因为认为大多数人都会有其中一个，为什么要浪费精力提供额外的 OAuth 提供商呢。

　　用户只需要单击其中一个显示的按钮，Grupz 和 Google/Facebook 将交换必要的授权信息，以允许用户登录而不提供额外的身份验证信息(尽管用户也可使用非 OAuth 凭证登录)。

　　如果用户已有一段时间未登录到 OAuth 身份提供方(如图 19.3 中的 Facebook 或 Google 所示)，在授权用户登录附加站点/服务前，可能收到要求再次执行身份验证。但用户提交的登录凭证是指向用户已信任的站点/服务(即 Facebook/Google)，而非新站点(在本例中是 Grupz)。新站点/服务永远不会得到身份验证证明。如果其他站点或服务遭到破坏，攻击方将只能获得一个访问控制令牌，该令牌只对单个站点/服务有效，对用户的身份验证证明无效。

　　图 19.4 显示了 OAuth 识别出主体有多个身份账户注册到同一个 OAuth 身份提供

方(本例中是 Google)，并要求用户选择希望未来在哪个身份下执行授权。

　　站点/服务还可请求访问用户的个人信息、文件和数据。图 19.5 显示了 Dropbox 请求访问以查看和下载主体的 Gmail 联系人列表。只有当用户信任请求的站点/服务计划时，才会允许访问。不允许请求的访问将取消请求站点/服务与该提供程序一起使用 OAuth 的能力；因此，如果不允许权限请求，则不能将 OAuth 与该附加站点/服务一起使用。

注意　请注意，如果该站点/服务遭受攻击，任何攻击方都将拥有对用户的个人信息的相同访问权限，因此对任何个人访问用户的数据和信息要持怀疑、谨慎的态度。

　　OAuth 标识提供程序允许用户查看以前允许的每个站点/服务的列表(示例见图 19.6)，并且用户可将站点/服务从允许与特定的服务提供方执行交互的 OAuth 站点/服务列表中删除(示例见图 19.7)。

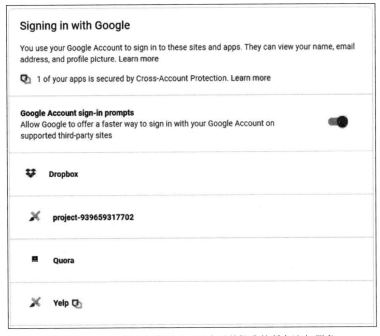

图 19.6　OAuth 提供程序列出了用户以前批准的所有站点/服务

注意　仅通过查看列表未必能清楚地看到用户为哪些参与 OAuth 站点/服务授予了访问权。例如，图 19.3 和图 19.4 中的 Grupz 网站已列为 project-939659317702。这是因为是由注册 Grupz 的人注册的。用户可打开链接以获取更多信息，包括关联的站点/服务 URL，以决定是否保留该链接。

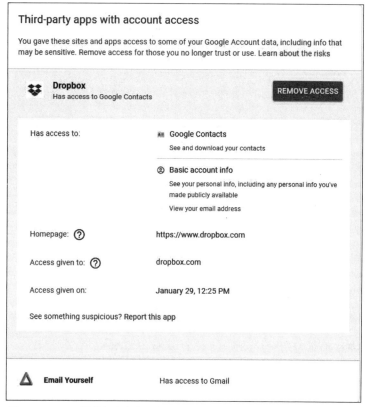

图 19.7　OAuth 提供程序允许用户删除对以前允许的站点/服务的 OAuth 访问

所有用户都应定期检查其允许的 OAuth 提供程序和已注册的站点/服务和权限，并删除那些未使用或不需要的。如果将来需要，只需要单击几下鼠标就可重新建立。有关 OAuth 的更多信息，请访问 oauth.net 网站[3]和[4]。

上面描述的大多数 OAuth 工作原理都涉及 OpenID 连接，下面将讨论 OpenID 连接。

2. OpenID 和 OpenID Connect

OpenID Connect(见[5])是一个位于 OAuth 之上并经常与 OAuth 一起使用的身份验证层。之前有一个类似的开放分散版本，称为 OpenID(见[6])。OpenID Connect 是一个有趣的身份验证标准，得到了许多大企业的支持，包括 Microsoft，后者将其部署为 Windows CardSpace。令大多数身份专家感到兴奋的是，OpenID 拥有完全分散的共享身份和身份验证的能力。用户在自己的系统上存储了身份和身份验证信息。没有一个实体或一组实体控制或存储身份验证信息(如过去的 Microsoft Passport)。没有一个实体控制该标准是好的；除了用户的设备外，没有一个位置可遭到破坏(从而访问所有用户的身份)。

这些年来，针对 OpenID 的一系列安全问题已经宣布(见[7])。总的来说，一个完全分散的标准的想法，不管多么有希望，都烟消云散了。至少部分原因是，如果用户将其所有身份和身份验证信息存储在一个设备上，可能不便于共享用户的其他没有重建身份的设备或将身份登录号码复制到新设备。

OpenID 的第三个版本在 2014 年演变成 OpenID Connect (OIDC)，作为 OAuth 上的官方身份验证层执行了调整。当用户使用 OAuth 登录到另一个网站时，大多数时候同时使用 OAuth 和 OpenID Connect。OpenID Connect 协议帮助用户创建身份并向 OAuth 站点/服务提供商执行身份验证。OAuth 提供程序允许用户在系统之间共享 OpenID Connect ID。当看到登录到一个新站点/服务(如图 19.4 所示)时，可从中选择不同的 ID 列表，这就是可在 OAuth 提供程序中注册的可用 OpenID Connect 标识。当站点/服务请求特定的权限时(如图 19.5 所示)，这是 OAuth 及其授权特性，但这些权限和关系绑定到特定 OAuth 提供方的特定 OpenID Connect 标识。OpenID Connect 标识、允许的站点/服务和批准的权限都绑定到特定的 OAuth 提供程序。用户不会看到与另一个参与的 OAuth 提供方相同的 ID、实体和访问关系。

因此，完全去中心化身份的最初梦想随着以前版本的 OpenID 而消亡，但其仍然是去中心化的，因为用户可有许多不同的 OAuth 身份提供方，每个提供方都有不同的 OpenID Connect 身份和关系。用户不一定与一个提供方或身份联系在一起。用户可灵活地决定信任谁。例如，用户可允许 Dropbox 访问 Gmail 联系人列表，但不能访问其 Twitter 连接。

可在[8]看到关于 OAuth 和 OpenID Connect 如何共同工作的技术性讨论。有关 OpenID Connect 的详细信息，请访问[9]。

3. SAML

SAML(Security Assertion Markup Language，安全声明标记语言)是一个身份联盟标准，允许在安全域中或安全域之间安全地交换主体、身份提供方和服务提供方的身份验证和授权信息。SAML 经常用于传输用户登录的安全凭证，是组织单点登录(Single Sign-on)解决方案中最受欢迎的标准。SAML 在许多领域与 OAuth+OpenID Connect 竞争。SAML 更多用于企业中，OAuth+OpenID Connect 更多用于消费者 Internet 领域。与 OAuth 相比，一个极大的好处是 SAML 可用于身份验证和授权，而 OAuth 本身用于授权。有关 SAML 的详细信息，请参见[10]。

4. OATH

开放身份验证倡议(OATH)是一个专注于强身份验证(即令牌设备)以及创建和使用开放标准的行业联盟组织。该组织专注于三种主要的 MFA 解决方案：

- 用户身份模块(Subscriber Identity Module，SIM)
- 公钥基础架构(Public Key Infrastructure，PKI)
- 基于一次性口令(One-Time Password，OTP)的解决方案

OATH 有一个庞大的成员名单，创建了多个广泛采用的开放令牌标准(大多数都在前几章介绍过)，下面列出其中的一些：

- HOTP：基于 HMAC 的 OTP 算法(RFC 4226)

- TOTP：基于时间的一次性口令算法(RFC 6238)
- OCRA：OAT 质询/响应算法规范(RFC 6287)
- PSKC：便携式对称密钥容器(RFC 6030)
- DSKPP：动态对称密钥配置协议(RFC 6063)

尽管 OATH 有很多承诺，不久前也有一些合作伙伴的声明，如 Microsoft 在 2018 年发布的消息(见[11])，但 OATH 最近已经解散了。FIDO 标准与 OATH 的成员类似；FIDO 标准进步明显，似乎占据了大部分新闻版面。OATH 诞生了，发布了一堆重要的 RFC，然后消失了。可悲的是，一些越来越流行的方法，如 Google 身份验证器用明文生成密钥，而不是使用 DSKPP——似乎已经胜出，尽管 OATH 在技术上更优越；这样的情形在安全领域中并不罕见。

注意 另一个非常有趣的 OATH 倡议是共享交易欺诈数据，即 RFC 5941(见[12])。该 RFC 标准提到，如果能以更快的、先前商定的格式和结构共享有关安全事件的信息，世界将享受更好的服务。参与方可上传并共享有关欺诈和网络安全事件的信息，以帮助更快地应对现有和未来的威胁。不幸的是，RFC5941 自 2010 年提交以来，似乎没有太大的吸引力。类似的事情需要发生，应当成为任何解决方案的一部分，最终使 Internet 成为一个安全的地方。

可访问[13]，来了解关于 OATH 的更多信息。

5. FIDO

如前几章所述，FIDO(Fast Identity Online，快速在线身份验证)联盟规范是一组流行的无口令、开放式身份验证标准，FIDO 依赖于公钥-私钥加密技术。FIDO 广泛支持 1FA 和 MFA 设备(计算机、USB 令牌、移动电话、有线和无线等)和生物识别技术。FIDO2(当前版本)有两个主要的身份验证部分和四个规范。任何参与 FIDO2 的软件(操作系统、浏览器、网站和服务等)必须使用万维网联盟(World Wide Web Consortium，W3C)的 Web 身份验证(Web Authentication，WebAuthn)标准和 API。

CTAP (Client to Authenticator Protocol，客户端到验证器协议)规范涵盖了无线设备。UAF (Universal Authentication Framework，通用身份验证框架)规范是一种无口令方法，可以是 1FA 或 MFA，但不必涉及单独的物理设备。U2F (Universal 2nd Factor，通用第二因子)规范涵盖了 MFA，且需要第二因子和某种类型的设备。U2F 标准是 MFA 解决方案提供商采用最多的标准。

使用 U2F，用户向参与的站点或服务注册设备，并选择实现一个身份验证因素，如 PIN 或生物识别 ID。当连接到站点或服务，或执行需要强身份验证的交易时，该设备执行本地身份验证(验证 PIN 或生物识别特征标识)，并将成功或失败的消息传递给远程站点或服务。对于 U2F，在提供口令或 PIN 码后，附加的安全设备(如手机或 USB 加密狗)将用作第二个因素。

传统的 TLS 只保证对客户端完成服务器身份验证。FIDO2 身份验证更进一步，将"已注册"的设备和用户连接起来，并将这些设备链接到最终的网站或服务。一个身份验证设备可链接到多个(或所有)网站和服务。预注册可防止许多类型的身份验证攻击。

U2F 可防止大多数中间人(Man-in-the-Middle，MitM)攻击，如第 6 章中讨论的攻击，并在图 6.3 中做了总结。例如，针对 LinkedIn 的 Kevin Mitnick MitM 演示代理攻击就不会起作用。这是因为 U2F 需要注册设备以及相关的/允许的网站。插入一个MitM 代理将使服务器和客户机的链接来自以前未注册的位置，并且 U2F 身份验证解决方案甚至不会响应(或将响应错误)。可阅读本 FIDO 规范文件第 6 节中有关 FIDOMitM 保护的内容，见[14]。

注意　Roger 和其他人喜欢 FIDO 的部分原因是，即使在关于如何防止大多数 MitM 攻击的规范部分，FIDO 会告诉你如何绕过这些防御(非常具体的情况，在现实世界中不太可能出现)，也会告诉你如何防止这些攻击。FIDO 承认未必能阻止每一次可能的攻击。这与大多数身份验证解决方案和标准截然不同。希望更多的 MFA 解决方案是诚实和直接的。透明能建立信任。

有关 FIDO2 标准和规范的更多信息，请访问[15]。

19.1.2　其他常见 API 标准和组件

本节介绍其他常见的 API 标准和技术，以及用户在查看 MFA API 时可能遇到的术语。

1. RESTful API

RESTful API 支持并使用 REST(Representational State Transfer)标准、规则和语法。REST 独立于语言，使用十分常见的 HTTP 命令和语法完成连接和通信。HTTP 程序员可使用 HTTP 连接到 RESTful API。RESTful API 非常流行，且受到各种服务器和客户机框架(如 Node.js 以及 Apache CXF)的固有支持。

下面是一个将登录凭证传递给具有 API 的服务器的 REST POST 消息示例：

```
POST /oapi/auth/logon HTTP/1.1
HOST: example.org
Content-Type:text/xml
<credRequest>
  <login name="administrator" password="password">
    <site contentUrl=""/>
  </credentials>
</credRequest>
```

REST 并非一个非常复杂的标准，这既是优点，也是缺点。复杂的交互更难实现，如果没有 REST 标准之外的大量额外编程，则不可能实现。就像所依赖的底层 HTTP一样，每个 REST 请求都是无状态的，这意味着特定服务器的客户机的状态不会在

REST 事务之间固有地遭到跟踪。REST 事务必须使用 Cookie 和 GUID 编号等方法来跟踪不同事务之间的客户端和服务器。可从[16]了解有关 RESTful API 的更多信息。

2. SOAP

SOAP(Simple Object Access Protocol，简单对象访问协议)是 REST 最直接的早期竞争对手。SOAP 是一种消息传递协议和 API，使用 XML 在客户机请求和服务器之间传输数据。SOAP 是 20 世纪 90 年代末由 Microsoft 的许多人创建的，却从未正式成为标准。但近十年来，尤其是对于企业应用程序，SOAP 一直是一种流行的消息传递格式和 API。下面是一个 SOAP 请求消息的示例：

```
POST /Transaction HTTP/1.1
Host: www.example.org
Content-Type: application/soap+xml; charset=utf-8
<xml version="1.0"?>
<soap:Envelope xmlns:s=" http://schemas.xmlsoap.org/soap/envelope/ ">
  <soap:Header>
    <Action soap:mustUnderstand="1"
        xmlns=" http://example.org/transaction ">
        http://example.org/IService/Operation
    </Action>
  </soap:Header>
  <soap:Body>
    <GetCount xmlns="http://example.org/TransAPI ">
     <Item>345699</Item>
    </GetCount>
  </soap:Body>
</soap:Envelope>
```

SOAP 的好处之一是使用了 XML。一旦习惯了阅读 XML，就可相当快地理解 SOAP 请求或回复试图做什么。但是，所有必需的头信息和使用 XML 也使得 SOAP 消息比其他方法更"笨重"，与 REST 请求和响应相比尤其如此。许多程序员对 Microsoft 制定和推广的标准不信任，Microsoft 迟迟未将其作为开放标准提交，使得其他竞争对手超越了 Microsoft。

注意　可能遇到的另一个 API 标准是 CORBA (Common Object Request Broker Architecture，公共对象请求代理体系结构；见[17])。几年前，CORBA 在企业内部获得了很大的吸引力，但现已退居 REST 之后。

随着 SOAP 和其他早期 API 标准开始减少，REST 凭借简洁性获得了碾压式的优势。今天，SOAP 和 CORBA 基本上是"遗留"的企业标准。

3. SOA API 和 Web 服务

如今，大多数可通过 Internet 访问的 API(包括 REST)，都已认为是 SOA(Service-Oriented Architecture，面向服务架构)软件设计风格的一部分。在 SOA 中，客户机使用 API，通过一个或多个网络协议请求服务器的操作或服务。如果这是通过使用 HTTP/HTTPS 在 Internet 的万维网上完成的，则访问的服务可定义为 Web 服务。Web 服务协议通常是通过在名称开头包含 WS-来定义的。Web 服务通常提供 RESTful API 并与之一起工作。

4. JSON

JSON (JavaScript Object Notation，JavaScript 对象表示法)是服务之间传输数据的一种常用方法。JSON 基于 JavaScript 语言，但独立于编程语言。大多数 JSON 消息都是可读的。下面是一个消息中 JSON 数据的一个简单示例：

```
{
  "LogonName": "Administrator",
  "password": "TheyWillNeverGuess",
  "PrimaryGroup": Administrators,
    "address": {
      "streetAddress": "33 N Garden Ave",
      "city": "Clearwater",
      "state": "FL",
    "postalCode": "33755-6610"
  },
}
```

JSON 最近卷入了 Twitter 数据泄露事件，因为 Twitter 的 JSON 头结构不正确，允许浏览器保存和泄露机密信息，入侵者可访问受害者的浏览器缓存。可参阅[18]。这表明 JSON 现在是安全人员必须担心的另一个依赖组件。

5. 物理无线标准和 API

当然，大多数 MFA 解决方案依赖于其他多个标准，每个标准通常都有自己的 API，如通用串行总线(USB)、智能卡和蓝牙。如前几章所述，每一个都是一个潜在的待攻击领域。

本节最后需要补充两点。

首先，这些标准和 API 都非天生就弱。确实有些标准和 API 在设计时相当不安全，更容易遭到攻击；但本书前面讨论的标准和协议并非设计不当或过于脆弱。它们只是另外的组件依赖项，在特定的实现中是潜在的利用载体。

其次，Roger 不想让任何人觉得其展示的 API 和标准的示例会一直存在下去。大部分 API 和标准一直在变化。毫无疑问，有些最新的、最卓越的以及公认的标准将成为明天的遗留标准；标准、协议和 API 随着技术的发展而变化，标准的变化未必是坏事。但是，如果允许少数几个单一的身份验证和授权标准成为"赢家"，并在相当长的一段时间内保持不变，将极大地造福世界。应用程序研发团队将只需要考虑创建一种共享身份验证数据和提高自动化的方法。

通用的、持久的标准会增加单点故障的概率。这给世界上的恶意攻击方提供了一个做坏事的常见方式。可在计算机安全媒体上看到这一讨论，这是计算机或安全"单一文化"的弱点。单一文化允许恶意攻击方在同一时间更多地执行恶意传播。当每个系统都有自己的操作和接口方式时，攻击方就更难使用相同的工具完成大范围破坏。因此，通用标准和 API 是一把双刃剑，使用户能跨平台工作和交互，但同时暴露出潜在漏洞，这些漏洞可能会更广泛地遭到利用。

19.2   API 滥用示例

API 允许恶意攻击方在更广泛的人群中更快、更具破坏性地做涉及底层技术的坏事。API 已经用于在几秒钟内抢走几十万美元，并危害到数百万个非常流行的网站和服务的账户。滥用 API 的两个主要动机是：

- 加速对单个受害者的自动攻击
- 自动攻击多名受害者

事实证明，恶意攻击方使用 API 的原因与合法程序相同：加速和自动化。无论哪种情况，API 都可用来绕过 MFA。本节将介绍用于攻击 MFA 解决方案的 API 示例。

19.2.1   API 密钥泄露

2019 年，流行的加密货币网站 Binance 遭到攻击。Binance 首席执行官解释道，攻击方通过窃取用户的 API 密钥，最终窃取了其 TOTP 令牌的 Binance "热钱包"，盗取了 7074 个比特币(见图 19.8)，折合当天的换算率超过 4000 万美元，可参见[19]。

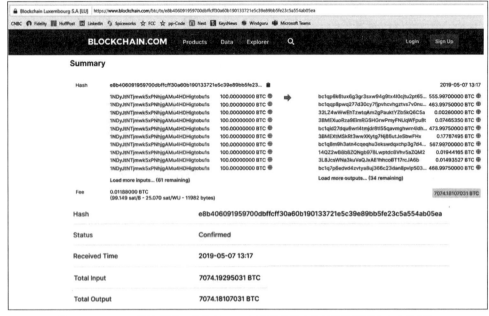

图 19.8   Binance 传输截图，确认有 4000 万美元的用户比特币转移到攻击方的钱包

Binance 有一个 API(见[20])，该 API 鼓励用户获取和使用(见[21])，这样就可很快地购买、出售和交易加密货币了。该 API 使用开放标准，如 REST 和 JSON，并且已经发布和开放。Binance 的 API 令其变得非常流行，迅速成为世界上使用最多的加密货币门户之一。甚至用于"交易机器人"，这些机器人可根据预先确定的入口点和出口点自动执行高频交易。请参阅使用 Binance API 的交易机器人示例，见[22]。

当攻击方利用社交工程，借助伪造的代理站点接管了多个 Binance 用户账户时，利用对 API 的了解以及从用户那里窃取的 API 密钥(以及 Google 身份验证程序 TOTP 代码)来快速窃取用户的加密货币。Binance 首席执行官在博客中写道："攻击方耐心等待，在最合适的时机，通过多个看似独立的账户，执行精心策划的行动。这笔交易的结构超出了安全人员现有的安全检查范围"。这就是 API 提供的帮助。

19.2.2　使用 API 绕过 PayPal 2FA

这起发生在 2014 年的事件有点过时，但提供了另一个示例，说明了如何使用 API 绕过 MFA，以及一些供应商对 MFA 安全漏洞的缓慢反应速度。一个研究人员发现了这个 Bug，然后报告给 Duo Security(见[23])。

PayPal 有一个使用 OAuth 和 JSON 的 RESTful API。PayPal 也允许 MFA 使用 RESTful API 服务，但当时 MFA 并未使用 PayPal 的移动应用程序。PayPal 在其发送给 API 的 OAuth 消息中包含一个指示 2FA 是否启用的指示器。该字段甚至命名为 2FA Enabled，可能的值为 True 或 False。任何嗅探参与客户端和 PayPal 服务之间连接的人都很容易看到这一点。

注意　如果 PayPal 没有将字段 2FA 标记为 Enabled，这个 Bug 的发现可能会延迟一点。

因此，任何知道受害者登录名和口令的攻击方所要做的就是伪造或截获指向 PayPal 的验证消息，并将 2FA 启用值从 True 改为 False，而 PayPal 会将用户的登录名和口令作为有效凭证，即使受害者需要 2FA 也是如此。攻击还发现了一个支持 PayPal SOAP 的 API，该 API 允许转账。

PayPal 曾实施官方漏洞奖励计划。糟糕的是，这个问题的最初发现者 Dan Saltman 向 PayPal 报告后，由于未披露的原因，PayPal 在三周多的时间里没有回复 Saltman。在沮丧中，Saltman 联系了 Duo Security 寻求帮助，通过漏洞奖励计划参与其中，并分配了一个案件编号。PayPal 还花了两周的时间要求提供关于漏洞的更多信息，然后才修复漏洞。尽管这类延迟可能更常见，尤其是在大型组织中，但这种缓慢的响应在计算机安全领域是不可接受的。

对于拥有数百万客户的大型组织来说，花上几个月的时间来解决一个问题，将运营问题降到最低，这种情况并不罕见。但令人不解的是，为什么 PayPal 在三周内没有回复最初的漏洞发现者，以及为什么花了近两周的时间才从第二个 Bug 发现者那里了解更多信息。太多组织似乎对漏洞报告反应缓慢,这让漏洞报告者和其他安全专家感到沮丧。当组织花时间做出回应时,可攻击产品的所有客户都面临着更高风险。至少有一个或多个人知道这个漏洞,而没有负责任地报告漏洞的人也可能知道并使用漏洞。在 Roger 看来,对漏洞报告的迟缓反应可能比其他任何事情更加不负责任。沮丧的漏洞发现者通常会对官方的漏洞报告渠道失望,并在沮丧中公开发布所发现的漏洞。

19.2.3   Auth0 MFA 旁路

Auth0(见[24])是一个提供 MFA 解决方案的、流行的身份验证供应商。这些供应商的 API(见[25])使用 OAuth、OpenID Connect、REST、JSON 和 SAML。Auth0 MFA 用户在使用 Auth0 MFA 解决方案执行身份验证时都会使用此 API。该 API 使用一个名为 JSON Web Token(JWT)的令牌标准,令牌可断言声明(例如,"是 MFA,将此算法用于个人数字签名")。

问题是 JWT 标准允许数字签名算法值(alg)为 None。为安全地工作,MFA 解决方案应验证过包含 alg:None 的任何 JWT 令牌,此后才能接受其包含或声明的任何内容。Auth0 的 API 没有这么做。

2015 年有人发现了这个漏洞(见[26]),并写了一篇关于细节和重新创建步骤的优秀文章。这个漏洞导致了大量问题,包括绕过 MFA 的能力。

这也是一个学习依赖性的好素材。最初的问题实际上不是 Auth0。像 JWT 标准那样,允许一个 alg 值为 None 是一个奇怪的决定。人们会认为处理身份验证的标准需要使用有效的数字签名。Auth0 通过查找并适当处理 Alg 值为 None 的 JWT 消息来响应最初的报告。问题似乎就这样解决了。

在接下来的五年里,这件事没有受到注意到并公开报道。但在 2020 年 4 月,第二个漏洞发现者发现了 Auth0 正确处理 alg 值 None,但任何其他区分大小写的值(即 none、NonE 和 nONe)将会视为有效的 JWT None 值(见[27])。第二个漏洞发现者甚至意识到可使用用户名、口令和 Auth0 ID 来支持一个完全不同的 MFA 解决方案。因此,可绕过 Auth0 MFA 要求,创建与 Auth0 的 API 绑定的另一个流氓 MFA 实例。

19.2.4   Authy API 格式注入

Authy 是一个受欢迎的 MFA 供应商。2015 年,一位安全研究人员发现,Authy 对新连接请求的 MFA 初始令牌响应没有编码令牌的用户参数(见[28])。 这使得攻击方能在原始用户启动进程后提供任何其他有效令牌的用户 ID,以便在不使用 MFA 的情况下登录。把这个漏洞追溯到对 Sinatra 的"机架保护"的依赖。事实证明,其他 MFA 供应商也有同样的依赖性,易受相同漏洞的影响。研究人员还发现了一种目录遍历攻击(在第 15 章中介绍),可用于引导。引用研究人员的话,"是的,攻击方可通

过令牌字段中的 ../sms 这样简单的东西绕过任何使用 Authy 的网站上的双重因素身份验证!"

19.2.5　Duo API 的 MFA 旁路

这是一个有趣的攻击,更多地指向弱配置默认值。如前所述,Duo Security(见[29])是一个受欢迎的 MFA 供应商。当配置系统使用 Duo Security MFA 解决方案时,默认安装选项之一是 FailOpen(参见图 19.9)。

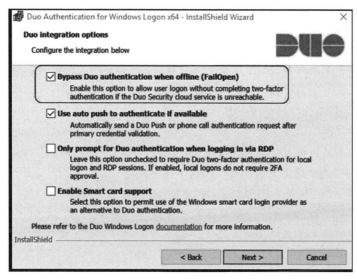

图 19.9　Duo-Security 安装显示 FailOpen 默认配置选项

在计算机安全领域,故障开启(FailOpen)意味着当某个东西不工作时,将忽略它并继续。在这个特定场景中,"如果无法联系到身份验证事务中涉及的 Duo API URL 位置,则不需要使用 MFA 进行登录。"

在计算机安全领域,故障开启配置的选择并未受到高度重视。如果该选项是默认选项,那么人们就更不欢迎这个选项了。许多安装软件的人会选择所有默认选项,安装时只需要单击 Next、Next、Next。用户认为供应商做出了默认安全的选择。如果将默认安装选项改为更安全的选项,甚至会收到一些程序的警告。用户担心改变可能导致运营中断。理解为什么 Duo Security 选择默认的故障开启,因为 Duo Security 不希望管理员仅因为网络问题或涉及的 API 链接(每个实例不同)而无法登录到自己的 Duo 保护服务器。相反,希望继续登录。大多数情况下,用户(或攻击方)仍然需要提供登录名和口令,且风险很小。此外,如果某个用户担心风险,可更改默认选项。这看似双赢之策。

但是,如果攻击方(或内部人员)知道该特性,就可通过在登录的计算机和 API 连接点之间制造连接问题来绕过 MFA 要求。在 2018 年底 Duo 添加"离线登录"

功能之前，为绕过 Duo 的 MFA 要求，只需要拔下网线即可。拔下网线是一种物理攻击，需要对遭遇攻击的设备或网络完成物理访问；网络中断也可在逻辑上实现。

可阅读文章[30]。渗透测试人员想出了几种方法在对服务器执行本地访问时引起连接问题。为什么已经在目标服务器上的本地攻击方首先需要绕过 MFA？好吧，攻击方可能有某种访问权限(比如使用 Microsoft 的 PSExec 实用程序)，但攻击方希望使用 GUI 登录控制台(如 RDP)访问。攻击方可利用非控制台访问来绕过 Duo MFA 要求。

如果攻击方已经具有本地访问权限，则可通过在目标的 DNS 主机文件中创建一个 DNS 条目来"毒害"目标的 DNS 服务，该条目将 Duo API URL 链接重定向到其他地方。如果 Duo API 连接因任何原因失败，则无法打开。渗透测试人员还建议使用 MitM 网络攻击，在网络上捕获目标的 Duo API URL 连接，并动态替换，以执行相同的操作。可为同一个网络的内部人士想出更多方法。通过管理员权限访问受害者 DNS 服务器的攻击方，可注册一个伪造的 API 链接 URL 地址，以便当受害者的目标尝试连接时，获得一个伪造的 IP 地址。另一种攻击方法可能发生在目标网络连接中断的任何地方；攻击方可尝试对目标的网络连接执行 DDoS 攻击，从而无法从 Duo API URL 链接收到有效响应。可攻击从目标主机到 API 链接的任何网络连接点。Internet 上源和目的地之间的典型网络连接通常超过十几个节点。其中许多是可预测的，而且是不变的。破坏连接点中的任何一个，或阻止来自 Duo API 的返回流量到达目标，将无法正常连接。

Roger 不想找 Duo Security 的麻烦。计算机安全领域充满了默认的"故障开启"配置选项，尽管这些类型的设置在今天已经不像过去几十年那样常见了。如今，大多数计算机安全会更恰当地选择"故障关闭"这一配置选项。

注意　Authy 漏洞的作者还发现了 Duo 中的另一个问题，见[31]。

19.2.6　Microsoft 的 OAuth 攻击

一名安全研究人员发现了一种 OAuth 攻击(见[32])，这让攻击方能发送网络钓鱼电子邮件，诱使用户使用 OAuth 和 OpenID Connect 为原本受保护的文档授予权限。受害者收到一封链接到 SharePoint 文档的电子邮件。单击文档可重定向到合法的 Microsoft Office 365 登录，但包含 OAuth 的文档 URL 又将用户重定向到一个伪造的、外观相似的网站，然后在登录过程中请求各种权限(如前所述，在 OAuth/OIDC 登录期间十分常见)。用户可能遭到诱骗并向伪造网站授予文档的权限。如果获得批准，攻击方将能读写用户的所有文件及用户有权访问的其他人的文档(通过 File.ReadWrite.All 权限)。新授予的权限是无限的。如果要求用户使用 MFA，则攻击方将不能实现攻击目的。

只有当用户知道对哪些网站和服务授予了访问权限，并且花大量时间确保只向合法的、预期的网站和服务授予权限，才能击败这种攻击。遗憾的是，许多用户对 OAuth

和 OpenID Connect 还不够了解，只会在提示时单击 OK。

19.2.7　使用 Apple MFA 绕过登录

2019 年 6 月，Apple 公司宣布了一种登录 Apple 的新的 SSO 方法(见[33])。这种新方法使用 OAuth 和 JWT 允许那些以前使用 Touch ID 或 Face ID MFA 身份验证 Apple 产品的用户访问其他网站，而不必透露其电子邮件地址或重新执行身份验证。2020 年 5 月，一位研究人员发现任何先前通过验证的用户都可提交其他任何 Apple 电子邮件地址并获得一个经过批准的、有效的 JWT 令牌，这将允许攻击方以该用户身份在网站上执行身份验证(见[34])。这个漏洞非常严重，以至于 Apple 公司付 10 万美元的代价给这位研究员(见[35])。

注意　Roger 常用这样的故事来提醒人们，即使在大型、知名的组织，这种巨大的 MFA 安全漏洞仍然不断发生。

19.2.8　TOTP BLOB 未来攻击

这是一种有趣的 API 攻击类型，由 WatchGuard 的 Alexandre Cagnoni 提出 (Alexandre Cagnoni 是本书的技术编辑之一)。许多组织将 TOTP 机密存储为一个称为 BLOB 的二进制大对象。比如，当用户使用 TOTP 令牌登录到一个银行客户端(这种情况十分常见)，输入的 TOTP 代码将与存储在后端数据库中的 TOTP 口令(和其他信息)比较。攻击方使用已知的 API 和登录身份验证，可访问后端数据库和 BLOB。这些 API 通常根据创建或推广的供应商的名称来命名(如 OneSpan 或 DatabLink)。

攻击方必须知道 API 的工作原理，获得目标 TOTP BLOB 或 BLOB 数据库的副本并对其访问(这并非不可逾越的障碍)。因为 API 在银行业中相当有名，所以这一部分一点也不难学。攻击方将计算机上的时间改为将来的时间，比如说，明早 6:00，然后使用 API 和计算机来对付 BLOB。对于一个六位数的 TOTP 代码，会生成 100 万种可能的数字组合。在计算机上使用 API，攻击方可自动执行这个过程，且可快速完成猜测。在某个时刻，攻击方将从 API 得到一个 OK 响应，并了解在将来什么时候 TOTP 代码可以工作。然后，可使用 TOTP 代码来实现未来的欺诈交易。Alexandre 在停机时执行了这种攻击测试，用于证明这种攻击可以实现，且攻击最后真的做到了。幸运的是，本书和 Alexandre 都不知道在现实生活中，这类攻击是否会成功。这表明，如果攻击方获得了最终的身份验证秘密，那么游戏就结束了。

注意　虽然不是专门处理绕过 MFA 的问题，但 Akamai 在 2020 年 Internet 现状报告中仍然指出，金融业 75%的凭据填充口令攻击是通过 API 而不是登录门户完成的(见[36])。显然，可公开访问的 API 经常受到攻击。

19.3　预防 API 滥用

现在分析研发团队和用户对 MFA API 攻击的防御措施。

19.3.1　研发团队防御 API 滥用

首先探讨研发团队对 MFA API 攻击的防御措施。

1. 研发团队培训

研发团队应该了解 MFA 解决方案 API 滥用的历史。缺乏经验的研发团队可能不明白 API 是如何滥用的。正如本章中讨论的那样，与研发团队分享潜在的威胁并展示现实世界的示例。

2. API 威胁模型

应针对潜在风险和攻击，对研发的任何 API 进行威胁建模，并实施适当的缓解措施。如果不确定从哪里开始，请使用前面的示例作为起点。

3. 限制 API 攻击面

尽量缩小攻击面。对于 API 而言，攻击面越小越好。

4. 使用经过行业验证的 API、标准和协议

如前所述，行业标准和协议，如 OAuth、OpenID Connect、SAML、REST、SOAP 和 JSON 都是业界公认的。这些标准和协议十分有效。一些 MFA 供应商试图使用"自创的"方法，在这样做的过程中，会无意中在不需要的地方插入安全弱点。没有问题的地方不必维护。只需要确保用户以安全的方式使用标准。

5. 检查身份验证工作流

许多 API 滥用都是由身份验证工作流问题引起的，如果提前正确地完成某些操作，攻击则不会发生。身份验证的顺序很重要。例如，在前面的 Auth0 示例中，身份验证系统将 alg 值视为有效并依赖该值，这导致依赖 API 消息中的"数字签名"。在依赖消息头中的信息之前，应该先检查消息头和数字签名。

6. 将 API 密钥锁定到位置而非电子邮件地址

许多 API 滥用是因为允许从任何位置使用 API 或 API 密钥。如今，大多数 API 要么不在乎起始地址，要么只把 API 与提供的电子邮件地址联系起来。API 预注册的使用者/设备的 IP 地址或其他唯一标识位置信息至少可防止攻击方从其他地方使用 API。

7. 谨慎使用客户端安全措施

任何时候，只要客户端提供了可能影响身份验证的关键信息，在接受之前都应该尽可能执行验证。不必向客户端提出类似于"这安全、有效吗？"的问题，客户端或瞄准客户端的攻击方在返回关键值之前可能恶意更改该值。在前面的 PayPal 示例中，

PayPal 接受客户端对 2FA 是否启用的证明。攻击方只需要更改单个 API 消息中的单个值即可绕过 MFA。这种情况是极其危险的。

8. 默认故障关闭

每当在"故障开启"和"故障关闭"之间做出决定时，安全供应商应该选择"故障关闭"。在实践中，用户需要对客户的需求作出反应。但默认选择很重要。可向用户提供故障开启选项，但不要将其作为默认选项，因为几乎每个人都接受默认设置。21 世纪的计算机安全公司应承担起自己的责任。

9. 模糊化与 MFA 相关的值

最后，当供应商在 API 之间传递值时，使用晦涩的命名约定和值并没有什么坏处，这样人们就不容易调查 API 和消息从而了解哪些值可能影响身份验证决策。是的，这是一个"默默无闻的安全"建议，但默默无闻的安全是有效的。其成本低，使用方便。一个攻击方看到一个字段名 Field32 将很难弄清楚 Field32 等同于一个特定的关键身份验证决策。

19.3.2　用户防御 API 滥用

用户对 API 滥用的防御是有限的，但 Roger 想到了一些好方法。

1. 培训

用户需要意识到 API 可能遭受滥用，如果用户的 MFA 解决方案有一个开放的 API，API 和任何依赖项一样，都是一个潜在的利用领域。如果用户的 MFA 解决方案有一个 API，请询问供应商是否对 API 开展了威胁建模，并针对弱点实施了缓解措施。如果供应商没有针对 API 执行威胁模型，建议供应商这样做，或探讨这对用户组织的风险状况意味着什么。

2. 实施安全配置选项

注意不安全的默认安装配置选项，并在面临"故障开启(Fail Open)"与"故障关闭(Fail Closed)"的决定时选择"故障保护(Fail Secure)"选项。认识到并非所有的供应商都会选择默认安全选项。为避免影响用户操作，供应商面临着很大的压力，担心导致用户放弃使用自己的产品。即使有时因为"设计"的默认配置选项而导致运营中断，也要尊重具有安全默认值的供应商。需要奖励那些默认安全性更高而不是安全性更低的供应商。

3. 保护 API 密钥

如果用户有一个 API 密钥，要意识到其可能遭受攻击方窃取以访问用户的账户和信息。API 密钥是"密钥"。不要把 API 密钥放在电子邮件里或存储在硬盘上。相反，加密 API 密钥或将其放在口令管理器中(如果使用的话)。

19.4　小结

本章涉及 API 滥用。首先探索通用 API 技术和标准,帮助你更好地理解 MFA API。此后讨论一些 MFA API 攻击示例。最后列出研发团队和用户对 API 滥用的防御措施。

下一章将讨论与前几章不太相似的各种 MFA 攻击。

第**20**章 其他 MFA 攻击

本章将介绍前面章节中未讨论过的一些针对 MFA 解决方案的攻击。

20.1 Amazon 诡异的设备 MFA 旁路

一位美国 Amazon 用户报告了一种奇怪的 MFA 旁路(见[1])。2019 年 11 月。这名 Amazon 用户醒来后发现有几张 Amazon 礼品卡欺诈记入其 Amazon 账户。这令该用户大吃一惊,因为该用户不仅没有购买礼品卡,而且作为一名 IT 安全专家,该用户用 OTP 令牌保护了自己的 Amazon 账户。Amazon 允许三种不同的 OTP 选项(见图 20.1):SMS 消息、语音电话呼叫和电话应用程序。

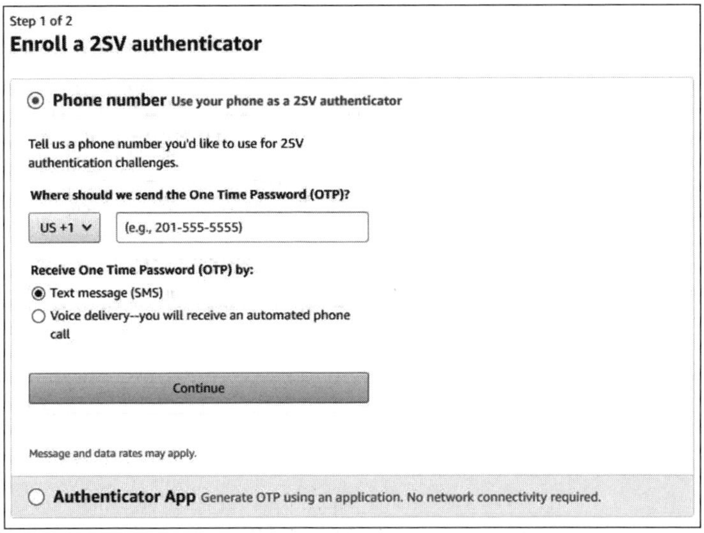

图 20.1 Amazon OTP 选项

启用 OTP 后，在登录 Amazon 用户账户的流程中需要 OTP 代码，包括用户连接到账户的任何设备。本案中的受害人认为，在欺诈指控发生之前，其账户受到了彻底保护。该用户试图联系 Amazon 欺诈支持部门，但遗憾地发现，除了发送一封电子邮件(承诺 48 小时内给予响应)外，没有其他任何办法。因此，该用户启用了另一个 OTP 选项，并从 Amazon 账户中删除了信用卡信息，禁用了当前所有活动会话，删除了所有允许使用的设备，甚至更改了银行和信用卡网站的口令。

经过大量研究以及与一位海外技术支持人员交谈，该用户得知有人从一家智能电视商店买了电视机。直到今天，该用户还不知道其 Amazon 证书是怎么遭窃的。但该用户对两件事感到十分困惑：①当用户拥有 OTP 保护时，外国电视是如何连接到用户的 Amazon 账户的；②当其在账户选项下列出允许的设备时，为什么没有在其账户允许和连接设备列表中看到外国电视。该用户了解到，不仅非 Amazon 设备(例如，智能电视、游戏机和 Roku 盒)没有出现在 Amazon 的账户设备列表中，而且大多数 Amazon 技术支持人员也不会看到这些设备。只有专业的 Amazon 高级技术支持人员才有一个可看到外国设备的工具。该用户还发现，即使在 Amazon 账户上指定了 OTP，在断开连接或删除并重新连接之前，任何现有连接都不会强制使用 OTP。这是一个提醒，即使用户认为受到 OTP 保护，也可能实际不是这样，不需要使用 MFA 的攻击方仍可能使用该账户发起攻击。

20.2 获取旧电话号码

第 8 章中提到 SIM 卡交换攻击，即攻击方获取合法用户的 SIM 卡信息并传输到其拥有的手机上。在这种类似但不同的场景中，攻击方合法地获得受害者的旧电话号码，而仅仅拥有使用旧号码的能力就足以控制受害者当前的 MFA 解决方案。

在一个示例中，MFA 供应商 Authy 允许 Authy MFA 用户在其 MFA 解决方案中注册和使用多个设备(和电话号码)。这允许任何知道 Authy 用户的旧电话号码(以前在 Authy 解决方案中使用)的攻击方获得该号码，然后使用 SMS 访问用户的账户(如果用户没有禁用 Authy 的多设备功能；默认情况下已启用多设备功能)。世界上最大和最受欢迎的加密货币交易网站 Coinbase 停止承认 Authy MFA 是有效的 MFA 解决方案(见[2])，并告诉其所有使用 Authy MFA 的客户改用 Google 身份验证器。此外，一家外部安全研究组织发现了一个漏洞(见[3])，攻击方可从中获取 Authy 用户的个人信息，用于向 Authy 证明其身份。如果启用了 Authy 的多设备功能，攻击方可能使用此信息注册新的欺诈电话或电话号码。

20.3 自动绕过 MFA 登录

Duo Security 发现，Android 手机和 Chrome OS 设备可通过在 Google Chrome 浏

览器中启用自动登录标志来绕过 Google 的 2FA 要求(见[4])。攻击方必须获得与用户 Google 账户连接的电话或设备的(本地或远程控制)访问权限(发起攻击的一个相当大的障碍)。但用户(或用户机器上的攻击方)可强制设备在启用自动登录标志的情况下访问 Google 的"账户恢复选项"网页, Google 将允许用户(或攻击方)成功完成身份验证(即使需要 MFA)。然后, 攻击方可向新的电话号码和电子邮件地址发送口令重置代码。Google 在收到报告后很快解决了这个问题。

20.4　口令重置绕过 MFA

使用一种特殊的攻击方式(见[5]), 任何可控制 MFA 用户电子邮件恢复账户的人都可启动受 MFA 保护的管理门户网站的口令恢复流程。恢复流程将向攻击方发送电子邮件, 当攻击方单击提供的口令恢复链接时, 将自动登录到管理控制台, 而不需要口令或 MFA 解决方案。该错误已由供应商修复, 要求在基于电子邮件的口令恢复期间使用 MFA。该登录将不再仅因为有人单击了一个电子邮件中发送的链接而自动登录。

20.5　隐藏摄像头

许多 MFA 解决方案中, 攻击方可能利用一个隐藏摄像头来记录 MFA 用户的按键或动作。例如, 用户的 PIN 或口令可很容易地由摄像头捕捉到。滑擦式身份验证(Swipe-style Authentication)屏幕可捕获用户的移动并由攻击方复制。需要最终用户输入的 MFA 设备, 如果可能和合理的话, 应该使用某种屏蔽罩或防盗屏来防止摄像头记录。MFA 设备的用户应该意识到其击键和动作可由隐藏的摄像头捕捉到, 并应通过查看其身体位置和摄像机记录的潜在角度来尽量减少风险。

20.6　键盘声窃听

几十年来, Roger 读过一些在实验室里开展的研究, 其中一个"攻击方"可记录键盘上的击键声音, 然后确定该次击的是哪个键。[6]和[7]是关于此类攻击的两项早期研究。 在其中一篇论文中, 作者描述了如何能够成功地恢复在 10 分钟内输入的96%的按键。在另一项研究中, 如果某人使用 Skype, 其输入的内容可能遭到窃听(见[8])。键盘声音窃听甚至适用于智能手机键盘(见[9])。

即使通信是加密的, 无线键盘和鼠标也可遭到无线窃听。可阅读[10]~[12]。

所以, 如果你的 MFA 解决方案涉及在键盘上输入一些东西, 那么可能有人可记录下你的输入, 并恢复和重放击键。Roger 还没听说过有一次真正的攻击使用了这些方法。

注意 白帽攻击方可通过将激光笔针对准 100 英尺外的笔记本电脑来恢复输入的击键，见[13]。这次攻击需要 80 美元的设备，而且是透过窗户完成的。在另一个演示中，研究人员证明了通过捕捉灯泡的振动可准确地窃听到声音(见[14])。

20.7 口令提示

许多基于软件和电话的 MFA 解决方案最终都受到登录名和口令的保护。一旦用户登录一次，就可永久使用 MFA 解决方案，或在一定的时间间隔内继续使用 MFA 解决方案。但从逻辑上讲，这意味着解决方案的优势与登录名和口令有关。这本身就是一个问题，这是 1FA 用来保护 2FA。更糟糕的是，一些允许使用登录名和口令的 MFA 解决方案还允许用户存储口令提示，其他人也可查看口令提示(参见图 20.2 中的示例)。

图 20.2 保护 MFA 解决方案的口令提示

20.8 HP MFA 攻击

一个于 2019 年发现的漏洞(见[15])允许经过身份验证的攻击方远程发送单个网络数据包，从而锁定 Hewlett-Packard 的 IceWall SSO 代理。如果安装在 Apache Web 服务器上并且需要 MFA，将拒绝这些 MFA 用户的登录功能。2014 年在同一软件中发现了一个信息泄露漏洞(见[16])。

20.9 攻击方把 MFA 变成用户的对手

2020 年 6 月，Brian Krebs 报道了一个关于受害者的故事，受害者儿子的 Microsoft Xbox 账户遭到接管(见[17])。父亲作为一名职业 IT 安全专家，试图重新控制儿子的账户，联系了 Microsoft 的技术支持部门；就像很多技术支持部门一样，只能通过电子邮件或在线联系。该男子开始通过自动技术支持表单报告遭到恶意账户接管的情况，并启动必要的步骤，以重新获得对该账户的控制权。在这个过程中，该男子了解到任何账户更改都会发送到攻击方建立的欺诈 Gmail 账户，以获得批准。不仅如此，攻击方还设置了 MFA 保护，使合法用户在没有访问新选择的恶意 MFA 保护实例的情况下无法重新获得控制。

Microsoft 给该男子发了一份清单，上面列出 20 个复杂程度递增的个人已知问题，与第 13 章中披露的类似，如该男子的 Xbox 游戏机的序列号。尽管该男子成功回答了所有 20 个问题，但 Microsoft 拒绝将账户重置为该男子控制，因为该男子没有(恶意)MFA 选项作为最后确认。Microsoft 显然从未考虑过攻击方在接管账户后启用 MFA 的情况。经过多次争吵，受害者不得不创建一个新的 Xbox 账户(同样，Microsoft 无法在受害者不知道攻击方的 MFA 代码的情况下恢复原始账户)，受害者能够将其子账户和信息转移到新账户。这个故事的寓意是在攻击方实施攻击之前启用 MFA。

20.10 小结

本章讨论了多种不同的 MFA 攻击。第 21 章是第 II 部分的最后一章，将探索现实生活中的 MFA 解决方案，将介绍一个安全且复杂的 MFA 硬件设备，并询问你是否可以发现潜在的漏洞。

第 21 章　测试：如何发现漏洞

本章分为两个主要部分。首先展示如何快速地对任何 MFA 解决方案开展威胁建模，然后通过示例对一个非常可靠、安全且真实的 MFA 解决方案开展威胁建模。威胁建模旨在供 MFA 研发团队或 MFA 解决方案的买家使用。

21.1　MFA 解决方案的威胁建模

每一个 MFA 解决方案都可破解。尽管可采取无序的方式找出某个 MFA 解决方案的潜在漏洞和弱点，但采用一个经过验证的方案和流程通常会更高效、更具包容性。

以下是 Roger 的基本威胁建模总结阶段：

(1) 记录组件并绘制图表
(2) 集体讨论潜在的攻击
(3) 预估风险和潜在损失
(4) 创建和测试缓解措施
(5) 开展安全检查

每个威胁建模阶段都有许多相关的步骤、流程和工具。Roger 将更详细地介绍其中的一些内容。实际上，为专门讨论这个主题，需要开一门多天的课程或撰写一整本书，这样才能真正理解如何执行完善的威胁建模风险管理分析。

注意　如前几章所述，Roger 是 Adam Shostack 所写的 *2014 Threat Model: Design for Security* 的忠实粉丝。你可获取电子版本(见[1])。

21.1.1　记录组件并绘制图表

不能用不知道的组件开展威胁模型。首先列出与 MFA 解决方案相关的所有可能的操作组件、设备、服务、关系、信任和安全边界。如果愿意，可从第 5 章中图 5.1

所示的常见 MFA 组件列表开始，但要按照其所涉及的逻辑顺序绘制成图。从解决方案的所有输入开始，包括人员组件和所有信息如何输入系统中；直至 MFA 系统的所有输出结束。MFA 组件提供了什么？是否提供 OTP 代码？是否提供公钥？提供的结果代码是否只是传达"是的，身份验证成功"？如何将身份标识添加到 MFA 系统中？如何更新或删除身份标识？当设备或令牌丢失或遭到替换时会发生什么？

请思考身份验证生命周期中涉及的所有组件，从获取输入到输出以及介于两者之间的所有组件。依赖关系是什么？信任边界是什么？如果计划使用服务、代码库或 API，请在此处列出。然后在连接所有组件的流程图中绘制所有步骤，从头到尾，以便参与威胁建模工作的任何人都能全面了解 MFA 解决方案在所有操作场景中的工作方式。

21.1.2　集体讨论潜在的攻击

首先，针对各种攻击方类型和动机开展威胁建模，并比较不同群体的风险。例如，国家攻击方可能将注意力集中在青少年拥有的指纹保护手机或智能卡保护的政府笔记本电脑上。加密货币钱包的保护方案的攻击方将不同于 Facebook 或 Instagram 账户的攻击方。自动化的恶意软件能否攻击这个解决方案？

坦白地讲，Roger 对攻击方组织和动机不像对潜在威胁场景那么感兴趣。在 Roger 看来，集体讨论攻击方的类型和动机是当转向集体讨论威胁攻击树时获得创造性灵感的好方法。

攻击树(也称为杀伤链，Kill Chain)将输入点串联在一起；在这些输入点中，威胁通过根本原因攻击进入事件，然后沿途执行一系列步骤，包括其他攻击，直到达到其最终目标，并在目标完成后退出树。看看每个组件，并开始思考使用其可完成的所有攻击。其中包括以下内容：

- 社交工程
- 未打补丁的软件
- 拒绝服务
- 窃听
- 凭据窃取
- 欺骗
- 篡改
- 特权提升
- 人为错误
- 配置错误
- 内部攻击
- 物理攻击

攻击/威胁树是攻击方或恶意软件针对资产或组件从最初的根攻击到最后的一系列步骤。该步骤通常表示为节点和子节点，这些节点和子节点按照在不同攻击场景中发生的顺序链接在一起。

如今，从中提取单个节点以构建攻击树的一个最流行框架是 MITRE ATT&CK 矩阵(见[2])。图 21.1 显示了较大矩阵的一个片段。该片段包含多个敌对阶段的攻击，其中有多个单独的元素，称为组件和子组件。过去，许多其他的标准制定组织都试图完成一套全球性的、一致同意的攻击组件；但由于某些原因，以前的尝试都没有像 ATT&CK 矩阵那样成功。MITRE ATT&CK 矩阵似乎最终成为人们可达成一致的攻击模型。话说回来，这是一项正在开展的工作。MITRE 仍在征求意见和建议。Roger 为此提出建议，可参见[3]。

执行	持久渗透	权限提升	防御规避	访问凭据	发现
AppleScript	.bash_profile and .bashrc	操纵访问令牌	操纵访问令牌	操纵账户	发现账户
CMSTP	辅助功能	辅助功能	二进制填充	Bash历史记录	应用程序窗口发现
命令行界面	操纵账户	AppCert DLL	BITS作业	暴力破解	浏览器书签发现
编译的HTML文件	AppCert DLL	Applinit DLL	绕过用户账户控制	凭据转储	域信任发现
组件对象模型与分布式COM	Applinit DLL	应用加固	清除命令历史记录	来自Web浏览器的凭据	文件和目录发现
控制面板项目	应用加固	绕过用户账户控制	CMSTP	文件中的凭据	网络服务扫描
动态数据交换	身份验证包	DLL搜索顺序劫持	代码签署	注册表中的凭据	网络共享发现
通过API执行	BITS作业	Dylib劫持	交付后编译	利用凭据访问	网络嗅探
通过模块加载执行	装备包	使用提示提升执行	编译的HTML文件	强制身份验证	口令策略发现
利用客户端执行	浏览器扩展	Emond	组件固件	钩子	外围设备发现
GUI	更改默认文件关联	利用权限提升	COM劫持	输入捕获	权限组发现

图 21.1 一个大型 MITRE ATT&CK 矩阵的部分片段

无论选择哪种攻击树或组件，请选择需要包含在威胁建模分析中的特定组件或节点，以描述攻击方或恶意软件可能对特定的 MFA 解决方案采取的攻击和路径。并非所有 MFA 解决方案都面临相同的风险。例如，智能卡会受到电磁干扰(Electromagnetic Interference，EMI)侧信道攻击分析，而基于电话的 TOTP 不会。基于 TOTP 的 MFA 解决方案的种子数据库可能遭窃，而智能卡的私钥可能只存在于智能卡芯片上，没有种子数据库会遭到泄露。等等。

21.1.3 预估风险和潜在损失

收集所有可能的攻击方法，并将这些攻击方法从头到尾链接在一起，对 MFA 解决方案的威胁建模分配每个步骤发生的风险可能性。最终将得到类似于图 21.2 的结果。

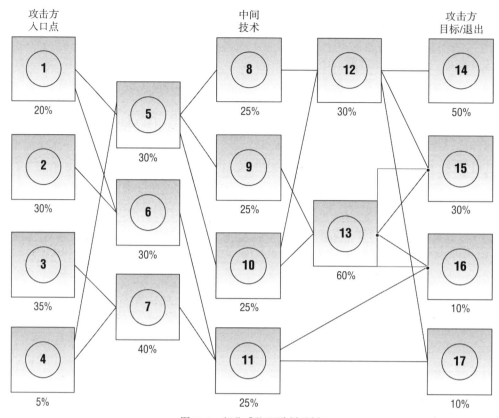

图 21.2　部分威胁/风险树示例

当确定潜在风险的可能性和不同攻击组件时，有时会采取 Roger 团队的技术人员所说的"猜测"。没关系。只需要做出最好的猜测，不管是什么，把猜测结果放到攻击树上，这样就可开展风险计算。但即使是猜测，也要考虑那些近期最成功地用于对抗你的解决方案或组织或对抗类似解决方案的方法和途径，这些方法和途径最可能在不久的将来出现。真正的恶意攻击方发起的真正攻击意义重大。针对你的解决方案或类似解决方案的理论攻击(实际中从未发生过)发生的可能性要低得多。

例如，在当今世界，社交工程和针对未修补软件的攻击是常见的，构成了风险的绝大部分。如本书所述，针对命名空间的攻击在 MFA 世界中是少数，基本上只限于理论层面。更常见的是由于不正确的权限而导致的凭据窃取攻击和漏洞利用，这些都是中等风险。对特定类型的攻击组件发生的可能性进行最佳猜测，并对其在特定时间段内发生的概率进行最佳猜测。

然后将每个可能的攻击链树(如图 21.2 的示例中的 1,5,8,12,14 与 3,7,11,16)上的不同可能性值相加或相乘，以计算最高风险、最可能的攻击树。第一个树(1,5,8,12,14)加起来是 155%。第二个树(3,7,11,16)加起来是 110%。需要对所有攻击树执行这种类型的分析，以找出发生风险最高的路径。然后将分析和缓解措施集中在最可能(也是最具破坏性)的攻击链树和个人风险上。在图 21.2 的假设场景中，Roger 团队将集中精力缓解第一个攻击树。

一些威胁建模者将损害值分配给不同的攻击方目标，然后使用这些损害值(即成本)作为起始值，接着在不同的攻击树上乘以该值。例如，仍然使用图 21.2，假设攻击方目标 14 可能使 MFA 解决方案供应商损失 200 万美元，但攻击方目标 16 可能造成 300 万美元的损失。如果 Roger 取一个风险树(1，5，8，12，14)，相当于 200 万美元 ×20%×30%×25%×30%×50%＝4500 美元的估计风险损失。在第二个考虑的风险树 (3,7,11,16)中，等于 300 万美元×35%×40%×25%×10%＝10500 美元。基于上述分析，首先降低第二个风险树的风险更有意义。

经过 30 多年的努力，Roger 对威胁建模和风险缓解的流程既爱又恨。但如果做得对，Roger 认为威胁建模和风险缓解的作用是迫使你考虑解决方案和场景会遭到怎样的攻击，并让你考虑需要首先缓解哪些问题。Roger 不太关心确切的数字或百分比。Roger 更关心的是确保尽可能降低风险，首先从最可能发生的事情开始。Roger 不想让应急工作人员把大部分时间花在从未发生过也可能永远不会发生的威胁场景上。如果没有别的，抛开数字不谈，确保组织的威胁建模专家考虑最迫切和最好缓解的问题。

21.1.4　创建和测试缓解措施

下一步是找出如何减轻最大的风险。本书第 I 和第 II 部分列出了一些针对 MFA 解决方案的最常见攻击，以及研发团队和用户可用来减少滥用的缓解措施。把本书作为你分析和思考缓解措施的起点。

可采取哪些缓解措施来降低风险？缓解措施的成本是多少？缓解措施的成本是否超过了潜在的损害？实施起来难还是容易？缓解措施需要多长时间才能实施？在采取所有缓解措施后，还有哪些剩余风险？记住，一切都是可破解的。在创建和更新产品时，不要忘记使用安全研发生命周期(SDL)工具和实践。确保包含一种无需最终用户批准即可自动更新解决方案的方法，让人们能够轻松地报告问题。快速且谨慎地针对漏洞报告作出反应。

21.1.5　开展安全审查

完成上述所有内容后，针对 MFA 解决方案开展渗透测试。使用一个内部团队和一个更独立的外部团队。每年至少开展一次渗透测试，每隔几年更换一次外部团队，以获得不同团队的观点。Roger 建议将解决方案正式开放给一个流行的 Bug 悬赏项目，如 BugCrowd(见[4])和 HackerOne(见[5])。如果存在外部发现的漏洞，主动得到通知总比在计算机安全新闻报刊上读到要好。让训练有素的 SDL 专业人员在内部完成源代码审查，并使用自动工具来查找代码中的安全漏洞。始终使用自动化工具和人工审阅者的组合作为保护产品安全的一部分。一个人会抓住另一个人没有抓住的东西。威胁建模和审查 MFA 解决方案会减少在 MFA 解决方案发布后发现的关键 Bug 的数量。

21.2 介绍 Bloomberg MFA 设备

在 32 年的计算机安全职业生涯中，Roger 遇到过数百个 MFA 解决方案。其中大多数 MFA 解决方案 Roger 都很喜欢；Roger 讨厌的只有一小部分。还有一些设计精良 MFA 解决方案，值得更高层次的赞赏。Roger 会把 Bloomberg MFA 设备归入后一类。

21.2.1 Bloomberg 终端

Michael Bloomberg 是纽约市长，也是亿万富翁，曾竞争 2020 年民主党总统候选人提名。Michael Bloomberg 数十亿美元的收入来自 Michael Bloomberg 的 Bloomberg, L.P.及其备受尊崇的 Bloomberg 终端(见[6])，几乎每个买得起的股票交易员都在使用 Bloomberg 终端。Bloomberg终端最早出现在1982 年,是一种"哑终端(Dumb Terminal)" 设备。当 PC 成为主流时，Bloomberg 终端很快转移到 PC 平台上，而今天，Bloomberg 终端基本上是一个可移动的软件，可与后端组件实现远程交互。大多数金融人士和交易员都喜欢 Bloomberg 终端。Bloomberg 终端速度快，相对容易使用，并可访问大量信息。例如，使用者可以要求"显示 IBM 上市以来每周五的收盘价"，然后在 1 到 2 秒钟内得到答案。想要过去 20 年的财务报表吗？Bloomberg 终端可在 1 到 2 秒钟内获取该结果。想看看最近 10 年、10 年以上，还是最新的新闻？Bloomberg 终端有大量关于任何上市公司的数据和新闻，全都统一存储在一个位置，可很快检索到。真是太棒了。对于高端交易者来说，检索几乎所有合理财务信息的速度和能力是至关重要的。Bloomberg 终端令人垂涎。许多金融交易员在接受新的工作机会前，会确保 Bloomberg 终端是其新工作的一部分。如果没有，金融交易员就不会接受这份工作。如果你认为 Apple 的粉丝是狂热崇拜者，那一定没有和 Bloomberg 终端用户交谈过。Roger 曾用过一个 Bloomberg 终端，Roger 明白其功能。

Bloomberg 提供的质量和速度不是偶然的。Bloombeg 一直致力于比任何组织或产品更快地提供更多信息。这是 Bloomberg 的竞争优势。如果你是一个组织的计算机顾问，试图帮助 Bloomberg 完成某项工作，但是如果组织的解决方案使得 Bloomberg 咨询的反应减慢几毫秒，将不会长期获得这项工作。信息和速度决定一切，Bloomberg 在计算机安全领域也相当出色。

在早期，必须拥有一个实体 Bloomberg 终端才能访问。稍后，可下载 Bloomberg 终端软件，注册设备和密钥，并在计算机上运行该软件。今天，Bloomberg 终端会话可从其他计算机远程访问，这就是所谓的 Bloomberg Anywhere(见[7])。

Bloomberg 的终端体验并不便宜。Bloomberg 终端许可证平均每人每年 22 500 美元。正因为如此，一直以来欺诈者和骗子都有很强烈的动机免费获得或共享一个终端或软件，从而可以进行远程连接。Bloomberg 从一开始就拥有先进的物理安全控制、加密设备和 MFA，以控制谁可运行终端。

很多年前，Bloomberg 推出了自己定制的物理 MFA 设备。从那时起，Bloomberg

终端经历了多次迭代和改进。如今，Bloomberg 的 MFA 设备称为 Bloomberg 个人身份验证设备(或 B-Unit)。主要型号为 B-Unit 1、B-Unit 2 和 B-Unit 3。图 21.3 显示了一个带有功能性标注的设备版本的正面。

图 21.3　Bloomberg MFA 设备示例

如图 21.3 所示，B-Unit 有一个指纹读取器、一个 OLED 屏幕(用于显示信息和状态)和一个电源按钮。B-Unit 的背面(图 21.3 中未显示)有一个 8 位数的序列号和一个光电二极管光传感器。卡的底部有一个微型 USB 端口，用于为内部锂电池充电和更新。这不是普通的 MFA 设备。在 Bloomberg 软件中使用 B-Unit MFA 设备需要每个用户注册设备，以将用户和设备相互连接，并连接到用户的 Bloomberg 软件实例。此后，用户按照一组相似但不同的步骤登录。

21.2.2　B-Unit 新用户的注册和使用

新的 Bloomberg 终端用户获得一个 B-Unit 设备，启动 Bloomberg 终端软件，以用户名和口令登录软件实例，开始注册流程。软件将提示用户输入 8 位数的 B-Unit 序列号(将用户的身份与特定的 B-Unit 设备和软件实例绑定)。然后，用户启动 B-Unit 设备。

> **注意**　如果 B-Unit 以前有人用过，且包含来自以前实例的信息，则用户在第一次使用 B-Unit 时会受到指示应重置该设备，以清除任何潜在的剩余信息，并确保用户从一个空白的设备开始。

Bloomberg 终端软件将开始从屏幕中央发出一系列的闪光(类似于光学的人造摩斯电码的样子)。用户将 B-Unit 举到屏幕几英寸内，MFA 的光传感器从 Bloomberg 终端屏幕读取绑定光代码的代码。这进一步将用户的 B-Unit 与其 Bloomberg 软件实例同步。然后，用户的 B-Unit 将使用指纹扫描仪采集指纹，用于将来的身份验证，成功后，在 OLED 屏幕上显示一个四位数的字母数字代码，然后传输回 Bloomberg 终端软件。

注意 其他 MFA 解决方案也使用闪光灯。BRToken/Datablink(现在归 WatchGuard 所有)早在
2008 年就有了类似的闪光通信技术。MFA 解决方案每 60 毫秒发送一个闪烁的光位,
闪烁 1,不闪烁(即暗)0。可在[8]观看 MFA 解决方案的设备演示。

一旦用户成功注册并同步了设备,每次想登录到 Bloomberg 终端软件实例时,都
会经历刚才描述的过程;用户的指纹将用于身份验证比较,而不仅是注册,而且不会
提示用户输入 8 位数的 B-Unit 序列号。可在[9]阅读有关 B-Unit 3 MFA 设备以及注册
和登录的详细信息。在[10]观看注册流程的视频。

当 Roger 第一次看到 Bloomberg B-Unit 及其使用方式时,受到了极大震撼!Roger
仍然认为这是大众广泛使用的顶级 MFA 解决方案之一。Roger 是 Bloomberg B-Unit
的超级粉丝。让 Roger 总结一下相关的 MFA 身份验证步骤:

(1) 用户使用登录名和口令登录到软件。

(2) 用户将 MFA 设备保持在软件屏幕上,以便软件与 MFA 设备完成光学通信。

(3) 用户刷指纹,向 MFA 设备执行身份验证。

(4) MFA 设备显示一个四位数的代码,用户将其输入软件中。

所有这些都应成功地执行,以便用户能够通过软件的身份验证。如果任何步骤失
败,用户将无法使用 Bloomberg 终端软件。用户每次只能有一个 B-Unit。

可尝试为 Bloomberg MFA 设备建立威胁模型。可能存在哪些潜在的漏洞?是否有
可用于将这些漏洞降至最低的抵消性缓解措施?根据你了解的有关 Bloomberg MFA 设
备的知识,完成一次快速的威胁建模回顾,然后进一步阅读以了解 Roger 是如何做的。

21.3 Bloomberg MFA 设备的威胁建模

在本节中,Roger 将讨论一些攻击 Bloomberg Anywhere 和依赖 Bloomberg B-Unit
设备的用户的方法。Roger 并不认为 B-Unit 设备很弱或者太容易遭到攻击。事实上,
恰恰相反。Roger 认为 B-Unit 是最好的 MFA 设备之一,比 Roger 见过的其他大多数
设备更安全。Roger 用这个设备作为示例的全部原因是证明所有 MFA 解决方案都可
通过一种或多种方式破解。许多情况下,MFA 设备使身份验证更安全,与其根本不
可遭到攻击,这两者之间是有区别的。

注意 这一部分的一个重要警告是,Roger 没有入侵 Bloomberg 或 Bloomberg 提供的任何设备
或服务。Bloomberg 没有允许 Roger 这么做,Roger 也没有要求。作为一个白帽子,Roger
不会在未经授权的情况下使用测试站点或资源。这纯粹是一种心理练习,Roger 对潜在
弱点和脆弱性的看法受到这一事实的极大限制。Roger 所建议的潜在攻击可能对真正的
设备根本不起作用。对你而言,了解威胁建模的流程比 Roger 建议的特定攻击类型能
否攻击实际设备更重要。

这里列出的攻击方每一次所实施的攻击都是一个潜在的攻击，例如，从任何人处都可获得的公共信息。Roger 不知道一个特定的攻击是否有效。Roger 可能在攻击场景中犯了一个错误或做了错误的假设。Roger 在其 20 年的专业性能评估经验中，当看到类似的迹象时，常能完成这里所述的各种建议的技巧。Bloomberg 可能已成功地缓解了每一次攻击。你要从这里看到流程和想法，而不是攻击方是否会在这个 Bloomberg B-Unit 设备的具体示例中取得成功。在这里，过程比目标更重要。

21.3.1　一般示例中的 B-Unit 威胁建模

开始对 B-Unit 开展一般的威胁建模，就像 Roger 在前面的章节中建议的那样。首先，考虑 B-Unit 设备的所有潜在组件和依赖性。以下是第 5 章中列出的可能的 MFA 组件：

- 注册
- 用户
- 设备/硬件
- 软件
- 身份验证因素
- 身份验证机密库
- 密码术
- 技术
- 网络/传输通道
- 命名空间
- 配套基础架构
- 依赖方
- 联盟/代理
- API
- 备用身份验证方法
- 恢复
- 迁移
- 撤销配置

从 Roger 不知道、不能或不愿攻击的东西开始吧。Roger 对其中的许多组成部分都没有深入了解，尽管怀疑 B-Unit 是否足够安全，也不知道 B-Unit 使用什么加密技术。Roger 不知道涉及的硬件组件，也不知道在物理层面攻击 B-Unit 的专业知识。Roger 猜测可能有电磁干扰辐射可用于侧信道攻击，或者电子显微镜可在分子水平上看到其中的秘密，但没有权限检查 Bloomberg 的软件、网站或服务，寻找编码漏洞。Roger 不确定除了 DNS 用于 Internet 连接和位置(用于登录、信息和 API)之外，B-Unit 使用什么命名空间。Roger 不知道有任何联盟身份验证，不知道 Bloomberg 的任何支持基础架构、程序或补丁状态，不知道身份验证机密存储在哪里，也不知道如何访问身份验证机密。

Roger 不确定 Bloomberg 的撤销配置策略或工作程序，但 Roger 怀疑是不是这样的：如果一个客户联系 Bloomberg 技术支持部门，并说一个用户已不再在客户那里工作，不再需要分配的 Bloomberg 许可证，那么应当禁用该用户的登录名和口令，并对用户的 B-Unit 执行处理(重新分配或发回 Bloomberg)。

21.3.2　可能的具体攻击

现在，从 Roger 所知道的信息和一些可能的攻击开始。首先，也是最重要的一点，尽管 B-Unit 是一个四因素 MFA 设备，但这四个因素验证不同的东西——一个因素供用户向应用程序证明身份，一个因素供应用程序向卡证明身份，一个因素供用户向卡证明身份，一个因素供卡向应用程序证明身份。这些实例和断开连接的实例成为渗透测试时需要探索的潜在领域。下面探讨一下 Roger 的攻击想法。

1. 获取登录名和口令

Bloomberg Anywhere 身份验证的第一步是用户在公共登录门户(bba.bloomberg.net)上提供用户的登录名和口令。 没有这些信息，就无法启动合法的登录流程。正如第 1 章中详细介绍的，有很多方法(盗窃、社交工程和猜测等)，攻击方最终可能知道用户的登录名和口令。但由于 70%～90%的数据泄露都是从社交工程或网络钓鱼开始的，如果攻击方还没有 Bloomberg Anywhere 用户的口令，作为攻击方，Roger 将开始尝试成千上万次成功的网络钓鱼攻击中的任何一种。一封简单的伪造的"你的 Bloomberg Anywhere 登录账户口令已过期"的仿冒电子邮件可能在不少用户中起作用。

用户的登录名是其 Bloomberg 终端用户名或组织电子邮件地址(如图 21.4 所示)。因此，任何知道 Bloomberg 终端用户商业电子邮件的人，都可用其账号登录，使其成为受害者。有很多知名的交易者，其工作的组织也很有名。一个优秀的口令攻击方可找到受害者的电子邮件地址，或对其开展几次猜测。要找出某家组织使用的电子邮件命名格式，并将其应用到受害者的 Bloomberg Anywhere 登录中，并不困难。

口令可能受到口令猜测攻击。在 Bloomberg 终端登录示例中输入的口令似乎是 bba.bloomberg.net/Video/BunitTutorial 视频中的五个字符，但 Bloomberg 的其他公共技术支持页面对口令提出以下要求：

- 长度至少为 8 个字符。
- 口令不能与最近三次修改过的口令相同。
- 不能包含常用口令或短语。

图 21.4　Bloomberg 终端登录提示

但没有字符复杂度要求，所以 Roger 常用的 frogfrog 口令就可以满足要求了。尽管口令过期策略可能存在，但 Roger 找不到该口令存在的证据；因为在 Roger 能找到的任何口令资源中都没有提到该口令，且 B-Unit 设备可使用两年多，所以倾向于认为不存在该口令。通常，使用 MFA 解决方案的服务不会自动使口令过期，因为 MFA 解决方案不希望口令过期时与相关的 MFA 设备不同步；这种情况会导致用户产生太多的摩擦和挫折感。记住，全世界都认为拥有 MFA 解决方案的最大好处之一就是用户不必对与之相关的口令或 PIN 要求那么严格，这也是首选 MFA 解决方案的原因。

Roger 也找不到 Bloomberg Anywhere 是否有账户锁定策略，但 Bloomberg Anywhere 很可能有。攻击方可使用一个有效的登录名(如前所述，猜测或算出)对其公共登录门户执行一系列猜测，直到锁定了账户(在此流程中，可了解在账户遭到锁定前登录名可错误猜测的次数)。一旦发现账户遭到锁定，攻击方可计算账户解锁所需的时间，或确定在特定时间段内，在错误口令计数器重置为零之前，攻击方可猜测多少次。可能需要一两天的时间来确定这个值，但一两天结束时，任何一个可能的攻击方都可确定 Bloomberg Anywhere 的账户锁定策略。要求打电话给技术支持部门来解锁一个目标账户对攻击方来说是最令人沮丧的，所以攻击方只需要猜测速度足够慢，而不是一开始就锁定账户。当攻击方完全理解口令和账户锁定策略时，通常会猜测一些 "一次性(Throw-away)" 的登录名，且并不关心是否会锁定，保存真实的、预期的受害者的登录账户。

尽管 Roger 不是百分之百地肯定，但 Bloomberg Anywhere 的口令重置门户似乎只要求用户输入其以前注册的电子邮件地址(与登录名相同)来重置口令,如图 21.5 所示。在其他所有情况下,Bloomberg 要求相同的信息来重置口令(Bloomberg.com、Bloomberg Law 等),输入电子邮件地址将向最终用户发送口令重置链接。用户单击链接,并两次输入新口令。在整个过程中不需要其他身份验证信息。链接就是所需的全部。攻击方可接管用户的电子邮件账户并请求重置口令。

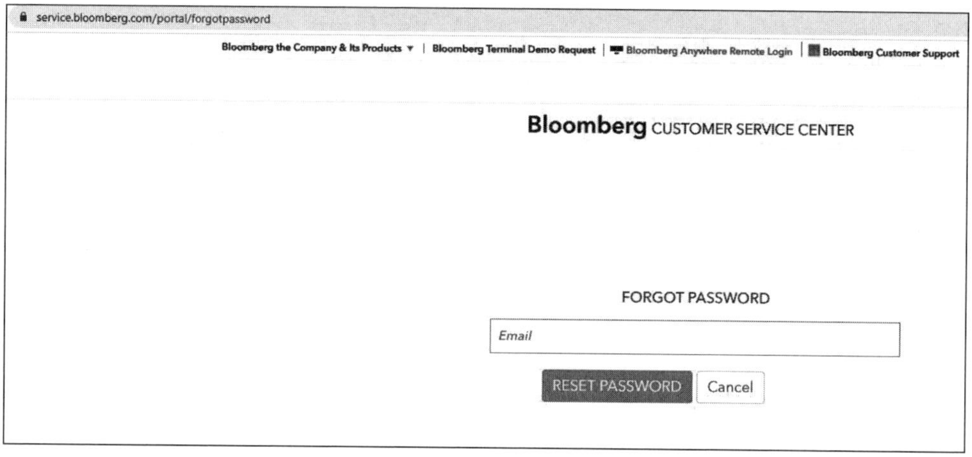

图 21.5　Bloomberg 的口令重置门户

注意　在 Bloomberg.com 站点上,用户也可用 Facebook 或 Twitter OAuth 登录,但在 Bloomberg Anywhere 网站上似乎是不可能的。Roger 很乐意尝试一下,看看能否将 Bloomberg.com OAuth 证书与 Bloomberg Anywhere 登录结合在一起,虽然不太可能实现,但 Roger 会尝试一段时间。

---

2. MitM 是可能的

类似于 Kevin Mitnick 所做的 MitM 攻击(见第 6 章)很可能发生。Bloomberg Anywhere 获誉为可从几乎任何地方的 PC 机访问 Bloomberg 终端的解决方案,只要人们手边有 B-Unit,设备就不需要预注册信息。这意味着从合法的 Bloomberg Anywhere 网站传递给用户的所有内容都可受到代理,反之亦然。

就像第 6 章 LinkedIn MFA 绕过的示例一样,攻击方可向受害者发送一封伪造的电子邮件,或以其他方式说服用户与一个伪造的、外观相似的网站(实际上这只是一个邪恶的 MitM 代理)完成交互。然后,当用户输入登录名和口令时,代理就可记录这些值并将其传递给真正的 Bloomberg Anywhere 站点。真实网站上的闪光信号可像其他信息一样传递给代理站点上的用户。B-Unit 将无法知道光线来自一个伪造的代理网站。用户可用指纹来验证其指纹。B-Unit 将生成一个四位数的代码,用户将其输入代理网站,然后代理网站将其发送到真实网站。现在攻击方将控制受害者的 Bloomberg Anywhere 会话。

3. 假身份验证？

攻击方可能伪造整个身份验证流程，尽管 Roger 对此不太确定。攻击方可创建一个完全仿冒的 Bloomberg 网站。受害者会输入登录名和口令，然后攻击方会捕获受害者的登录名和口令，在网站上开始发送虚假的闪光信号。用户可使用指纹成功地向其 B-Unit 完成身份验证。问题是，如果发射到 B-Unit 的闪光信号是无意义的，B-Unit 会怎么做？Roger 不知道。或者一个攻击方是否可伪造一个闪光信号，令其看似是一个真实的闪光序列的准确表示，或记录并重放另一个合法的光通信会话，并以 B-Unit 生成一个四位数的代码结束？B-Unit 会不会出错而不生成四位数的代码，从而提醒用户？如果伪造或重播的闪光信号运行良好，能从 B-Unit 生成一个四位数的代码，用户很可能在其不知晓的情况下将代码输入伪造的网站中。

然而，使用闪光灯发送的 B-Unit 消息很可能有一个特定的序列和该序列的校验和，以防止虚假的闪光攻击。如果是这样，攻击方需要知道闪光序列和校验和的组成方式，以便诱使 B-Unit 发回代码。如果攻击方感兴趣，可记录尽可能多的光通信会话，将其转换成比特位表示形式，然后寻找模式。Roger 敢打赌序列与校验和比典型的可信加密哈希要短得多，更接近一个 4～6 位数的 OTP 代码。如果后者是真的，那么找出序列以便伪造未来的代码就不会那么令人畏惧了。这不容易，但也并非不可能。记录下之前一次合法的闪光灯的会话可能起到重放攻击的作用。Roger 怀疑 B-Unit 会跟踪以前的光照序列(即代码)，存储这些序列，并且将来会拒绝再次使用这些序列。但是如果与 OTP 序列、HOTP 或 TOTP 关联，则需要知道确切时间段的特定代码序列，以使 B-Unit 正确响应。

当然，伪造一个真实有效的 Bloomberg 终端会话(在伪造登录之后)是极其困难的，除非攻击方能够访问一个真实的终端来完成代理请求和来回响应。但即便如此，一个普通的 Bloomberg 终端用户可能注意到速度延迟。在代理服务器发送和接收来自真实终端的信息的一两秒钟内，用户的等待时间很容易增加一倍到四倍，用户肯定会注意到。

如果 Roger 是一个攻击方，不会担心伪造真实的 Bloomberg 终端体验，而会立即进入一些消息通知(例如，"我们遇到了技术问题，请稍等")。一些假 Bloomberg 终端屏幕在消息下方的后台重放。或者，一条消息可能表明用户的账户有问题，并要求用户验证关键信息(账单、信用卡和银行信息等)。这是其中一个不寻常的示例，这种情况下，伪造整个身份验证流程实际上比执行前面提到的 MitM 攻击更难实现。

4. 终端攻击

与任何 MFA 解决方案一样，如果用户的终端"遭到攻破"，游戏就结束了。如果用户的计算机遭到攻击方或恶意软件控制，那么攻击方或恶意软件可以做用户可以做的任何事情。攻击方或恶意软件甚至不需要管理员或根用户访问权限。恶意软件或攻击方可以等待，直到攻击方或恶意软件检测到一段时间的轻微不活动，但要确保攻击方或恶意软件向 Bloomberg Anywhere 终端发送"保持活动"的动作，因为 Bloomberg

在 60 分钟后就会锁定。因此，攻击方可使终端始终处于开放且活动的状态，且在受害者离开或睡眠状态时可无限访问。

5. 降级攻击

大多数使用 MFA 的公共服务都意识到，有时合法用户无法访问 MFA 设备。这在现实世界中经常发生，Bloomberg 的用户也不例外。因此，Bloomberg 有很多绕过 B-Unit 的替代登录方法。Bloomberg 甚至在多个公共帮助文件上公布这一点，见[11]，图 21.6 列出两个示例。

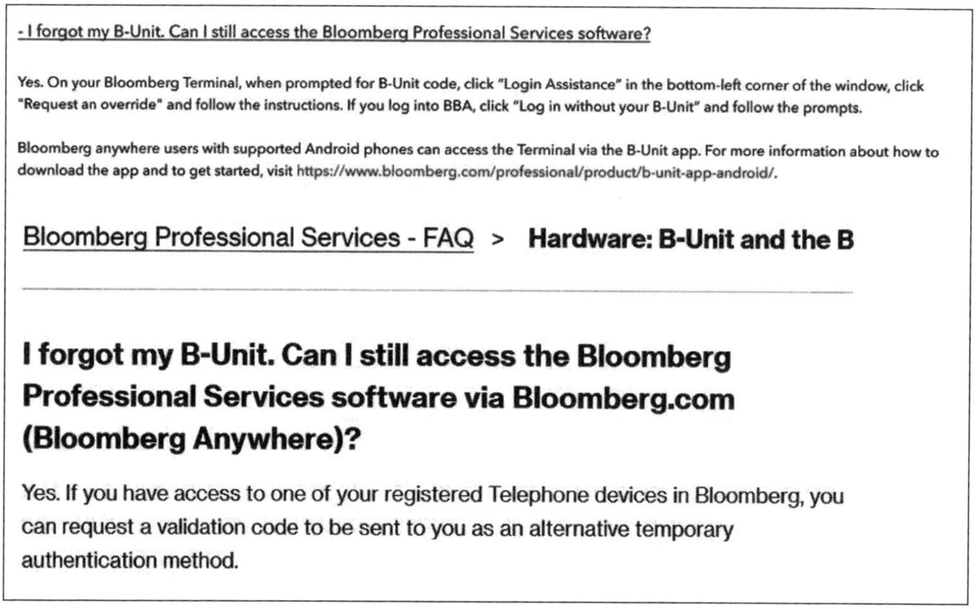

- I forgot my B-Unit. Can I still access the Bloomberg Professional Services software?

Yes. On your Bloomberg Terminal, when prompted for B-Unit code, click "Login Assistance" in the bottom-left corner of the window, click "Request an override" and follow the instructions. If you log into BBA, click "Log in without your B-Unit" and follow the prompts.

Bloomberg anywhere users with supported Android phones can access the Terminal via the B-Unit app. For more information about how to download the app and to get started, visit https://www.bloomberg.com/professional/product/b-unit-app-android/.

Bloomberg Professional Services - FAQ > Hardware: B-Unit and the B

I forgot my B-Unit. Can I still access the Bloomberg Professional Services software via Bloomberg.com (Bloomberg Anywhere)?

Yes. If you have access to one of your registered Telephone devices in Bloomberg, you can request a validation code to be sent to you as an alternative temporary authentication method.

图 21.6　Bloomberg 帮助说明如何在没有 B-Unit 的情况下登录

Roger 的猜测是，SIM 交换攻击(如第 8 章所述)会很好地工作。你可能需要用户的登录名和口令，但发送到受害者手机上的代码(现在换成攻击方的手机)可绕过四因素 B-Unit 的要求。

6. 移动版本的安全性会降低吗？

Roger 不太确定，但这个公共链接(mb.blpprofessional.com/m/android)似乎暗示用户可使用不同的"令牌"模式(参见图 21.7)。据其所知，这似乎是一个次级 B-Unit OTP 模式，在网上找到的其他信息表明其可以输入口令或令牌代码。

这就引出一个问题：如果令牌代码是一个 OTP 代码(很可能)，那么其遭到克隆、重用或第 9 章中描述的 OTP 攻击的可能性有多大？帮助文档还说，令牌代码只在第一次使用移动解决方案时才需要，似乎表明在第一次输入后，用户的移动设备作为 MFA 设备(而不是 B-Unit)。与 B-Unit 相比，移动电话显然更容易遭到攻击和"屏蔽"。一个攻击方人员得到一个令牌代码可能会在受害者未知的任何地方创建第二个

Bloomberg Anywhere 实例(尽管当一个人使用移动设备时,Bloomberg 终端服务可锁定
或注销其他实例,具体取决于所涉及的设备)。Roger 想知道为什么不强制移动设备使
用 B-Unit 身份验证；如果确定原因,可能会揭示出一个额外的攻击载体。

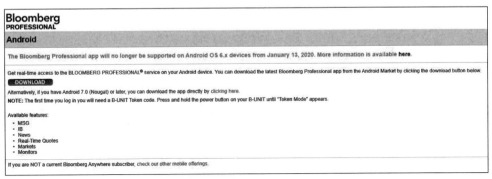

图 21.7　BloombergAnywhere Android 显示"令牌代码"需求

7. 可能得到第二个设备吗？

Bloomberg Anywhere 明确指出(如图 21.8 所示),一个用户不能有两个 B-Unit 设
备。这是一个良好的安全策略。Roger 为 Bloomberg 和其优秀的安全专家鼓掌。

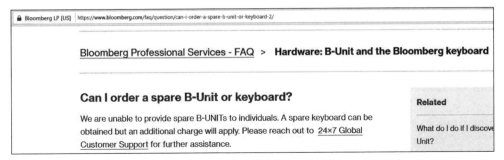

图 21.8　Bloomberg 策略声明：一个用户不能拥有两个 B-Unit 设备

但在其他帮助信息中,当用户的第一个单元显示电池电量低的消息时,Bloomberg
提供了合法用户可获得第二个单元的场景(见[12])。当这种情况发生时,用户可订购
第二台设备。问题是,Bloomberg 是否仍然非常严格地只允许一个账户在同一时间启
用一个设备。作为一个从业 30 年的职业攻击方,Roger 也见过这种技术执行力弱于策
略的情况。或者,当新设备激活时,旧设备的停用可能会很慢或需要一天的时间。

8. 拒绝服务

攻击方可通过任何方式(如偷走或毁掉)中断合法用户对 B-Unit 的使用。攻击方可
能刮伤 B-Unit 的指纹识别器,或可能扰乱用户电脑屏幕和 B-Unit 光电二极管光传感
器之间的光通信。在许多 Bloomberg 公开的故障排除指南中,很明显,一个常见的用
户问题是 B-Unit 不能与软件"同步"。故障排除指南建议将 B-Unit 靠近屏幕或改变其

距离和角度，建议改变显示器的分辨率和亮度。控制用户主设备的攻击方可改变分辨率或扰乱亮度来中断光通信。非常狡猾的攻击方可使用激光指针或红外线光源对准计算机屏幕通信区域或屏幕和传感器之间的路径，偷偷制造问题。

9. API 绕过

API 不需要使用 MFA 是很常见的。Bloomberg 终端有大量的 API (见[13])。 用户可下载文档和示例。就 Roger 所能看到的(如图 21.9 中的示例代码片段所示)而言，Bloomberg 终端的 API 似乎接受用户登录名和口令。

```
"`\n"
"TLS OPTIONS (specify all or none):\n"
"\t[-tls-client-credentials <file>]\n"
"\t\tname a PKCS#12 file to use as a source of client
credentials\n"
"\t[-tls-client-credentials-password <pwd>]\n"
"\t\tspecify password for accessing client credentials\n"
"\t[-tls-trust-material <file>]\n"
"\t\tname a PKCS#7 file to use as a source of trusted
certificates\n"
"\t[-read-certificate-files]\n"
"\t\t(optional) read the TLS files and pass the blobs\n"
                << std::flush;
    }
```

图 21.9　Bloomberg 终端的 API 似乎接受用户登录名和口令

获得用户登录名和口令的攻击方极可能使用 Bloomberg 的 API 访问数据和其他对象，而不需要 B-Unit。由于从未实现过 Bloomberg 的 API，Roger 不知道 Bloomberg 是否有任何抵消性的缓解措施，比如要求 API 密钥和注册，或者锁定域或 IP 地址使用的 API。

> 注意　Bloomberg API 还接受其他形式的身份验证，如数字证书，使用和发送的身份验证方法由使用 API 的客户端定义。

10. 社交工程技术支持

假设 Roger 是一个攻击方，Roger 得到了 Bloomberg Anywhere 用户的登录名、口令和 B-Unit。Roger 错过了什么？用户的指纹。Roger 可尝试捕捉并重新创建用户的指纹，正如在第 16 章中所讨论的那样，完成对所有四个身份验证因素的窃取，或者 Roger 可尝试社交工程技术支持。Bloomberg 的帮助文件说：" 如果你需要用另一根手指重新滚动 B-Unit，请联系 Bloomberg 技术支持部门。"如果 Roger 有所有其他信息，Roger 应该可在现有的 B-Unit 设备上添加新指纹。

Bloomberg B-Unit 四因素 MFA 设备是目前最安全、最酷的设备之一。Bloomberg 拥有的都是非常聪明的安全专家。即使是 Bloomberg 公司非常优秀的安全专家也会告诉用户没有什么是不可破解的；Bloomberg 的安全专家可能知道其他方法来入侵 Bloomberg 位于任何地方的 B-Unit 设备，这是本书所不知道的方法。

大多数组织都知道其需要在未来的版本中修复许多尚未解决的弱点和缺陷。Roger 的攻击示例来自于几小时的头脑风暴。如果有更多的时间和授权，Roger 确信可以确认这些攻击的有效性或发现更多攻击方法。Roger 在实际中从来没能用多种方法破解 MFA 解决方案，但在 MFA 解决方案攻击方项目中，与 Roger 共事过的每个人都能找到破解和绕过 MFA 解决方案的方法。没有什么是不可破解的，即使是很棒的 Bloomberg B-Unit 设备(即使本章讲述的这些攻击方法不起作用)。

B-Unit 是一款出色的设备。对于其所保护的内容来说，安全预防措施的数量可能有些过多，但 B-Unit 是有效的，而且 B-Unit 的用户并不介意。事实上，对于许多用户来说，拥有 B-Unit 是一个状态符号。B-Unit 是一款非常出色的 MFA 设备，致力于尽量减少 Bloomberg 终端许可证遭窃的可能性。B-Unit 能变得更安全吗？是的，但实际上根本不需要修改。在用例场景中，B-Unit 是安全性和最终用户可用性正确结合的一个很好的示例。

注意　任何阅读本章的 Bloomberg 人士可能都不会对 Roger 使用 Bloomberg 的尖端 MFA 设备作为攻击 MFA 解决方案的示例感到兴奋。Bloomberg 人士和其组织都很棒，这些攻击都不会奏效，因为 Roger 的假设犯了多个错误，而 Bloomberg 已经有了针对所有这些错误和假设的缓解措施。现在，大家一起去喝杯啤酒吧！

21.4　多因素身份验证安全评估工具

正如本书中多次提到的，Roger 为 KnowBe4.com 公司工作。去年，在"12 种破解 MFA 的方法"演讲获得巨大成功后，KnowBe4 请 Roger 写一本电子书(见[14])，最终演变成了本书。40 页的电子书只涵盖了 18 种破解 MFA 的方法，而本书涵盖了超过 50 种，且列举了更多示例。KnowBe4 甚至在其网站上创建了一个 MFA 攻击专栏(见[15])。你可在网站上查阅其更新内容。

但 KnowBe4 最喜欢的与主题相关的事情是创建 MASA 工具(见[16])。使用这个检查表审查工具/服务，任何人都可知道其正在使用或考虑的 MFA 解决方案是如何遭到攻击的。运行这个工具时，该工具会提出一系列问题，这些问题足以让其知道你要查询的是哪种类型的 MFA 解决方案。然后该工具会发布一份报告，描述你提交的 MFA 解决方案是如何遭到攻击的。该工具从一个摘要覆盖率页面开始(示例见图 21.10)。之后则详细讨论每种可能的攻击，包括电子书中的大量其他相关信息。Roger 认为运行该工具的任何人都会有所收获，可快速分析自己提交的 MFA 解决方案可能受到的攻击。

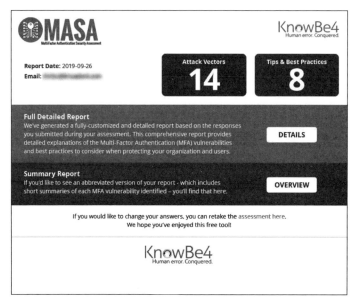

图 21.10　MASA 摘要页面示例

21.5　小结

本章重点介绍了一种巧妙而复杂的 MFA 物理令牌，即 Bloomberg 四因素 B-Unit MFA 解决方案。讨论了如何对任何 MFA 设备开展威胁建模，然后探讨了 Bloomberg 设备的潜在漏洞，最后介绍了 KnowBe4 的 MASA 工具。

第 II 部分探讨了攻击 MFA 设备的几十个示例，本章是第 II 部分的收官章节。第 III 部分将涵盖如何选择和设计良好的 MFA 解决方案，将展望未来的数字身份验证方案。第 22 章首先讨论如何设计一个相对安全的 MFA 解决方案。

第 III 部分　展望未来

设计安全的解决方案

第21 章分析了如何对现实世界中最强的 MFA 解决方案之一发起潜在的攻击。本章将试图保护最困难的场景之一：远程电子投票(Remote Electronic Voting)。

22.1 简介

随着时间的推移，越来越多的人将在地方、州和国家级选举中采用远程投票的方式。在美国，几十年来都可通过发送邮件或投递纸质选票完成选举。在美国的五个州内，所有投票(即地方、州和联邦)都是 100%通过发送邮件的方式完成的，见[1]。基于纸张的投票、亲自投票或使用发送邮件方式投票，这几种方式效果相当不错，这种情况下选民欺诈事件也较少，但速度较慢，需要大量时间用于选票的制作、存储和运输。即使有许多志愿者在选举日前后自愿提供服务，这项工作的成本也十分昂贵。

针对"官方"选举，官方投票现场的投票机越来越电子化。几年前，几乎所有的投票机都是机械装置——选民插入一张纸质选票，用书写工具(铅笔或纸)或小型手工工具确认选民的投票。这个流程会涂黑选区或在与特定选区和投票选项对齐的纸上留下洞。然后，选民将纸质选票手动放入一个机械计票机中，该机器将为投票站统计选票。设备或投票站管理人员将核实计票结果的完整性，并将结果发送或传递至中央投票总部，然后由中央投票总部汇总所有选票并宣布选举结果。上述投票方式仍然是美国和世界各地许多选区的运作方式。

随着时间的推移，越来越多的电子投票机取代了投票站的机械投票机，而电子投票机大多数只是运行某种普通计算机软件的定制计算机。美国目前有 19 家由美国选举援助委员会(U.S. Election Assistance Commission)注册和批准的投票机供应商，见[2]。所有制造商尽其所能制造最安全的电子投票机。

许多组织和监管方致力于提高电子投票的安全性。成百上千的白帽攻击方参与了对电子投票机的渗透测试或根据已知信息开展的安全审查。到目前为止的消息是，许多电子投票机都可遭受攻击方入侵，有些电子投票机甚至很容易遭到攻击方入侵。[3]是一位 11 岁的孩子在某场受欢迎的计算机安全会议上，10 分钟内入侵投票网站(模拟副本)的故事。一些攻击方人员已经公开展示了是如何闯入真正的电子投票机的。当面对无可辩驳的证据时，许多电子投票机供应商都承认其投票机曾经或现在很容易遭到攻击。[4]是其中一个示例。针对投票机开展专业的安全和代码审查的时候，执行结果并不理想。[5]是一家投票机供应商的安全代码审查报告示例。

> **注意**　安全审查有利于安全，所以 Roger 为这家供应商发布这份报告而鼓掌。一个州考虑使用投票机可能是法律要求的，但 Roger 赞扬已完成并公开发布的安全审查。

正如第 1 章所述，攻击方的攻击在社会中非常普遍，以至于任何选民无论是在官方投票站还是在家里远程使用单纯电子投票，前景都令许多人感到担忧。如果人们明白什么情况存在风险，以及攻击方入侵当今大多数电子投票机有多么容易，只有疯掉的人才不会担心。几乎所有熟悉这一问题的计算机安全人士都认为，短期内使用纯电子投票的风险极高，一名甚至不属于计算机安全行业的普通人都可能对在线远程投票的场景保持警惕。当权衡电子投票的利弊时，普通民众几乎和专业人士一样担心。电子投票机特别容易遭到攻击，风险极高，这不是一个秘密。

许多研究电子投票机安全性多年甚至几十年的组织分享了其观点和潜在的解决方案，包括[6]～[10]的示例。

[11]～[16]是其他一些关于电子投票安全与风险的文章；可在 Internet 上找到成百上千篇类似的文章。

如何构建非常安全的电子投票机或软件，以防止每一次攻击？这种担忧尤其与远程电子投票的概念有关，在这种概念中，每个登记的选民都将在家中或在任何地方投票给心仪的候选人。正如本书中反复强调的，在 Roger 的职业生涯中，一切都可遭到攻击。那么，选民如何才能拥有非常安全的远程电子投票环境呢？

22.2　练习：安全的远程在线电子投票

本章的任务是设计一个非常安全的由 MFA 保护的远程在线投票解决方案。

22.2.1　用例场景

远程投票涉及两个主要场景。一种是选民使用专用的投票设备(选民有所有权)或在投票日使用共享设备(每个家庭一台，或在社区投票站使用)。另一种是允许任何人在任何地方投票，只要其拥有一台可工作的计算机。与前一种方案相比，后一种方案更具挑战性，尽管这两种情况都很难得到安全的保护。你将面对一个更困难的场景，无论人们选择哪类计算设备，都必须保护大众及其选票。解决方案必须拥有可验证的安全性和高易用性，设备和输入的选票都必须允许用户和投票监督方执行审计。

必须认识到，这种场景在某些方面更容易设计。该场景需要高安全性，而且用户群体很容易理解其对高安全性的需求，这意味着公众可能容忍更高的用户摩擦，而不会有太多抱怨。许多 MFA 提供商必须设计有针对性的解决方案，以便与几乎无法容忍合理安全摩擦的公众合作。一年或四年一次的投票，公众可能容忍一些五因素 MFA 设备，但不会容忍每天登录计算机或任何时候想在 Amazon 上购买东西时提供保护的五因素解决方案。如果公众能容忍这种情况，安全专家的工作就简单了。在某种程度上，MFA 供应商的用户将忍受有更多事情要做的慢体验。不过，凡事有度，用户的理解和耐心也是有限度的。

22.2.2　威胁建模

本书的投票场景也给其带来了一些风险优势。首先，攻击方无法直接获得金钱收益，这一事实减少了 99%企图攻击的网络罪犯。大多数攻击方要么直接(如银行账户欺诈、勒索软件)，要么间接(如信用卡欺诈、卖家欺诈)试图将钱装入自己的口袋。攻击方只能通过入侵电子投票机来赚钱，只有那些愿意为私人漏洞泄露或欺骗性地将选票转移到设计好的结果而付钱的政党(政客、攻击方活动分子和企业利益集团等)才能赚钱。与其他类型的罪犯相比，入侵电子投票机的潜在恶意行为方的数量要少得多。

Roger 看到了针对远程在线电子投票的两到四个主要威胁，具体数量取决于你是如何计算的。

首先，也是最明显的，就是恶意改变投票结果。攻击方入侵电子投票可能导致一次改变大量选票，或攻击一个计票和报告个人选票的收集点。这是两种不同类型的攻击。第一种方案需要以相似的攻击方式同时瞄准大量选民。第二种方案将只针对收集点，这将是单一的物理位置。

另一个主要威胁是，实施拒绝服务(Denial-of-Service，DoS)攻击来中断或阻止合法投票。Roger 认为此类袭击存在两种可能性。首先是真正打断一次现实投票。这可能是针对所有选民，也可能是针对那些倾向于投票给自己讨厌的参选者的选民。另一种可能性，就是恰到好处地打断投票，或使选民认为投票中断或改变；无论改变多么小，都会导致选民对整个投票进程的公正性产生一丝怀疑。失票的一方总是寻找非法或受影响的投票迹象，以此作为宣布选举无效的理由。攻击方甚至不必做任何事情，只需要看起来发生了恶意事件。并不需要太多的离间手段就能将公民社会推向愤怒和暴力。

可通过 10 种方法可完成全部攻击：

- 编程漏洞(补丁可用或不可用)
- 社交工程
- 身份验证攻击

- 人为错误/配置错误
- 窃听/中间人(MitM)
- 数据/网络流量变形
- 内部攻击
- 第三方依赖问题(供应商/依赖性/水坑式攻击)
- 物理攻击
- 全新的未知攻击向量(没有发生/默认缓解)

注意 水坑式攻击(Watering Hole Attack)是指攻击方恶意修改其他研发团队或用户经常访问的站点及其内容。例如,攻击方可偷偷地、恶意地修改其他研发团队经常在自己的合法产品中重用的一段众所周知的共享代码。

设计方案必须假设涉及的其他任何计算设备和网络都遭受了饱和的破坏性攻击,且仍然安全地运行。设计方案将需要包含一些缓解措施,以防止针对第5章中所列组件实现的攻击类型:

- 注册
- 用户
- 设备/硬件
- 软件
- 身份验证因素
- 身份验证机密库
- 密码术
- 技术
- 网络/传输通道
- 命名空间
- 配套基础架构
- 依赖方
- 联盟/代理人
- API
- 备用身份验证方法
- 恢复
- 迁移
- 撤销配置

这是每个MFA安全设计人员在设计解决方案时需要经历的流程。本章的其余部分将讨论安全远程电子投票MFA解决方案的建议缓解措施。

22.2.3　SDL 设计

所有设计都从安全研发生命周期(Security Development Lifecycle，SDL)开始。所有程序员和设计人员都必须接受 SDL 思想、流程和工具方面的培训，才能成为项目的一员。使用的所有编程工具都应该具有安全的默认设置。必须禁止高风险的编程方法。应该向程序员提供目前正在考虑的基本威胁模型，并询问程序员是否知道其他威胁模型。应该向程序员和设计人员展示组件以及攻击组件的 10 种常见方法。

在允许将所有代码作为"签入"提交到源代码存储库之前，应检查所有代码是否存在常见漏洞。每个程序员都应该检查其代码是否存在安全漏洞，并将代码提交给其他团队成员审查。每行代码中 Bug 数量最少的和发现代码中 Bug 数量最多的团队成员可获得奖励。源代码审查应该由内部人员和其他人员(外部代码审查人员和渗透测试人员)使用自动化工具来完成。并且应该至少每两年更换一次外部审查人员。源代码应该发布给公众审查，并应在著名的 Bug 悬赏站点建立一项提供数千美元奖励的官方 Bug 悬赏。对于任何报告的错误都应立即开展积极调查。漏洞提交方即使提交了错误的漏洞，也应该得到理解和尊重。供应商应该监测商业漏洞支付网站和暗网，以防任何不负责任的漏洞披露或未经授权的商业销售。在合理的情况下，供应商应购买所有经过验证的 Bug，以防止其泄露到商业 Bug 销售服务之外。任何已知的关键安全漏洞都应在补丁(如果合理和可能的话)发布后及时(不超过几个月)以负责任的方式披露。

> **注意**　许多安全电子投票指南和组织坚持认为，代码也应该是"开放的"，意思是代码不属于任何实体，不包含专利或版权。虽然 Roger 认为这是一个值得称赞的目标，但 Roger 并不认为这是安全远程电子投票的需求。在过去几十年里，并没有证明开放代码比私有的商业代码更难遭到攻击，或者每行代码有更少的 Bug。

MFA 解决方案应启用自动更新功能，并应在首次接通电源时自动检查更新情况，此后至少每天检查一次。不需要终端用户参与或批准。由授权代理数字签名的代码才可更新 MFA 解决方案。所有更新都必须遵循 SDL 流程。如果在涉及严重漏洞时更新失败，则会导致对该设备的自动额外更新尝试，或对设备执行"硬"锁定。除非执行经过数字签名的紧急命令，否则不应撤销更新。

供应商的所有代码签名密钥(Code-signing Key)必须存储在两个或多个位置独立的、拥有备份的高安全 HSM (Hardware Security Module，硬件安全模块)上，保障其不会同时遭到同一攻击方或灾难事件的破坏。HSM 和任何附加的计算机应与任何网络"空气隔离"，存储在物理安全区域，并防止 EMI、光学和其他类型的窃取和伪造。应由两个人或更多人参与执行访问和代码签名，任何进入代码签名区域的入口都必须进行监测、录像和记录。后面的这些流程在高价值的公钥基础架构安装中相当常见，是所谓的密钥签名仪式(Key-signing Ceremony)的一部分。关于代码签名的流程并不新鲜。可在网上查找密钥签名仪式的步骤和工作程序。

> **注意**　[17]介绍了高度安全的密钥签名仪式的一个隐患。

总体而言，远程电子投票 MFA 供应商应邀请外部人员评审和审查，并积极促进和奖励负责任的披露(Responsible Disclosure)。HackerOne 漏洞奖励计划很好地涵盖了"负责任的披露"的含义，见[18]。

22.2.4　物理设计和防御

由于 Roger 不完全信任手机具有高安全性的应用程序，本书的 MFA 解决方案将是一台单独的物理设备。由于所需的功能集，使其看起来像 Bloomberg 的一个 B-Unit(即一张厚信用卡)。像 B-Unit 和智能卡一样，该设备应能承受正常使用和滥用，并应在合理的温度范围内工作。该设备应该有自己的可充电电源(目前看来，这可能意味着锂离子电池)，至少有 10 年的使用寿命，并能抵抗物理干扰。任何试图打开实体封装(Physical Package)的尝试都会导致设备永久性的逻辑损坏。该物理设备的设计应该能够防范电磁干扰(EMI)、电子显微镜(Electron Microscope)和无线侧信道窃听(Wireless Side-channel Eavesdropping)。

本书涉及的 MFA 解决方案应该具有最流行的物理连接方法，如 Micro-USB，并提供几种流行的物理连接类型。这些 MFA 解决方案还可包括一种或多种无线连接方法，如 Wi-Fi、蓝牙和蜂窝网络。任何有线或无线连接点都应加固以抵御攻击，并以最安全的标准执行操作。使用任何无线方式时，用户都必须按下或移动一个明确指示用于该目的的开关；否则，无线连接方法保持关闭。

需要保护所有连接点都免受到物理攻击，如 Bad BIOS 或 Evil USB Cable 攻击，可参见[19]的讨论。所有通信，无论是物理通信还是无线通信，都必须加密和保护，以防止截获(Interception)、篡改(Modification)或窃听(Eavesdropping)。任何内存、芯片或存储区域都不应受到冷启动攻击的影响。

设备应提供一个足够大的有机发光二极管(Organic Light-Emitting Diode，OLED)显示区域，以显示代码和投票人的应答信息(例如，候选人的姓名，以及对特定投票问题的肯定或否定)，以及足够详细的信息，以确保正确登记投票人的投票。

> **注意**　实际投票和选票的显示不是在 MFA 设备上完成的。MFA 设备只显示验证码(Authentication Code)、有效性检查码(Validity-checking Code)和投票者的应答信息以供验证。大多数选票包含太多法律要求的文本，以至于无法在较小的 MFA 设备上以一种合理的可读方式显示所有要求的文本。

所有硬件都应该提供一个"可信引导(Trusted Boot)"流程，类似于通用可扩展固件接口(Universal Extensible Firmware Interface，UEFI)使用流程。所有芯片、固件、软件、进程和组件应在启动时和运行时持续检查自身的完整性。只能接受使用可信数字签名的预先批准的来源的更新。

密码术

任何使用的密码术都应该采用公认的开放标准算法和密钥长度。所有加密组件都应该易于更新(由使用可验证数字签名的可信来源更新)，并且是加密敏捷的。所使用的加密算法和实施不应过容易受到侧通道或计时攻击的影响。

值得注意的是，Microsoft 提议的安全投票标准(见[20])提到使用同态加密(见[21])，这是本书之前没有涉及的。

完全同态加密(Fully Homomorphic Encryption，FHE)系统保证了完美隐私(Perfect Privacy)，Microsoft 打算利用完全同态加密保护投票人的隐私和匿名性，同时仍然记录投票方的投票结果。FHE 使组织可将加密内容发送给第三方(在当前示例中，指集中的投票处理中心)，并允许第三方系统有目的地以某种授权和预期的方式处理加密内容，而不需要第三方解密加密文本(即，选民身份或投票选择)。

大多数同态密码系统都包含一种附加的计算算法，算法在密码学上与原始密码关联，第三方处理器可使用该算法来完成工作。同态密码系统能实现当发生必要的交易时(例如，投票)，在不暴露个人投票或投票人身份的情况下记录交易信息。这将更好地保护整个投票生态系统以及相关的投票和投票人不受未经授权的数据泄露的影响。

自 20 世纪 70 年代公钥加密技术发明以来，业界就提出并创建了同态密码系统，结果各不相同。大多数尝试都未形成完整的解决方案，这种不能在所有情况下都使用的解决方案称为部分同态(Partially Homomorphic)。在量子时代前，业界已经提出了十几个 FHE 系统，但这些系统更多的是理论而非实施。量子计算(Quantum Computing)，特别是纠缠的量子特性，有望提供更多、更好且可实现的解决方案。量子纠缠是 FHE 一直在等待的关键组件。世界上有一小部分量子密码学家专门研究这个问题，专家将其称为量子同态加密(Quantum Homomorphic Encryption，QHE)。

Roger 认为在量子世界之前的今天，使用同态加密是一个"宏大"目标：如果能实现这项技术，那就太棒了，但只要坚持现有的公认的开放标准(算法和密钥长度)就可满足本节的目标。Roger 很赞赏 Microsoft 将同态加密作为其未来解决方案的一部分。

22.2.5　配置/注册

如果选民是现有的有效选民，或在新制度实施后第一次登记投票时，应向选民提供免费的 MFA 设备。所有选民登记必须亲自办理。对于无法前往选民登记地点的人员(如残疾人、老年人)，应由经授权、训练有素的登记员前往其所在地办理。无论州或县投票法规要求是什么，选民的身份必须排除合理怀疑。无论选民在一生中可能冠以什么名字，每一个选民都应该获得与其特定投票身份关联的全球唯一身份号码。

每位有效登记的选民都应该得到免费的 MFA 设备和如何使用 MFA 设备的说明。

每台设备都有自己的 GUID，应该与投票者的 ID 一一对应，每位投票者一次只能激活一台 MFA 设备，并且每次投票只能使用一次。

Roger 考虑过使用生物统计学来识别选民的 MFA 解决方案，与 Bloomberg 的 B-Unit 类似。使用生物统计学可能是解决方案的一部分，但 Roger 更喜欢非生物识别技术，或者，如果使用生物识别方法，则将其与附加的身份验证因素联系起来。如果可能的话，Roger 更喜欢双因素身份验证方法。一种方法可能是，特定投票者 ID 对应的用户必须始终包含一组四位数(个人知识)静态代码，每当用户使用 MFA 设备时，该静态代码就会输入 MFA 设备中。当用户第一次使用该代码时，该代码将锁定在用户的设备上，此后仅永久性地存储在集中投票数据库中，类似于今天信用卡 CVV(Card Verification Value)代码的处理方式，只是代码没有打印在设备上或其他任何地方。如果投票用户忘记了属于自己的静态代码，则必须给用户分配一个新的 MFA 设备并注册。新注册的设备应像第一部设备一样执行物理身份验证。

当投票者输入静态代码时，解决方案应提供账户锁定和限制机制，以便攻击方在成功之前无法猜测静态代码。所有错误的猜测都应该触发更长的等待超时时间，然后才能执行下一次猜测；随着每一次错误的尝试，等待时间会逐渐变长。在多次错误的尝试后，该设备应永久锁定，并要求用户注册新设备才能再次投票。

22.2.6 身份验证和运营

由于几乎不可能在一台小型设备上很好地显示全尺寸的选票，所以 MFA 解决方案需要将 MFA 设备插入另一台计算机，该计算机应满足各类通信方式的最低要求。选票将显示在选民的 MFA 接入设备和屏幕上，选民与该接入设备交互以记录其投票结果。

当 MFA 设备插入计算机(如通过 USB 连接线插入)时，MFA 设备应在通电后执行硬件和软件自检。然后，用户执行 MFA 设备的主程序(具体取决于操作系统)。执行主程序的步骤将启动安全的、受限的操作系统及应用程序，操作系统及应用程序完全由 MFA 设备存储、容纳和加载。

用户将看到投票应用程序初始化消息出现在计算机屏幕上。MFA 设备使用现有的来自主机设备的 Internet 连接或手机提供的有效连接，检查更新和下载任何允许的、处于等待状态的在线选票。如果 MFA 设备需要更新，设备将执行更新并重新启动。在重新启动时，会再次检查额外的更新和处于等待状态的选民投票。

更新和选票下载使用仅限于特定 MFA 设备使用的非对称密钥执行加密，以便仅允许解密与设备和投票者绑定的特定选票包，并将选票包安装在特定的 MFA 设备上。不允许其他设备或投票者 ID 使用该特定的选票包，并且选票包仅允许完整执行一次。不完整的投票过程要求整个流程重新开始，并且不会显示或记录此前的投票选择。

完成更新和选票下载后，设备应确认其与合法的预期投票网站之间的安全通信情况。如果通信正常，网站应发起一次挑战-响应，并将结果推送到该设备。只有合法设备和网站才能生成一致的挑战-响应序列。如果验证无误，MFA 设备应在其 OLED 上显示一个醒目的绿色 OK 标志。设备软件应要求用户确认 MFA 设备上出现的绿色 OK 标志。如果未显示绿色 OK 标志，说明 MFA 设备与网站通信存在问题，或用户在主机屏幕上的身份验证体验可能由一个假网站模拟。应培训用户在 MFA 设备上出现绿色 OK 标志之前不要开始执行输入用户凭证、参与投票或更新等操作。设备和站点的预注册流程可有效防范虚假身份验证攻击。

注意　当然，即使预防措施十分周密，也做了培训，用户也未必谨慎从事，也可能忽略所有攻击迹象。

　　一旦用户确认绿色 OK 标志，MFA 设备就会显示登录屏幕，并要求投票者开始执行身份验证。投票者按照提示输入其 ID 和 OTP 代码(加上投票者在开始时的四位数静态个人知识部分)。整个身份验证流程和应用程序都是从 MFA 解决方案的安全 Enclave 芯片加载的，这种方式与智能卡芯片非常相似。向用户显示的会话是虚拟会话，由硬件管理程序保护，以防止篡改。使用触摸屏或鼠标输入来选择所有选民输入。无键盘操作的方式可防止简单的击键记录。如果需要更高的安全性，投票者可使用按钮或滚轮界面在 MFA 设备上执行所有输入，与通常在便携式媒体播放器和录音机上的操作方式类似。无论采用哪种方式，都应谨慎地确保在 MFA 提供的应用程序和管理程序的安全范围内，将投票选择记录到投票者的选票中。对主机系统而言，受 MFA 保护的会话遭到窃听是很严重的风险。

　　硬件管理程序应该保护电子投票程序免遭窃听或篡改攻击。有一些方法可通过攻击硬件管理程序实施"主机到客户端"攻击或 DoS 攻击，但基于硬件管理程序的攻击并不容易实现。大多数管理程序漏洞都可通过更新固件或软件来修复。

　　操作系统和应用程序应通过最小化代码数量来减少可能的攻击向量(Attack Vector)。安全飞地之外的所有通信都应使用基于 TLS (Transport Layer Security，传输层安全)的 VPN 来预定义 IP 地址或域名。

　　如果设备启动后发现没有有效的选票包可供下载，设备会通知用户，并在几分钟后关闭电源，或者允许用户执行模拟投票演示，或提供用户培训以帮助用户了解投票流程。技术支持网站和电话号码应在 MFA 设备启动时显示在设备上。

　　OTP 代码可以是基于事件的，或与常规的 TOTP 设备类型一样始终生成代码。如果是基于事件的(即 HOTP)，则设备应使用开放式身份验证(OATH)方案的挑战响应算法(见[22]) ，并将投票信息的关键部分和用户的响应作为挑战-响应的组成部分。

　　但当用户在投票软件或流程中输入 OTP 代码(HOTP 或 TOTP)时，除了 OTP 代码外，还需要四位数字的静态代码。设备上应提供物理打印区域或粘贴标签用于显示 OTP 代码，提醒投票者需要提供这两个部分的信息，例如，"不要忘记使用你的 4 位 PIN 加上此处显示的代码，请输入所有代码：XXXX-XXXXXXX"。设备屏幕也可要求分别输入两部分代码。

任何 OTP 代码都应使用开放的标准和流程，如第 9 章中讨论的那些标准和流程。OTP 代码应设置合理的有效期。OTP 代码应使用 DSKPP(Dynamic Symmetric Key Provisioning Protocol，动态对称密钥配置协议)用于定期地、安全地生成新的共享种子值。

与 FIDO Alliance 设备类似，MFA 设备应要求用户在设备上注册主投票站/服务(或者要求用户在投票站注册 MFA 设备)，并且当用户请求下载选票时，主投票站应始终检查发起人身份。默认情况下主投票站应启用通道绑定。如果检测到投票人选举结果不是来自特定的 MFA 设备，则应假定发生 MitM 攻击，并且不记录投票结果。

可参照 Bloomberg B-Unit 和 Datablink 示例，组合使用光代码和 MFA 设备光传感器，实现应用程序与主机设备之间的身份验证。但此示例并不需要执行这类身份验证，因为应用程序是由设备发起的。实际上，应用程序与主机之间的身份验证就是设备对自己执行身份验证。在 Bloomberg B-Unit 示例中，应用程序已安装在曾使用或正在使用 Web 服务的主计算设备上。在使用 MFA 设备之前已安装并执行软件，并从 MFA 设备控制之外的位置调用软件实例。在此示例中，代码的执行在 MFA 设备的完全控制下，并始终驻留在 MFA 设备中。但是，如果需要对 MFA 身份验证执行附加的应用程序，本书更推荐 B-Unit 和 Datablink 的思路，即通过绑定闪光灯将代码传递给 MFA 设备，并让用户输入代码返回给应用程序。

22.2.7　可确认/可审计的投票

身份验证成功后，当前选票将显示在屏幕上；投票者阅读选票内容，选票将按照投票者的指示移动后完成投票选择。投票者可通过计算机屏幕查看每张选票，也可通过 MFA 设备的 OLED 屏幕查看。在全尺寸的计算机屏幕上，可查看全部选票和文本。在 MFA 设备的 OLED 屏幕上，只显示问题编号和答案。但用户可在计算机屏幕上执行选择，并核对计算机执行结果与 MFA 设备反馈的答案和选择是否一致。

投票结束后，设备将询问选民是否愿意打印一份选票和选择结果。无论答案是什么，都会向选民注册的电子邮件地址(以部分形式显示，以便选民可确认)发送一条自定义的链接。投票结束后，选民可单击该链接查看自己的选择结果。另外，选民可随时访问主投票网站，使用 MFA 设备执行身份验证，并查看投票历史。选民应有能力在任何时候报告不正确的选票。

各类电子投票解决方案，无论是远程的还是面对面的，都需要可确认的纸质投票记录。选民能比较自己投票支持的结果与打印出来的内容是否一致。不支持实时打印选择结果的解决方案是不可信的。通过不可信的通道(如 Internet)发送验证或仅向主机设备发送验证的解决方案不能受到完全信任。这就是可确认的投票选项也应显示在 MFA 设备上的原因，以便选民能在最可信的设备和物理位置确认投票结果。任何时候，选民使用 Internet(或其他方法)确认投票结果的流程应该尽可能可信。

22.2.8　通信

所有与 MFA 设备和主机的连接应执行端到端加密,最佳实践是使用从源(即 MFA 设备和应用程序)到目的(投票注册商)的 VPN 连接。MFA 设备和应用程序应使用硬编码的单一 DNS 主机地址,应严格保护该地址以防止对设备本机和服务器的恶意操作。如果解决方案支持硬编码的 IP 地址,则更有助于通信安全,因为硬编码 IP 地址将允许 VPN 的方案中不再需要部署 DNS,能进一步提升安全性。如果使用 IP 地址通信,请确保同时支持 IPv4 和 IPv6 地址。

注意　如果通信方案需要变更为硬编码地址,可随着旧设备或现有设备到期以及用户替换新的设备而变更。

中央投票物理位置应部署负载均衡器和防分布式 DoS 保护设备,用于加强对 DoS 攻击的防御。仅允许"通过 MFA 设备到投票物理位置"的连接执行投票和更新。在同一时间,仅允许一个客户端发起的连接是活动的。

22.2.9　后端交易账本

所有投票选择结果和其他信息应记录到后端区块链账本(Blockchain Ledger)中。区块链是一种分布式、分散的账本(即,记录数据库),用于跟踪和确认单个交易。每个跟踪的交易可存储在单独的交易"区块(Block)"中,或者多个交易可一起存储在单个区块中。每个区块存储的交易数量取决于实施。单个区块包含了交易信息(应用程序定义的任何信息,包括所需交易信息的哈希)和至少一条密码哈希以及其他任何所需信息。常见的区块链区块格式如图 22.1 所示。

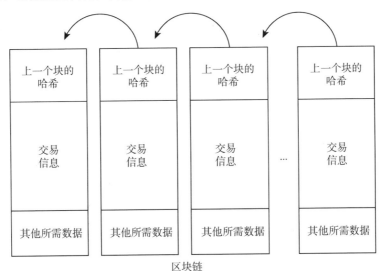

图 22.1　简单区块链的表示

区块链的"链"指前一个区块的哈希存储在下一个区块中,然后处理下一个区块的哈希并执行存储,以此类推,逐个处理每个区块。这使得每个后续区块通过哈希与前一个区块"钩住(Hooked)",区块链中的所有区块都以加密方式相互链接。攻击方无法在不修改每个后续区块的情况下轻易篡改某个区块(若遭到篡改,区块的哈希会发生变化)。只要所有哈希的完整性得到保护,就能确保足够健壮的保护。

攻击方如果企图恶意操纵区块链中的任何单一区块,都需要修改所有后续区块的信息及哈希,并以一种不会受到所有(或至少一半)底层参与者侦测和恢复的方式执行修改。这是一种非常强大的、潜在的内在保护。这是区块链在需要长期完整性保护的交易中变得如此流行的原因。

注意 所谓的"51%攻击"已在现实世界中通过区块链针对不太流行的加密货币实现。参见[23]的示例。

话虽如此,本书始终不赞同将区块链用于解决全部计算机安全问题。以下是本书推荐的一些文章,文章[24]~[27]认为区块链不是解决所有安全问题的答案:

谈及区块链的"伟大"时,本书的态度是公平和中立的。

鉴于此,本书认为区块链是安全存储投票记录的完美解决方案。用户可在区块链中存储一个人的投票人 ID 和实际投票记录,或者出于匿名化的目的,存储特定选票的投票人选项的哈希输出。对于每一次投票,不同答案集可能导致不同的数字摘要答案。例如,如果一个人对所有事情都投了赞成票,且每个职位的第一个候选人都投了赞成票,那么这个人的汇总编号可能是 0196327;如果这个人投了另一种方式,那么最终可能总结为 4530881。这个汇总值可与选票 ID、选民 ID 和四位数的静态代码一起哈希,最终得到一个对于这个人及其特定选票都唯一的哈希值。或者这个人的选票可存储在另一个数据库中,通过另一个号码与这个人的选民 ID 关联。不管怎样,可针对代表这个人选项的值执行哈希并存储。授权投票登记员或系统可查看区块链,找到哈希值,然后链接到这个人的投票记录。这个人还可使用哈希值来查找自己的投票记录,每当投票管理人员或执法部门想验证投票记录时,同样可以这样做。区块链很难破解,而且擅长存储重要交易的永久记录。

并非每个人都同意本书的观点。[28]和[29]两篇文章的作者并不认为区块链适合电子投票。

本书为裸物理组件总结了在线远程投票的安全 MFA 解决方案,请参见图 22.2。

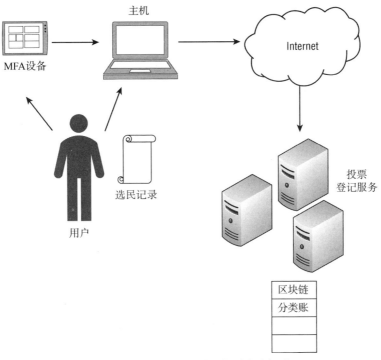

图 22.2　MFA 在线远程投票解决方案概要

22.2.10　迁移和撤销配置

与任何物理 MFA 解决方案一样，需要为丢失、遭窃或更换的 MFA 设备制定库存、策略和流程。任何由于结婚、离婚或法定姓名更改而导致的用户名变更都可在 MFA 设备和应用程序之外处理。MFA 设备应与该用户的投票者 ID 保持链接。如果设置了新设备，则总是先取消对旧设备的配置，并禁止旧设备的使用(至少由该用户禁用)。用户和其他任何人都应该能轻松启动设备"硬重置(Hard Reset)"来擦除设备。

22.2.11　API

投票系统使用的任何 API 都应该由 IP 地址锁定，并且需要特殊的可信数字证书来执行初始身份验证。API 不应该是"开放"的，任何人都不能使用。所有 API 连接都应该通过专有电话线或数据连接(而非 Internet)完成。

22.2.12　操作培训

所有用户、技术支持和培训师都需要接受设备使用和故障排除方面的培训。应向用户提供一本纸质小册子，一步步地用图片和文字向用户说明该怎么做。不管你认为 MFA 设备有多容易使用，都会有很大比例的用户陷入困境。即使只是要求用户将 MFA 设备插入 USB 端口并按下按钮，也有很多用户不愿意去做，不值得信任。MFA 投票保护装置难度要大得多。是的，Bloomberg 的 B-Unit 是为"公众"提供的，虽然 Bloomberg 的 B-Unit 使用起来更难，但 B-Unit 用户的平均水平是受过大学教育的，或者至少智商高于平均水平。

一种用于远程在线投票的 MFA 设备将面向那些没有高中毕业、没有驾驶执照的人员。这些人可能几乎没有使用计算机的经验，更不用说 MFA 设备。任何面向公众的 MFA 推广都需要大量的培训和支持。本书建议现实世界中，在开展 MFA 设备培训之前，应该咨询专家，专家的工作是帮助设计用户友好和易于理解的文档。这比大多数人想象的要难。

22.2.13　安全意识培训

每个 MFA 解决方案都需要有自己的安全意识培训活动。用户必须了解潜在威胁和攻击方以及攻击方可能滥用 MFA 解决方案的方式。在线远程投票也不例外。应该警告用户，攻击方向用户发送欺诈电子邮件，试图感染用户的主机，或者鼓励用户使用用户的 MFA 设备在攻击方的虚假网站上执行操作。攻击方总会找到破解 MFA 解决方案的方法，用户需要了解这些方法是什么，需要注意什么，以及如何防御这些攻击。

22.2.14　其他

现实世界的 MFA 在线投票执行过程中，还需要考虑其他许多因素，而不仅考虑资金。打造一个安全的、在线远程投票的社会并不便宜。某些人(例如，选民登记办公室、市议会、联邦、州或地方政府等)必须购买这些设备并免费赠给选民。必须有人为基础架构、持续运营和技术支持提供资金。

不是所有的人都有计算机或有使用计算机的能力。有特殊需要的人和残疾人如何投票？这些人需要有其他投票方式，否则 MFA 设备将不得不设计来服务于所有不同类型的残疾人。有多语言支持吗？每个版本的设备需要处理多长时间？如何处理停电、Internet 故障和手机故障等？其他投票方式是否会导致其他类型的攻击？

这是一个用于远程在线投票的高安全性 MFA 设备的安全性设计概述。一个真实的安全设计需要几个月的时间，且需要几十名安全专家的倾力投入。也许唯一令人遗憾的是，可能还需要很长一段时间才能获得受 MFA 保护的远程在线投票。我们还不知道广大选民是否会容忍仅为了投票而增加的用户摩擦。用 Roger 的朋友 Cormac Herley 博士的话说，"你可设计一个你认为 50 亿人会做出怎样反应的系统，但 50 亿人可能做出 50 亿种反应。"这可能与你设计的模型不符。

请你将对本书的安全在线远程投票 MFA 设备的评论和建议发送到 roger@banneretcs.com。

即使尽最大努力防止攻击方的攻击，这种理论上的、超安全的 MFA 设备也可能遭到攻击方入侵，且可能遭到多种方式的入侵。安全性不是二进制的，安全专家所做

的任何减少恶意操作的措施都值得肯定。远程电子投票的主要安全目标是创建一个高
度安全的解决方案，与现有系统相比，允许更多的授权选民以更少的麻烦参与投票流
程，并且错误和攻击也更少。从安全的角度看，如果远程电子投票实际上减少了总体
欺诈性投票，那么远程电子投票将是成功的；虽然不一定是完美的。

22.3　小结

本章介绍了如何构建一台安全的 MFA 设备，实现安全的在线远程投票。讨论了
在线远程投票的用例并完成了一些快速的威胁建模。从这些场景中，Roger 团队研发
了一个描述模型，Roger 团队认为这是一台高度安全的、用于安全在线远程投票的
MFA 设备。

第 23 章将讲述如何为组织选择合适的 MFA 解决方案。

第23章 选择正确的MFA解决方案

本章将介绍如何选择符合组织需要的 MFA 解决方案。你会发现许多问题和要求(可在任何 MFA 评价项目中以核对表的形式使用)、一份你可研究的 MFA 供应商列表、一份项目计划大纲摘要、一个电子表格的链接(其中列出 115 家 MFA 供应商,以及这些供应商的特定功能和选项的摘要)。本章将帮助你评价 MFA 解决方案。

23.1 简介

看过 Roger 的 MFA 演讲或阅读过相关文章的人最常提出的一个问题是,"我应该得到什么 MFA 解决方案?"实际上,没有一种完美的 MFA 解决方案适用于所有人。如果不了解特定组织的风险承受能力、应用程序、预算和安全文化的更多信息,Roger 甚至无法开始猜测对这个组织最有利的是什么。

Roger 知道提问者在问什么,以及为什么这样问。提问者非常忙,还有很多任务要做,为其组织选择合适的 MFA 解决方案只是其工作之一。提问者希望其他人更了解 MFA,从数百个可用的解决方案中挑选出其最需要的解决方案。或者提问者正在寻找一个其认为"最不容易破解"的方案,提问者希望从 MFA 专家最喜欢的解决方案开始研究,以缩短学习曲线。这是一个合理策略。提问者甚至认为 Roger 有一种最喜欢的解决方案,在有人问 Roger 的时候,希望 Roger 可推荐给这个人。

遗憾的是,没有一种单一的解决方案对每个组织都是最有效的。对一个组织有益的东西可能对另一个组织无效。而且解决方案都可通过多种方式破解。让任何人在不知道任何相关细节的情况下选择"正确"的 MFA 解决方案,就像问一名陌生人:"我应该买什么车或房子?"要想让一个人感到幸福,需要考虑很多因素,尤其如果"这人"是个组织,里面的人通常都对不同的事物有着截然不同的看法。

Roger 有一些关键点要告诉所有考虑购买新的 MFA 解决方案的人员,其中最重要的如下。第一,所有 MFA 解决方案都是可破解的;第二,没有单一的 MFA 解决方案可解决所有问题。本书中很好地讨论了第一点。而正是第二点使选择合适的 MFA 解决方案变得如此困难。即使你采用最流行和最广泛使用的 MFA 解决方案，该解决方案可能只适用于不到 1%的数字世界。最流行的 MFA 解决方案是软件和硬件 TOTP 实现以及基于 SMS 的选项。你可能已使用了其中一个或多个。

想想你目前使用的 MFA 解决方案，以及你每月在多少网站、服务和应用程序上执行身份验证。本书指的不仅是那些你有意启用 MFA 的网站，而是你每个月自愿或不得不执行身份验证的所有网站和服务。这些网站包括社交媒体、电子邮件、即时消息、银行、医疗保健、保险、投资、Internet 搜索引擎、研究、数据库、工资单服务、软件下载、文件共享、VoIP、远程会议服务、政府服务、博客、拍卖/购买、新闻、教育、金融、维基、电视、视频、税务/税务准备、包裹递送服务、药房、杂志、游戏、安全服务、研究、祖先、爱好、酒店、航空公司、汽车租赁、评级、慈善机构、身份保护、音乐、会议、公用事业、有线电视公司、信用卡、贷款、食品、外卖、个人汽车服务和购物。一名普通商业用户验证的站点和服务的平均数量约为 190 个(见[1])。Roger 每个月需要登录 176 个不同的网站和服务，处于平均水平。

思考一下，目前有多少网站和服务启用了 MFA。Roger 猜有相当多的网站可提供 MFA，尽管这是少数还是多数取决于个人和网站。但现在你需要问问自己，你在一个月内使用最多的网站与哪种 MFA 解决方案一同工作？

在 Roger 供职的上一家公司，有一个单点登录(Single Sign-On，SSO)门户。一旦登录到该门户，就可访问 24 个不同的应用程序。对于小型组织而言这是个不错的数字。而若启用了 MFA 解决方案，那么仅可以直接访问 24 个应用程序中的两个。有些网站和服务与公司生意有关(旅游、酒店、航空公司、汽车租赁、401K、投资和博客等)，这些网站和服务不在 SSO 名单上，需要 Roger 提供完全不同的登录。Roger 也有不同的 1FA/MFA 方法进入停车场、建筑物入口、电梯和办公空间的门。Roger 认为这种身份验证混合体验在大多数业务环境中是相当正常的，即使在试图真正获得单一登录体验的组织中也是如此。

关于 Roger 在业务之外的个人账户，Roger 能想到的部署最广泛的多服务 MFA 登录的最佳示例是 Facebook/Twitter/Google OAuth 登录；Roger 需要 MFA 登录，然后使用 OAuth 登录到其他参与的 OAuth 站点。Roger 个人可使用 OAuth 登录其中的五个。Roger 有几十个网站和服务使用支持 SMS 的 MFA，但这不是 Roger 的选择，如果没有必要的话，Roger 也不会使用支持 SMS 的 MFA。Roger 有三个供应商的手机应用程序，是不同服务的 MFA 选项。其工作方式完全不同。

这就解释了为什么 MFA 至今没有取代口令成为最流行的身份验证方法。没有任何一种 MFA 方法可像口令那样处理多个站点。而且口令方式非常有效，任何人甚至可在所有非 MFA 网站上使用相同的口令。事实上，计算机身份验证领域花了大部分时间告诉人们不要重复使用同一个口令，即使人们可重复使用口令。每当 Roger 读到声称口令很快就会消失的文章时，Roger 想询问文章的作者："用什么代替口令？"因为即使你想做却也做不到。口令将伴随人们很长一段时间。

所有 MFA 解决方案都需要权衡。有些 MFA 解决方案较易使用，有些 MFA 解决方案拥有更便宜的价格、更简化的安装和操作。有些 MFA 解决方案与其他东西结合在一起，有些 MFA 解决方案要求单独购买。有些 MFA 解决方案的身份验证因素似乎比其他身份验证因素更好地集成到组织中并受到接纳。有些组织更喜欢外部 OTP 令牌，有些组织喜欢只使用软件解决方案，还有一些组织非常喜欢生物识别技术保护。

你可能需要考虑一下，此时完全不使用 MFA 可能是你的正确决策，无论是针对所有内容还是针对特定站点和服务。MFA 并非万能的，所以你必须做出取舍。按照 MFA 所做的和不做的来划分是否可以接受。

并非总是需要 MFA。Roger 不想在执行 Internet 搜索查询或在公共的、常用的网站(如 Google)上搜索内容时必须执行身份验证。Roger 甚至不想在一次性购物网站上执行身份验证。Roger 不相信一定会保护 Roger 的个人识别信息(Personally Identifiable Information，PII)。对于普通人而言，Roger 宁愿尽可能匿名购物，尽管 Roger 不会走极端使用一次性信用卡或使用伪匿名身份。Roger 喜欢使用 MFA，因为 MFA 对 Roger 所珍视的东西有意义，Roger 试图保护这些东西，以防止未经授权的人轻易地恶意访问。

在现实世界中，人们总是做出类似的风险决策。Roger 的房门会在夜间上锁，但 Roger 的邮箱和外部车库没有上锁。Roger 的车库有一些不想遭到盗窃的、不想放到院子中的设备，但在过去 10 年里，Roger 的邻居没有任何盗窃犯罪的问题，Roger 接受不锁门带来的风险。但 Roger 确实有备用的安全摄像头，可提醒 Roger 院子里的活动。

Roger 确实一直锁着车，但有些民众对此不以为然。Roger 总是很惊讶有那么多人在车里放了枪支却在晚上不锁车。与 Roger 相比，这些人显然可接受更高的风险。所以，一般来说，在现实生活和数字生活中，人们会根据具体情况选择要做的和不想做的事情。这就是生活。

甚至有些情况下，使用常规登录名和口令比使用 MFA 的风险要小得多。问问富有的加密货币交易员就知道了。许多交易员中的数字财产遭窃，而且很多情况下从未追回，因为交易员过度依赖 MFA 来保护自身。自从 Roger 开始做"许多破解 MFA 的方法"演讲和网络研讨会以来，已经有很多人联系 Roger 说已经退回到登录名和口令的模式。大多数情况下，MFA 会降低网络安全风险。但任何一个好的 MFA 解决方案评价方都需要意识到，某些情况下，MFA 实际上会增加成功攻击的风险。很多人听到这个消息都十分震惊。当有人第一次告诉 Roger 这个人重新使用登录名和口令时，Roger 也大吃一惊。现在，在很多人告诉 Roger 同样的事情后，Roger 释然了，明白了为什么这些人那样做。

例如，如果一个 MFA 解决方案是基于 SMS 的，则意味着 SIM 卡交换攻击或针对电话公司的技术支持人员的社交工程足以绕过 MFA 身份验证防御。换 SIM 卡的受害者没做什么蠢事。这些人依赖所谓的比其以前"更安全"的 MFA 解决方案，而这种依赖最终伤害了自己。

如果这些人不使用基于 SMS 的 MFA，也许只会使用一个常规的登录名和口令。如果对每项服务使用唯一的登录名和口令，那么与 SIM 卡交换攻击相比，这些人遭到钓鱼的概率有多大？需要进行风险比较。就 Roger 个人而言，Roger 相信凭借个人能力，即使将身份验证委托给一家迄今尚未证明在防止 SIM 交换攻击方面具有防御能力的电话公司，也不会上当受骗。Roger 使用登录名和口令来保护 Roger 最有价值和最重要的资源；对于 Roger 和其他许多人而言，在一些高风险的情况下，这绝对是正确的安全决策。

虽然 MFA 可在很多情况下降低网络安全风险，但面临的更大的问题是，并没有一个适用于所有场景的 MFA 解决方案。这意味着必须在可用的 MFA 解决方案中做出选择。当 Roger 试图为自己或所属组织选择"最佳"MFA 解决方案时，Roger 使用了一个经过验证的流程。你也可使用该流程。

23.2　选择正确 MFA 解决方案的流程

为自己或所属组织选择"正确"MFA 解决方案的流程包括以下一系列步骤：

(1) 创建项目团队。

(2) 创建项目计划。

(3) 培训。

(4) 确定需要保护的内容。

(5) 选择所需和期望的功能。

(6) 研究/选择供应商解决方案。

(7) 开展试点项目。

(8) 选出赢家。

(9) 部署到生产环境。

下面将更详细地介绍每个步骤。

23.2.1　创建项目团队

选择 MFA 解决方案最好不要由一个人来做，即使这个人是组织中最了解计算机安全知识和 MFA 的人员。从非 MFA 解决方案过渡到 MFA 需要高级管理人员的支持，以及帮助你决定"正确"解决方案的人员的评论和反馈。参与流程和支持最终选择的人越多，当事情开始变得有点顺利时，就会有越多的人站在你这边，就像在大多数计算机安全项目中那样。第一次实现 MFA 时，至少会有一些最小的操作中断。有时这些问题并不是那么小，最终会成为你下一个项目的新经验。让更多的人从一开始就站在你这边只会对你有帮助。谁知道呢？也许你真的会从这些人身上学到一些东西，帮助你和项目团队做出正确决定，从而更成功。

当担任美国国家医疗保健系统的区域 IT 主管时，Roger 总结了一个教训。在该组织录用 Roger 之前，选择了一个新的主计算机系统来取代旧系统。Roger 讨厌新系统。该系统像一个大型机系统，必须有很多昂贵的定制，而且许多当前用户花时间告诉 Roger 旧系统如何更好。对 Roger 而言，这些用户似乎是对的。Roger 的态度有点不好，有一天 Roger 向项目负责人抱怨为什么组织选择了这样一个明显不好的系统。经过反复考虑，Roger 现在明白了为什么项目负责人没有接受 Roger 对新系统的批评；项目负责人刚领导一个大团队 9 个多月，在团队做出选择之前，对不同系统执行了持续评估。项目负责人说了一些类似的话："你个人可以讨厌这个系统，也许一部分用户也会这样做，因为有些功能不如其他人习惯的功能好，但我们花了九个月的时间，使用一个坚实的、经过深入评估的流程，大多数团队成员和部门的最终用户代表选择了本系统。我相信每个参与的人都看到了一些其喜欢的功能。有些人认为一些功能在旧系统中更好，但最终，团队中的大多数人都觉得新系统总体上更好。每个系统都有缺点。你可以认为这对你和一部分人不合适，但不能对这个流程提出异议。"

每一个 MFA 解决方案都是对功能的权衡，每一个 MFA 解决方案都有自己的优势和劣势。总有人不喜欢你的 MFA 解决方案。所以，确保你组建了一个良好的项目团队，并使用一个优秀的选择流程。这总是正确的选择。

如果你没有扎实的项目管理技能，那就找一个优秀的项目经理来管理团队，或者寻求自己掌握必要的技能。其他团队成员包括：

- 高级管理层赞助者
- 项目负责人，熟悉计算机安全、MFA 和其他相关主题
- IT 安全经理
- 技术支持代表
- 其他需要的 IT 员工
- 最终用户代表，可能是来自不同部门和业务单位的经理和/或利益相关方
- 通信专家
- 会计/预算/采购

当然，在小型组织，许多角色可能由一个人来代表。你可能就是"团队"。有了团队后，制定一个项目计划。

23.2.2　创建项目计划

每个项目负责人都需要创建一个详细的项目计划，可能需要使用一些项目软件，如 Microsoft Project(请参阅[2])或其他优秀的产品(如果需要建议，请参阅[3])。找出关键任务和关键路径。估算时间表时，越详细越好。总之，任何项目管理计划都应包括本章中作为过程步骤列出的主要里程碑。

1. 创建时间线

最终目标是将组织中的部分或所有人员从目前使用的解决方案(即另一个 MFA 解决方案或非 MFA 身份验证)转移到 MFA 解决方案。

2. 创建项目阶段时间线预估

完成整个 MFA 迁移项目需要多长时间？一旦启动 MFA 迁移项目,预估组织需要多长时间将所有涉及的身份验证系统迁移到 MFA,以便高级管理人员和项目成员能看到期望的结果。时间预估对于任何一个组织而言都是独一无二的,取决于你必须移动什么、如何移动以及何时能够移动。根据 Roger 在中小型组织工作的经验,MFA 项目从开始到完成平均需要 3~6 个月,包括选择解决方案。在大型、跨国或跨国组织,MFA 项目最少需要 6 个月,很可能持续一两年。每个组织的时间表都是不同的,但项目领导者应从项目每个阶段的一些基本猜测开始。示例见表 23.1。

表 23.1　MFA 迁移阶段的示例时间表的预估值

阶段	预计完成时间
组建一个项目小组	1 天
创建项目计划	1 周
培训项目团队	1 周(准备和教学)
研究当前需要保护的系统	1 个月
选择所需的功能	2 周
研究 MFA 供应商解决方案	1 个月
为试点项目选择多个供应商	1 周
试点项目	3 个月
选择一个获胜的系统	1 周
全面实施	2~6 个月

通过给这些任务分配一些通用时长,可粗略估计出 MFA 迁移项目所需的时间,并将任务和预估时间告知所有涉众。一些任务可同时完成,如培训、组建项目团队和计划,以及创建时间表。

23.2.3　培训

首先自学 MFA。通过阅读本书,你至少已经了解了 MFA 的一部分信息。现在,你走在了其他人的前面,可与你的项目团队成员分享一些你所知道的。每个人都需要对 MFA 有基本的了解,了解 MFA 的不同类型和特点以及每种类型的优缺点。项目团队应该有一个共同的基线理解,这样成员就可互助。实际的项目团队培训可能只有 1 小时的时间。Roger 已经讲了 30 多年的计算机安全课程。为大多数外行人员准备 1 小时的幻灯片和技术性演讲,需要一周的时间。

选择最终的 MFA 解决方案后，你需要培训用户、讲师、部门领导和帮助台支持人员，尽管该培训课程的主题是你选择的特定 MFA 产品，而不是 Roger 在这里谈论的普通培训。

23.2.4　确定需要保护的内容

没有任何 MFA 解决方案可保护一切。这是最大的限制。因此，你的第一个实际任务是确定你希望最终选择的 MFA 系统保护什么。MFA 涉及所有用户，只涉及管理员，还是涉及其他一些较小的员工子集？保护方案是什么？对许多管理员来说，MFA 解决方案用于保护网络登录、设备登录、服务器登录或电子邮件。对其他组织来说，使用 MFA 来保护少数关键的应用程序。对其他人来说，MFA 是在保护一个高风险的应用程序或项目，或者用于单一场景，如大楼入口或汽车系统。

对许多组织而言，不同的应用程序、场景和项目都有不同的 MFA 解决方案。例如，Roger 的上一个雇主有一些不同的 MFA 解决方案，添加了一个 SSO 门户；一个 MFA 解决方案可支持组织内的几十个应用程序。还有一些不同的 1FA/MFA 选项，如大楼和停车场入口。确定需要保护的内容的步骤至关重要。这一步的性能决定了其他一切。

23.2.5　选择所需和期望的功能

下一步是决定哪些特性是必需的，哪些特性是值得拥有的。

1. MFA 要求

从 MFA 的基本类型、因素和其他启动决策开始，如表 23.2 中的主要需求清单所示。你可使用此检查表作为你的 MFA 解决方案研究和评价的起点。这些问题可在 wiley.com/go/hackingmultifactor 上以 Microsoft Excel 表格的形式下载。

表 23.2　MFA 解决方案的主要要求清单

MFA 解决方案的主要要求	答案
MFA 解决方案是否支持所需的用例？	
MFA 解决方案是否支持所需的操作系统？	
MFA 解决方案是否支持所需的客户端设备？	
MFA 解决方案是否支持所需的云？	
解决方案是基于云的还是必须在内部部署？如果是基于云的，云可以是多租户的吗？	
MFA 解决方案是否支持所需的语言？	
MFA 解决方案能否在所有需要的国家/地区使用？	
MFA 解决方案是否支持所需的浏览器？	

（续表）

MFA 解决方案的主要要求	答案
MFA 解决方案与 Microsoft Active Directory、Azure AD 或 RADIUS(如果需要)一起工作吗？	
MFA 解决方案是否支持安全要求(安全政策、法律、保证、证书、法规等)？	
是否需要特殊需求/残疾人支持	

这些需求驱动着其他一切。如果你感兴趣的 MFA 解决方案不支持某个需求，你必须将其从考虑中删除。

注意　[4]是一个有趣的网站。该网站列出了数百种服务及其支持的 MFA 类型。

下一步，在评价 MFA 选项之前，你是否需要任何期望的总体 MFA 解决方案特征(如表 23.3 所示)？

表 23.3　MFA 解决方案期望的主要特征

MFA 解决方案所需特征	答案
基于硬件与仅基于软件	
所需因素的数量(1、2、3 或更多)	
所需的因素类型(用户知道的、用户拥有的、用户是谁以及上下文等)	
是否应该有一个或多个带外因素？	
MFA 解决方案应该支持单向身份验证还是双向身份验证？	
如果需要硬件令牌，是否有所需的类型(加密狗、USB、HOTP、TOTP、智能卡和电话等)？	
如果涉及生物识别特征识别，是否存在所需类型(指纹、面部、虹膜、手、视网膜和声音等)？	
是否需要推送消息？	
如果涉及基于知识的身份验证，是否有所需的类型(口令、PIN、图形解决方案、个人问题和数学解决方案等)？	
允许使用纸质令牌吗？	
用户是否寻求有线和无线连接选项？	
是否需要特定类型的连接(USB、micro-USB、USB 3.0、Lightning、USB-C[Thunderbolt]、以太网、串行、并行、Wi-Fi、蓝牙、NFC 和 RFID 等)？	
如果基于电话，是否允许使用涉及 SMS 的解决方案？	
如果基于手机，是否需要/允许使用手机应用程序？	
如果是基于手机的，该解决方案是否支持所需的平台(如 Android、iPhone 等)以及其他任何所需的手机操作系统版本？	

(续表)

MFA 解决方案所需特征	答案
是否需要 API？如果需要，API 是否可访问且兼容？	
一旦启用了 MFA，是否允许/需要其他登录方法(知识库、SMS 和旅行/主代码等)？	
是否允许/需要恢复方法(基于知识的问题、备用电子邮件等)？	
是否需要自适应身份验证？	
是否需要 SSO 功能？MFA 解决方案是否与用户现有的 SSO 解决方案集成？	
MFA 解决方案是否与用户的 PAM 解决方案集成？	
MFA 解决方案与用户的 VPN 解决方案一起工作吗？	
MFA 解决方案与用户的远程管理工具或远程登录解决方案一起工作吗？	
是否需要特定类型的命名空间、目录服务或身份管理系统支持？	
是否需要满足 FIDO 要求？	
是否需要特定类型或级别的保证(对于身份、身份验证器或联盟)？安全保障必须经过认证吗？	
是否有规定或隐私问题需要满足？	

　　Roger 喜欢多因素硬件令牌、电话应用程序和智能卡。Roger 避免使用 1FA 硬件令牌和基于 SMS 的 MFA，尽管这些都非常流行。基于知识和生物识别特征的因素应与第二种不同类型的因素配对。

　　完成后，你应该有一个需求列表，如果特定的 MFA 解决方案不满足需求，则排除该 MFA 解决方案作为组织的最佳选择。你会有绝对的要求。例如，如果组织使用 Chromebooks，你感兴趣的 MFA 解决方案是否与 Chromebooks 一起使用？你不能买一个不支持你首先要保护的操作系统和设备的 MFA 解决方案。你不能跳过一个要求。应该列出一个"值得拥有的功能"列表，可能按重要性排序。

2. 确保 MFA 解决方案的研发是安全的

　　MFA 解决方案需要得到安全的研发。仅问"你是否安全地研发出 MFA 解决方案？"是不够的，你必须问具体问题。表 23.4 列出了有关安全研发实践的问题。可阅读第 15 章了解更多信息。

表 23.4　关于安全研发实践的 MFA 解决方案问题

MFA 解决方案注意事项(期望/必需/最好拥有)	答案
供应商是否使用 SDL 方法和工具？如果供应商回答是，那就询问供应商是怎么做到的	
供应商是否为 MFA 解决方案建立了威胁模型？如果是，供应商愿意分享分析结果吗？	

(续表)

MFA 解决方案注意事项(期望/必需/最好拥有)	答案
供应商是否对漏洞执行源代码审查？	
供应商是否针对其产品执行漏洞测试和渗透测试？如果是，多久做一次？如果是，是谁做的(内部、外部等)？供应商愿意分享报告吗？	
如果执行了漏洞测试，该操作是使用自动漏洞扫描软件，人工测试，还是两者的结合？	
供应商的解决方案是否已经公布了以前的漏洞？如果是，供应商能否分享细节？	
供应商如何修补其产品？如果是这样，那是怎么发生的呢？	
供应商是否参与或提供 Bug 奖励计划？	
供应商是否及时地、主动地将新发现的关键缺陷通知给客户？	

3. 密码术要求

MFA 解决方案必须是加密安全的。表 23.5 列出了加密要求和关注点。可参阅第 3 章了解更多信息。

表 23.5　加密要求和关注点

加密要求和关注点	答案
MFA 解决方案使用什么加密技术(随机数生成器、哈希、对称加密、非对称加密、密钥交换或数字签名)？	
MFA 解决方案是否只使用已知的、开放的以及可信的加密算法？	
是否使用任何"专有"加密算法？如果是这样，请避免使用该产品	
密码术使用的密钥大小是多少？足够吗？	
使用的加密实现的有效期是多少？新密钥是如何交付/更新的？	
设备中的密码设计能否抵抗窃听？	
加密密钥/私钥存储在哪里？如何保护加密密钥/私钥？	
加密是否灵活？	
MFA 解决方案是否支持任何后量子密码算法？	
是否涉及 PKI？如果涉及，由谁管理 PKI？	

4. 物理问题

应设计物理 MFA 解决方案来减轻物理攻击。表 23.6 列出了物理 MFA 解决方案的问题/要求。可参阅第 17 章了解更多信息。

表 23.6　关于物理设备的问题和要求

物理设备的问题/要求	答案
这个装置看起来能经得起正常的环境使用吗？	
设备是否包含防篡改保护？	

（续表）

物理设备的问题/要求	答案
所有秘密都存储在加密区域或表格中吗？没有泄露到非安全区域？	
该设备是否经过设计和测试以防止侧信道攻击？	
该设备的设计和保护能防止侧信道攻击？	
设备或其软件能否抵抗冷启动攻击？	
该设备是否有一个"视觉干扰器"来防止轻易的肩窥攻击？	
如果解决方案是无线的，那么所有无线通信在默认情况下是否都是安全的，使用行业公认的标准、加密和密钥大小？	

5. OTP 问题

如果你正在考虑 OTP 解决方案，则需要进行详细检查。表 23.7 列出了 OTP 设备的问题/要求。可参阅第 9 章了解更多信息。

表 23.7　OTP 设备的问题

OTP 设备的问题/要求	答案
OTP 解决方案基于事件还是基于时间？	
如果基于事件，事件基于什么？	
OTP 使用开放还是专有的方法和算法？	
随机数生成器(Random Number Generator，RNG)是否经过 NIST 认证或同等认证？	
OTP 是否支持 OATH 创建的标准？	
OTP 设备是否支持/兼容常见的 OTP 设备 RFC，如 2104、4226(HOTP)、6234、6238(TOTP)、FIPS Pub 198(或后续产品)？	
显示多少个 OTP 数字？	
OTP 代码多久更改一次？	
登录时是否需要输入静态字符或数字以及更改的 OTP 代码？	
OTP 代码是否在合理的时间内过期？	
是否阻止 OTP 代码重放？	
OTP 代码暴力破解攻击是否通过账户锁定或限制来阻止？	
种子值由多少位组成？任何低于 128 位的都将认为是弱的	
种子值是如何传达给用户的？	
如果安装时使用了任何设置代码(编号、二维码等)，这些代码是否过期？如果过期，何时过期？	
如果是基于软件的 OTP，用户可否同时运行多个相同实例？	
如果是基于软件的 OTP，用户可否从不同的位置拥有多个活动实例？	

OTP 设备的问题/要求	答案
是否使用动态对称密钥配置协议(Dynamic Symmetric Key Provisioning Protocol，DSKPP)？	
种子值存储在哪里？如何保护种子值？	

6. 访问控制令牌问题

大多数 MFA 设备都涉及访问控制令牌。表 23.8 涵盖了其中一些问题。可参阅第 6 章，了解更多信息。

表 23.8　有关访问控制令牌的问题

访问控制令牌问题	答案
访问控制令牌是否受到加密保护？	
访问控制令牌是否包含唯一的、随机生成且不可预测的 ID？	
MitM 攻击可在合法的客户端和服务器之间完成吗？访问控制令牌可由 MitM 攻击拦截和窃取吗？	
身份验证是否只适用于预注册的站点/服务和 MFA 实例？	
令牌在合理的时间内到期吗？	
是否有防止令牌重放的反应答机制？	
访问控制令牌是否与特定身份 1:1 绑定？	

7. 生物识别特征问题

表 23.9 列出其他一些与生物识别技术有关的问题。有关更多信息，可参阅第 16 章。

表 23.9　与生物识别 MFA 解决方案相关的其他问题

其他生物识别技术问题	答案
使用哪些生物识别特征(指纹、面部、虹膜、手、视网膜和声音等)？	
使用了什么样的反欺骗"活性检测"技术？	
如何保护存储的生物识别特征？	
生物识别特征存储在哪里(本地、网络和云等)？	
Ⅰ型错误或错误拒绝率(FRR)和Ⅱ型错误或错误接受率(FAR)是多少？	

8. 其他 MFA 解决方案问题

表 23.10 列出有关 MFA 解决方案的其他问题。

表 23.10　MFA 其他问题示例的列表

其他 MFA 解决方案问题	答案
如果涉及交易，是否所有关键的相关细节都发送给用户确认？	
如果使用 SMS 代码，代码是否在 10 分钟内过期？	
如果使用 SMS，用户是否有简单方法来验证发送的 SMS 消息的合法性？	
如果允许打印恢复代码/主代码/行程代码，代码中是否包含完整的登录信息？	
如果允许恢复代码/主代码/旅行代码，是否在合理的时间内过期？	
MFA 解决方案是否允许将地理位置作为身份验证因素之一？	
MFA 解决方案是否受到命名空间或主题名劫持的影响？	
是否所有身份验证因素都必须绑定到同一身份？	
是否需要/允许/使用通道绑定？	
如果允许账户恢复，允许的方法是什么？	
部署是否需要自动地远程执行？	
解决方案是否应该有一个用户自注册门户？	
解决方案是否应具有用户自助操作？	
MFA 解决方案是否使用或允许拆分机密？	
MFA 解决方案是否支持远程停用或远程擦除？	
MFA 解决方案的 API 是否需要身份验证？如果是，如何完成身份验证？	
供应商是否有针对高风险事件的警告？	
易用性和操作中断问题是什么？	
供应商有哪些报告？	
供应商是否有允许自定义报告的方法？	
防火墙上只有打开哪些 TCP/UDP 端口才能使解决方案正常工作？	
涉及哪些组件和依赖项？	
请供应商描述安装、部署和操作流程	
身份验证是否涉及电话？	
如何处理服务中断，故障开启还是故障关闭？	
身份验证是在本地完成的还是在云上完成的？	
谁拥有用户的身份信息？信息的保护程度如何？	
该解决方案是否适用于常见的身份验证标准，如 OAuth、OATH、OpenID Connect、JSON 和 SAML 等？	
在 MFA 供应商的客户中，是否有许多客户与你所属的组织具有相同的规模、行业或复杂性？	
MFA 解决方案供应商能否提供三个客户参考资料供你联系？	

9. 成本

MFA 解决方案的成本是多少？表 23.11 列出一些通用费用。

表 23.11　通用 MFA 成本示例

成本问题	答案
许可是如何购买的？每用户、每设备或每实例？	
如果涉及物理设备，成本是多少？	
是否涉及第三方许可证？	
是否针对每个用户、每个实例等提供解决方案？	
如果硬件令牌过期，通常会持续多久(预期寿命)，重新购买新令牌的成本是多少？	
日常的手动维护成本是多少？	
续费成本是多少？	
有激活成本吗？	
必须购买哪些附加硬件？	
不同平台和设备的成本是否不同？	

不必向潜在的 MFA 供应商询问所有这些问题和担忧。可选择对你和项目团队重要的选项，并添加自己的选项。答案可为"是""否""支持""不支持""部分支持"或任何所需的答案。你的项目需求决定了哪些特性对你最重要。

10. 积分排名

许多评审者用一个积分系统来衡量所有包含的需求和期望的特性，积分最多的 MFA 系统最终会获胜。例如，所有必备需求的积分都是最大值 10，其他每个需求或特性都接受 1~3 的值。如果供应商的解决方案完全满足某个需求或特性，将获得该项的满分。如果只是部分满足了某个需求或特性，那么该供应商只能得到部分分数。最后将所有分数加起来，根据你的需求和项目所处的阶段，选择得分最高者为试点项目的竞争者或赢家之一。

23.2.6　研究/选择供应商解决方案

现在你已经有了需求列表和所需的 MFA 功能，是时候开始研究了。在完美的情况下，你会想审查尽可能多的候选 MFA 解决方案供应商，尽量满足你的所有需求。如果没有候选供应商，你根本找不到 MFA 解决方案。你要做的是根据需求，从所有可能的 MFA 解决方案供应商中进行合理选择。

1. 选定的 MFA 供应商列表

一旦记录了所需和即将拥有的需求集，就可开始查看可选的供应商。MFA 解决方案供应商的产品差异很大，可提供从独立 MFA 解决方案到集成服务的所有内容，

以便你能够启用现有(非MFA)站点和服务。附录(可扫封底二维码下载)列出了超过115
个供应商，你可从中选择。

与附录相比，本节只列出一小部分 MFA 供应商。之所以列在这里，是因为人们
常问 Roger 关于这些供应商的事情，所以这些供应商似乎是热门选择。这些可能是也
可能不是你的最佳 MFA 解决方案供应商：

- Authy
- Duo Security
- FIDO Alliance Certified
- Google
- LastPass
- OAut.io
- Okta
- OneLogin
- Ping Identity
- RSA Security
- Rublon
- Thales
- Trusona
- WatchGuard
- Yubico

多研究几个供应商的流程将有助于进一步了解有什么类型的 MFA 解决方案。如
果你停留在最初几个便止步不前，就可能喜欢一个产品，并认为这个供应商是最卓越
的，但此后发现该产品的竞争对手以更低的价格提供了你想要的所有功能。即使供应
商太多，你不能研究所有供应商，也至少要研究 5～10 个供应商。

2. 缩小 MFA 搜索范围

可首先阅读一些最近的 MFA 评论文章。这些文章遍布 Internet。只需要在任何搜
索引擎中输入"多因素身份验证审查(Multifactor Authentication Review)"即可。Roger
唯一要提醒的是，不要依赖几年前的评论。MFA 供应商来去匆匆，还有大型组织收
购了其他许多供应商。[5]～[8]是一些关于 MFA 的评论文章。

3. 阅读 MFA 行业评论

一种缩小 MFA 供应商名单的简便方法是查看来自大型科技行业研究机构的"官
方"产品报告，包括 Gartner(见[9])、IDC(见[10])和 Forrester(见[11])。这些研究机构
都有数十年的产品和行业评估经验，极受欢迎。这些研究机构的年度行业报告通常涵
盖所有行业，总结主要参与方，并挑选赢家和输家。一个 MFA 供应商必须已经成立
多年，并有可观的客户基础和收入，才会在报告中列出。报告将让你了解当前客户对

每种产品的看法，以及每种产品的优缺点。这些研究机构的年度行业报告也将涵盖整个行业的成熟度，并告诉你行业发展方向。如果时间有限，Roger 会选择阅读其中一份报告来了解有哪些顶级供应商。

> **注意** 很多评估服务是为了满足大型企业的需要，或者是大型企业所关注的。这些评估服务对中小企业未必有用。

最大的负面影响是，直接购买这些报告可能十分昂贵(动辄数千美元)。有时，你可从这些报告评估的供应商赢家那里免费获得报告，但你需要以某种方式弄清楚谁是"赢家"，谁愿意分享报告。很多时候，赢家愿意分享自己如何被"写入"一个报告，但不愿分享报告或评论，原因在于行业研究机构想把报告卖给你赚钱。如果你资金充裕的话，可留意 Gartner MFA(见[12])、IDC MFA(见[13])和 Forrester MFA (见[14])等行业报告。

23.2.7 开展试点项目

完成研究后，可选择至少 2～3 个 MFA 解决方案的试点项目。一个优秀的试点项目涉及整个团队和整个组织的多个用户代表。参与方应持续评估所有选定的 MFA 解决方案，以便提供反馈意见进行对比。解决方案的安装、管理和实施有多么简单？为用户提供和撤销配置有多么容易？身份验证的工作情况如何？是否存在问题？预估总费用是多少？初始购买、日常运行、更新和维护费用是多少？

当你打电话给目前正在使用该产品的现有客户时，在谈话结束时不要忘了问："如果可以的话，你会对解决方案做出哪些改变？"这将打开对方的话匣子，即使是那些曾对解决方案评价很高的客户也会说出一些更中肯的话。

23.2.8 选出赢家

如果你使用的是积分计分法，请按从最好到最差的顺序给解决方案排名，然后选出最优者。让失败者知道失败原因是一种很好的礼节。这些信息可帮助失败者改进解决方案。

23.2.9 部署到生产环境

现在是时候部署获胜的解决方案了。如果可能，Roger 推崇循序渐进的部署方式。尽量不要制定这样的实现计划：某一天仍使用旧的身份验证解决方案，而下一天必须使用新方案。如有可能，最好并行运行，随着时间的推移，向更多的人和部门开放新的 MFA 解决方案。如果渐进方法是可行的，则你很少会后悔。Roger 曾为完全替换的"上线"项目感到后悔，因为在试点项目和其他测试中没有发现问题，但在项目上线时，一个关键系统出现了故障。尝试分阶段从一个身份验证解决方案转移到另一个，随着时间的推移，逐渐增加参与和受影响的人数。

请务必更新策略和培训，以适应新的 MFA 解决方案。为 IT、服务台支持人员、培训师和最终用户提供培训。继续留意 MFA 的发展趋势。MFA 在不断改进。大多数 MFA 解决方案每几年都会有重大改进(或被另一家组织收购)。如果你选择的 MFA 解决方案在购买后的几年内有了其他名称或所有方，请不要惊讶。

23.3　小结

本章描述了如何根据需要为组织选择合适的 MFA 解决方案。分析了为什么没有哪个 MFA 解决方案可覆盖所有内容。本章在多个与不同 MFA 功能相关的表中列出了大量问题，还列出了十几个 MFA 供应商供你选择。本书附录中列出了 115 家 MFA 解决方案供应商。

第 24 章将展望数字身份验证的未来。

第 24 章　展望身份验证的未来

前面的章节介绍了现有的常规身份验证，从第 1 章的口令开始，逐步展开，描述了传统的、现有的 MFA 方案。本章将展望身份验证的未来，分析在未来几年里身份验证可能的样子。

24.1　网络犯罪一直存在

尽管 MFA 和其他更复杂的计算机防御系统的使用越来越多，但网络安全事件仍将持续，并可能变得更糟。Roger 做了近 30 年的计算机安全记者；多年来，一直有人问 Roger：“你认为我们明年受到的攻击会比今年少吗？”这些人想知道，计算机安全技术的日益成熟和广泛部署是否终于开始使数字犯罪变得更难实施。根据过去 30 年的经验，Roger 的回答始终是“不会”。

每年 Roger 都会自言自语：“网络犯罪已经如此严重，我无法想象它会变得更糟”，然后每年都会变得更糟糕。例如，去年的勒索软件相当糟糕。勒索软件入侵，加密数据，并摧毁了世界各地的大小企业，摧毁了医院、城市，甚至执法部门。勒索软件开始删除备份，自我更新(“勒索软件即服务 ”)，并索要更多的钱。Roger 心想，“怎么可能变得更糟？”

然后勒索软件开始窃取数据，并威胁说，如果不支付赎金，就会公开或向其他攻击方发布。后援无法开展援救。勒索软件窃取了员工的个人证件，并威胁要公开这些证件或将其交给攻击方，以便员工知道企业老板是否关心员工，是否愿意支付赎金。勒索软件开始攻击企业的客户账户，让这些客户知道勒索软件单独敲诈的唯一原因是攻击方最初入侵的企业不想付款。就这样，勒索软件变得更糟了。

网络犯罪一年比一年严重。这并不一定指攻击数量，而是指总体的破坏力，以及人们作为一个社会是否感觉今年的计算比去年更安全。三十年来，答案每年都是否定的。每年，Roger 都希望自己一如既往的悲观预期会由意外情况打破，希望有一天，记者们会报道说,网络犯罪造成的损害已经有所下降。但到目前为止,这一直是虚幻。

这是不幸的,因为 Internet 对每个人来说应当是安全之地,而非一个网络犯罪猖獗的地方。有很多方法可让 Internet 变得更安全。但这需要国际合作和重建 Internet,从一个普遍匿名的地方变成一个默认身份和身份验证的地方。到目前为止,对于大多数 Internet 用户而言,即使只是良好的默认安全性,其需求似乎也不够强烈。不知何故,不管网络犯罪的程度有多么严重,许多人都认为这是可接受的,并不真心想要更多的默认安全。

也许有一天数字领域会发生类似于 9·11 的事件,如 Internet 或股市暴跌一天或一周,但在此之前,一切照旧。而一切照旧意味着由于恶意攻击方和恶意软件而导致的犯罪率和损害不断增加。即使创造出最好的 MFA 解决方案也不会改变这一点,因为很多人不会使用 MFA 解决方案。

可让自己所在的地方成为更安全的计算场所。我们的总目标不是消除所有网络犯罪,永远也不会那样做,就像永远不会摆脱所有犯罪或罪恶一样。我们的目标是使所负责的环境变得更难入侵。使用坚固的、不易遭到攻击方攻击的 MFA 是创建一个更安全计算环境的一部分。

Roger 认为 MFA 现在处于 2.0 阶段,很快将进入更成熟的 3.0 阶段。本章将介绍身份验证和 MFA 的未来融合趋势。

24.2 未来的攻击

为更好地了解身份验证的未来,应该了解未来的攻击可能是什么样子。基本上都是一样的,只是示例更复杂一些。网络攻击几乎从计算机诞生之初就存在于人们身边——从不同人员以不同登录方式共享网络开始。人们今天所认为的网络攻击,至少从 20 世纪 70 年代数字网络发明以来就存在了。社交工程和恶意软件(如病毒、蠕虫和木马)的早期形式开始出现在 20 世纪 70 年代和 80 年代。到 1990 年,人们今天所知道的针对个人计算机的攻击已经开始了。第一个个人计算机病毒 Elk Cloner 发生在 1982 年。第一个攻击 Internet 的主要计算机蠕虫发生在 1988 年(见[1])。Roger 记得很清楚,第一次勒索软件攻击发生在 1989 年(见[2])。随着时间的推移,攻击变得越来越复杂,不过并没有增加很多全新类型的攻击。

大多数攻击类型似乎都经历了一个钟形曲线,在纯攻击数量方面达到峰值,然后由于更有效缓解措施的广泛实施,攻击数量开始下降。但由于总体攻击次数较少,勒索病毒通常对其选择的目标(即针对性攻击)更有效。这里有一篇文章(见[3])认为勒索软件正在变得不那么普遍,但更具针对性且成本更高。因此,未来的攻击大多数在本质是相同的,只是更复杂,更具针对性。这可能对大多数人来说并不奇怪。Roger 之所以在这里提到勒索软件,是因为 MFA 可能让更多日常类型的攻击变得更具针对性,并取得成功。

我们肯定会在未来看到更多攻击特征和趋势。接下来介绍四种情况。

24.2.1　自动化程度日益提高

几十年来，攻击方和恶意软件作者一直在执行自动化攻击。在过去几年，自动化操作和复杂程度显著提高。例如，勒索软件用来攻击计算机，立即将其锁定，并要求支付 300 美元的赎金来解密。现在，当勒索软件程序闯入计算机时，勒索软件会"给主人拨通电话"让其创造者/传播者知道其在一个新的受害者的环境中，这样勒索软件团伙就可进一步入侵了。勒索软件通常下载自己的更新版本，甚至是新的恶意软件。随着传统勒索软件变得越来越复杂，勒索软件会在第一台遭到攻击的机器上寻找管理员口令，并利用找到的口令侵入网络中的其他计算机。以前勒索软件攻击方会远程访问网络和计算机，运行脚本和其他恶意软件程序(如 TrickBot)来查找员工和客户使用的其他口令。攻击方会关闭反恶意软件防御，删除备份，并从受害者的网络上复制数据。现在整个流程成为勒索软件编码的一部分；不需要人为攻击方参与。既然能自动执行，又何必动手执行？

恶意软件正迅速演变为"恶意软件即服务"，恶意软件在网上不断更新自己。很快，一个恶意软件程序很可能只在需要时下载所需的组件。恶意软件将检测到必须绕过特定的反恶意软件防御，下载并使用恶意软件需要的组件。例如，恶意软件会检测到需要禁用用户账户控制才能完全控制 Microsoft Windows 系统，并下载组件来实现这一点。如果恶意软件检测到需要访问由 Apple 的 FileVault 加密的数据，会下载一个模块来执行此操作，以此类推。恶意软件很可能成为一个程序框架，以便在需要时下载不同的攻击性模块。

自从攻击方入侵开始以来，攻击方就一直在手工操作。未来的恶意软件会自动处理这个流程。目前的恶意软件不需要太多努力就能达成此目标。已经出现了多种利用漏洞的攻击方框架，如 Metasploit，攻击方框架已经模块化和组件化了很长一段时间，分解成不同的漏洞和模块，以满足不同的进攻性攻击需求。还有一些工具，如 Bloodhound (见[4])，可帮助攻击方利用收集到的信息绘制网络和漏洞地图，从而更快地从 A 点移到 Z 点。Roger 见过一些攻击方演示，将漏洞扫描器与 Bloodhound 和 Metasploit 结合在一起，让攻击方在屏幕上单击想要的目标计算机，然后自动完成其他所有工作。在演示中，在屏幕上单击受害计算机几秒钟后，系统报告说，已获得对其的远程访问，并为"攻击方"打开受害计算机的远程管理控制台。

所有恶意软件或 Bot 要做的就是在需要的时候检测出需要什么攻击能力。检测所需的东西(即指纹)要比实际挫败某些东西容易得多。获得初始访问权限的 Bot 将检测到阻碍最终成功的防御措施，然后下载实现目标所需的方法或工具并使用该方法或工具。

防御方将面对日益增长的恶意自动化威胁，因此，计算机防御也将以同样的方式发展。主动防御系统将自动搜索威胁，并根据检测到的不同威胁下载各种防御措施，修补漏洞、更新防火墙规则、检测和删除恶意软件、在中央数据库更新泄露指标(Indicators of Compromise，IOC)。双方都将使用基于规则的引擎、机器学习(Machine

Learning，ML)和人工智能(Artificial Intelligence，AI)。最终，这将是好 Bot 与坏 Bot 的较量，这是一场永不停歇的战斗，比拼谁的 Bot 和自动化能力更强大。Roger 在 2017年第一次写下这一未来情景，见[5]。只有当 Bot 认为人类应该参与计算的时候，人类才会参与其中。DARPA 甚至在 2016 年赞助了一场机器对机器的网络攻防竞赛(见[6])。DARPA 帮助发明了人们今天熟知的 Internet，所以 DARPA 的任何行为都应该受到关注。

注意　提一下科幻电影 *Terminator*(见[7])。是的，当 Roger 说到好 Bot 对抗坏 Bot 时，指的是像 Skynet 这样的东西，但 Roger 不相信其会变得"有自我意识"并攻击人类。与 Elon Musk 等人不同，Roger 不担心现实世界的终结者会攻击其创造者。如果你对此感兴趣，请参阅[8]。

24.2.2　基于云的威胁

到目前为止，基于云的威胁并没有像早期人们预测的那样糟糕。早期，考虑到多个无关租户共享可访问 Internet 的计算机资源，计算机安全专家担心会产生全新的威胁。虽然早期发现了一些特定于云的漏洞，但主要是由白帽攻击方的研究人员发现的；到目前为止，大多数与云相关的攻击本质上属于传统攻击，针对的是任何类型的计算机系统，并非特定于云。最常见的基于云计算的攻击类型与云计算发展之前的攻击类型相同：身份验证攻击、未修补软件和过度权限等。在现实世界中，几乎没有一种攻击是利用特定的云特性来完成其肮脏的工作或只在云中工作。

未来，真正的特定于云的威胁和恶意软件很可能越来越流行。一个主要原因是，所有计算都越来越趋向于成为云计算。内部服务器和服务正在迅速消亡，云服务器和服务终将取而代之，俗话说："银行会遭到抢劫，因为钱就在那里。"第二个主要原因是，随着恶意 Bot 越来越自动化和越来越复杂，对于坏人来说，采用坏人的 Bot 来适应云计算的特殊性会更容易。在 Roger 看来，如果云成为最受欢迎的计算平台，而没有看到恶意攻击方将精力更多地集中在那里，似乎是很奇怪的，因为如果一个攻击方利用云机制，会立即进入每一个托管租户。Roger 经常认为云是毁灭性的。

24.2.3　自动攻击 MFA

是的，Roger 相信针对 MFA 的攻击将会越来越自动化。随着 MFA 变得越来越流行，针对 MFA 的攻击也会越来越流行。这意味着自动化程度的提高和更多受害者。攻击方并不会因为 MFA 的阻碍而放弃进攻，实际上，可通过多种方法来破解各种 MFA 解决方案(仅在本书中就演示过几十种)。过去的网络安全史表明，每当一个特定的计算机防御系统涌现并得到大多数防御方的采用，就会变成一种常规的攻击目标。攻击发生在防火墙、访问控制和防病毒程序上。尽管这些安全软件在鼎盛时期提供了大量保护，但随着安全软件越来越受欢迎，对这些安全软件的攻击也会更加成功。攻击方采用最有效的技术并将其自动化。Roger 不认为 MFA 会成为阻止所有攻击的最终防御措施。不要忘记 MFA 只能尝试阻止针对身份验证的攻击。有很多不同类型的攻击，针对身份验证的攻击只是其中之一。

总之，未来的攻击可能与今天的攻击大致相同，但有几点需要注意：人们可能看到自动化程度的提高，包括好 Bot 与坏 Bot 的竞争；基于云的威胁的增加；以及针对 MFA 的攻击的增加。

24.3　可能留下什么

在身份验证防御方面有一些明显的趋势以及发展方向。但首先，Roger 想介绍哪些身份验证组件可能保留下来，至少在未来十年内是这样。

24.3.1　口令

正如前面多次探讨的那样，目前 MFA 解决方案还没有取代传统的登录名/口令组合成为最流行的身份验证方法。大多数登录都是口令登录，这种情况不会很快改变。

24.3.2　主动式警告

使用基于口令或基于 MFA 的身份验证的站点和服务越来越普遍地向用户注册的主电子邮件账户发送警告消息(参见图 24.1 和图 24.2 中的示例)，以通知检测到的不同身份验证特征(设备、位置等)。

图 24.1　关于潜在身份验证问题的 Uber 电子邮件警告示例

图 24.2　关于潜在身份验证问题的 Netflix 电子邮件警告示例

　　图 24.1 显示了 Uber 警告，Uber 认为这是 Roger 在一个新设备上执行登录。Roger 不记得是开始使用一台新的笔记本电脑还是使用一个新的浏览器连接。身份验证检测的一个不幸的误报是，当 Roger 使用一个新的浏览器，甚至只是得到一个浏览器更新时，身份验证检测试探法会将 Roger 的设备检测为"新"设备。如果网站和服务能摆脱这种假阳性检测，将是令人欣喜的。除了使用"浏览器代理"外，还可收集各种因素来确定某个设备是不是第一次使用。不过，即使 Roger 必须确认一个假阳性警告，最糟的后果是 Roger 确认有效会话真的有效，只是浪费一点时间，不会因此而赔钱，不会忽视来自其他人和设备的恶意登录。

　　图 24.2 显示了一封来自 Netflix 的电子邮件警告，警告 Roger 在澳大利亚墨尔本市的登录。Roger 在旅行时登录了其 Netflix 账户，开始看电影和节目，然后困在酒店房间里试图摆脱时差。感谢 Netflix 注意到 Roger 的新位置，并与 Roger 核实以确保 Roger 知道这一点。

　　Roger 每月都会收到许多网站和服务的主动警告。Roger 为每一个主动警告感到高兴。是的，攻击方可通过接管 Roger 的主要电子邮件账户来捕获通知消息，但与恢复电子邮件不同，收到通知消息通常不会让攻击方重置 Roger 的口令、绕过 Roger 启用的 MFA 解决方案或登录到 Roger 的账户。所以，通知信息都是很积极的。所有 MFA 解决方案都应该主动给用户发送这些类型的消息。

24.3.3　站点和设备的预注册

FIDO 和其他身份验证标准通过要求使用 MFA 的站点/服务预先注册到用户使用的单个 MFA 解决方案中，显示了防止多种类型的 MitM 攻击的价值。如前几章所述，所涉及的站点(通常通过 TLS 保护的 URL)在 MFA 设备上注册，设备注册到站点(通过设备 GUID 或其他方法)。除非双方事先注册，否则不会合作。这可防止 MitM 攻击，如第 6 章所述。

在大多数 MFA 解决方案中，仍然不需要 MFA 解决方案预先注册到站点，反之亦然；而且预注册方法不适用于许多类型的 MFA。但是，如果预先注册是有用的，且可以做到，就应该要求预先注册。预计随着时间的推移，需要预先注册的情况会越来越多，因为这是一种成功的缓解措施。

24.3.4　手机作为 MFA 设备

许多 MFA 行业调查显示，手机即设备的 MFA 解决方案急剧上升，而且这一数字在未来可能继续上升。几乎每个人都有智能手机，都随身携带手机，且每部手机都有一个全球唯一的 GUID，因此越来越多的 MFA 解决方案将使用"手机作为令牌"的因素也就不足为奇了。

硬件 MFA 令牌是 MFA 领域中总拥有成本最高的解决方案之一，除了书面文档或在线指南外，通常还需要额外的培训。用户通常很容易使用和理解基于手机的 MFA 解决方案。有三种基本的基于手机的 MFA 模型：

- 语音身份验证
- 手机应用程序
- 基于 SMS

手机应用程序分为 OTP 方法、传统的 MFA 手机应用程序以及带有或不带有推送通知的手机应用程序。基于手机的 TOTP，就像 Google 身份验证器和 Microsoft 身份验证器使用的 TOTP 一样流行，但未来几年内，可能受到带有推送通知的手机应用程序的严重挑战。

24.3.5　无线

无线 MFA 设备已是最常见的类型，且这种情况不太可能改变。需要有线连接才能工作的 MFA 解决方案大多属于遗留产品和场景。

24.3.6　变化的标准

20～30 年前的标准放在今天已经过时。标准通常是件好事，但标准随着时间的推移而变化。最终，一个新标准出现了，该标准更好地满足了日益增长的需要；今天的标准将成为明天的遗留协议。预计其他标准终将取代 FIDO、OAuth、OpenID

Connect、OAuth、SAML、JSON 等标准。

24.4 未来

正如 Roger 在前几章中讨论过的，身份验证的未来是：零信任的、持续的、自适应的、基于风险的身份验证。这些方法将与 ML/AI 相结合，以减少用户摩擦。用户可能有权登录或自动登录，因为是从以前用户注册过的设备访问站点/服务。不仅用户的设备(无论是电话、计算机、汽车、电视或其他形式的设备)都与用户绑定在一起，而且根据过去的经验，网站或服务还知道用户目前使用的设备是用户常用设备。用户可能有权访问相关站点/服务，而不必在登录到原始设备后登录。

由于手机应用程序的浏览器可以保存登录名和口令，这已经发生在今天的大量用户群体中。大多数手机应用程序在每次使用时都不需要验证。如果用户已经成功登录过一次，用户每次所要做的就是启动应用程序而已(只要在同一部手机上即可)。就连 Roger 的高安全性银行应用程序也相当流畅。当 Roger 启动高安全性银行应用程序时，会要求 Roger 输入口令或指纹，Roger 的口令管理器应用程序就会出现，自动填写 Roger 的指纹以完成所需的登录。

24.4.1 零信任

零信任是一种理念，即无论登录源于何处，都平等对待每个登录，而没有固有的信任。在零信任概念出现之前，网络内部的连接和登录比源自网络外部的连接和登录更可信。Roger 不确定这个模型是否真实地反映了风险对一个组织的影响，但想法是防火墙和其他访问控制使外部人员更难进入网络，因此任何来自内部的连接和登录都很可能是可信的内部人，并且没有经过那么多的调查和控制。

当人们意识到 99%的成功攻击都是客户端攻击的时候，"外部又硬又脆，内部柔软而黏着"模型就遭到粉碎。客户端攻击源于用户计算机和设备，然后通过网络向外移动到其他区域。最初的攻击很可能是因为社交工程或未修补的软件。但不管怎样，一旦攻击方进入网络，就可自由地在网络上漫游，窃取管理员凭据，并访问整个组织内的其他计算机和数据。过去很少有网络隔离(现在依然如此)。

零信任是指认识到攻击方通常已在组织中（"假定破坏"），并且外围防御很容易绕过。因此，与任何站点或服务的每一个连接都是不可信的，不管其来自网络内部还是外部。零信任将身份变成验证检查点。身份成为新的网络隔离点。事实上，一直以来，身份一直是最终的孤立点；人们花了几十年才意识到这一点。

行业领袖和研究人员创建了零信任框架模型，自己也遵循或推广这些模型。最著名的三个模型是：

- Gartner 的持续适应性风险和信任评估(Continuous Adaptive Risk and Trust Assessment，CARTA)

- Forrester 的零信任扩展(Zero Trust Extended，ZTX)
- Google BeyondCorp

注意　还可看到 Gartner 的可信身份验证模型(Trusted Identity Corroboration Model，TICM)，这是 CARTA 的一个子集。

每种零信任模型都鼓励持续的、自适应的和基于风险的决策。以前的安全模型中，假设用户使用本地计算机或远程使用虚拟专用网络(Virtual Private Network，VPN)连接登录到网络。一旦用户完成身份验证，不管用户如何执行身份验证，拥有相应权限的时间相当长。用户可做角色、权限、特权和组成员身份允许做的任何事情。而且，无论用户在做什么，在整个网络上都拥有相同的访问控制权限(尽管 Microsoft 的用户账户控制和 Linux sudo 试图在本地控制用户)。

这类访问就像人们现实生活中的很多访问一样。人们在门口接受检查，然后就可自由地在大多数建筑中漫游。即使在军事基地和其他更高级别的安全机构，这种在现实生活中验证过的一次性信任也会由受信任的伙伴或内部人士滥用，对其同事发动意外的、暴力的和谋杀性的攻击。

零信任网络让用户或设备通过网关设备或软件代理程序来验证，该程序首先对用户或设备执行身份验证，然后在受试者的整个体验过程中持续对其执行身份验证。身份验证不是一次检查，也不是在一段时间后检查的，而是对每个尝试的操作和移动持续检查。

可将零信任与先前描述的涉及军事基地的真实情况进行比较。在零信任模型中，所有士兵都将受到持续监测。如果一个通常手无寸铁的士兵突然拿起一件上膛的武器和大量弹药，这个士兵将受到更仔细的监测，甚至可能将该士兵的武器解除，直到评价人员确定该士兵携带武器弹药是正当的。每个人的行为和风险都会受到评估。

零信任网络很可能是网络和身份验证的未来。Gartner 预测，到 2023 年，60%的企业将逐步淘汰大部分 VPN，转而支持零信任网络访问；零信任网络可采用网关或代理形式，在允许基于角色的、上下文感知的访问之前对设备和用户执行身份验证(见[9])。

在 CARTA 或 ZTX 上很难找到很多免费信息，但 Google 分享了很多关于 BeyondCorp 的免费信息(见[10]cloud.google.com/beyondcorp)。只需要理解并专注于这些信息共同的概念，即持续的、自适应的和基于风险的身份验证。

注意　用于描述这种身份验证的另一个术语是动态身份验证(Dynamic Authentication)。

24.4.2　持续的、自适应的和基于风险的

持续的、自适应的和基于风险的身份验证绝对是身份验证的未来，无论是大型身

份验证服务，还是最终将部署到组织网络上的身份验证。MFA 仍将发挥重要作用，但如何使用和交付多因素组件将是一个问题。

与口令一样，今天的传统 MFA 解决方案将伴随人们很长一段时间，甚至十年或更长时间。从传统的"一次性身份验证并获得批准"进行转变不会一蹴而就。持续的、自适应的和基于风险的身份验证本质上将利用人们迄今为止在计算机安全方面的一切成果，运用人们所创建的每种工具，并将这些工具以实时的、持续评价的、自动化的方式组合在一起。

对于正常和低风险的任务，需要以用户摩擦较少的方式完成。也许，MFA 和新的身份验证框架融合的方式是允许用户无缝登录到喜欢的任何网站和服务，而不需要传统意义上的任何身份验证；没有登录名、没有口令且不需要 MFA。从用户的正常设备、位置和时间开始的会话是获得初始访问需要的全部内容。用户是否以正常方式执行常规任务？是否按照正常访问顺序访问屏幕？也许会在会话的其余部分评估用户的键盘和鼠标单击活动，以确定用户的操作是否正常和自然。如果用户去做一些高价值或高风险的事情，可能收到提示，要求使用用户的 MFA 解决方案(即，分步身份验证)。

有许多身份验证服务(如 Google 和 Microsoft 的身份验证服务)已检查了成百上千用户会话特征，以确定用户是不是用户所说的人，且正在做合法的事情。身份验证的未来，无论如何实现，都可能持续关注数十到数百个用户会话特征，包括：

- 用户 ID。
- 用户登录方法(口令与 MFA 等)。
- 定义的角色(用户与管理员等)。
- 用户操作(标准、正常、定时或在现场正常移动)。
- 日期/时间。
- 用户操作与用户操作历史。
- 设备 ID(预先注册或熟悉的低风险设备)。
- 位置(物理、IP 地址和可信网络)。
- 行为特征。
- 背景线索。
- 键盘/鼠标活动分析。

身份验证系统一直在持续评估用户会话的风险评分。身份验证系统为增加风险的项目加分，为降低风险的特征减分。如果用户会话超过特定的风险评分值，系统可在不同的风险缓解结果之间作出决定，包括：

- 继续允许进入。
- 继续允许访问，但增加持续监测。
- 提示用户执行增强身份验证。
- 拒绝用户尝试的特定操作。

- 允许用户操作，但在潜在损害无法逆转之前，使用额外的系统或人员来确认有效性。
- 终止操作/访问或强制注销用户。

一直以来，都有一个威胁分析引擎来确定特定的特征、特点或行为如何等同于特定风险。这意味着引擎必须从过去的用户行为和特征以及正在学习的新风险和特征中了解风险。例如，在检测中发现，一个通常从美国登录的用户这次来自罗马尼亚，且系统了解到在过去几小时内检测到大量基于罗马尼亚的账户接管。这种自适应的身份验证方法要求系统具有一组内置的、可更新的规则，以及 ML 或 AI 来帮助预测正在出现的威胁。图 24.3 显示了一个持续的、自适应的、基于风险的身份验证系统的各种主要组件的图形化摘要表示。

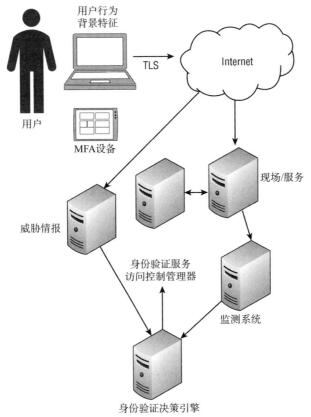

图 24.3　持续的、自适应的、基于风险的身份验证系统的主要组成部分

许多人现在已经相当熟悉类似的身份验证系统：信用卡。信用卡供应商让用户可在全国各地(有时甚至是全世界)尽情花钱。大多数情况下，用户可轻松地完成购买。但有时，当信用卡的后端风险分析引擎检测到更高风险的事件时，供应商会给用户打电话或发送一条 SMS 消息，要求用户确认特定交易，然后才允许交易继续。对许多

人来说，这种额外交易"摩擦"每几年只发生一次或几次。再多的话，信用卡供应商就会开始担心用户要更换信用卡了。

有时供应商发现用户的信用卡正以一种用户不知道的异常方式使用。在用户意识到任何异常行为前，信用卡公司会检测到这种行为，注销用户的信用卡，作废任何恶意交易，并向用户发送一张新卡。有时，用户在信用卡公司发现异常行为前，就开始了这一流程。随着时间的推移，后一种情况的发生越来越少，因为信用卡风险分析引擎正在不断改进。人们希望看到所有的数字身份验证都向人们惯用的信用卡方式靠拢，只是可能涉及 MFA，而不是来自供应商的电话或 SMS 消息。

24.4.3　对抗量子攻击的密码术

对抗量子攻击的密码术将在未来几年取代目前身份验证系统使用和依赖的非对称密码术(RSA、Diffie-Hellman 和椭圆曲线密码术等)。如果有兴趣了解更多信息，请参阅 Roger 的书 *Cryptography Apocalypse: Preparing for the Day When Quantum Breaks Today's Crypto*。

身份验证的未来是持续的、自适应的、基于风险的、逐步升级的，且用户摩擦更小。

24.5　有趣的新身份验证思想

身份验证领域充满了不断变化的思路。以下是 Roger 最近遇到的一些思路。只有时间才能证明这些想法是否会影响未来的身份验证，但值得浏览一下：

- 按键、鼠标和触摸屏动态(见[11])
- 基于邻近性的硬件令牌(见[12])
- 基于邻近性的、使用手机的 MFA(见[13])

Roger 看到了一些奇妙的想法和解决方案。话虽如此，在过去两年里，有 100 多家全新的身份验证供应商与 Roger 联系，这些供应商都相信，只要能得到足够的媒体宣传，这些供应商的想法将席卷全球。也许这是真的。有些解决方案非常优秀。但要让计算机界注意到某个供应商的新产品是非常困难的。不幸的是，Roger 认为在过去两年里与 Roger 联系的新供应商没有一家能存活下来或有明显扩张。身份验证界的竞争异常激烈。

上面介绍了未来身份验证将涉及的特征。一个涉及持续的、自适应的和基于风险的身份验证的后端解决方案将行进在正确的轨道上。在接下来的 10 年或更长时间里，本书中介绍的 MFA 将在需要时提供额外的安全保障。

24.6　小结

本章介绍了身份验证在未来 10 年及以后的发展趋势。

第 25 章将总结应从本书中吸取的个人和更广泛的经验教训。

第 **25** 章　经验总结

本章将回顾前面章节中共享的各种 MFA 解决方案所提供的用户和研发团队防御措施，并讨论你需要从本书中吸取的教训。首先讨论一般性教训。

25.1　一般性教训

本节介绍所有 MFA 解决方案的一般性教训。

25.1.1　MFA 工程

在一本致力于破解 MFA 的书中，一些读者可能认为 MFA 不好或者不值得使用。Roger 的介绍十分清楚：很多情况下，MFA 降低了网络安全风险，尤其是一般账户接管(Account Takeover，ATO)场景。但是，"MFA 降低风险"和"MFA 不会遭到攻击"之间是有区别的。

MFA 在许多情况下确实可阻止攻击，尤其是网络钓鱼攻击，攻击方会要求用户提供口令，然后用骗到的凭据登录受害者的合法网站和服务。如果用户使用的是 MFA 且口令没有遭窃，这类攻击将无法奏效。MFA 还可阻止对需要 MFA 登录的站点和服务的多种传统攻击。除非入侵者在这两个场景中找到绕过 MFA 要求的方法，否则该 MFA 解决方案可降低风险。

多项研究表明(见[1]、[2]和[3])，MFA 能够很好地阻止广泛传播的、一般的和凭据式的网络钓鱼攻击。

Roger 最喜欢的研究[1]。该研究表明，即使是基于 SMS 的 MFA 也显著减少了非针对性攻击。关键字是"非针对性"。

如果说 MFA 有什么弱点，那就是有针对性的攻击。MFA 阻止了最流行的、广泛传播的通用攻击类型，或显著地使其复杂化；在通用攻击类型中，攻击方几乎没有或根本没有关于其预期目标的信息。攻击方只是对大量的潜在受害者采取了一种广泛的方法，并希望幸运地收割少数受害者。大多数网络攻击都是这种广播式的、漫无目的的和伪装的。而 MFA 可阻止大多数(但非所有)此类攻击。例如，如果一个攻击方试图用 Gmail 口令欺骗某用户，而用户需要并使用 MFA 登录其 Gmail 账户，那么网络钓鱼是行不通的。

但是，如果攻击方花时间了解特定受害者及其相关的潜在攻击区域，只要稍微有点创造力，就可找到弱点加以利用。继续 Gmail 场景，如果攻击方知道其攻击对象拥有 MFA，可设法了解 Gmail MFA 是如何工作的，以及如何绕过 MFA。攻击方可修改其一般性的广播攻击，以包括 MFA 场景，使得运用 MFA 的用户重新成为潜在的受害者。任何 MFA 都可能遭受攻击，但只要防御者加以研究和努力，会减少潜在滥用者的数量和成功机会。在大多数登录场景中，MFA 是一个很好的方案。

25.1.2　MFA 并非不可破解

同样，"更难实现"的攻击和网络钓鱼并不意味着不可能。认为 MFA 几乎不可破解甚至不可破解是非常危险的，尤其当你是一个领导者或计算机安全专家的时候。如果你认为某件事是不可破解的，那么很可能没有培训每个参与者需要意识到和防范特定风险。

有趣的是，在 Roger 的 MFA 攻击网络研讨会上，大多数普通与会者似乎都震惊地发现，一个简单的网络钓鱼电子邮件，如第 6 章中的图 6.4 所示，可绕过最常见的 MFA 解决方案。许多 IT 人员告诉用户，使用 MFA 令牌意味着其不会受到网络钓鱼攻击，用户不必担心网络钓鱼电子邮件。供应商给用户灌输了一个神话。即使用户正在使用 MFA，Roger 仍可发送一个普通的钓鱼电子邮件并危害其账户。这就是现实。

提出错误的建议会增加未来攻击的可能性，因为管理者和受害者并不担心，不会留意即将出现的攻击迹象。就像有人曾预言泰坦尼克号永不沉没。如果用户一开始就不担心冰山，就无法避开这些威胁。这是本书的主要教训：MFA 不是不可破解的。

25.1.3　培训是关键

在本书中，几乎每一章都反复提到的一个重要建议是培训。培训研发团队了解潜在的攻击场景，以便能实施缓解措施来抵消这些风险。培训 MFA 用户，让其意识到 MFA 解决方案可减轻和不能减轻的风险。培训和期望是降低安全风险的关键。攻击方希望用户自认为只要使用 MFA，就不会遭到攻击。无知引来灾祸，攻击方喜欢没有经过培训的用户。

在计算机安全领域，这称为安全意识培训(Security Awareness Training)。当 Roger 第一次在 Gartner 的报告中读到这个词的时候，曾嘲笑该词。现在仔细想想，Roger 喜欢上了这个词。完全正确。在实施最好的技术控制后，用户能为计算机安全领域的任何人做的最好事情就是让人们意识到适当的风险和骗局。

例如，如果不知道 Microsoft 不会主动打电话警告用户其计算机遭到恶意软件入侵，就更可能认为某通电话是合法的。使用 Craigslist 的新手往往不会对所有骗子做好准备，这些骗子会立即回复出售的任何物品。用户听到一个不仅愿意白送物品，且愿意支付运费的商家，则会想："这个 Craigslist 的销售太棒了！为什么我以前没用过呢！"如果用户不知道这些骗局，就更可能成为受害者。为防止潜在的受害者成为真正的受害者，所需要的就是对可能的诈骗行为有基础的认识——安全意识培训。

25.1.4　安全不是一切

正如第 4 章所述，安全性并不是每个人的全部。与现实世界一样，对数字世界的 100%保护并不是大多数用户的首要目标。用户需要最低限度的安全性，使其能在大多数时间安全地实现目标。安全性和易用性的交集取决于用例场景和用户的需求。例如，在现实世界中，Roger 从不希望其汽车刹车或油门失灵。该失败是不可接受的。但 Roger 可能会接受收音机并不总是正常工作的事实，而有时会在挡风玻璃刮水器处于退化状态的情况下开车，甚至该时长超过 Roger 正常使用的时间。计算机安全也一样。有时 Roger 想要绝对的安全或接近绝对安全。但大多数时候，Roger 对安全没有意见。Roger 不需要 10 因素身份验证来保护 Twitter 帖子。

研发团队需要了解到，易用性和摩擦是任何 MFA 解决方案中最重要的因素。如果一个解决方案过难使用，人们就会改用其他方法。提供一个非常安全的解决方案并不是买家在选择 MFA 解决方案时考虑的唯一因素。

25.1.5　每种 MFA 解决方案都有取舍

不同类型的解决方案有不同类型的优缺点。没有完美的解决方案。每个 MFA 解决方案都可用一种或多种方式实施攻击。MFA 解决方案的购买方需要找出这些优势和劣势，然后决定自己需要哪些优势，以及哪些优势和劣势可以忽略。

25.1.6　身份验证不存在于真空中

每个 MFA 解决方案都有十多个依赖项，其中许多超出了 MFA 供应商的控制范围。每个依赖项都是潜在的攻击向量。供应商应对这些依赖关系实施威胁建模，确定在设计解决方案时能否减少对这些依赖关系的滥用。购买者和用户必须认识到存在 MFA 供应商无法保护的潜在攻击区域。

1. 3×3 安全支柱

尽可能安全地使用 MFA 超越了 MFA 设备本身。每个深度防御解决方案都是预防、检测和恢复(由策略、技术组件和培训实施)的组合。Roger 将这些控件称为 3×3 安全支柱，如图 25.1 所示。3×3 安全支柱不仅适用于 MFA 解决方案；在部署 MFA 防御时，3×3 安全支柱同样非常有用。

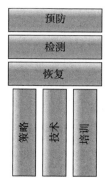

图 25.1 3×3 安全支柱

当 Roger 想到计算机安全防御时，脑海中有三个控制目标：

● 预防

● 检测

● 恢复

注意 最流行的安全控制框架，NIST 网络安全框架(NIST Cybersecurity Framework)有五层，但 Roger 将其合并为三个组件。

Roger 想避免自己管理的环境遭到攻击。如果超出了 Roger 的预防控制范围，Roger 希望对这些事情实施早期预警和检测，以减轻损失。Roger 必须从袭击中恢复过来，并找出下次如何预防。在 Roger 的计划中，包括 MFA 实现在内的所有方案都着眼于使用这三个安全防御支柱。

当 Roger 得知风险或威胁时，首先会问自己，风险实际上达到哪种严重程度？四分之一到三分之一的风险应列为高风险/关键风险。考虑到每年面临超过 10000 种不同的风险，这相当于需要应对数千种高风险威胁。在每年告知用户应该戒备的 10000 多个威胁中，最可能的是用户首先需要减轻的，也是最好缓解的。大多数威胁(90%～98%)从未发生在一般组织中。诀窍是从更大的威胁列表中挑出真正重要和可能的威胁，而非准备预防所有威胁。如果对这些挑战认识不足，没有大量的实践知识，将很难做到这一点。

举个真实的示例。在 Roger 的职业生涯中，熔毁(Meltdown)和幽灵(Spectre)芯片漏洞(见[4])可能是几十年来公布的最具威胁、高风险和脆弱的漏洞。自 20 世纪 90 年代以来，世界上最流行的计算机 CPU 芯片(如 Intel x86、ARM 和 IBM Power)都存在此类缺陷。数以亿计的计算机和设备易受攻击，无论用户运行的是哪个操作系统，也不管用户实施了什么保护，这些漏洞都是可利用的。如果不修补这些漏洞，任何相关的计算机不仅无法阻止攻击，甚至不会注册事件日志记录，以记录发生的任何事情，更不用说记录一件已成功的攻击事件。在 2017 年发布了 Meltdown 和 Spectre 之后，有超过 100 个恶意软件程序示例创建并发布，以显示"蠕虫化"和"武器化"这些漏洞是多么容易。几年后，所有的漏洞报告都将没有打过 Meltdown 和 Spectre 补丁的设备列为用户需要立即缓解的最高风险威胁之一。用户必须打补丁来对付 Meltdown 和 Spectre！停止任何行动，马上打补丁！

　　但有一个相关的事实，据 Roger 所知，在现实世界中，还没有一个真正的罪犯利用 Meltdown 或 Spectre 漏洞攻击一个真实世界的目标。这极大地改变了风险计算。对于大多数组织而言，Meltdown 和 Spectre 造成的所谓高风险威胁实际上是几乎为零的风险。在用户听到至少一次真实世界的袭击事件前，真的有风险吗？

　　可担心的事情有很多，但那些从未发生过的事情并不在名单前列。用户可担心一颗卫星从天而降，落在自家房顶上。这是有可能的。这类事故虽然发生过，但十分罕见，甚至更难预测。如果卫星落在自家房顶上，可能造成很大的损失。但大多数人并不担心这种事件，也不会实施针对性的缓解措施，因为该事件是如此罕见。Meltdown 和 Spectre 也一样。用户可以担心。"专家"和用户所运行的每一个漏洞扫描软件都表明，任何没有针对 Meltdown 和 Spectre 打补丁的软件都有面临破解的高风险。全世界都在告诉用户要为此担忧。但不管怎么说，这并不是一个关键风险，至少在第一次公众攻击发生之前不是。

　　这就是 Roger 所说的重点是预防和发现最大和最可能的威胁。弄清楚用户将来可能面临的严重威胁，并把重点放在预防和发现这些威胁上。告知用户要担心的大多数事情其实并不是高风险事件，即使该事件被贴上这样的标签。

> **注意**　另一个很好的虚假风险示例是销售"紧急安全带切割器"的组织，如果用户开车时碰巧发现自己的安全带卡住，就应使用这种工具。汽车驶入深水区是罕见事件。即使真的发生了这种情况，为什么一个人每次开车时都会解开安全带，却突然无法解开安全带，而应该去找一些以前从未接触过的难用工具，并在紧急情况下使用呢？无用产品的销售商喜欢用恐惧来推销产品。

　　预防最可能的严重威胁是任何人都能拥有的最重要防御手段。现在，许多传统的计算机防御都基于"假设突破(Assume Breach)"的心理，要么假设其环境目前已遭破坏，要么很容易遭到攻击方集中力量攻破；主要集中在预防内部传播和检测，认为需要一套强大的"假设突破"防御体系。但 Roger 认为，焦点应当是在第一时间阻止有害因素成功入侵一个组织；因此，Roger 的观念更多是一种阻止破坏(Stop Breach)心态。

　　有效的威胁检测是指找出最可能的威胁，并确定如果这些威胁成功发生在用户的环境中，用户是否具有适当的检测能力。使用所有潜在的安全日志和警报工具及服务，并找出哪些工具和服务与最可能的威胁匹配。用户会看到很多重叠防御措施和一些脆弱点。填补空白。恢复就是控制损失，找出在前两个支柱(预防和检测)中做错了什么，预防和发现，以防止威胁再次发生。

对于三个安全控制目标(预防、检测和恢复)中的每一个目标,用户都必须尽力减轻最可能的威胁。用户可利用三种类型的控制来组成最佳的防御措施:

- 策略
- 技术
- 培训

每个安全控制都需要背后的策略,都需要工作程序、指南和培训。用户必须根据经验记录控制的预期目标,以避免任何歧义。每个人都需要了解最大、最可能的威胁是什么,以及如何减轻这些威胁。列出期望的结果,这有助于在某人做错事时承担责任。或者,也许每个人都做得对,但不好的事情仍然发生了,这意味遗漏了某些方面,必须更新控制。不管怎样,记录在案的和沟通过的控制可帮助每个人理解期望并朝着同一个方向前进。

技术控制措施是用户可使用软件或硬件实施的所有缓解措施,以强制执行特定的输入、操作或输出。只要有可能,实施技术控制以减轻最大的威胁。这样的控制有助于降低大部分风险,并以自动化方式做到这一点。这就是 MFA 解决方案发挥作用的地方。如果正确使用,MFA 解决方案可显著减少许多类型的威胁。但任何 MFA 解决方案都不能单独做到这一点。MFA 解决方案需要一个完整的深度防御策略,正确选择和实施 MFA 解决方案。

最后,一些不好的东西总会突破用户的技术控制措施。Roger 不在乎用户实现什么;技术控制措施并不完美,攻击方会设法绕过。所以,培训自己、员工和同事,从而了解当不良行为超过现有的技术控制措施时,如何发现问题,以及看到问题时应该怎么做(希望能够报告和缓解)。确保用户的 MFA 解决方案包括所有必要的组件(策略、技术和培训),以便尽可能取得成功。

25.1.7　不存在适用于所有人的最佳 MFA 解决方案

正如第 23 章所述,没有哪个 MFA 解决方案对每个人都是最好的。没有任何 MFA 解决方案可解决所有问题。用户必须首先确定组织中哪些案例场景必须受到 MFA 的保护,并找到与用户的用例和应用程序匹配的解决方案。

不同的人员和组织有不同的风险情景和风险接受程度。那些与 Roger 的雇主合作得很好,视为"误杀"的做法,在国家研究实验室或军火库中都达不到最低标准。遵循第 23 章中的概念,帮助用户找到适合组织和个人需求的最佳解决方案。

25.1.8　有更好的 MFA 解决方案

尽管如此,一些 MFA 解决方案比其他方案更好。那些试图减轻共同的、巨大的威胁的方案比那些不这样做的方案要好。使用交互身份验证的系统比使用单向身份验证的系统更安全。使用 SDL(Security Development Lifecycle,安全研发生命周期)编程方法和工具并使用有效的威胁建模来降低风险的 MFA 解决方案比不使用的解决方案要好。手机应用程序比基于 SMS 的解决方案更安全。带有推送消息的手机应用程序通常比不使用推送消息的应用程序更安全。使用行业公认算法的 OTP 令牌可能比不使用的更强大。使用业界公认的加密技术和密钥大小的 MFA 解决方案比不使用的解决方案更强大。硬件和软件多因素令牌比单因素解决方案更安全。需要站点预注册的解决方案比不需要的解决方案更安全，等等。使用从本书中学到的方法，调研不同的 MFA 解决方案，即使是相似的 MFA 解决方案，安全专家也要选择其中的较优者。下一节将回顾不同类型 MFA 解决方案的研发团队建议和用户建议。

25.2　MFA 防御回顾

本节回顾了前几章中介绍的各种 MFA 解决方案的建议，并按研发团队和用户进行了划分。

25.2.1　研发团队防御总结

以下是本书讨论的主要研发团队防御措施。

- 对所有研发人员进行培训，培训内容包括 SDL、威胁建模，以及其研发的 MFA 解决方案的优势和可能遇到的风险及攻击类型。
- 研发团队应该对 MFA 解决方案进行威胁建模，并针对最可能的威胁实施缓解措施(见第 5 章)。
- 所有网站和服务应生成随机的、难以猜测的会话 ID(见第 6 章)。
- 所有 MFA 解决方案应使用行业公认的加密算法和密钥大小(见第 6 章)。
- 研发团队应遵循安全编码实践(见第 6 章、第 15 章)。
- 研发团队应使用 MFA 解决方案实现安全的传输通道(见第 6 章)。
- 研发团队应包括身份验证超时保护，以防止恶意令牌重用(见第 6 章)。
- 研发团队应将访问令牌绑定到特定的设备或站点(见第 6 章)。
- 研发团队应建立风险模型并确保关键依赖性(见第 5 章、第 7 章、第 10 章等)。
- MFA 解决方案应预防潜在的未授权附加实例，或通知用户(见第 7 章)。
- 加密密钥更改时，MFA 解决方案应通知用户(见第 7 章)。
- MFA 解决方案应将动态自适应身份验证用于不符合特征的或高风险的最终用户操作(见第 7 章)。
- 交易验证请求必须包括所有关键细节(见第 7 章)。
- 如果涉及 SMS，MFA 解决方案必须使用补偿性控制措施来预防误用(见第 8 章)。
- 使用 SMS 的 MFA 解决方案应包括供用户验证 SMS 消息合法性的方法(见第 8 章)。
- 使用 MFA 解决方案的 SMS 应在 10 分钟内过期(见第 8 章)。

- 对于基于 SMS 的 MFA 解决方案，应用程序或指令应告知用户在联系人列表中输入 MFA 联系人信息，以便验证 SMS 消息是否来自预定义的供应商电话号码或代码(见第 8 章)。
- 基于 SMS 的 MFA 解决方案研发团队应阻止向最终用户发送可疑的 SMS 消息(见第 8 章)。
- 研发团队应该使用推送通知和应用程序，而非 SMS 消息(见第 8 章)。
- 对于基于 OTP 的 MFA 解决方案，研发团队必须使用可靠、可信和经过测试的 OTP 算法(见第 9 章)。
- 对于基于 OTP 的 MFA 解决方案，OTP 设置代码必须过期(见第 9 章)。
- 对于基于 OTP 的 MFA 解决方案，OTP 结果代码必须过期(见第 9 章)。
- 对于基于 OTP 的 MFA 解决方案，研发团队必须防止 OTP 代码重放(见第 9 章)。
- 研发团队应使用 NIST 认证的随机数生成器或量子随机数生成器(见第 9 章)。
- 对于基于 OTP 的 MFA 解决方案，研发团队应通过要求 OTP 代码以外的额外输入来提高安全性(见第 9 章)。
- MFA 研发团队必须确保其 MFA 解决方案不易受到暴力破解攻击(见第 9 章)。
- MFA 研发团队需要保护其种子值数据库(见第 9 章)。
- MFA 研发团队需要防止一对多映射(见第 10 章)。
- MFA 研发团队必将身份验证锁定到预定义的身份验证网站(见第 11 章)。
- MFA 研发团队应要求用户注册登录设备(见第 11 章)。
- MFA 研发团队应禁用可用于绕过 MFA 的遗留协议和服务(见第 11 章)。
- MFA 研发团队需要使用强制登录的应用程序(见第 11 章)。
- MFA 研发团队需要提供更好/最好的身份验证解决方案(见第 12 章)。
- MFA 解决方案必须提供上下文信息(见第 12 章)。
- MFA 研发团队需要设置主/绕过/旅行代码的过期时间并匿名(见第 13 章)。
- MFA 研发团队应考虑将用户熟悉的联系人作为恢复选项(见第 13 章)。
- 如果使用个人知识问题作为恢复方法，研发团队应使用高级的、自适应的个人知识问题执行恢复(见第 13 章)。
- MFA 研发团队需要在指定时间段内强制执行最大数量的猜测(见第 14 章)。
- MFA 研发团队应对并发登录的尝试次数进行速率限制(见第 14 章)。
- MFA 研发团队需要将恶意 IP 地址列入黑名单(见第 14 章)。
- MFA 研发团队需要增加每个允许的猜测之间的等待时间(见第 14 章)。
- MFA 研发团队应增加对任何猜测的可能答案的数量(见第 14 章)。
- MFA 研发团队应加强答案复杂性(见第 14 章)。
- MFA 研发团队应发送电子邮件，针对高风险情况(如从新设备或新位置登录)向最终用户发出警告(见第 14 章)。
- MFA 研发团队必须使用具有安全默认值的安全研发工具(见第 15 章)。